同济大学本科教材出版基金资助

计算机系统数据处理原理

秦国锋 编著

同济大学出版社
TONGJI UNIVERSITY PRESS

内 容 简 介

本书重点讲述计算机系统在运行过程中数据处理的基本原理，以适应大数据和人工智能等相关专业在规定课时的专业课程建设要求，使这些专业的本科生和研究生能快速地掌握与理解该课程的基本原理和理论方法，并具备较强的计算机系统设计能力。

本书对数据的表示、信息处理、组合逻辑、时序逻辑与存储器基础等基本硬件电路作了充分的介绍，并以此作为 CPU 各个基础模块、单周期 CPU 以及多周期 CPU 设计的基础知识，着重介绍如何对 CPU 进行优化，以及如何设计流水线 CPU，并依次实现多功能静态流水线 CPU 和多功能动态流水线 CPU。

本书充分融合了理论与实践，覆盖了基本硬件电路、CPU 各个基础模块、单周期 CPU、多周期 CPU 和流水线 CPU，以及多级存储体系的理论知识与设计方法。本书可作为高等院校大数据和人工智能等相关专业高年级本科生、研究生的教材，也可供处理器芯片的开发人员、广大科技工作者和研究人员参考。

图书在版编目(CIP)数据

计算机系统数据处理原理 / 秦国锋编著. —上海：同济大学出版社，2022.3

ISBN 978-7-5765-0088-2

Ⅰ.①计… Ⅱ.①秦… Ⅲ.①数据处理—高等学校—教材 Ⅳ.①TP274

中国版本图书馆 CIP 数据核字(2022)第 003591 号

计算机系统数据处理原理

秦国锋 **编著**

责任编辑 朱 勇 **助理编辑** 王映晓 **责任校对** 徐春莲 **封面设计** 陈益平

出版发行 同济大学出版社 www.tongjipress.com.cn

(地址：上海市四平路 1239 号 邮编：200092 电话：021-65985622)

经　销 全国各地新华书店

印　刷 启东市人民印刷有限公司

开　本 787 mm×1092 mm 1/16

印　张 21.5

字　数 537 000

版　次 2022 年 3 月第 1 版 2022 年 3 月第 1 次印刷

书　号 ISBN 978-7-5765-0088-2

定　价 78.00 元

前言

随着计算机技术的快速发展，大数据和人工智能等新专业蓬勃兴起，它们取得的理论方法与技术成果日新月异，成为新一轮产业革命和社会变革的推动力量，人类的学习和生活方式正发生深刻巨变。

为适应各专业建设的要求，我国各高等院校对新专业的课程设置进行多个专业课程以及多门课程的融合，深入梳理课程的内容和关键知识点，形成条理化和系统化的理论体系，以满足规定课时的要求。

数据科学和人工智能专业作为新设置的专业，与计算机专业紧密关联，计算机系统的硬件组成是这些专业的理论和实践课程的重要构成部分。本书在本校(同济大学)计算机专业的“数字逻辑”“计算机组成原理”“计算机系统结构”等主干课程的教学基础上，按照数据科学和人工智能专业的建设要求，充分梳理整合计算机系统的课程内容，把理论知识体系条理化，这样的工作无疑是一项非常艰巨复杂的系统工程。这需要从基本的 MOS 与 TTL 电路和布尔代数开始，使学生掌握如何构建与门、或门等基本的逻辑器件与其 IC 版图，再由这些逻辑器件设计譬如锁存器、触发器、译码器等稍微复杂的基本部件。这些基本器件和部件将为学生建立起计算机系统的基本电路理论知识基础。

具备了基础电路理论知识，通过真值表、状态转换图等就能分析和设计较复杂的组合逻辑、时序逻辑电路及存储器，初步建立起计算机数字系统的内在逻辑电路体系，并设计微指令控制器，以此来协调各部件之间的工作协同，从而实现一个基本的计算机数字系统，并通过微指令来实现系统的运行和控制。

现代计算机系统都是以指令集架构进行运行控制的，本书通过 MIPS 指令集，深入阐述计算机系统的硬件组成和软件组成，清晰描述在进行数据处理和运算时各部件之间的数据通路和 CPU 指令操作的控制器设计。

本书讲述了单周期与多周期的 8 条 MIPS 指令集的 CPU 的设计与实现方法。现代计算机系统为了提高处理数据的效率，都采用流水线技术，本书重点讲述了流水线处理器的设计和性能定量分析理论方法，针对流水线的数据相关与冲突问题，讲述了诸如重叠技术与定向技术等解决方案，以提高 CPU 的处理效率。以这些理论方法为基础，利用基本硬件电路、CPU 各个基础模块、单周期及多周期 CPU 的基础知识，进行CPU的优化、迭代与重构，并以8条MIPS指令集为例介绍简单的流水线CPU的设计方法，依次拓展多功能静态流水线和动态流水线CPU的设计，从而使学生理解和掌握流水线CPU的理论知识和设计方法。

在计算机系统中，存储系统是数据和信息的存储地与中转站，是不可缺少的重要组成部分，数据在存储系统中的命中率和平均访存时间，与计算机系统的数据处理性能和效率密切相关。本书系统地介绍了多级存储体系，并对不同的路数与块大小的命中与失效情况进行定量化比较分析，以确定较优的部署方案。针对减少命中时间、降低不命中率和不命中开销等问题，还讲述了相应的技术方法，其根本目的是使数据的访存尽可能与CPU保持同步，减少CPU的空闲等待时间；从设计多级高速存储器和辅助存储器两个方面提升存储器的效率和扩展容量不足，扩展容量不足的方法是设置虚拟存储器和磁盘阵列等辅助存储器。以三级存储体系设计实验项目为例，介绍了设计与优化高速存储器、SDRAM等三级存储方案。

通过这些理论与方法，使学生了解开发设计计算机系统的完整过程，加深对理论知识的理解和掌握，同时具备自己开发、设计、实现计算机系统的能力。

本书具有以下特点：

(1) 遵照大数据与人工智能专业的专业建设实际要求，结合教指委最新的计算机科学与技术专业和软件工程专业及相关专业的培养方案，合理梳理安排计算机系统的知识体系，充分满足相关专业规定课时的基础专业课教学要求。

(2) 注重理论和实践的结合，充分融入工程实践背景的项目案例，使得学生在掌握理论知识的同时提高在项目设计过程中分析问题和解决问题的实践动手能力，启发学生的创新意识，使学生的理论知识和实践技能得到全面发展。

(3) 知识内容层层推进，使学生易于接受和掌握相关知识内容。由浅入深、由简单到复杂，将知识点有机地串联在一起，便于学生掌握与理解。

本书的编写是一项非常艰巨的系统工程，在编写的过程中，参考和吸收了白中英、Hennessy、Patterson、张晨曦、张学干、高小鹏、M.Morris、秦磊华、谭志虎、王力生等教授的教材内容，得到了同济大学出版基金以及同济大学电子与信息工程学院计算机系的领导、同事与学生的大力支持，在此一并表示最衷心的感谢！由于编者水平有限，书中若有不妥和疏漏之处，恳请各位专家、同仁和读者不吝赐教与批评指正。编者联系邮箱：gfqing@tongji.edu.cn。

编　者

2021年6月

目录

第1章 数据与信息

随着云计算、大数据与人工智能的蓬勃发展，计算机已成为人类探索和发现新知识与新理论的关键技术与工具。其以不断创新的计算能力、存储能力和通信能力，成为物理学、化学、生命科学、天文学、军事学和工学等前沿学科领域探索的推动力量，并不断改变人类的学习和认知方式。数据流与信息流是计算机进行运算、存储与通信的基本介质，是归纳与推理的基本要素，是发现与探索基本规律的知识本体。

1.1 数据的表示与运算

1.1.1 数值的连续和离散

数据是以数值进行描述的。数值的度量通过模拟电子电路和数字电子电路两类电路来实现。

模拟电路中，数值的度量采用直流电压或电流的连续值，称之为模拟量。其特点是数值由连续量来表示，它的运算过程也连续。例如，水银温度计是用水银的长度表示温度的高低，指针万用电表用角度表示电流、电压大小等。诸如时间、温度、压力、距离、声音等自然界多数现象都可以用模拟量来度量，模拟量在一个连续的范围内变化，在某一区间内会经历很多个值，以时间序列形成的图谱是一条折线或曲线。

数字电路中，数值的度量采用数字量，是由 0 或 1 组成的一串二进制码，其特点是数值为离散量，运算结果也是离散量。模拟量的折线或曲线可转换为用离散折线或曲线表示的采样值，这样就实现了连续模拟量的离散化，再利用基本的标准度量单位对离散量进行编码，可形成一串二进制码。

数字量在精度、传输效率、可靠性等方面都比模拟量高，且在数据存储方面具有更易保存的优势，在现代计算机系统中得到了广泛应用。

数字电路中除了数字量之外，还有表示状态的开关量，表示二进制信息的数字波形（也称为比特序列）等。

自然界中存在二元状态的物理属性，如晶体管的导通或截止、机械和电路开关的开启或闭合等，这种二元状态可用两种不同的电平来表示，即高电平（H）和低电平（L）。具备这种二元状态的系统称为二进制系统，其高电平 H 代表“1”，低电平 L 代表“0”。数字“1”或“0”表示二进制系统一个开关的开启或闭合状态，一位数字称为一个比特(bit)。这两种状态的组合序列称为码,可用来表示数字、字母、符号以及其他类型的数据或信息。用来表示数字"1"和"0"的电平称为逻辑电平,在实际的数字电路使用过程中,用一个较高电压的最大值和最小值范围之内的任何一个电压值表示高电平 H,用一个较低电压的最大值和最小值范围之内的任何一个电压值表示低电平 L。如 TTL 型电路中,高电平 H 的电压值在 2~5 V 代表逻辑 1,低电平 L 的电压值在 0~0.8 V 代表逻辑 0,0.8~2 V 之间不使用;在 CMOS 型电路中,高电平 H 的电压值在 2~3.3 V 代表逻辑 1,低电平 L 的电压值在 0~0.8 V 代表逻辑 0,0.8~2 V 之间不使用。

数字波形是由高低电平组成的比特序列。当波形处于高电平时代表 1 bit,处于低电平时代表 0 bit,其本质就是由 1 或 0 组成的脉冲序列,用来表示数字电路工作时的开关量的动态变化。脉冲分为正脉冲和负脉冲两种,正脉冲的前沿为上升沿,后沿为下降沿;负脉冲的前沿为下降沿,后沿为上升沿,如图 1-1 所示。

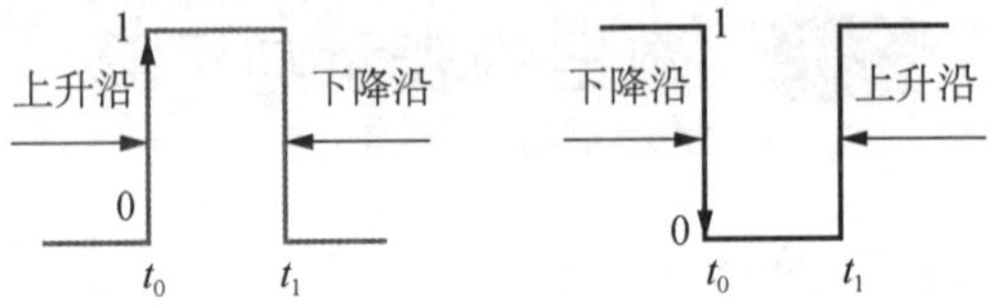

(a) 正脉冲　　(b) 负脉冲

图 1-1　理想脉冲波形

理想情况下,脉冲波形的上升沿与下降沿是瞬时突变的,但实际的数字电路中,由于信号的延迟,高电平与低电平之间的变化都需要一个过程,因此上升沿和下降沿都存在一个上坡和下坡过程。规定从基准线到高电平的电压差值为脉冲幅度;从上升沿脉冲幅度的 10%到 90%的时间 t_r 为上升时间,从下降沿脉冲幅度的 90%到 10%的时间 t_f 为下降时间;上升沿的 50%到下降沿的 50%的时间 t_w 为脉冲宽度,是脉冲持续时间的度量。上升时间 t_r、下降时间 t_f、脉冲宽度 t_w 是脉冲波形的三个基本参数,能根本反映数字电路的工作特性和效率,如图 1-2 所示。

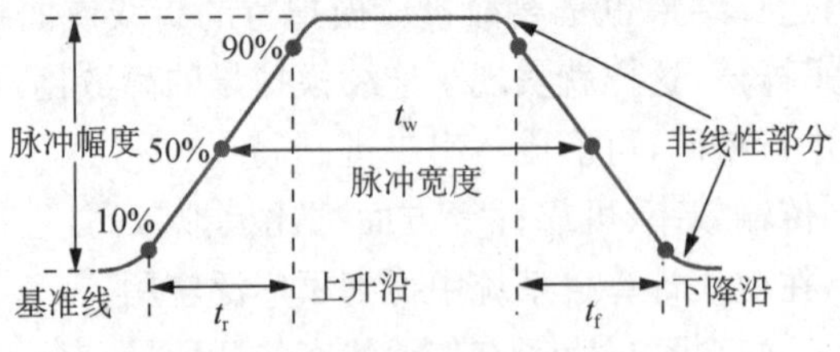

图 1-2　实际脉冲波形

由脉冲组成的序列又称脉冲链,有周期性脉冲波形和非周期性脉冲波形两种,如图 1-3 所示。周期性脉冲波形有脉冲周期 T、脉冲频率 f 和频宽比 D 三个参数。脉冲周期和脉冲频率互为倒数关系,标准单位分别是秒(s)和赫兹(Hz);频宽比 D,或称占空系数,是脉冲宽度 t_w 与脉冲周期 T 的百分数比值,即

$$D=(t_w/T)\times 100\% \tag{1-1}$$

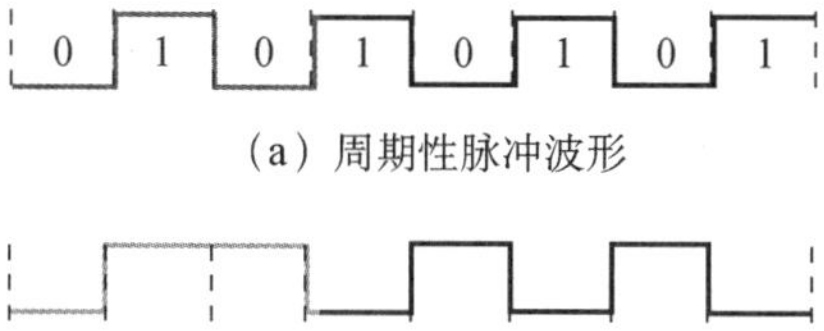

（a）周期性脉冲波形

（b）非周期性脉冲波形

图 1-3　数字波形

1.1.2　数字的进制表示

人类在长期的计算活动中，创建了数字的进制，常见的进制有十六进制、十进制、八进制和二进制等。用某种进制表示一个数字时，数字的每一位都隐含基（B，$base$）和权（W，$weight$）两部分。所有数字的进制可用下式表示

$$\begin{aligned}(S)_d &= k_n d^{(n-1)}+k_{n-1}d^{(n-2)}+\cdots+k_1 d^0+k_0 d^{-1}+k_{-1}d^{-2}+\cdots+k_{-m}d^{(-m-1)}\\ &=\sum\nolimits_{i=n}^{-m} k_i\, d^{i-1}\end{aligned} \tag{1-2}$$

式中，d 代表基；权是各数位上数码所表示的单位数大小，如第 i 位数的权为 d^{i-1}；k_i 为第 i 位的系数。下面举例说明式(1-2)各变量含义及应用。

十进制计数制时，k 取 0～9，且 k 为整数；m、n 是正整数，用来表示权；基数 $d=10$。k、m、n 由 $(S)_d$ 决定，计数方式是满 10 就向高位进 1 位，即逢十进一，故称为十进制。

【例 1-1】　十进制数 1 008.8 的权表示形式为

$$(1\,008.8)_{10}=1\times 10^3+0\times 10^2+0\times 10^1+8\times 10^0+8\times 10^{-1}$$

二进制计数制时，基数 d 为 2，k 取 0 或 1。这种计数方式是满 2 就向高位进 1 位，即逢二进一，故称为二进制。

【例 1-2】　二进制数 1 011.11 的权表示形式为

$$(1\,011.11)_2=1\times 2^3+0\times 2^2+1\times 2^1+1\times 2^0+1\times 2^{-1}+1\times 2^{-2}$$

八进制计数制时，基数 d 为 8，k 取 0～7 中任意整数。这种计数方式是满 8 就向高位进 1 位，即逢八进一，故称之为八进制。

【例 1-3】　八进制数 1 567.71 的权表示形式为

$$(1\,567.71)_8=1\times 8^3+5\times 8^2+6\times 8^1+7\times 8^0+7\times 8^{-1}+1\times 8^{-2}$$

十六进制计数制时，基数 d 为 16，k 取 0～F 中任意一个整数。这种计数方式是满 16 就向高位进 1 位，即逢十六进一，故称之为十六进制。

【例 1-4】 十六进制数 9AE7.7F 的权表示形式为

$$(9AE7.7F)_{16} = 9\times16^3 + A\times16^2 + E\times16^1 + 7\times16^0 + 7\times16^{-1} + F\times16^{-2}$$

1.1.3 数字进制间的转换

计算机运算的时候采用二进制，计算机工程师与开发技术员书写时采用八进制或十六进制，人们日常运算采用十进制。因此，进制之间需要进行转换，以满足多种使用需求。

1. 八进制、十六进制与十进制间的转换

八进制或十六进制数转换成等值的十进制数时，按权相加的方法进行。

【例 1-5】 $(127)_8 = 1\times8^2 + 2\times8^1 + 7\times8^0 = 64 + 16 + 7 = (87)_{10}$

$$(1.27)_8 = 1\times8^0 + 2\times8^{-1} + 7\times8^{-2} = 1 + 0.25 + 0.109375 = (1.359375)_{10}$$

$$(1E7)_{16} = 1\times16^2 + 14\times16^1 + 7\times16^0 = 256 + 224 + 7 = (487)_{10}$$

$$(0.E7)_{16} = 14\times16^{-1} + 7\times16^{-2} = 0.875 + 0.02734375 = (0.90234375)_{10}$$

十进制数转换成八进制数，按除 8 取余的方法进行。

【例 1-6】 $(199)_{10} = (307)_8$

```
8|199     余数  7  低位
 8| 24    余数  0
  8| 3    余数  3  高位
     0
```

十进制数转换成十六进制数，按除 16 取余的方法进行。

【例 1-7】 $(839)_{10} = (347)_{16}$

```
16|839     余数  7  低位
 16| 52    余数  4
  16| 3    余数  3  高位
       0
```

对于十进制数的小数部分转换成八进制数，按乘 8 取整的方法进行。

【例 1-8】 $(0.854)_{10} = (0.6651)_8$

```
   0.854
×      8
--------
   6.832    整数 6    高位
   0.832
×      8
--------
   6.656    整数 6
```

```
    0.656
×       8
    5.248    整数 5
    0.248
×       8
    1.984    整数 1    低位
    ……
```

对于十进制数的小数部分转换成十六进制数，按乘 16 取整的方法进行，运算过程与转换成八进制小数类似。同时，含整数和小数的十进制数转换成八进制或十六进制数时，需将整数和小数两部分分开运算后，再将运算结果相加。整数部分的转换码对应转换进制的整数部分，小数部分的转换码对应转换进制的小数部分。

2. 八进制、十六进制与二进制间的转换

3 位二进制表示的数值相当于 1 位八进制表示的数值($2^3=8$)，4 位二进制表示的数值相当于 1 位十六进制表示的数值($2^4=16$)。因此，八进制、十六进制与二进制间的转换分别以 3 位、4 位二进制编码为单位进行转换。

【例 1-9】 $(17.754)_8=(001111.111101100)_2$

$(CD7.F4)_{16}=(110011100111.11110100)_2$

二进制数转换成八进制数时，只要从小数点开始，分别向左右两边把 3 位二进制数码划为一组，最左和最右一组不足 3 位用 0 补齐，然后每组用一个八进制数码代替即可。

【例 1-10】 $(1110111.1111011)_2=(167.754)_8$

二进制数转换成十六进制数与转换成八进制数类似，只是使 4 位二进制数码为一组进行编码，最左和最右一组不足 4 位用 0 补齐，然后每组用一个十六进制数码代替即可。

【例 1-11】 $(1110111.1111011)_2=(77.F6)_{16}$

1.1.4 数字进制的运算

其他进制的运算与十进制计算规则类似，需要强调的是，二进制、八进制和十六进制运算时，分别只有 0 和 1、0～7、0～F 对应的 2 个、8 个、16 个数码可用，在加法运算中分别对应逢二进一、逢八进一、逢十六进一的原则。

【例 1-12】 二进制数加法

进位	00000	101100
被加数	01100	10110
加数	+10001	+ 10111
和	11101	101101

二进制数的减法运算时，被减数位向高位的借位相当于在本位加 2；同理，在八进制、十六进制减法中，被减数位向高位的借位相当于在本位分别加 8、16。

如果被减数小于减数，就将减数与被减数调换位置，在差值前加上负号，从而实现减法运算。

【例 1-13】 二进制数减法

借位	00000	00110		00110
被减数	10110	10110	10011	11110
减数	-10010	-10011	-11110	-10011
差	00100	00011		-01011

二进制数的乘法运算，由于乘数的数码不是 0 就是 1，因此乘积不是 0 就是被乘数，并且每乘完一位时得出的码位都要朝左错一位，最后以列求和并进位得出运算结果。

【例 1-14】 二进制数乘法

```
被乘数     1011
乘数     × 101
          ------
           1011
          0000
         1011
          ------
乘积     110111
```

八进制、十六进制数的运算需要查询对应进制中位与位相加(相乘)的结果对应表。简化的方法是将八进制、十六进制数中每列对应的位转换为十进制数，按十进制规则计算后，再将和(乘积)以及进位转换回八进制和十六进制。

【例 1-15】 十六进制数加法

```
十六进制              等价的十进制计算
                1 ←──┐           1 ←──────┐
   59F            5  │ 进        9    15  │ 进
  +E46           14  │ 位        4     6  │ 位
  ----           --              --   --
  13E5         1 19=16+3         14=E 21=16+5
```

本例右边等价的十进制加法计算过程中，运用推理得出对应十六进制中的每一位。计算右边第一列 F+6 时，需转换成等价的十进制，即 15+6=21，再转换回十六进制，则为 21=16+5，因此本位结果为 5，同时向高位进 1。同理，依次计算所有列，从而得出十六进制结果为 13E5。

八进制、十六进制数乘法运算中，每一步采用十进制的规则计算，同时将该中间结果转换回八进制、十六进制数。

【例 1-16】 八进制数乘法

八进制	八进制		十进制		八进制
762	5×2	=	10=8+2	=	12
×45	5×6+1	=	31=24+7	=	37
4672	5×7+3	=	38=32+6	=	46
3710	4×2	=	8=8+0	=	10
43772	4×6+1	=	25=24+1	=	31
	4×7+3	=	31=24+7	=	37

本例中，每一行八进制数位的乘积加上低位的进位，都按十进制的运算方法计算，然后再将该结果转换回八进制，该结果是两位的八进制数，其中，高位是本位的进位，低位是本位的八进制计算码值。每步运算最高位的进位直接作为乘积中最高位的结果，如中间结果 46 中的 4。

1.1.5 常见编码

计算机系统中的信息有数码信息和代码信息两类。数码信息在计算机系统中进行运算、存储和传输。代码信息是为了表示字符等被处理的信息，该类信息也是以一定位数的二进制串码进行表示，这种二进制码称为代码，泛指不同信息的代号，不一定有数的含义。n 位代码可以组合成 2^n 个不同的码字，就可代表 2^n 种不同信息，对其中每个信息指定一个具体的码字去代表，这个指定过程就是编码。由于指定的方法不一定唯一，因而对一组信息编码存在多种方案。

常用的编码有二进制编码、BCD 码、原码和补码等。

1. 二进制编码

二进制编码是自然二进制编码最简单的一种，其结构与二进制数完全相同。如表 1-1 所示，4 位自然二进制码是有权码，每位代码有固定权值。循环二进制码简称循环码，其特点是任何相邻的 2 个码字中，仅有一位代码不同，而其他码位的代码都相同。这种属性在某些设备中非常有用，故循环码又称为单位距离码，该编码方法不唯一，有多种方法。循环码的每一位无固定权值，是无权码。

表 1-1　两种 4 位二进制编码

十进制数	自然二进制码	循环二进制码	十进制数	自然二进制码	循环二进制码
0	0000	0000	8	1000	1100
1	0001	0001	9	1001	1101
2	0010	0011	10	1010	1111
3	0011	0010	11	1011	1110
4	0100	0110	12	1100	1010
5	0101	0111	13	1101	1011
6	0110	0101	14	1110	1001
7	0111	0100	15	1111	1000

2. BCD 码

计算机系统处理的时候采用二进制数码，在交互输出时常采用十进制输入和输出，因此需要把十进制的各个数码用二进制代码表示出来，这种用二进制代码对十进制数进行编码的方式称为 BCD 码。这种编码具有二进制的形式(4 位二进制)，又具有十进制的特点(即每 4 位二进制码是 1 位十进制数)。4 位二进制码共有 16 种组合，而表示 1 位十进制数只需要 10 种组合，因此，用 4 位二进制表示 1 位十进制数有多种选取方式。常见的 BCD 码，又分为有权码和无权码两类。有权码最普遍的是 8421 码，即 4 个二进制位的权从高到低分别是 8,4,2,1。这种码的编码值与 ASCII 码的字符 0～9 的低 4 位相同，从而简化输入、输出过程中从字符到 BCD 码或从 BCD 码到字符的转换操作，方便了人机交互过程中的中间表示，其译码电路实现也很简单。转换方式是以 4 位二进制为单位从低到高依次转换，高位不足 4 位时，用 0 补齐。其主要缺点是加法运算规则复杂，当对应位相加的和大于 9 时，需要对运算结果加 6 修正，原因是 BCD 码不能出现 1010～1111 之间的 6 个二进制码。

无权码的编码较多采用余 3 码和格雷码。余 3 码在 8421 码的基础上，将每个代码加 0011 码而形成，其优点是执行十进制数相加时，能正确进位，并方便减法运算。格雷码的编码规则要求任何两个相邻代码只有 1 个二进制位的状态不同，其余 3 个二进制位状态相同，其优点是上下编码变化时，只有一位状态发生变化，利于译码波形的生成，是一种循环码。8421 码、余 3 码和格雷码组成的 BCD 码如表 1-2 所示。

表 1-2　3 种常见 BCD 码

十进制数	8421 码	余 3 码	格雷码
0	0000	0011	0000
1	0001	0100	0001
2	0010	0101	0011
3	0011	0110	0010
4	0100	0111	0110
5	0101	1000	1110
6	0110	1001	1010
7	0111	1010	1000
8	1000	1011	1100
9	10001	1100	1101

3. 原码

原码表示法符合人们书写习惯，只需要再添加 1 个二进制位进行符号描述。这种表示方法存在缺陷，如一个 4 位二进制数，假设最高位是符号位，0 表示正数，

1表示负数，则会存在“正0”和“负0”两个0的含义，在运算规则中是不完备的。此外，原码不能融入加法运算规则，如“正7”加“负7”，结果是10110，不为0，产生错误结果。

4. 补码

为了克服原码运算的缺点，计算机科学家研究提出了二进制补码编码方法。二进制补码编码中最高位仍为符号位，0代表正数，1代表负数。当符号位为0时，该数为正数，其补码编码与原码一致；当符号位为1时，该数为负数，其补码编码为−8和除符号位外剩下三位的数值之和。如“负7”的补码是1000＋001＝1001，则“正7”与“负7”之和是0111＋1001＝10000；以4位字长作为计算结果，则实际结果为0。二进制补码被现代计算机运算所采用。4位二进制原码与补码见表1-3。

表1-3　4位二进制原码与补码

二进制原码	二进制补码	二进制原码	二进制补码
0000＝0	0000＝0	1000＝−0	1000＝−8
0001＝1	0001＝1	1001＝−1	1001＝−7
0010＝2	0010＝2	1010＝−2	1010＝−6
0011＝3	0011＝3	1011＝−3	1011＝−5
0100＝4	0100＝4	1100＝−4	1100＝−4
0101＝5	0101＝5	1101＝−5	1101＝−3
0110＝6	0110＝6	1110＝−6	1110＝−2
0111＝7	0111＝7	1111＝−7	1111＝−1

对于负数的二进制补码表示方法，采用相反数的概念。如用8位二进制表示−14。首先利用十进制把14转换为8位二进制码00001110(与原码相同)，之后，各位取反码得到11110001，最终得出11110001＋1＝11110010，即为−14的补码。如要计算二进制补码11001100的负数的十进制，首先取该补码的反码00110011，再计算00110011＋1＝00110100，则该数为3×16＋4＝52，所以原十进制数为−52。

1.2　数据的清洗与信息提取

元数据存储在数据库管理系统中，数据的采集有在线或离线的方式，数据的一致性与完备性通过同步的方式来实现，同步主要有三种方法：批量同步、增量同步与实时同步。批量同步主要为提供离线应用场景的批量数据提供进出通道。增量同步是指用户可以根据自己的特定应用需求设置过滤条件和同步周期来实现数据的增量同步。实时同步则是支持消息管道到数据库的实时数据导入。数据的管理以多时间维度(d，h，min)来实现分片管理，并可以制定规则来实现不同粒度的数据管理，实施数据清洗，通过多种学习模型和算法提炼得出规律和信息。

数据的清洗和信息提取过程包括六个基本的组成要素，分别是数据仓库、数据集市、实时计算工具、搜索引擎、智能算法管理库以及关系型数据库。

数据仓库是数据中心库，全面整合各类数据，按照主题组织信息，是打造信息智能的核心。数据集市面向部门级业务，提供各种模型用以组织数据，实现交互式分析以及自动化的报表应用构建。实时计算工具在分析平台上，对流数据进行实时采集和实时处理，帮助行业构建在线实时应用，充分利用流式信息。搜索引擎支撑高速全文检索服务，提供高并发支持，以及字段精确、模糊检索和快速统计功能，支持用 SQL 语句做内容检索。智能算法管理库打造统一的智能应用平台，实现数据清洗、数据分析挖掘、机器学习、深度学习、模型管理，API 部署，工作流调度等数据加工功能。关系型数据库为元数据提供 500 GB 以内的 OLTP 业务，实现元数据的高效管理，并保证系统的高稳定、可扩展、强一致性。

数据存在同构和异构数据，在数据库管理系统中，要实现异构数据互通，并能实现多种数据类型共存。异构数据互通就是整合并处理源于不同系统的数据，是实现数据仓库和数据湖的基本要求，并支持非结构化或者半结构化数据的存储、检索、分析能力，具有影像分析、文本数据挖掘分析等功能，发现与挖掘数据资源蕴藏的规律与信息。异构数据支持多种类型数据共存，既要求具备大规模数据下高效灵活的存储和分析能力，又要求具备海量非结构化数据的分析和存储能力，以适应不同的类数据分析需求。

本章小结

本章主要对计算机系统中的数据的表示和运算的基本方法进行了介绍，使学生理解和掌握数据的进制表示及不同进制间互换运算方法，以及同一数据的不同码值表示方法，为后面章节的教学内容做好理论铺垫和准备。同时，初步介绍了计算机系统中数据信息的提取和清洗过程，以开阔学生的视野。

练习

1. 将下列十进制数转换为八进制和二进制数。

(1) 43　(2) 59　(3) 647　(4) 0.985　(5) 7.235　(6) 23.597

2. 将下列二进制数转换为八进制和十进制数。

(1) 10010　(2) 10100110　(3) 0.0111　(4) 101.100011

3. 将下列二进制数进行运算。

(1) 0110＋1100011　(2) 101.011＋01001.00111　(3) 11.11011×0.100011

4. 将下列十进制数转换为 8421BCD 码。

(1) 2019　(2) 53.67　(3) 6.18195　(4) 0.13479

5. 简述数据信息提取与数据清洗的基本组成要素。

第 2 章 逻辑门与运算

门电路是计算机系统中最基本的逻辑单元，利用数学方法能更好地指导数字电路的设计，逻辑函数就是最重要的理论依据。其中，布尔代数是数字电路设计的理论基础，卡诺图提供更直观的图形化优化方法。本章重点介绍用与、或、非的基本逻辑门设计构造较为复杂的逻辑电路及相关的代数方法。

2.1 MOS 基本概念

金属氧化物半导体晶体管(Metal Oxide Semiconductor，MOS 管)，是 IC 集成电路的基本组成器件。互补金属氧化物半导体晶体管(Complementary Metal Oxide Semiconductor，CMOS 管)有 N 沟道 MOS 管和 P 沟道 MOS 管两种，简称为 PMOS 管和 NMOS 管，每个管都有四个连接端，分别是栅极(gate)、源极(source)、漏极(drain)与衬底(B)。PMOS 管利用空穴导电，速度较慢；NMOS 管利用电子导电，速度较快。CMOS 电路就是由 PMOS 管和 NMOS 管组合而成的电路。MOS 管的最小沟道长度，即最小线宽 L，就是常说的工业参数 55 nm、14 nm 或 7 nm；宽度 W 指管子的大小，W 值越大，管子越大，导电能力越强，等效电阻越小。如图 2-1 所示。

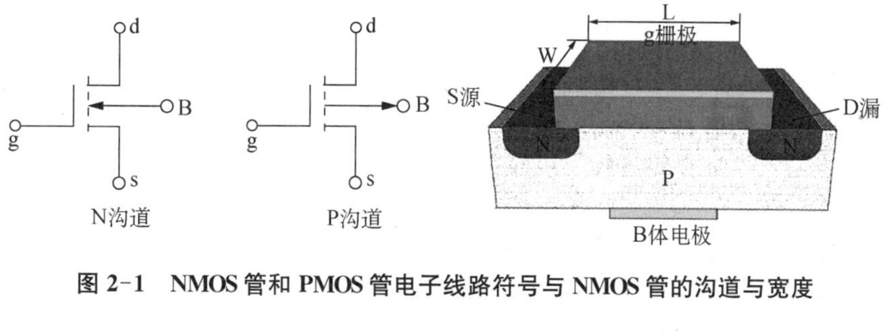

图 2-1　NMOS 管和 PMOS 管电子线路符号与 NMOS 管的沟道与宽度

图 2-1 中，NMOS 管，当栅极 g 接高电平时，漏极 d 和源极 s 导通；接低电平时，漏极 d 和源极 s 截止。PMOS 管，当栅极 g 接高电平时，漏极 d 和源极 s 截止；接低电平时，漏极 d 和源极 s 导通。NMOS 管和 PMOS 管的内部结构如图 2-2 所示。

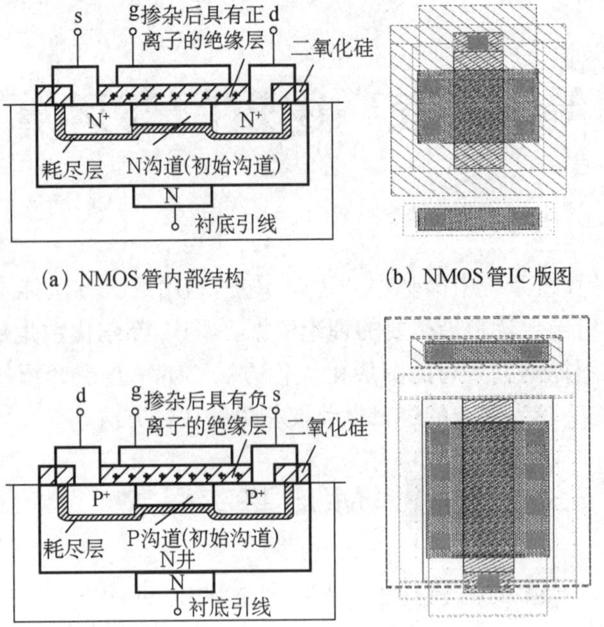

(a) NMOS 管内部结构 (b) NMOS 管IC 版图

(c) PMOS 管内部结构 (d) PMOS 管IC 版图

图 2-2 NMOS 管和 PMOS 管内部结构

2.2 逻辑函数与基本逻辑门

研究逻辑函数 $G=g(M, N)$ 时，逻辑变量 M 和 N 取二元常量 1 或 0，这两个逻辑变量既可以是状态编码，也可以是数值编码。

数字电路是开关电路，其每个元件有两种状态，即“开通”与“关断”，常用晶体管的“导通”与“截止”来实现，并以二元量 0 与 1 来表示，且数字电路的输入、输出量用高、低电平或 1 与 0 来表示。总之，整个数字电路的输入量和输出量之间的关系是函数关系，可以用逻辑函数进行描述。因此，数字电路也称为逻辑电路或数字逻辑电路。

假设输入变量为 $M_1, M_2, \cdots, M_n$，输出逻辑变量为 G，当 $M_1, M_2, \cdots, M_n$ 的值确定时，则输出变量 G 的值也唯一确定，那么称逻辑变量 G 为 $M_1, M_2, \cdots, M_n$ 的逻辑函数，表达式为

$$G=g(M_1, M_2, \cdots, M_n) \tag{2-1}$$

式中，输入逻辑变量和输出逻辑变量的取值均为 0 或 1，无中间值。

在逻辑函数中，**与**、**或**、**非**运算是最基本的逻辑运算，其具有相应的门电路，利用基本门电路可组合设计出复杂的逻辑电路。基本逻辑门与逻辑函数如表 2-1 所示。

表 2-1　基本的逻辑门与逻辑函数

<table>
<tr><th rowspan="2">逻辑函数
逻辑运算</th><th rowspan="2">逻辑门</th><th rowspan="2">逻辑表达式</th><th colspan="3">真值表</th></tr>
<tr><th>$M(A)$</th><th>$N(B)$</th><th>G</th></tr>
<tr><td>与</td><td>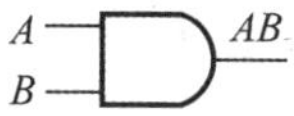</td><td>$G=A\cdot B$</td><td>0
0
1
1</td><td>0
1
0
1</td><td>0
0
0
1</td></tr>
<tr><td>或</td><td>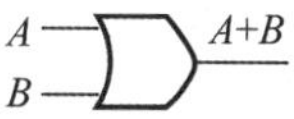</td><td>$G=A+B$</td><td>0
0
1
1</td><td>0
1
0
1</td><td>0
1
1
1</td></tr>
<tr><td rowspan="2">非</td><td>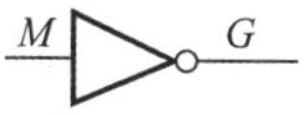</td><td>$G=\overline{M}$</td><td>0
1</td><td>—
—</td><td>1
0</td></tr>
<tr><td>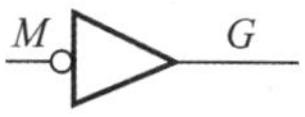</td><td>$G=\overline{M}$</td><td>0
1</td><td>—
—</td><td>1
0</td></tr>
<tr><td>与非</td><td>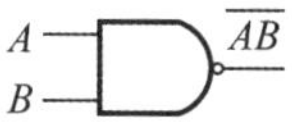</td><td>$G=\overline{A\cdot B}$</td><td>0
0
1
1</td><td>0
1
0
1</td><td>1
1
1
0</td></tr>
<tr><td>或非</td><td>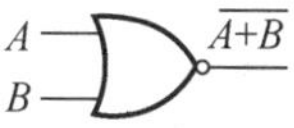</td><td>$G=\overline{A+B}$</td><td>0
0
1
1</td><td>0
1
0
1</td><td>1
0
0
0</td></tr>
<tr><td>异或</td><td>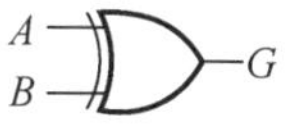</td><td>$G=A\oplus B$</td><td>0
0
1
1</td><td>0
1
0
1</td><td>0
1
1
0</td></tr>
<tr><td>同或</td><td>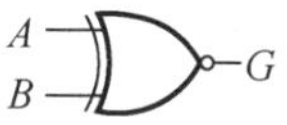</td><td>$G=A\odot B$</td><td>0
0
1
1</td><td>0
1
0
1</td><td>1
0
0
1</td></tr>
</table>

1. 与运算

假设打开保险箱的锁需要两把钥匙，且只有两把钥匙同时插入时，保险箱才能打开，任何一把钥匙都不能单独打开保险箱。用逻辑**与**运算表示这种逻辑关系：只有逻辑输入变量 M 和 N 同时为 1，逻辑函数输出变量才为 1。其表达式可描述为

$$G=A\cdot B \tag{2-2}$$

式中，运算符“·”表示逻辑变量 A 和 B 的**与**运算，也称逻辑乘，该运算符在逻辑表达式中书写可省略。两个输入逻辑变量有 4 种(00, 01, 10, 11)组合，对应的 G 值见表 2-1。

与运算可扩展为有任意多个输入逻辑变量。当有三个输入逻辑变量时，共有

9 种(000～111)组合，只有输入组合为 111 时，输出逻辑变量的值才为 1。三输入的逻辑与运算及真值表如图 2-3 和表 2-2 所示。

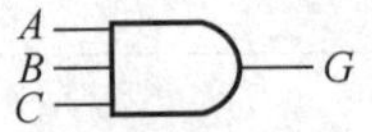

(a) 三输入与门符号

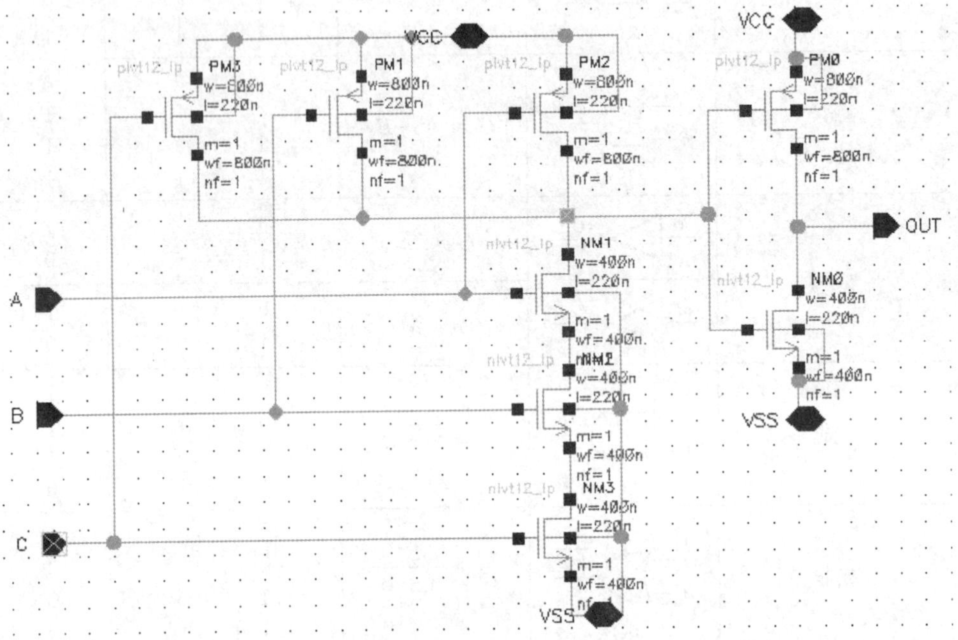

(b) 三输入逻辑与门CMOS电路

图 2-3　三输入逻辑与

表 2-2　三输入与运算真值表

输入			输出
A	*B*	*C*	*G*
0	0	0	0
0	0	1	0
0	1	0	0
0	1	1	0
1	0	0	0
1	0	1	0
1	1	0	0
1	1	1	1

2. 或运算

如果保险箱有两把钥匙，且只需要任意一把钥匙就可以打开，则用逻辑**或**运算表示这种逻辑关系：只要逻辑输入变量 M 和 N 中任意一个变量为 1，逻辑函数输

出变量 G 就为 1。其表达式可描述为

$$G = A + B \tag{2-3}$$

式中,运算符"+"表示逻辑变量 A 和 B 的**或**运算,也称逻辑**或**。两个输入逻辑变量共有 4 种(00, 01, 10, 11)组合,对应的逻辑输出变量见表 2-1。

或运算可扩展为有任意多个输入逻辑变量。当有三个输入逻辑变量时,共有 9 种(000~111)组合,只要输入组合中有任一个变量为 1 时,输出逻辑变量的值就为 1。三输入的逻辑**或**运算及真值表如图 2-4 和表 2-3 所示。

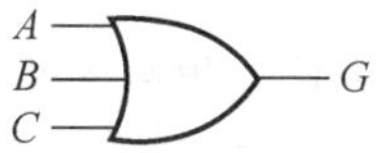

(a) 三输入或门符号

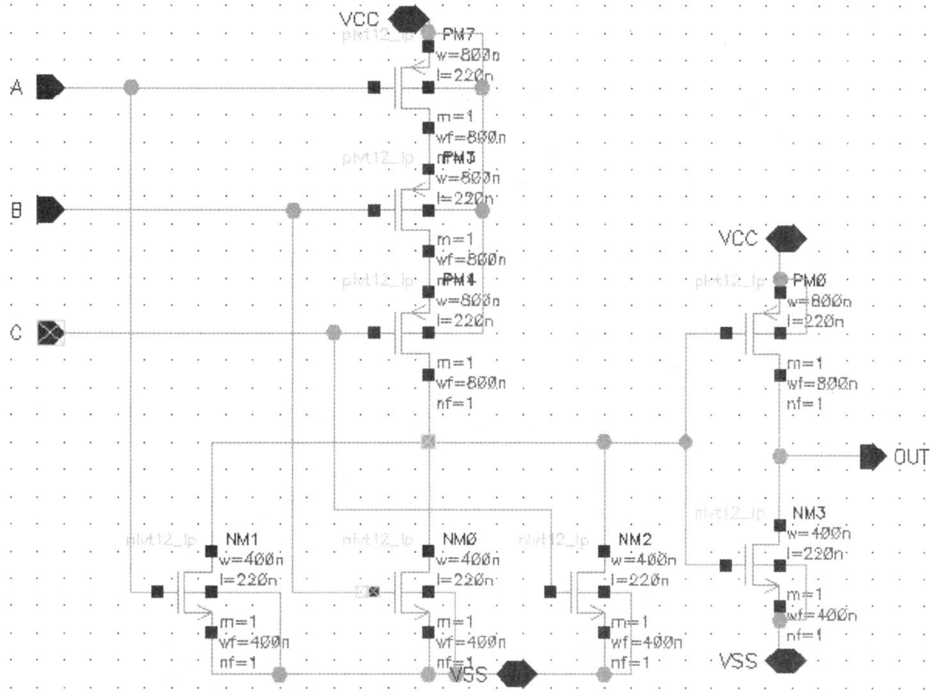

(b) 三输入逻辑或门CMOS电路

图 2-4　三输入逻辑或

表 2-3　三输入或运算真值表

输入			输出
A	B	C	G
0	0	0	0
0	0	1	1
0	1	0	1
0	1	1	1

（续表）

输入			输出
A	B	C	G
1	0	0	1
1	0	1	1
1	1	0	1
1	1	1	1

3. 非运算

非运算是指某一逻辑函数的运算结果是逻辑变量的相反状态。用逻辑非运算表示这种逻辑关系：当逻辑输入变量 M 为 0 时，逻辑函数输出变量为 1；当逻辑输入变量 M 为 1 时，逻辑函数输出变量为 0。其表达式可描述为

$$G=\overline{M} \tag{2-4}$$

式中，符号“$\overline{\ \ }$”表示逻辑变量 M 的非运算，也称逻辑非门或反相器。逻辑变量共有 2 种（0 或 1）状态，对应的逻辑输出变量见表 2-1。逻辑非门及波形图如图 2-5 所示，非门中的空小圆圈“◦”表示取反，输出端取反和输入端取反等效。

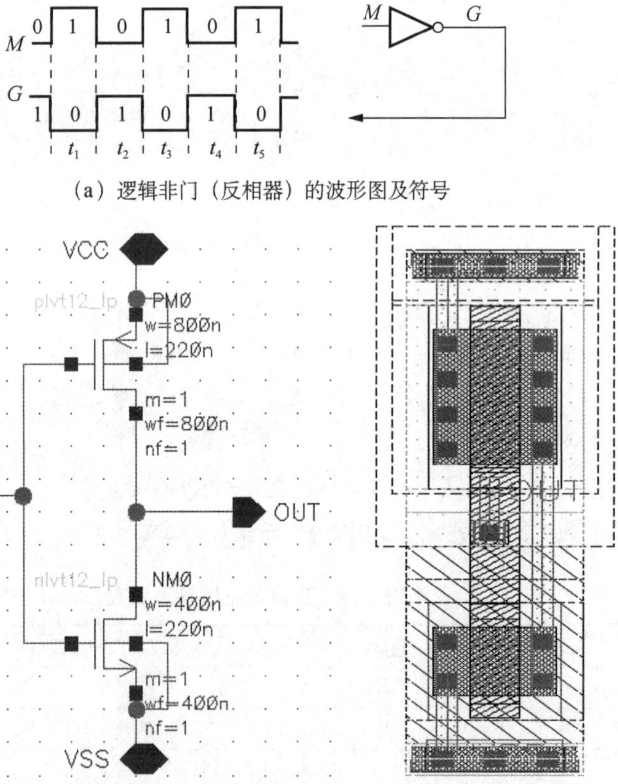

（a）逻辑非门（反相器）的波形图及符号

（b）逻辑非门CMOS电路

（c）逻辑非门IC版图

图 2-5　逻辑非门

4. 与非运算

与非运算是**与**运算和**非**运算的组合。其表达式可描述为

$$G=\overline{A \cdot B} \tag{2-5}$$

逻辑**与非**门如图 2-6 所示，输入变量与输出变量结果的对应关系见表 2-1。

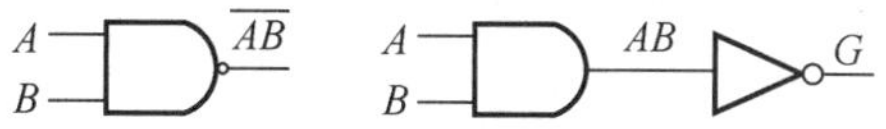

(a) 逻辑与非门符号

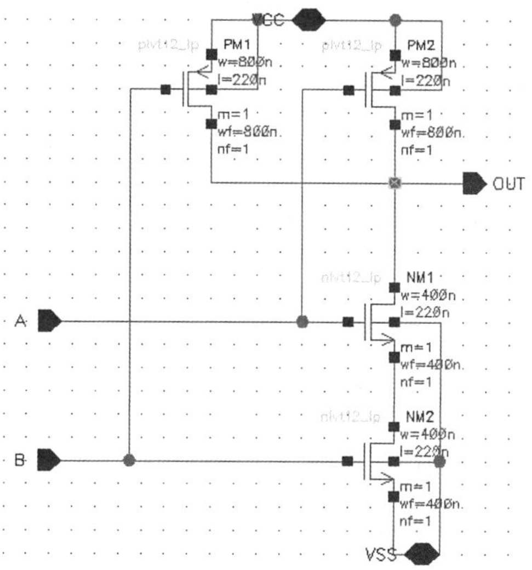

(b) 逻辑与非门CMOS电路

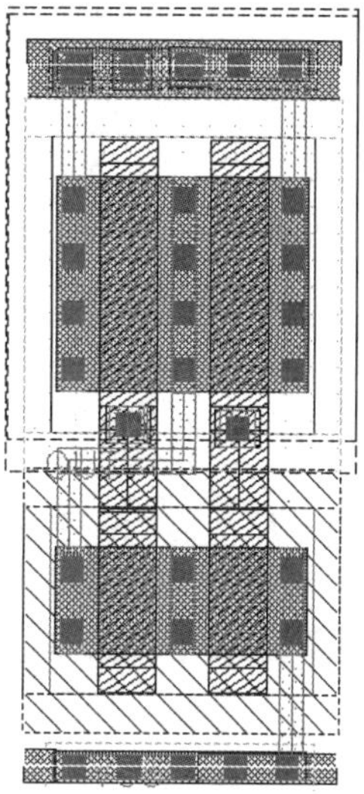

(c) 逻辑与非门IC版图

图 2-6 逻辑与非门

5. 或非运算

或非运算是**或**运算和**非**运算的组合。其表达式可描述为

$$G=\overline{A+B} \tag{2-6}$$

逻辑**或非**门如图 2-7 所示，输入变量与输出变量结果的对应关系见表 2-1。

6. 异或运算

异或运算是由**非**、**与**、**或**运算组合而成。其表达式可描述为

$$G=A \oplus B \tag{2-7}$$

式中，符号“$\oplus$”表示**异或**运算，逻辑**异或**运算的规则是：变量 A，B 按二进制数加法法则按位加，不考虑进位，即满足 $0+0=0$，$0+1=1$，$1+0=1$，$1+1=0$，该逻辑运算是设计二进制加法器的基本单元。输入变量与输出变量结果的对应关系见表 2-1。

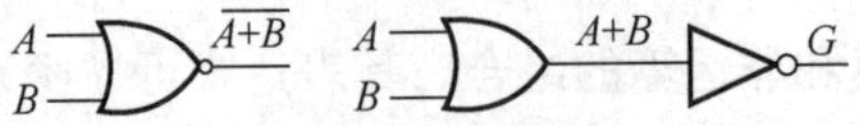

(a) 逻辑或非门符号

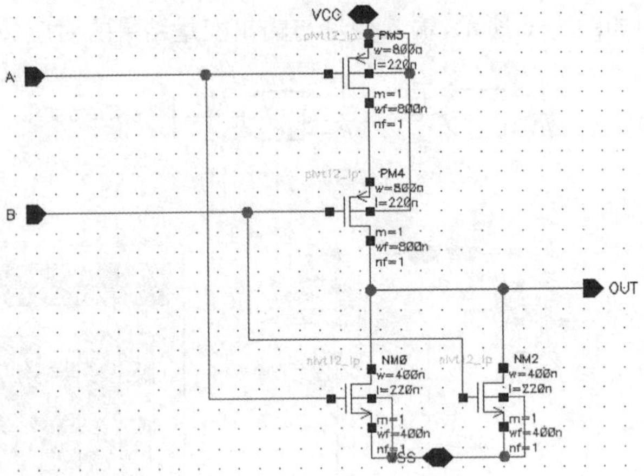

(b) 逻辑或非门CMOS电路

图 2-7　逻辑或非门

7. 同或运算

同或运算是由**与**、**或**、**非**运算组合而成。其表达式可描述为

$$G = A \odot B \tag{2-8}$$

式中，符号"⊙"表示**同或**运算，逻辑**同或**运算的规则是：输入逻辑变量 A 和 B 同为 1 或 0 时，输出逻辑变量为 1。输入变量与输出变量结果的对应关系见表 2-1。**同或**和**异或**逻辑门及其运算波形如图 2-8 所示。

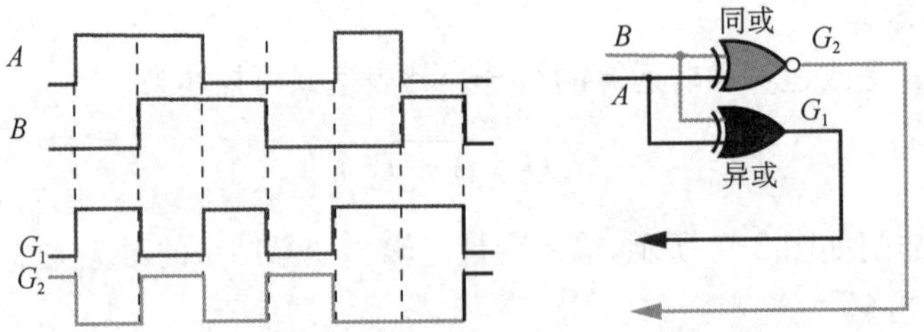

(a) 波形　　(b) 逻辑门符号

图 2-8　逻辑同或和异或门

8. 简单的组合运算

四个输入变量 A, B, C, D 通过**与**、**或**、**非**运算组合成简单的逻辑运算。其表达式可描述为

$$G = \overline{A \cdot B + C \cdot D} \tag{2-9}$$

式中，运算过程是先**与**、后**或**、再**非**，逻辑运算规则是：只要输入逻辑变量 $AB=1$ 或 $CD=1$ 时，输出逻辑变量 G 为 0；否则 G 为 1。该逻辑电路如图 2-9 所示，输入变量与输出变量结果的对应关系见表 2-4。

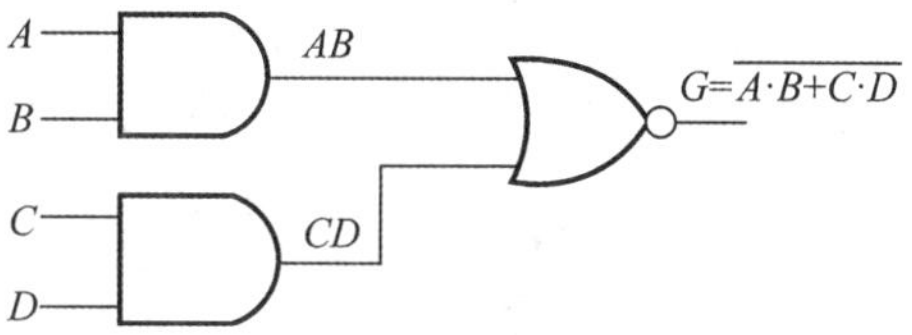

图 2-9　简单组合逻辑电路

表 2-4　简单组合逻辑电路真值表

ABCD(输入逻辑变量)	G(输出变量)	ABCD(输入逻辑变量)	G(输出变量)
0000	1	1000	1
0001	1	1001	1
0010	1	1010	1
0011	0	1011	0
0100	1	1100	0
0101	1	1101	0
0110	1	1110	0
0111	0	1111	0

9. 正负逻辑与三态门

逻辑运算需要通过逻辑门电路来实现，如把门电路的输入、输出电压的高电平赋值为逻辑“1”，低电平为逻辑“0”，这种赋值关系为正逻辑；如高电平赋值为逻辑“0”，低电平为逻辑“1”，则为负逻辑。

常用器件中还有三态门这个重要的元件，如图 2-10 所示。其输出有逻辑 1、逻辑 0、高阻态三种状态，输出受使能端 E 的控制，当使能端 E 有效(逻辑 1)时，三态门的输出端 D_{out} 取决于输入端 D_{in}；当使能端 E 无效(逻辑 0)时，三态门的输出端 D_{out} 呈现高阻抗状态，则其输出与后面连接电路断开。

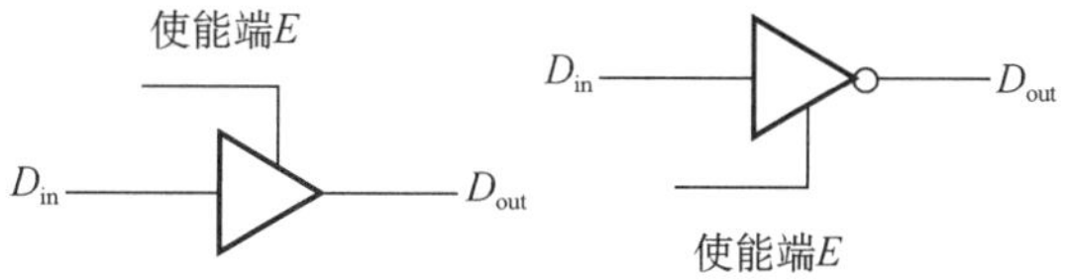

(a) 三态门符号

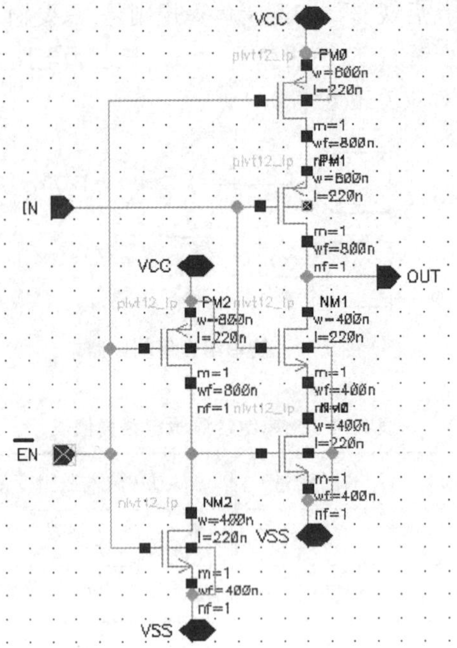

(b) CMOS电路

图 2-10　三态门

2.3 布尔代数

布尔代数是一种用来处理二进制变量和逻辑运算的代数方法，一般用大写字母来表示变量，由**与**、**或**、**非**三种基本的逻辑运算构成布尔表达式，如式(2-2)和式(2-3)等，由二进制变量(常量 0 和 1)、逻辑运算符和括号等组成。根据输入变量与输出变量的映射关系，分为单输出的布尔代数和多输出的布尔代数，前者是函数输入变量 0 和 1 的每一种可能组合到输出 0 或 1 的映射，后者是函数输入变量 0 和 1的每一种可能组合到输出 0 和 1 的映射。

2.3.1　布尔代数的基本定律

布尔代数运算的基本定律如表 2-5 所示。该表中的基本公式只反映逻辑关系，而不表示数量之间的关系。因此，初等代数运算的移项规则不适用。

表 2-5　布尔代数运算基本定律

基本定律	$A+0=A$	$A\cdot 0=0$	$\overline{\overline{A}}=A$
	$A+1=1$	$A\cdot 1=A$	
	$A+A=A$	$A\cdot A=A$	
	$A+\overline{A}=1$	$A\cdot\overline{A}=0$	

（续表）

结合律	$(A+B)+C=A+(B+C)$	$(AB)C=A(BC)$
交换律	$A+B=B+A$	$AB=BA$
分配律	$A(B+C)=AB+AC$	$A+BC=(A+B)(A+C)$
狄摩根定律	$\overline{A\cdot B\cdot C}=\overline{A}+\overline{B}+\overline{C}$	$\overline{A+B+C}=\overline{A}\cdot\overline{B}\cdot\overline{C}$
吸收律	$A+A\cdot B=A$	
	$A\cdot(A+B)=A$	
	$A+\overline{A}\cdot B=A+B$	
	$(A+B)\cdot(A+C)=A+BC$	

狄摩根定律是可以用来计算表达式的互补形式和对应函数的重要定律。如下是二变量的狄摩根定律公式

$$\overline{X\cdot Y}=\overline{A}+\overline{Y} \tag{2-10}$$

$$\overline{X+Y}=\overline{X}\cdot\overline{Y} \tag{2-11}$$

其真值表如表 2-6 所示，在真值表 a）列中，由输入变量 X 和 Y 的所有可能组合值计算 $\overline{X+Y}$，方法是先计算 $X+Y$，再对计算结果取反得到 $\overline{X+Y}$。在真值表 b）列中，先计算 $\overline{X}$ 和 $\overline{Y}$，再将所得的值相**与**。两种运算的结果相同，从而证明了狄摩根定律的正确性。

表 2-6　验证狄摩根定律的真值表

a)	X	Y	$X+Y$	$\overline{X+Y}$	b)	X	Y	$\overline{X}$	$\overline{Y}$	$\overline{X}\cdot\overline{Y}$
	0	0	0	1		0	0	1	1	1
	0	1	1	0		0	1	1	0	0
	1	0	1	0		1	0	0	1	0
	1	1	1	0		1	1	0	0	0

在计算表达式的时候，必须遵守运算的顺序。表 2-6 b）列中，先对输入变量取反运算，再作**与**运算；在 a）列中，先**或**运算，再将得到的结果取反。需注意，对一个表达式取反时，通常除掉括号，因为加在表达式上方的横杠已经把整个表达式连接在一起，因此对 $X+Y$ 取反时，$\overline{(X+Y)}$ 可表示为 $\overline{X+Y}$。

狄摩根定律可以扩展到三个及多个输入变量，可表示为

$$\overline{X+Y+W+\cdots}=\overline{X}\,\overline{Y}\,\overline{W}\cdots \tag{2-12}$$

$$\overline{XYW\cdots}=\overline{X}+\overline{Y}+\overline{W}+\cdots \tag{2-13}$$

2.3.2 布尔代数运算规则

根据布尔代数运算基本定理,可进行复杂布尔代数表达式的化简。化简时,应遵循下列基本运算规则。

1. 代入规则

代入规则是指任何一个含有变量 X 的等式,如果将所有出现 X 的位置都用一个逻辑函数替代,该等式仍然成立。因为无论是一个逻辑函数或一个逻辑变量,都只能取二元常量 0 或 1,所以代入规则总是成立的。

例如,在布尔代数式 $B(X+C)=BX+BC$ 中,若 $X=A+D$,将函数 $X=A+D$ 代入,等式为 $B[(A+D)+C]=BA+BD+BC$,由代入法则知,该等式成立。

2. 反演规则

狄摩根定律表明,求一个逻辑函数 G 的**非**函数 $\overline{G}$ 时,可将 G 中的**与**($\cdot$)换成**或**($+$),或者将 G 中的**或**($+$)换成**与**($\cdot$),再将原输入变量换成其**非**变量(如将 X 换成 $\overline{X}$),或将输入**非**变量换成原变量(如将 $\overline{X}$ 换成 X),并将常量 1 换成 0,0 换成 1,则所得的逻辑函数式即为 $\overline{G}$。此规则为反演规则。

例如,求 $G=\overline{X}\,\overline{Y}+WZ$ 的非函数。依据反演规则,$\overline{G}=(X+Y)\cdot(\overline{W}+\overline{Z})$。需注意,运算时,要保持原表达式的先**与**后**或**顺序。

3. 对偶规则

如果 G 为一个逻辑函数表达式,把 G 中的运算符**与**($\cdot$)换成**或**($+$),或者把**或**($+$)换成**与**($\cdot$),并将常量 1 换成 0,0 换成 1,则得到一个新的逻辑函数表达式,称之为 G 的对偶式,记为 G'。

例如,$G=(X+\overline{Y})\cdot(X+\overline{Z})$,则 $G'=X\cdot\overline{Y}+X\overline{Z}$。需注意,运算时同样要保持原表达式的顺序。

对偶规则是指当某个逻辑等式恒成立时,其对偶式也恒成立。

例如,$X+\overline{X}Y=X+Y$ 恒成立,其对偶式 $X(\overline{X}+Y)=XY$ 也恒成立。

2.3.3 用布尔代数化简逻辑函数

由门电路组合成的逻辑电路与逻辑函数具有对等关系,但有的逻辑电路与其逻辑函数不是最简。可以利用布尔代数简化逻辑函数,再画出其最简逻辑电路,从而达到优化逻辑电路的目的。这样可以节省元件,降低成本,提高硬件的可靠性。

简化的方式很多,由于**与或**表达式较为常见,且具备较强的互换性,因此,简化的原则是采用最简的**与或**表达式,也就是要求乘积项的数目最少,且每个乘积项中的变量个数也要最少。常用方法如下。

并项法:利用 $X+\overline{X}=1$,将两项合并成一项,消除一个变量。如

$$\bar{X}\,\bar{Y}W+\bar{X}\,\bar{Y}\,\bar{W}=\bar{X}\,\bar{Y}$$

吸收法:利用 $X+XY=X$，吸收多余的项。如

$$\bar{X}\,\bar{Y}+\bar{X}\,\bar{Y}\,\bar{W}=\bar{X}\,\bar{Y}$$

消除法:利用 $X+\bar{X}Y=X+Y$，消除多余因子。如

$$XY+\bar{X}W+\bar{Y}W=XY+(\bar{X}+\bar{Y})W=XY+\overline{XY}W=XY+W$$

配项法:用 $X+\bar{X}=1$ 作为配项,消除更多项。如

$$G=XY+\bar{X}\,\bar{W}+Y\bar{W}=\bar{X}\,\bar{Y}$$

对 $Y\bar{W}$配项 $(X+\bar{X})$，运算过程为

$$\begin{aligned}G&=XY+\bar{X}\,\bar{W}+Y\bar{W}=XY+\bar{X}\,\bar{W}+(X+\bar{X})Y\bar{W}\\&=XY+\bar{X}\,\bar{W}+XY\bar{W}+\bar{X}Y\bar{W}=XY+\bar{X}\,\bar{W}\end{aligned}$$

【例 2-1】 简化逻辑函数表达式 $G=\overline{XY+\bar{W}}+X\bar{W}+Y$，求解：

(1) 画出原始逻辑表达式的逻辑电路；

(2) 用布尔代数简化该逻辑函数；

(3) 画出简化的逻辑电路。

解:(1) 原始逻辑表达式的逻辑电路如图 2-11 所示。

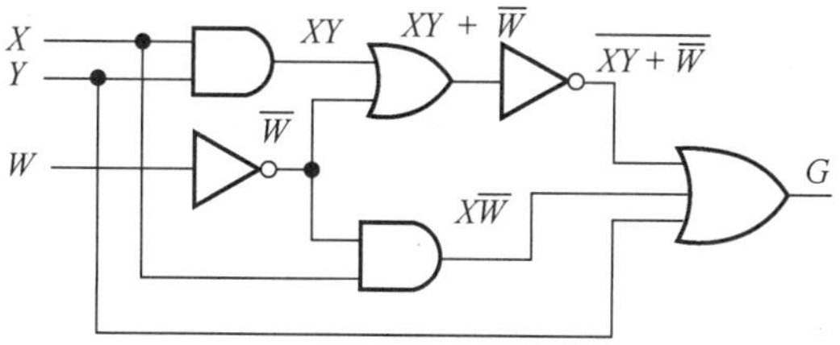

图 2-11　原始逻辑表达式的逻辑电路

(2) $G=\overline{XY+\bar{W}}+X\bar{W}+Y$

$=\underline{(\bar{X}+\bar{Y})W}+X\bar{W}+Y$　(狄摩根定律$\overline{XY+\bar{W}}=\overline{XY}\,\bar{\bar{W}}=(\bar{X}+\bar{Y})W$)

$=\underline{\bar{X}W+\bar{Y}W}+X\bar{W}+Y$　(分配律$(\bar{X}+\bar{Y})W=\bar{X}W+\bar{Y}W$)

$=Y+\bar{Y}W+\bar{X}W+X\bar{W}$　(交换律)

$=\underline{Y+W}+\bar{X}W+X\bar{W}$　(消除法 $Y+\bar{Y}W=Y+YW+\bar{Y}W=Y+W$)

$=Y+\underline{W+WX}+\bar{X}W+X\bar{W}$　(配项法 $W=W(1+X)=W+WX$)

$=Y+W+\underline{X}+\bar{X}W$　(分配律 $WX+X\bar{W}=X(W+\bar{W})=X$)

$=Y+X+\underline{W}$　(吸收律 $W+\bar{X}W=W$)

(3) 简化的逻辑电路如图 2-12 所示。

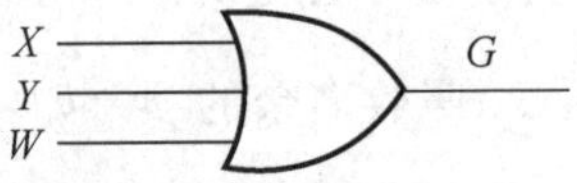

图 2-12　简化的逻辑电路

【例 2-2】 简化逻辑函数表达式 $G=\bar{X}YZ+\bar{X}Y\bar{Z}+XZ$，求解：

(1) 画出原始逻辑表达式的逻辑电路；

(2) 用布尔代数简化该逻辑函数；

(3) 画出简化的逻辑电路及简化前后真值表。

解：(1) 原始逻辑表达式的逻辑电路如图 2-13 所示。

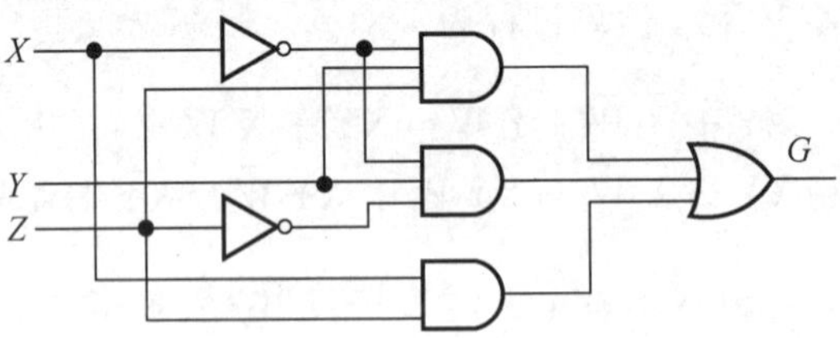

图 2-13　原始逻辑表达式的逻辑电路

(2)
$$\begin{aligned} G &= \bar{X}YZ+\bar{X}Y\bar{Z}+XZ \\ &= \bar{X}Y(Z+\bar{Z})+XZ \quad \text{(结合律)} \\ &= \bar{X}Y\cdot 1+XZ \quad (Z+\bar{Z}=1) \\ &= \bar{X}Y+XZ \end{aligned}$$

(3) 简化逻辑表达式的逻辑电路如图 2-14 所示。简化前后的真值表见表 2-7。

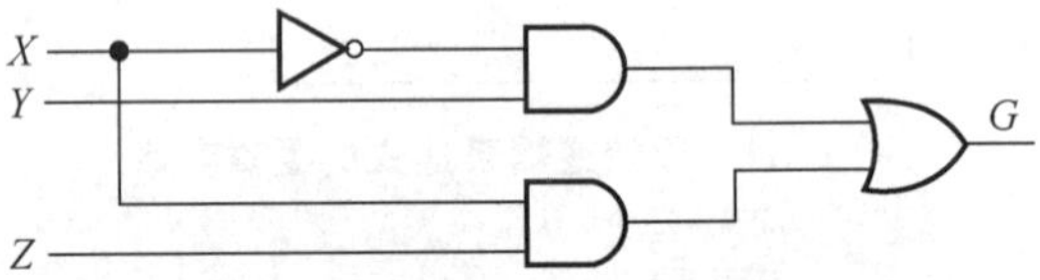

图 2-14　简化逻辑表达式的逻辑电路

表 2-7　化简前后的真值表

X	Y	Z	a)　G	b)　G
0	0	0	0	0
0	0	1	0	0
0	1	0	1	1
0	1	1	1	1

（续表）

X	Y	Z	a)　G	b)　G
1	0	0	0	0
1	0	1	1	1
1	1	0	0	0
1	1	1	1	1

化简前的逻辑函数输出 a)列结果与化简后的逻辑函数输出 b)列结果相同，说明这两个表达式是等效的。因此，对于 3 个输入变量的所有二进制组合，简化前后两个电路的输出结果相同，实现了相同的功能，且使用的门元件更少，或门的级数更少，从而优化了逻辑电路，并降低了成本。

【例 2-3】 用对偶规则求解逻辑函数表达式 $G=AB+\bar{A}C+BC$ 的对偶式。

解： $G'=(A+B)(\bar{A}+C)(B+C)=(A+B)(\bar{A}+C)$

$=AC+\bar{A}B+BC$

【例 2-4】 求解逻辑函数表达式 $G=A(\bar{B}\bar{C}+BC)$ 的反函数。

解： $\bar{G}=\overline{A(\bar{B}\bar{C}+BC)}=\bar{A}+\overline{(\bar{B}\bar{C}+BC)}=\bar{A}+\overline{\bar{B}\bar{C}}\cdot\overline{BC}$

$=\bar{A}+(B+C)(\bar{B}+\bar{C})=\bar{A}+\bar{B}C+B\bar{C}$

【例 2-5】 用对偶式求解逻辑函数表达式 $G=A(\bar{B}\bar{C}+BC)$ 的反函数。

解： G 的对偶式为

$$G'=A+(\bar{B}+\bar{C})(B+C)$$

对每个变量取反得出反函数

$$\bar{G}=\bar{A}+(B+C)(\bar{B}+\bar{C})$$

2.3.4　逻辑函数的布尔代数标准形式及最大、最小项

逻辑函数的布尔代数标准形式由乘积项和求和项构成。乘积项由输入变量的**与**运算组成逻辑积，求和项由输入变量的**或**运算组成逻辑和。注意，在布尔代数中，“积”与“和”不是算术运算，而是**与**和**或**的逻辑运算。

如果在逻辑函数的表达式中所有的变量都以原变量或反变量的形式出现乘积项，且只出现一次，则该乘积项称为最小项。其特征是在真值表中仅仅表示二进制变量的一个组合，而且当此组合值为 1 时，其他组合值皆为 0。n 个输入变量，共存在 2^n 个不同的最小项。最小项的符号为 m_j，其中，j 为 0～(2^n-1)。如 A、B 两个输入变量，则有 AB，$\overline{AB}$，$\bar{A}B$，$A\bar{B}$ 共 4 个最小项。当 $n=3$，输入变量为 X，Y，Z 时，存在 8 个最小项，其真值表如表 2-8 所示，输入值(000～111)从高到低的输出值标记为 m_0～m_7。

表 2-8　三输入变量的最小项

X	Y	Z	乘积项	符号	m_0	m_1	m_2	m_3	m_4	m_5	m_6	m_7
0	0	0	$\overline{XYZ}$	m_0	1	0	0	0	0	0	0	0
0	0	1	$\overline{XY}Z$	m_1	0	1	0	0	0	0	0	0
0	1	0	$\overline{X}Y\overline{Z}$	m_2	0	0	1	0	0	0	0	0
0	1	1	$\overline{X}YZ$	m_3	0	0	0	1	0	0	0	0
1	0	0	$X\overline{YZ}$	m_4	0	0	0	0	1	0	0	0
1	0	1	$X\overline{Y}Z$	m_5	0	0	0	0	0	1	0	0
1	1	0	$XY\overline{Z}$	m_6	0	0	0	0	0	0	1	0
1	1	1	XYZ	m_7	0	0	0	0	0	0	0	1

逻辑函数的最大项定义是一个包含了所有变量的标准求和项。其基本特征是在这个求和项中所有输入变量都为原变量或反变量形式。由 n 个输入变量可组成 2^n 个最大项，如 3 个输入变量组成的 8 个最大项如表 2-9 所示。每个最大项都是 3 个输入变量的逻辑和，如果其中某一位的值为 1，则对应的变量取反，否则不取反。最大项符号表示为 M_j，其中，j 取值为 $0\sim(2^n-1)$。比较分析最小项与最大项，可以得出相同下标的最大项和最小项互反的关系，即 $M_j=\overline{m_j}$ 和 $m_j=\overline{M_j}$。例如，当 $j=3$ 时，则有 $M_j=X+\overline{Y}+\overline{Z}=\overline{\overline{X}YZ}=\overline{m_j}$。

表 2-9　3 个输入变量组成的最大项

X	Y	Z	求和项	符号	M_0	M_1	M_2	M_3	M_4	M_5	M_6	M_7
0	0	0	$X+Y+Z$	M_0	0	1	1	1	1	1	1	1
0	0	1	$X+Y+\overline{Z}$	M_1	1	0	1	1	1	1	1	1
0	1	0	$X+\overline{Y}+Z$	M_2	1	1	0	1	1	1	1	1
0	1	1	$X+\overline{Y}+\overline{Z}$	M_3	1	1	1	0	1	1	1	1
1	0	0	$\overline{X}+Y+Z$	M_4	1	1	1	1	0	1	1	1
1	0	1	$\overline{X}+Y+\overline{Z}$	M_5	1	1	1	1	1	0	1	1
1	1	0	$\overline{X}+\overline{Y}+Z$	M_6	1	1	1	1	1	1	0	1
1	1	1	$\overline{X}+\overline{Y}+\overline{Z}$	M_7	1	1	1	1	1	1	1	0

一个布尔函数可由真值表中所有函数值为 1 的最小项的逻辑和来表示，这样形成的表达式称为最小项之和。如表 2-10 a）列所示的布尔函数 G，当输入变量 XYZ 取值 000，010，101，111 时，函数的值为 1，其组合对应的最小项 $j=0,2,5,7$，则函数 G 用这 4 个最小项的逻辑和来构成表达式

$$G=\overline{X}\,\overline{Y}\,\overline{Z}+\overline{X}Y\overline{Z}+XZ+XYZ=m_0+m_2+m_5+m_7=\sum m(0,\ 2,\ 5,\ 7)$$

符号 $\sum$ 表示最小项的逻辑和。当最小项转换成乘积项时，G 函数括弧中的输入变量需按顺序排列。

表 2-10 3 输入变量布尔函数

a)	X	Y	Z	G	$\overline{G}$	b)	X	Y	Z	E
	0	0	0	1	0		0	0	0	1
	0	0	1	0	1		0	0	1	1
	0	1	0	1	0		0	1	0	1
	0	1	1	0	1		0	1	1	0
	1	0	0	0	1		1	0	0	1
	1	0	1	1	0		1	0	1	1
	1	1	0	0	1		1	1	0	0
	1	1	1	1	0		1	1	1	0

如表 2-10 所示，布尔函数的反函数是把 G 值的 1 变成 0、0 变成 1，即可得出 $\overline{G}$ 的二进制值，因此，反函数 $\overline{G}$ 的最小项的逻辑和为

$$\overline{G}(X, Y, Z) = \overline{X}\,\overline{Y}Z + \overline{X}YZ + X\,\overline{Y}\,\overline{Z} + XY\overline{Z}$$
$$= m_1 + m_3 + m_4 + m_6 = \sum m(1, 3, 4, 6)$$

故 $G = \overline{m_1 + m_3 + m_4 + m_6} = \overline{m_1}\;\overline{m_3}\;\overline{m_4}\;\overline{m_6}$

$$= (X + Y + \overline{Z})(X + \overline{Y} + \overline{Z})(\overline{X} + \overline{Y} + Z)$$
$$= M_1\, M_3\, M_4\, M_6 = \prod M(1, 3, 4, 6)$$

该运算过程表明如何得到布尔函数的最大项之积，符号 $\prod$ 表示最大项的逻辑积。当然，运算布尔函数时，最大项形式很少使用，人们总是用 $\overline{G}$ 的最小项形式来代替。最小项具有如下性质：

(1) n 个输入变量的布尔函数有 2^n 个最小项，可以依次用 $0 \sim 2^n - 1$ 的二进制数字表示。

(2) 任何布尔函数都可以用最小项逻辑和形式进行表示。

(3) 反函数表达式所包括的最小项，在原函数中都不包含。

(4) 包含全部 2^n 个最小项的函数，值等于逻辑 1。

任何一个不是最小项之和形式的函数都可以利用真值表转化成最小项之和表达式，因其真值表里给出的是函数的最小项。

【例 2-6】 要求设计一个逻辑电路，当三个输入变量 X、Y、Z 中至少两个为高电平 1 时，该电路输出为高电平 1，求解：(1) 列出真值表；(2) 根据真值表列出布尔函数表达式；(3) 简化表达式；(4) 画出最简逻辑电路。

解：(1) 根据题意列出真值表如表 2-11 所示。

表 2-11 真值表及最小项

X	Y	Z	G	最小项
0	0	0	0	
0	0	1	0	
0	1	0	0	
0	1	1	1	$\overline{X}YZ$
1	0	0	0	
1	0	1	1	$X\overline{Y}Z$
1	1	0	1	$XY\overline{Z}$
1	1	1	1	XYZ

(2) 根据表 2-11,可得出逻辑函数 G 是其值为 1 对应的最小项之和,其**与或**表达式为

$$G(X, Y, Z)=\overline{X}YZ+X\overline{Y}Z+XY\overline{Z}+XYZ$$

(3) 简化过程为

$$\begin{aligned}G(X, Y, Z)&=\overline{X}YZ+X\overline{Y}Z+XY\overline{Z}+XYZ\\&=\overline{X}YZ+X\overline{Y}Z+XY\\&=XZ+XY+YZ\end{aligned}$$

(4) 简化逻辑电路如图 2-15 所示。

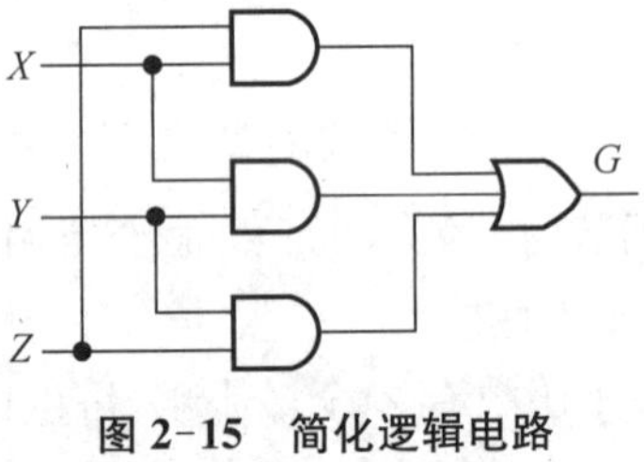

图 2-15 简化逻辑电路

2.3.5 逻辑函数的积之和与和之积表达式

最小项之和是一种标准的代数表达式,可直接从真值表中得到,但不一定是最简表达式,因每个最小项必须包含函数中所有变量,这些变量可以是原变量,也可以是反变量。经过简化后得到的积之和表达式,是另外一种一个乘积项最多包含 n 个变量的积之和表达式的标准形式。积之和形式的逻辑电路是由一组**与**逻辑门后接一个**或**逻辑门组成的电路,如图 2-16 所示。通常,假设输入变量是原变量或反变量,在逻辑电路中可不出现反相器。这种以**与**逻辑门后接**或**逻辑门的电路结构称为两级电路。

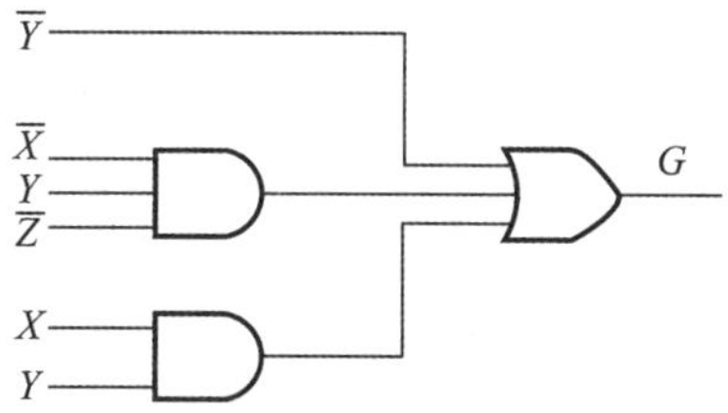

图 2-16　积之和形式的逻辑电路

对于不是积之和形式的逻辑函数可通过狄摩根定律变换成标准形式，如图 2-17 所示，非积之和形式的三级电路与标准型的两级电路是等价的。

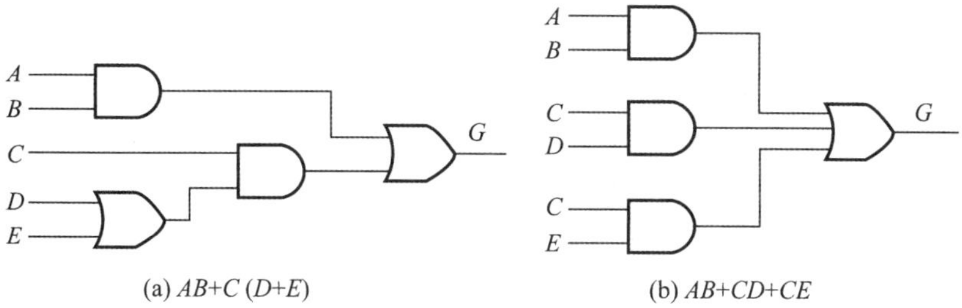

图 2-17　三级与两级等价逻辑电路

还有一种布尔函数表达式的标准形式是和之积形式，其由若干求和项的逻辑乘组成。每项逻辑和子式中可有任意个不同输入变量。如图 2-18 所示，和之积表达式的逻辑门结构由一组**或**逻辑门连接一个**与**逻辑门组成。

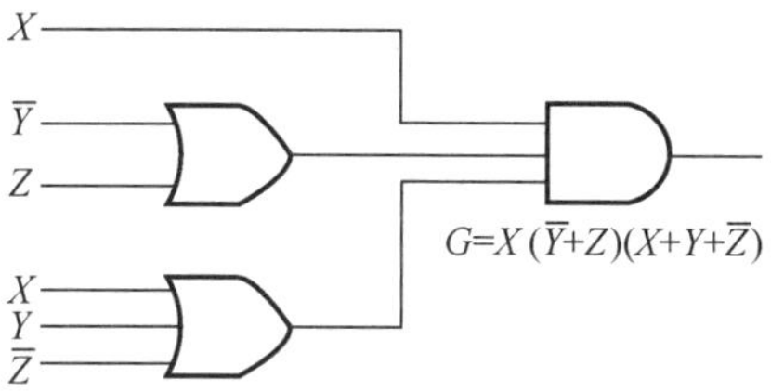

图 2-18　和之积形式的逻辑电路

2.4　逻辑电路优化

布尔代数能使稍微复杂的逻辑函数简化成简单的形式，需要使用狄摩根定律等方法，但很难判断简化的逻辑表达式是否是最简式。对于输入变量为 3～4 个的表达式，用布尔代数法较容易简化；但 5 个及以上的输入变量，用布尔代数法比较烦琐，而采用卡诺图能更方便地简化过程。

卡诺图由美国工程师 Karnaugh 于 20 世纪 50 年代提出。卡诺图由很多方格组成，每个方格代表真值表中的一行或单输出函数的一个最小项，是逻辑函数的一种图形表示方法。任何函数都可以由最小项之和表示，因此，函数在卡诺图中可以看作是那些使函数取值为 1 的方格，它们对应的最小项就包含在函数中。这种图形化方法是对一个函数所有可能标准式的图形化，且函数最优的积之和表达式就在这种简化过程中实现，利用卡诺图法简化的表达式一般是积之和或者和之积的表达形式。卡诺图可实现两级电路的优化，但不能直接对三级或多级电路进行优化。

2.4.1 卡诺图结构及方格组合

二变量、三变量、四变量的卡诺图结构如图 2-19 所示。图中的小方格数量等于该函数最小项的数量，每个最小项 m_j 对应卡诺图中的一个方格。卡诺图有两种表示方法：一是行变量和列变量位于卡诺图的左上方，每一行、每一列都标识这些变量的一个二进制组合，如图 2-19(b)所示；二是将单行单列或双行双列单元用方括号括起来，并在括号的旁边标明变量，标有变量的区域对应卡诺图中该变量的取值都是 1，变量取值为 0 的区域则用变量取反进行标记，如图 2-19(a)所示。

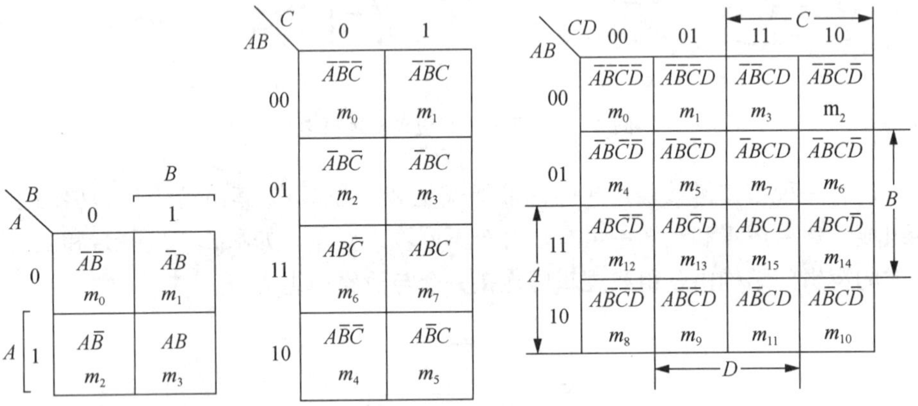

(a) 二变量卡诺图　(b) 三变量卡诺图　(c) 四变量卡诺图

图 2-19 卡诺图结构

1. 相邻二方格组合

图 2-19(c)中，m_8在变量 A 包围的行中，则 A 是原变量，但 m_8 又处在变量 B 包围的行之外，则变量 B 是非变量；同理，m_8 也处在 C 和 D 变量的包围之外，因此也是非变量。故 $m_8 = A\overline{B}\,\overline{C}\,\overline{D}$，同样可得出 $m_{14} = ABC\,\overline{D}$，$m_{12} = AB\,\overline{C}\,\overline{D}$。

卡诺图相邻二方格组合的基本法则为：任何一对相邻最小项可以组合为比原最小项本身少一个变量的新项。即从一对相邻最小项的任意一个最小项开始，去掉一个在项中为非变量而在另一项中为原变量的那个变量，从而得到这个新的组合项。例如，m_8，m_{12} 两个几何相邻项，都被变量 A 包围，所以 A 为原变量，但不被 C，D 包围，所以 C，D 都是非变量。m_{12} 被变量 B 包围，而 m_8 不被变量 B 包围。因此，这两个相邻项合并 $m_8 + m_{12} = A\,\overline{C}\,\overline{D}$，消除了变量 B。由图 2-19 可见，几何相邻的最小项也是逻辑相邻的，即两个相邻最小项只有一个变量不同。同时，图 2-19(c)中，

m_0 与 m_8、m_1 与 m_9、m_0 与 m_2、m_4 与 m_6、m_{12} 与 m_{14}、m_8 与 m_{10}、m_3 与 m_{11}、m_2 与 m_{10} 共8组也是逻辑相邻的。更形象的描述是，将卡诺图围在一个垂直的圆柱体周围，则原来的最左和最右两列在几何和逻辑上都是相邻的；如将卡诺图围在一个水平的圆柱体周围，则原来的最上和最下两行在几何和逻辑上也都是相邻的。如图 2-20 所示。

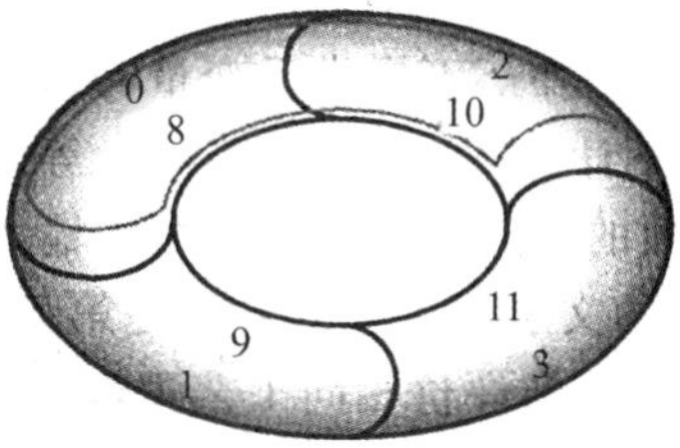

图 2-20 几何与逻辑相邻的“甜甜圈”

利用卡诺图进行块组合要遵循两个要点：

(1) 卡诺图上取得可组合的方格数必须是 2 的幂整数个(即 1、2、4、8 等)，不能出现诸如 3 个方格组合为一个组合的情况，即使它们相邻。

(2) 不能组合几何上相邻但逻辑上不相邻的最小项，也就是要合并的对应方格必须满足构成矩形或正方形的基本条件。

根据几何与逻辑上相邻，可得出相邻组合表达式

$$m_0+m_8=\overline{B}\,\overline{C}\,\overline{D}$$
$$m_1+m_9=\overline{B}\,\overline{C}D$$

$$G=m_2+m_3+m_8+m_{10}+m_{12}=\sum m(2,\ 3,\ 8,\ 10,\ 12)$$
$$=A\,\overline{C}\,\overline{D}+\overline{A}\,\overline{B}C+\overline{B}C\,\overline{D}$$

如果采用第一步组合

$$m_8+m_{10}=A\overline{B}\,\overline{D}$$

则

$$G=m_2+m_3+m_8+m_{10}+m_{12}=\sum m(2,\ 3,\ 8,\ 10,\ 12)$$
$$=A\,\overline{C}\,\overline{D}+\overline{A}\,\overline{B}C+A\overline{B}\,\overline{D}$$

这两种组合式尽管形式不同，但逻辑上等价，利用真值表分析，两个表达式的真值表是相同的，从逻辑门的构成上来看，都需要 3 个三输入**与**门和 1 个三输入**或**门。为了更好地进行相邻项组合，最小项可以重复使用多次。

2. 相邻块组合

对于相邻的二方格，可以组合为消除 1 个变量的新项；对于相邻四方格块，就能组合为消除 2 个变量的新项；对于相邻八方格块，就能组合为消除 3 个变量的新项。如图 2-21(a)所示，4 个值为 1 的方格都在 $A=1$ 的行中，前一列 $C=0$，后一列 $C=1$，因此，组合时能消除变量 C；上一行 $B=1$，下一行 $B=0$，因而组合时能消除变量 B；两列都被变量 D 包围，因此，$D=1$。所以，块组合为

$$G=\sum m(13,\ 15,\ 9,\ 11)=AD$$

对图 2-21(b)的方格进行组合，由于 4 个值为 1 的方格处在 $C=1$ 和 $D=1$ 的列中，且处在 $A=0$，$A=1$，$B=0$，$B=1$ 的行中，所以变量 A，B 经组合消除，得出的块组合式为

$$G=\sum m(3,\ 7,\ 15,\ 11)=CD$$

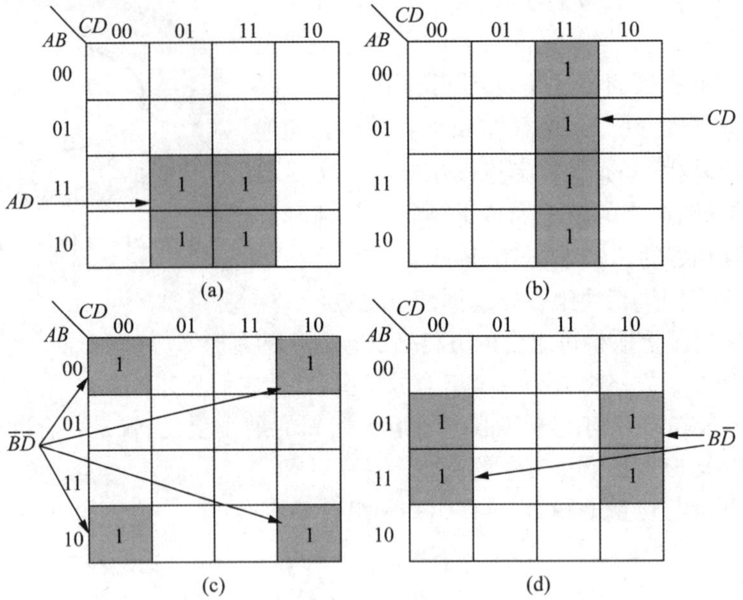

图 2-21 四相邻方格的块组合

同理,图 2-21(c)4 个角相邻的块组合式为

$$G=\sum m(0,\ 2,\ 8,\ 10)=\overline{B}\,\overline{D}$$

图 2-21(d)块组合式为

$$G=\sum m(4,\ 6,\ 12,\ 14)=B\overline{D}$$

对于八相邻方格的块组合(图 2-22),(a)图中,8 个值为 1 的方格都在 A 的区域内,因此,块组合式为

$$G=\sum m(12,\ 13,\ 15,\ 14,\ 8,\ 9,\ 11,\ 10)=A$$

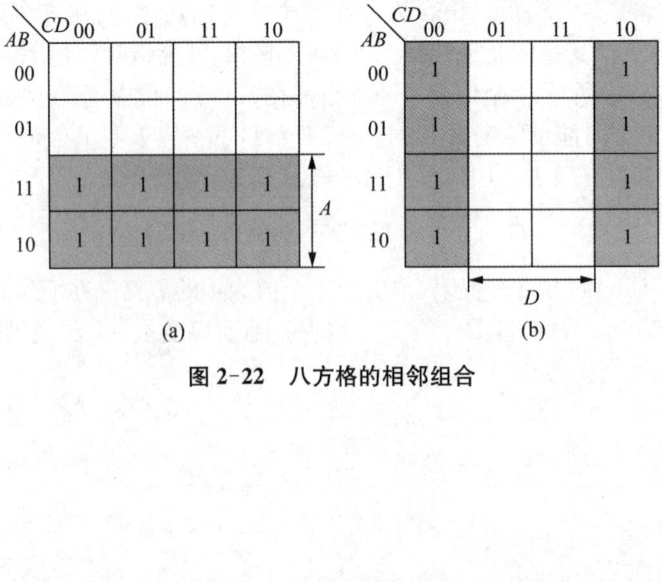

图 2-22 八方格的相邻组合

(b)图中,8 个值为 1 的方格都在 D 的区域之外,因此块组合式为

$$G=\sum m(0,2,4,6,8,10,12,14)=\overline{D}$$

2.4.2 用卡诺图简化逻辑函数

此处引入“蕴涵项”“主蕴涵项”和“质主蕴涵项”三个概念,将会使卡诺图中的相邻方格组合更加系统化。如果函数某个乘积项的每个最小项的取值都为 1,则称这个乘积项是函数的一个蕴涵项。在卡诺图中,所有由值为 1 的方格组成的矩形都对应着蕴涵项。如果从蕴涵项 P 中去掉任何一个变量,得到的乘积项不再是函数的蕴涵项,则称这类蕴涵项 P 为主蕴涵项。如果一个值为 1 的方格仅存在于表示某个主蕴涵项的一个矩形内,则称这样的主蕴涵项是必要的蕴涵项(又称质主蕴涵项);否则,是非必要的主蕴涵项(又称非质主蕴涵项)。利用卡诺图优化函数表达式的一般步骤为:第一步,确定所有的主蕴涵项;第二步,对全部的质主蕴涵项进行逻辑和运算;第三步,加上其他主蕴涵项来覆盖剩余的不被质主蕴涵项所包含的最小项。最小项组成的逻辑函数标准式用卡诺图简化应遵循如下规则:

(1) 某个组合所选的方格(最小项)必须使每个方格至少被包含一次。

(2) 应当使各个组合包含尽可能多的方格。

(3) 所有的方格包含在尽可能少的不同组合中。

因此,用卡诺图简化表达式的步骤如下:

(1) 将逻辑函数表示在卡诺图上。

(2) 合并八方格块组合;如无八方格块,进行步骤(3)。

(3) 合并四方格块组合;如无四方格块,进行步骤(4)。

(4) 合并二方格组合;如无相邻二方格,进行步骤(5)。

(5) 剩下的无法合并的单一方格均保留并列出。

(6) 所有的组合块进行逻辑和,形成简化的逻辑函数表达式。

【例 2-7】 用卡诺图简化四变量逻辑函数

$$G(A,B,C,D)=\sum m(0,1,3,5,9,11,12,13)$$

解:按卡诺图简化步骤:①m_1、m_5、m_{13}、m_9 和 m_1、m_3、m_9、m_{11}分别组合成两个四方格块;②m_0 与 m_1、m_{12} 与 m_{13} 能组合为一个包含二方格的块;③m_3 不能与其他方格合并,单独成块;④所有可组合的方格都参与组合后,求逻辑和,得出简化的逻辑函数表达式为

$$G(A,B,C,D)=\overline{A}\,\overline{B}\,\overline{C}+AB\overline{C}+\overline{C}D+\overline{B}D$$

如图 2-23 所示。

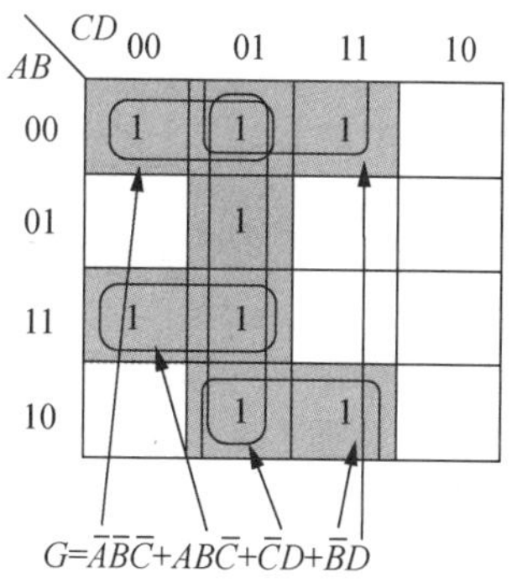

图 2-23 例 2-7 卡诺图块组合

【例 2-8】 用卡诺图简化四变量逻辑函数

$$G(A, B, C, D)=\sum m(0, 2, 3, 4, 5, 7, 8, 9, 13, 15)$$

解: 卡诺图简化步骤如图 2-24 所示,所圈的方块组合形成 4 个组合块,再对其进行逻辑和运算,得出简化逻辑函数表达式为

$$G(A, B, C, D)=\bar{A}\bar{C}\bar{D}+\bar{A}\bar{B}C+A\bar{B}\bar{C}+BD$$

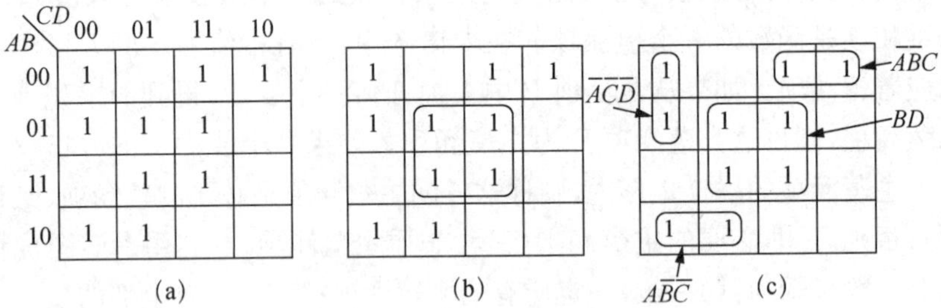

图 2-24 例 2-8 卡诺图块组合

【例 2-9】 用卡诺图简化四变量逻辑函数

$$G(A, B, C, D)=\sum m(0, 1, 2, 4, 5, 10, 11, 13, 15)$$

解: 按卡诺图简化步骤。[方法 1]如图 2-25(a)所示,所圈方块组合形成 4 个组合块,对其进行逻辑和运算,得出简化逻辑函数表达式为

$$G(A, B, C, D)=\bar{A}\bar{C}+ABD+A\bar{B}C+\bar{A}\bar{B}\bar{D}$$

[方法 2] 如果中间 4 个方格采用垂直方向组合块,得出简化逻辑函数表达式为

$$G(A, B, C, D)=\bar{A}\bar{C}+\bar{C}BD+ACD+\bar{A}\bar{B}\bar{D}$$

利用真值表分析,可知简化的两个逻辑函数表达式等同。

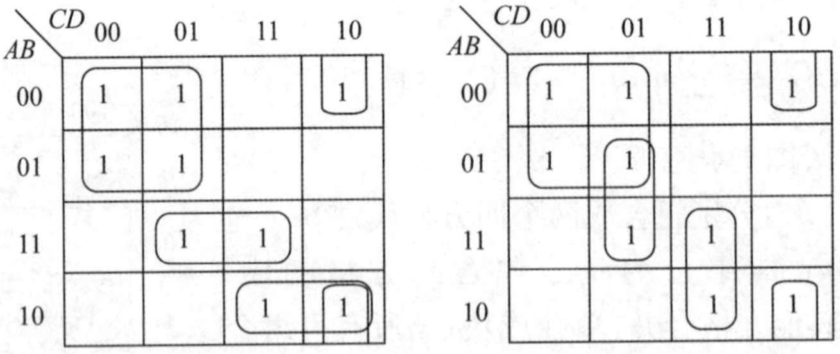

(a) 方法1　　(b) 方法2

图 2-25 例 2-9 卡诺图块组合

上述均为利用积之和简化逻辑函数,即是把值为 1 的方格组合成块,再对每个块项进行逻辑和运算。若是求逻辑函数的和之积方法,则是把值为 0 的方格合并成块,再将每个块项进行逻辑和运算,得到的表达式就是原函数的非,即 $\bar{G}$ 的优化

表达式，最后，将 $\overline{G}$ 取反即可得到和之积形式的 G。

【例 2-10】 用和之积形式化简四变量逻辑函数

$$G(A, B, C, D)=\sum m(0, 1, 2, 5, 8, 9, 10)$$

解：按卡诺图简化步骤：如图 2-26 所示圈出值为 0 的方块，组合形成 4 个组合块，再对四个组合块进行逻辑和运算，得出简化逻辑函数表达式为

$$\overline{G}(A, B, C, D)=AB+CD+B\overline{D}$$

因此，G 的和之积形式

$$G=\overline{\overline{G}}=(\overline{A}+\overline{B})(\overline{C}+\overline{D})(\overline{B}+D)$$

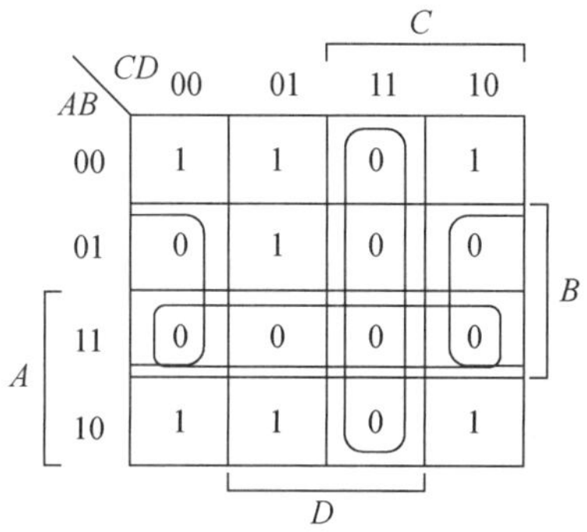

图 2-26　例 2-10 卡诺图块组合

2.4.3　无关最小项简化逻辑函数

在实际情况中常会遇到这类问题，即在真值表内当变量的某些输入取值不同时，函数的值是任意的，这些变量取值所对应的最小项称为无关项或任意项（常用 d 或 Φ 表示）。在化简的时候，可以把这些无关项进行合并，合并时可取值为 0 或 1。

【例 2-11】 化简四变量逻辑函数 $G(A, B, C, D)=\sum m(1, 3, 7, 11, 15)$，其有三个无关最小项 $d(A, B, C, D)=\sum m(0, 2, 5)$。

解：[方法 1]如图 2-27(a)所示，无关最小项 m_0，m_2 与 m_1，m_3 组合形成一个组合块，剩下 4 个有关最小项方格合并为一个组合块，对其进行逻辑和运算，得出简化逻辑函数表达式为 $G(A, B, C, D)=\overline{A}\overline{B}+CD$。

[方法 2]如图 2-27(b)所示，无关最小项 m_5 与 m_1，m_3，m_7 组合形成一个组合块，剩下 4 个有关最小项方格合并为一个组合块，对其进行逻辑和运算，得出简化逻辑函数表达式为 $G(A, B, C, D)=\overline{A}D+CD$。

因此，利用不同的无关最小项，函数 G 的表达式就不同。

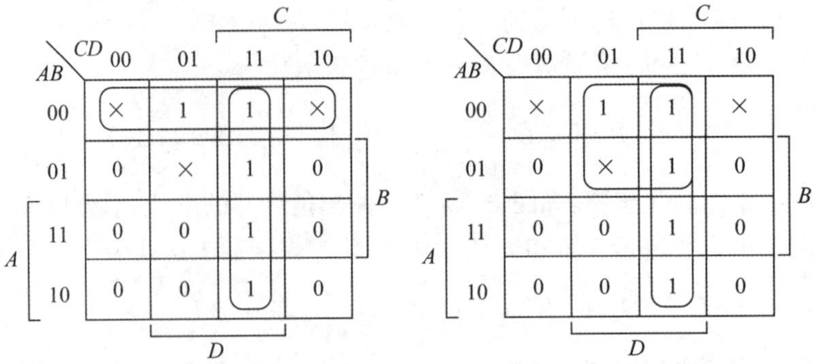

(a) $G=CD+\bar{A}\bar{B}$　　(b) $G=CD+\bar{A}D$

图 2-27　例 2-11 无关最小项组合化简

本章小结

本章主要讲述布尔代数作为逻辑电路的理论基础及其基本的运算规则和定律，使学生理解和掌握逻辑函数的表示与化简方法，并采用卡诺图法合并最小项，达到消除变量、简化逻辑函数表达式的目的，使学生理解和掌握合并最小项的基本原则。

练习

1. 列出下列逻辑函数的真值表。

(1) $G(A, B, C)=\bar{A}B+BC$

(2) $G(A, B, C)=(\bar{A}C+A\bar{C})B$

2. 证明下列等式。

(1) $\bar{X}\bar{Y}+X\bar{Y}\bar{Z}+\bar{X}Y\bar{Z}=\bar{X}\bar{Y}+\bar{X}\bar{Z}+\bar{Y}\bar{Z}$

(2) $XYZ+X\bar{Y}Z+XY\bar{Z}=XY+XZ$

3. 用布尔代数化简下列逻辑函数表达式。

(1) $G(X, Y, Z)=X+XYZ+X\bar{Y}\bar{Z}+YZ+\bar{Y}\bar{Z}$

(2) $G(X, Y, Z)=\overline{\bar{X}\bar{Y}+XYZ}(X+Y\bar{Z})$

4. 利用卡诺图化简下列表达式。

(1) $G(A, B, C, D)=\sum m(0, 1, 4, 6, 8, 9, 13, 15)$

(2) $G(A, B, C, D)=\sum m(0, 5, 6, 7, 9)+\sum \Phi(1, 2, 4, 13, 14, 15)$

5. 画出下式的原始逻辑电路，并化简和画出简化的逻辑电路。

$G(X, Y, Z)=\overline{XZ+\bar{X}YZ+\bar{Y}Z}+XY\bar{Z}$

6. 用 MOS 元件画出 $G=\overline{A+\bar{B}}$ 的电路原理图。

7. 用 MOS 元件画出 $G=\overline{A\bar{B}C}$ 的电路原理图。

第 3 章 组合逻辑

逻辑电路按照逻辑部件组成及其结构可分为组合逻辑电路和时序逻辑电路。组合逻辑电路是由各种逻辑门电路组合而成且无反馈的电路，简称组合逻辑。本章重点讲述组合逻辑的分析、设计及优化方法。

3.1 组合逻辑分析

组合逻辑电路在结构上没有输出到输入的反馈回路，因此，其输出状态不影响输入状态。其特点是：任何时刻的输出状态只取决于该时刻输入信号的状态，与前一时刻输出状态及输入状态都无关。

在优化组合逻辑电路之前，必须进行组合逻辑分析，就是根据已知逻辑电路，找出组合逻辑电路的输入变量与输出变量关系，以确定在什么样的输入取值组合下输出变量为 1。

组合逻辑的分析过程是，先依据逻辑电路图列出布尔表达式、真值表，画出输入变量与输出变量的数字波形图，再明确电路的逻辑功能。对于简单的逻辑电路，可采用“逐级电平推导”法由电路推知逻辑功能；对于复杂的逻辑电路，可采用布尔表达式化简法，数字波形图分析法和真值表分析法等。

3.1.1 逐级电平推导法

逐级电平推导法是先假定输出变量为某一值(1 或 0)，然后逐级向前推导，直到推导出输入变量的值。

【例 3-1】 分析如图 3-1(a)所示的两级电路的逻辑功能。

解：先假设输出变量 $F=1$，再回推 X_1 和 X_2 应满足 $X_1=0$，$X_2=0$。

再进一步回推，要使 $X_1=0$，输入变量 A，B 应满足

$$A=0,\ B=1;\text{或者 } A=1,\ B=0;\text{或者 } A=1,\ B=1$$

同理，要使 $X_2=0$，输入变量

$$A=0,\ B=1;\text{或者 } A=1,\ B=0;\text{或者 } A=0,\ B=0$$

因此，要使 $F=1$，输入变量 A，B 必须满足 $A=0$，$B=1$ 或 $A=1$，$B=0$。

其他的输入变量取值时，输出变量 F 值为 0。故该逻辑电路的功能与**异或**门功能等效，因此可用一个**异或**门代替，如图 3-1(b)所示。

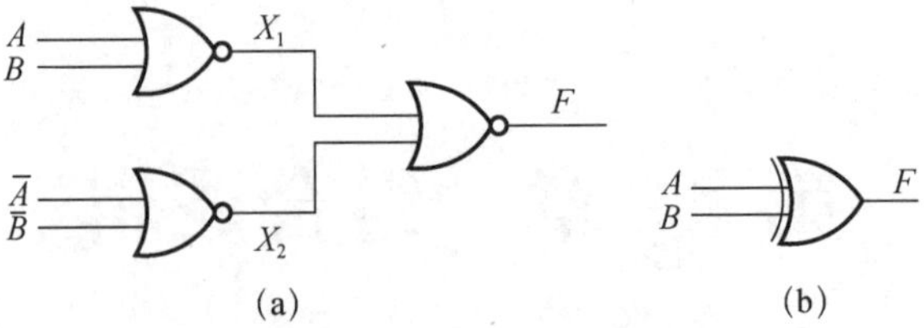

图 3-1　例 3-1 逻辑电路

3.1.2　布尔表达式化简法

对于多级逻辑电路,采用逐级电平推导法可能比较烦琐困难,因此可采用布尔表达式化简法来分析。

【例 3-2】 用布尔表达式化简法分析如图 3-2(a)所示的多级电路的逻辑功能。

解:列出布尔表达式并化简得

$$F(A,\ B,\ C,\ D)=(\overline{A}\overline{B}\overline{C})C+\overline{A}\overline{B}\overline{C}+D=(\overline{A}\overline{B}\overline{C})(C+1)+D$$
$$=\overline{A}\overline{B}\overline{C}+D=\overline{A+B+C}+D$$

简化电路是一个 4 输入变量的两级**或**门,如图 3-2(b)所示,这样减少了逻辑门的个数和级数,节省了硬件成本,提高了信号传输的速度和系统响应的效率。

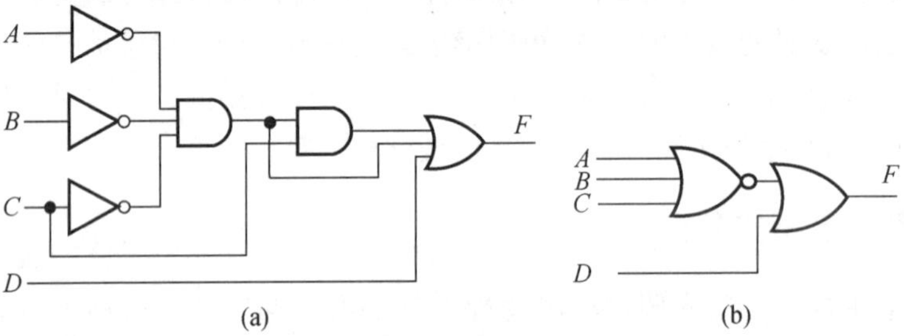

图 3-2　例 3-2 逻辑电路

3.1.3　数字波形图分析法

数字波形图分析法是对逻辑门的输入变量给激励的输入波形,再依次画出各级中各门的输出波形,直到最后一级逻辑门的输出波形,也称示波器分析法。

【例 3-3】 用数字波形法分析图 3-3(b)所示的多级电路,输入逻辑变量 A、B、C、D 的波形如图 3-3(a)所示,要求画出中间变量 X_1, X_2, X_3, X_4 和逻辑输出变量 F 的数字波形。

解:逐级画出中间变量 X_1, X_2, X_3, X_4 和逻辑输出变量 F 的数字波形,如图 3-3(a)所示。

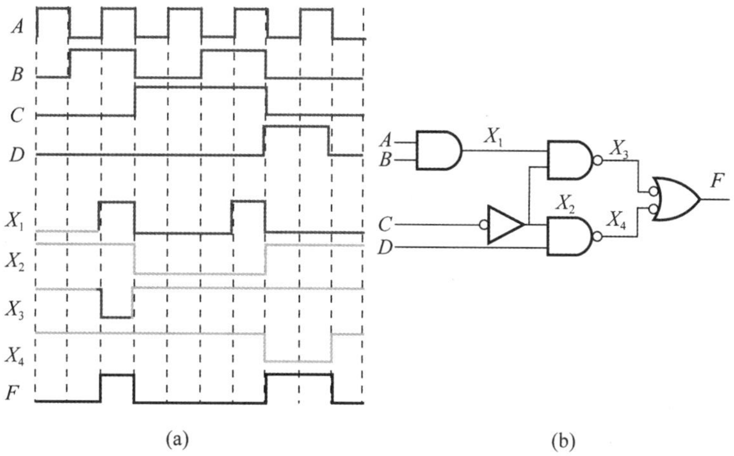

图 3-3　例 3-3 逻辑电路

3.1.4　真值表分析法

【例 3-4】 用真值表分析如图 3-4 所示的多级电路的逻辑功能。

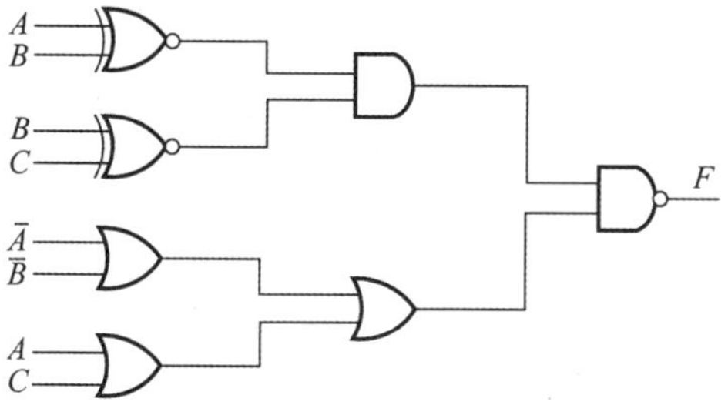

图 3-4　例 3-4 逻辑电路

表 3-1　图 3-4 真值表

A	B	C	F
0	0	0	0
0	0	1	1
0	1	0	1
0	1	1	1
1	0	0	1
1	0	1	1
1	1	0	1
1	1	1	0

解:逐级列出其逻辑表达式并化简

$$\begin{aligned}F(A,B,C)&=\overline{(A\odot B)(B\odot C)\cdot(\bar{A}+\bar{B}+A+C)}\\&=\overline{(A\odot B)(B\odot C)}+\overline{(B+C)}\\&=\overline{(A\odot B)}+\overline{(B\odot C)}+\bar{B}\bar{C}\\&=\overline{(AB+\bar{A}\bar{B})}+\overline{(BC+\bar{B}\bar{C})}+\bar{B}\bar{C}\end{aligned}$$

分析得出真值表如表 3-1 所示，化简得到的电路图如图 3-5 所示。

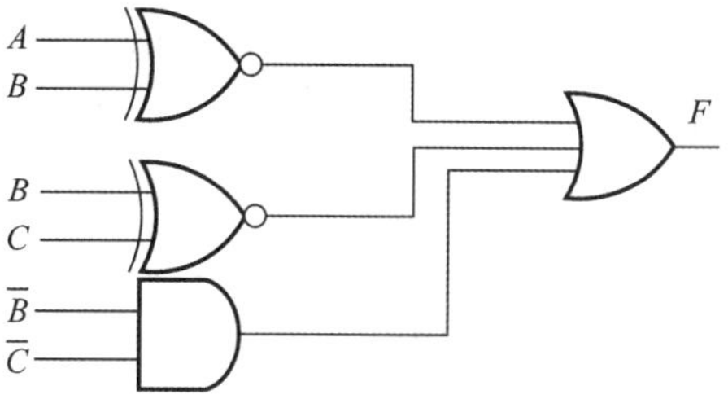

图 3-5　例 3-4 化简的逻辑电路

3.2 组合逻辑设计

组合逻辑设计指组合逻辑电路的设计，要依据项目或课题的需求确定电路的逻辑功能，最终设计出能实现该功能的逻辑电路，并从硬件成本和系统响应效率等角度，改进与优化设计的逻辑电路，是一个迭代优化的过程。是组合逻辑分析的逆过程。

3.2.1 组合逻辑设计步骤

组合逻辑设计步骤主要有如下四步：

(1) 逻辑问题的描述：是将项目或课题的设计问题转化为一个逻辑问题或算法问题，即用逻辑的思维描述设计的需求，将实现实际的功能需求转化成逻辑表达式。

(2) 逻辑函数的化简：是把前面得出的逻辑表达式利用狄摩根定律等方法进行简化，得到符合设计要求的最简**与**、**或**、**非**表达式。

(3) 逻辑函数的变换：是将上一步得到的简化逻辑表达式转换成逻辑门元件形式，从而能直接画出逻辑图。

(4) 优化逻辑电路：是结合工程实际要求，确定满足技术指标的逻辑门芯片，设计出逻辑电路。

3.2.2 消除逻辑电路中的竞争冒险

稳定可靠的逻辑电路，都要求有稳定状态的输入和输出信号，但在组合电路中，当逻辑门的两个互补输入信号同时向相反状态跳变时，输出端就可能产生过渡时期的干扰脉冲现象，该现象称为竞争冒险现象。

如图 3-6(a)所示的电路，当输入变量 A 由 0 变为 1 时，则**与非**门的两个输入变量 A 由 0 变为 1，B 由 1 变为 0。根据其逻辑表达式，输出 G 应恒为 1，即

$$G=\overline{AB}=\overline{A}+\overline{B}=\overline{A}+A=1$$

但在实际使用中，该电路的输出变量 G 的信号会出现一个负向窄脉冲，如图 3-6(b)所示。因为，B 经由 A 的反相延迟信号与 A 信号不同步到达**与非**门，即存在 A、B 短时间内同为高电平 1，所以，**与非**门输出 G 出现负向过渡性干扰脉冲，属于竞争冒险现象。但这种竞争冒险电路不一定对所有输入信号都产生过渡性干扰脉冲。当信号 A 由 1 变成 0 时，因 A 先由 1 变成 0，B 后由 0 变成 1，不存在同时为 1 的情况，因此，**与非**门输出 G 恒为 1，不会产生过渡性干扰脉冲，就没有发生竞争冒险。竞争冒险会造成电路的不稳定、不可靠，是影响电路正常稳定运行的危险因素，要充分考察电路中是否存在竞争冒险的现象，如存在，必须消除和规避。

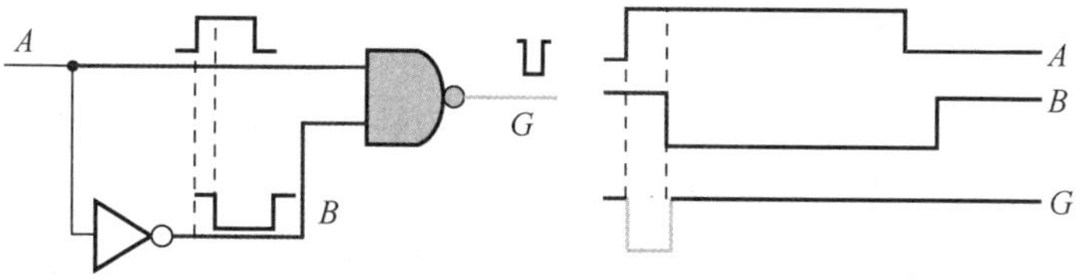

(a) 组合电路　　(b) A 由 0 变 1、B 由 1 变 0

图 3-6　竞争冒险电路及波形

消除竞争冒险一般采用两种方法。

(1) 增加选通脉冲(图 3-7)。当第一级两个**与非**门的输出信号达到稳态后，在第二级**与非**门输入端加一个选通脉冲信号 $P=1$，再允许该级输出逻辑变量 G 的值，选通脉冲波形如图 3-7(b)所示。通过增加选通脉冲，消除逻辑电路不稳定性，保证电路正常运行。

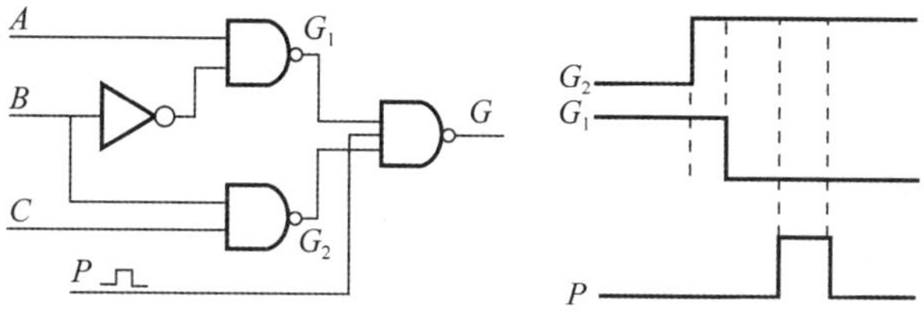

(a) 选通脉冲组合逻辑电路　　(b) 选通脉冲法波形

图 3-7　选通脉冲消除竞争冒险

(2) 修改逻辑设计。对图 3-7 进行分析，当 $A=C=1$ 时，$G=B+\bar{B}$，出现互补变化的信号，发生竞争冒险现象。因此，利用布尔函数变换表达式

$$G=BC+A\bar{B}=AC+BC+A\bar{B}$$

增加 AC 项，函数关系不变，消除当 $A=C=1$ 时，窄脉冲引起的不稳定、不可靠情况。该方法的使用范围有限，原因是一个逻辑电路有多种状态，不能保证增加一个逻辑门能消除所有状态可能存在的竞争冒险现象，如图 3-8 所示。本书第 4 章将讲解利用边缘触发器控制电路的稳定性，从而彻底消除竞争冒险的现象。

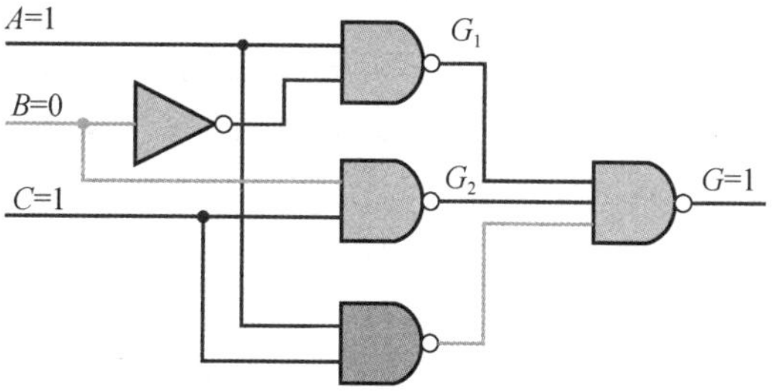

图 3-8　修改逻辑设计消除竞争冒险

3.2.3 逻辑电路的优化

两级电路的优化方法必须满足:(1)使用函数的最小项;(2)产生全部主蕴涵项;(3)在一个数量可能巨大的可选主蕴涵项方案中进行选择,对于实际的工程问题,用最小项或主蕴涵项的数目太多,还涉及可选方案的核查。因此,计算机优化算法要涵盖三个方面:(1)列举最小项;(2)产生所有主蕴涵项;(3)列举出所有可选主蕴涵项的选择方案。典型算法是Espresso Ⅱ算法,如图3-9所示。此处不考虑和之积表达式、多输出函数及无关项,以简化算法。把输入门的数量记为成本,该算法有5个核心子程序,分别为EXPAND、ESSENTIAL_ PRIMES、IRREDUNDANT_ COVER、REDUCE和LAST_GASP。

```
Input: 函数F和最初形式F
最初花费=F的输入门的花费
循环1: 执行EXPAND                    //扩展主蕴涵项
        首次循环经过时执行, 执行ESSENTIAL_PRIMES   //评判当前每个蕴涵项是
                                                      否是质主蕴涵项
        执行IRREDUNDANT_COVER   //消除完全多余的蕴涵项
        如果花费没有改善, 跳转到OUT
        否则更新花费
循环2: 执行REDUCE                     //避免出现局部最小化解
        返回循环1
OUT:   执行LAST_GASP                 //优化输出解
        如果花费没有改善, 跳转到QUIT
        否则返回循环2
QUIT:  将必需的主蕴涵项加入进F
        返回最后的F和最后的花费
```

图3-9 Espresso Ⅱ算法的简化过程

假设待优化的函数 F 为全部最小项的蕴涵项组合。Espresso Ⅱ算法的执行过程如下:

(1) EXPAND将当前 F 中的每一个蕴涵项用主蕴涵项替代,并保证覆盖在变小,以至于没有一个蕴涵项能被任何一个单一的蕴涵项覆盖。EXPAND与原蕴涵项的处理顺序有关,要求先处理最大(卡诺图中的包含方格数最多)的未经处理的蕴涵项。如果一个蕴涵项能扩展到多个主蕴涵项中,则主蕴涵项的选择规则是:①覆盖 F 中最大数目的其他当前蕴涵项;②根据相邻关系,它是一个最大的蕴涵项。

(2) ESSENTIAL_PRIMES对当前每个蕴涵项评判是否为质主蕴涵项。如果一个蕴涵项包含一个最小项,且在这个最小项周围的 n 个方向上(n 为输入变量的个数)要么是该蕴涵项中的其他最小项,要么是值为0的方格,那么,该蕴涵项就是一个质主蕴涵项。对当前 F 中的所有蕴涵项都应进行这样的评判,因其所有方案

中必须包含质主蕴涵项，所以，他们可以从解空间中临时删除，则最小项变成了无关项。用 $F-E$ 来表示改变后的函数，即删除质主蕴涵项后的函数。

(3) IRREDUNDANT_COVER 用来处理 $F-E$ 中的蕴涵项。首先，要消除 $F-E$ 中多余的蕴涵项，并确保消除的这些蕴涵项不会出现任何一个最小项(方格)不被覆盖的情形。其次，利用剩余的蕴涵项，执行形式化选择过程。

(4) REDUCE 用来避免局部最小化(部分最小项组成的局部区域)。尽管成本不一定最小，因存在不能完全找到所有主蕴涵项的可能性。执行 REDUCE 子程序，把每个蕴涵项化简到最小形式，但依然要覆盖函数 $F-E$。一个蕴涵项的化简可能会影响其后的蕴涵项化简，因此，每个蕴涵项都需连续执行 REDUCE，且需遵守如下排序：①选择最大的蕴涵项；②将剩余的蕴涵项按其与最大蕴涵项不同位的个数多少从小到大选择蕴涵项。

(5) LAST_GASP 由一个修改的 REDUCE、一个修改的 EXPAND 和一个 IRREDUNDANT_COVER 组成。修改的 REDUCE 每次都可以缩小一个蕴涵项，使之成为可能的最小蕴涵项，同时保持当前的覆盖。之后，用所产生的最小蕴涵项集合取代开始修改时那个最早的覆盖。需要注意的是，该集合不一定再覆盖函数 $F-E$。接着，修改的 EXPAND 找出所有的主蕴涵项至少覆盖的两个所产生的最小蕴涵项，然后把这一组主蕴涵项和当前的覆盖组合在一起输入到 LAST_GASP 中。最后，运行 IRREDUNDANT_COVER 子程序输出优化解。

【例 3-5】 用 Espreeo Ⅱ算法优化逻辑函数 $F(A, B, C, D)=\bar{A}\bar{D}+\bar{A}BD+\bar{B}CD+A\bar{B}\bar{C}D$。

解：逻辑函数 F 中蕴涵项的覆盖项如图 3-10(a)所示，为初始卡诺图，其初始花费是 16 门输入，这些蕴涵项按 EXPAND 的要求从大到小排序。从最大的蕴涵项 $\bar{A}\bar{D}$ 开始，通过依次消除每一个变量来扩展蕴涵项，并在卡诺图中进行评判。如果有 0 方格加入，则变量不能消除。如果去掉 $\bar{A}$，0 方格 8、10、12、14 就被包含进来，因此，$\bar{A}$ 必须保留；如果去掉 $\bar{D}$，0 方格 1 被包含进来，因此 $\bar{D}$ 必须保留，且 $\bar{A}\bar{D}$ 不能扩展为更大的蕴涵项。接下来，评判 $\bar{A}BD$ 项，去掉 $\bar{A}$，0 方格 13、15 被包含进来，因此，$\bar{A}$ 必须保留；去掉 B，0 方格 1 被包含进来，因此，B 必须保留；去掉 D，1 方格 4、6 被包含进来，因此，D 可以消除。故 $\bar{A}BD$ 可扩展为 $\bar{A}B$，且 $\bar{A}B$ 不包括其他蕴涵项。同理，对 $\bar{B}CD$ 进行评判，得出 $\bar{B}CD$ 不能消除项；对 $A\bar{B}\bar{C}D$ 进行评判，可以消除项 $\bar{C}$，扩展为 $A\bar{B}D$。结果如图 3-10(b)所示。

利用 ESSENTIAL_PRIMES 处理图 3-10(b)的覆盖 F。此时 $n=4$，先检查 $\bar{A}\bar{D}$ 中的最小项，方格 0 被 $\bar{A}\bar{D}$ 中的方格 2，4 以及 0 方格 1，8 包围，因此，$\bar{A}\bar{D}$ 满足质主蕴涵项的条件。方格 9 被 $A\bar{B}D$ 中的方格 11 以及 0 方格 1，8，13 包围，使得 $A\bar{B}D$ 成为质主蕴涵项。同时，$\bar{B}CD$ 有两个相邻的 1 方格，且都不在 $\bar{B}CD$ 之中。故得到的质主蕴涵项如图 3-10(c)所示。因质主蕴涵项必须出现在最终的表达式中，所以它们可以从卡诺图中临时删除，并在下一步处理前将其覆盖的方格用 d 来表示。这些质主蕴涵项将会在最后一步重新纳入。

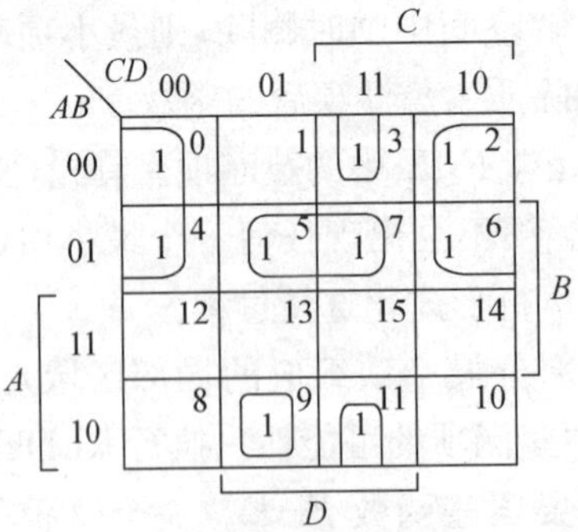

(a) 初始函数F和覆盖F

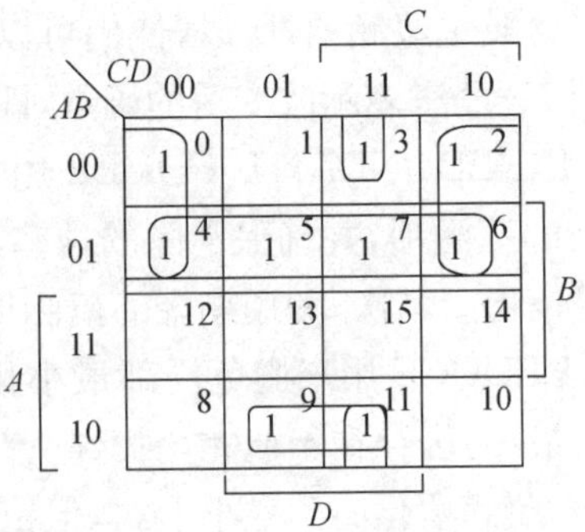

(b) 执行EXPAND后

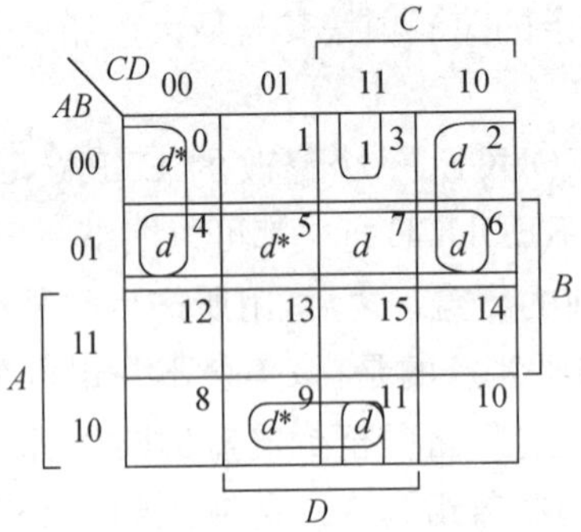

(c) 执行ESSENTIAL_PRIMES后

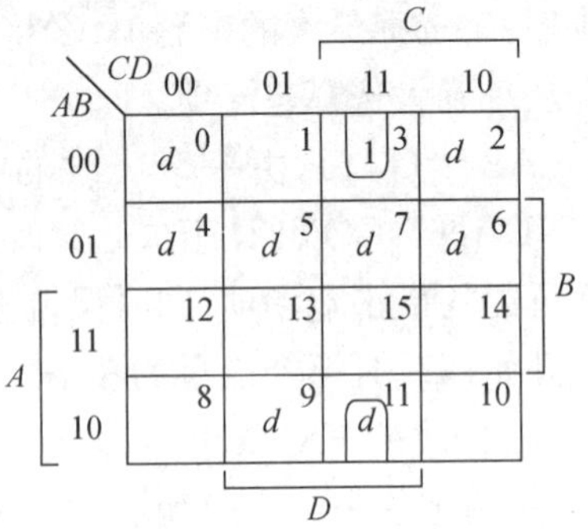

(d) 执行IRREDUNDANT_COVER后

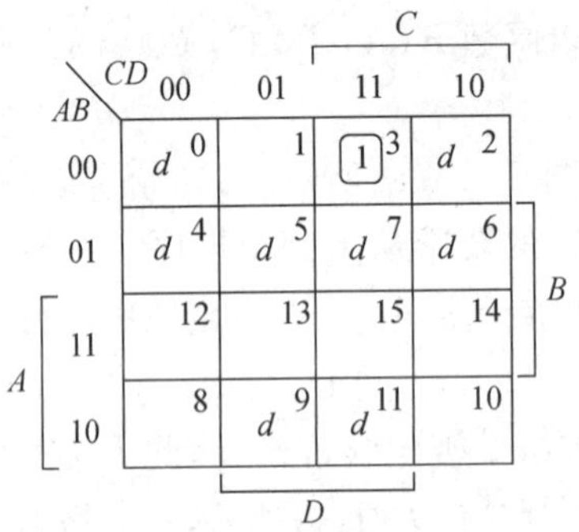

(e) 执行REDUCE后

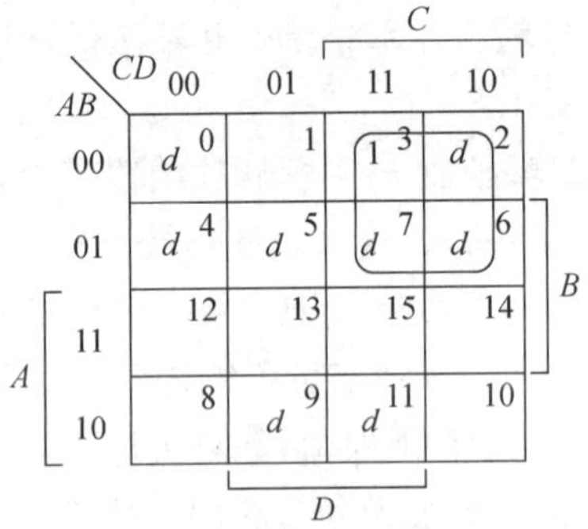

(f) 执行EXPAND后

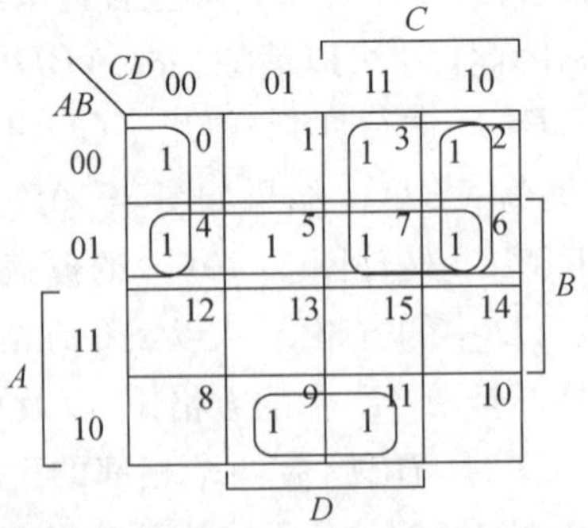

(g) 执行IRREDUNDANT_COVER,LASP_GASP和QUIT后

图 3-10 例 3-5 Espresso Ⅱ算法优化

注：* 表示该项被其他方格包围。

处理完质主蕴涵项之后，利用 IRREDUNDANT_COVER 进行下一步处理。因为 $\bar{B}CD$ 是剩下的唯一蕴涵项，且覆盖了方格 3，所以必须选择它。然后，需计算新的成本来考察电路是否有改善。图 3-10(d)所示成本已减至 14。

接下来，用 REDUCE 继续降低成本。因为只有一个蕴涵项 $\bar{B}CD$ 可以考虑，所以不必再考虑蕴涵项排序。从图 3-10(d)的卡诺图可看出，由于只有方格 3 是 1 方格，所以 $\bar{B}CD$ 可以缩小为 $\bar{A}\bar{B}CD$，如图 3-10(e)所示。

应用 EXPAND 使蕴涵项 $\bar{A}\bar{B}CD$ 由覆盖了方格 3 的最大蕴涵项 $\bar{A}C$ 替代。再应用 IRREDUNDANT_COVER 发现所有蕴涵项都是必需的。结果如图 3-10(f)所示，成本为 13。

重复使用 REDUCE、EXPAND、IRREDUNDANT_COVER，发现成本仍是 13，则最后一步执行 LAST_GASP。因只有方格 3 需要被覆盖，该步没有产生新的结果。故执行 QUIT，将全部质主蕴涵项重新纳入，得出如图 3-10(g)所示的最终结果。最终结果的优化表达式为

$$F(A, B, C, D) = \bar{A}\bar{D} + \bar{A}B + A\bar{B}D + \bar{A}C$$

设计逻辑电路时，往往会超过两级，其优化称为多级电路的优化。优化多级电路时，常采用下列变换：

(1) 因式分解是从一个函数的积之和表达式或和之积表达式中寻找一个因式。

(2) 函数分解是将一个函数表示成一组新的函数。

(3) 提取是将多路函数表示成一组新的函数。

(4) 代入是将函数 G 代入函数 F，即把 F 表示成 G 和原来 F 的部分或全部输入变量组合而成的函数。

(5) 消除，与代入相反，是将函数 F 中的函数 G 用 G 的表达式来替换，也称为展平或压扁。

【例 3-6】 用多级优化变换

$$G = A\bar{C}E + A\bar{C}F + A\bar{D}E + A\bar{D}F + BCD\bar{E}\bar{F}$$
$$Y = \bar{A}BCD + ABE + ABF + BCE + BCF$$

解：用函数 G 作因式分解，可以不使用布尔代数的定律。因式不仅可以从 G 的整个表达式中找出，也可以从其部分表达式中找出。如 G 的前四项都包含变量 A，因此该四项可以提取公因式 A，则

$$G = A(\bar{C}E + \bar{C}F + \bar{D}E + \bar{D}F) + BCD\bar{E}\bar{F}$$

继续提取部分表达式 $\bar{C}E + \bar{C}F + \bar{D}E + \bar{D}F$ 的因式为 $\bar{C}(E+F) + \bar{D}(E+F) = (E+F)(\bar{C}+\bar{D})$，则

$$G = A(E+F)(\bar{C}+\bar{D}) + BCD\bar{E}\bar{F}$$

$BCD\bar{E}\bar{F}$ 可以被分解为多个乘积项，但不能减少门输入数，因此没必要分解。通过因式分解，函数 G 原来积之和形式的 26 个门输入数减少为 18 个门输入，节省了 8 个门输入。但由于输入到输出有更多的门串联起来，包括输入变量反相器在内，使电路从三级变成四级，会增加电路的延时，减低响应效率。因此，门数与级数是矛盾的统一体，要综合考虑。

接下来作函数分解，该变换允许在代数因式分解外进行。

令

$$X_1 = CD$$
$$X_2 = E + F$$

则函数 G 可继续变换为

$$G = A\overline{X_1}X_2 + BX_1\overline{X_2}$$

分解后的门数为 14，比原始表达式节省 12 个门输入，比因式分解式节省 4 个门输入。

对 Y 进行函数分解，对 G 和 Y 提取公共子表达式，从 Y 中分解出因式 B

$$\begin{aligned} Y &= B(\bar{A}CD + AE + AF + CE + CF) \\ &= B(\bar{A}(CD) + A(E+F) + C(E+F)) \end{aligned}$$

令
$$X_3 = A + C$$

则
$$Y = B(\bar{A}CD + AE + AF + CE + CF) = B(\bar{A}X_1 + X_2X_3)$$

如图 3-11(a)所示为原始积之和形式的逻辑电路，图 3-11(b)为提取因式后的逻辑电路。原本没有共享的函数 G 和 Y，包括输入反相器一共有 48 个门输入；通过函数分解后，二者无共享，一共有 31 个门输入；使用共享后，一共只有 25 个门输入，门输入减少近 50%，如图 3-11(c)所示。

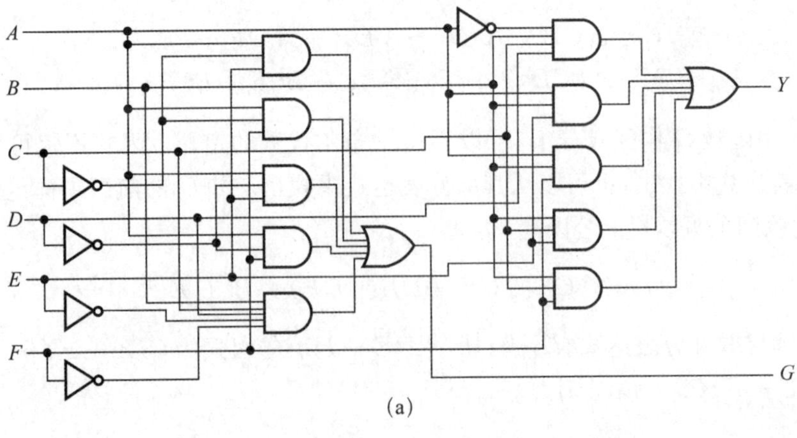

(a)

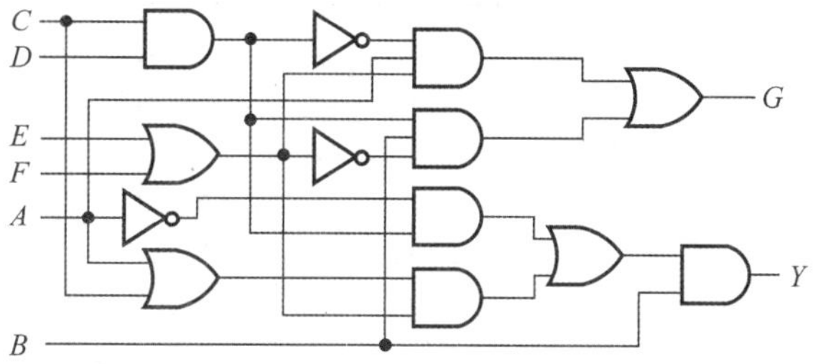

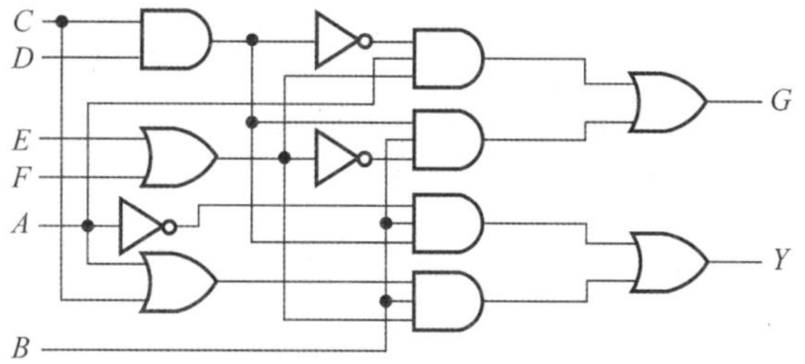

图 3-11　例 3-6 多级逻辑电路优化

3.2.4　逻辑电路的归纳与综合运用

设计开发组合逻辑电路时，项目需求分析往往用文字进行描述。如设计一个电路将原码转换为反码，或者将 8421 码转换为余 3 码等。

在设计不同需求的电路时，要把设计要求的文字描述抽象为一个逻辑函数表达式，该过程没有明确的理论方法，只能根据设计者的经验和技巧，先依据文字描述的设计要求建立逻辑电路的输入、输出真值表，然后依据真值表分析法来设计出逻辑表达式。如果输入变量较多，可采用简化真值表、卡诺图法和多级优化方法来简化逻辑表达式。

【例 3-7】　设计一个多数表决器电路，用于判断 A，B，C 三人是否为少数服从多数。

解：该表决器电路的输入是 A、B、C 三人的“赞同”或者“反对”，输出是“多数赞同”或“多数反对”。把输入、输出的两种可能状态设为“0”或“1”，逻辑函数 G 可表示为

$$G = g(A, B, C)$$

输入、输出变量的关系如图 3-12 所示。当某人赞同时，其对应的输入为 1，否则为 0。G 是输出变量，当多数赞同时为 1，多数反对时为 0，即当 A、B、C 三个输入中有两个及以上为 1 时，输出 G 为 1，否则为 0。依据真值表(表 3-2)列出 G 的逻辑表达式为

$$G = \sum(3, 5, 6, 7) = \bar{A}BC + A\bar{B}C + AB\bar{C} + ABC$$

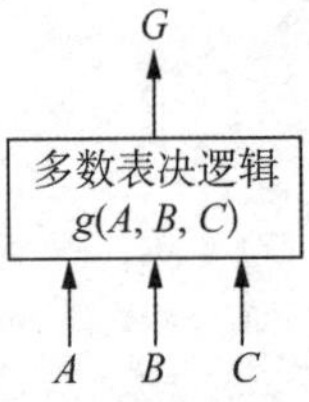

图 3-12 表决器

表 3-2 图 3-12 真值表

m_i	A	B	C	G
0	0	0	0	0
1	0	0	1	0
2	0	1	0	0
3	0	1	1	1
4	1	0	0	0
5	1	0	1	1
6	1	1	0	1
7	1	1	1	1

【例 3-8】 求一个比较器电路的逻辑表达式，已知 $X=x_1x_2$ 和 $Y=y_1y_2$ 是两个正整数，写出判别 $X>Y$ 的逻辑表达式。

解：比较器电路有 x_1，x_2，y_1，y_2 四个输入变量，一个输出变量 G，其有 $X>Y$ 或 $X\leqslant Y$ 两种输出状态。设定当 $x_1x_2>y_1y_2$ 时，$G=1$；当 $x_1x_2\leqslant y_1y_2$ 时，$G=0$。其输入与输出框图见图 3-13。

比较 x_1x_2 和 y_1y_2，当 $x_1=1$、$y_1=0$ 时，$x_1x_2>y_1y_2$，输出 $G=1$；当 $x_1=y_1$，$x_2=1$ 且 $y_2=0$ 时，$x_1x_2>y_1y_2$，输出 $G=1$；当 $x_1x_2=11$、$y_1y_2=10$ 时，$x_1x_2>y_1y_2$，输出 $G=1$；其他输入状态的输出 $G=0$。根据分析得出如表 3-3 所示的 $X>Y$ 真值表，列出 $G=1$ 的乘积项 $x_1\overline{y_1}$，$\overline{x_1}x_2\overline{y_1}\,\overline{y_2}$，$x_1x_2y_1\overline{y_2}$，因此，比较器的逻辑表达式为

$$G=x_1\overline{y_1}+\overline{x_1}x_2\overline{y_1}\,\overline{y_2}+x_1x_2y_1\overline{y_2}$$

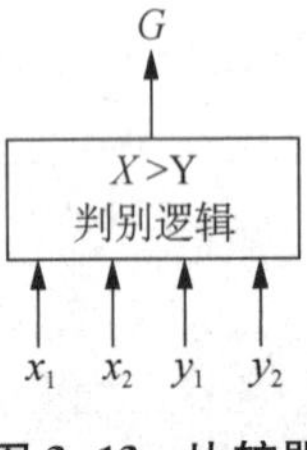

图 3-13 比较器

表 3-3 $X>Y$ 真值表

x_1	x_2	y_1	y_2	G
1	×	0	×	1
0	1	0	0	1
1	1	1	0	1

【例 3-9】 设计一个将 BCD 码转换成余 3 码的代码转换器，写出其逻辑表达式，并画出逻辑电路。

解：十进制数字的余 3 码是该十进制数字加 3 所对应的二进制组合。每个 BCD 码数字都有 4 位，从最高位到最低位，分别记为 A，B，C，D。每个余 3 码数字也是 4 位，从高到低分别记为 W，X，Y，Z。

将一个 BCD 码加 0011 即得出其对应的余 3 码，该转换器的真值表如表 3-4所示，表明输入与输出变量之间的关系。需注意的是，BCD 码的 4 个输入变量存在 16 种组合，但对于十进制来说只有 10 种，即不需要 1010～1111 的 6 种组合，因此表中没有列出，其对应的余 3 码输出都是无关项。

该逻辑函数是一个 4 输入变量函数，用如图 3-14 所示的卡诺图来进行初步优化，简化得到其积之和布尔表达式。每一个卡诺图代表电路的一个输出，每个输出都是 4 个输入变量的一个函数。卡诺图中的 1 方格都可以直接从真值表中的输出栏得到。例如，$W=1$ 时，对应方格 5，6，7，8，9 为最小项。因此，W 的卡诺图中对应这些最小项的方格必须标记为 1。10～15 的 6 个无关最小项，在所有卡诺图中都标记为×。卡诺图优化后各输出变量函数如图 3-14(a)，(b)，(c)和(d)所示。

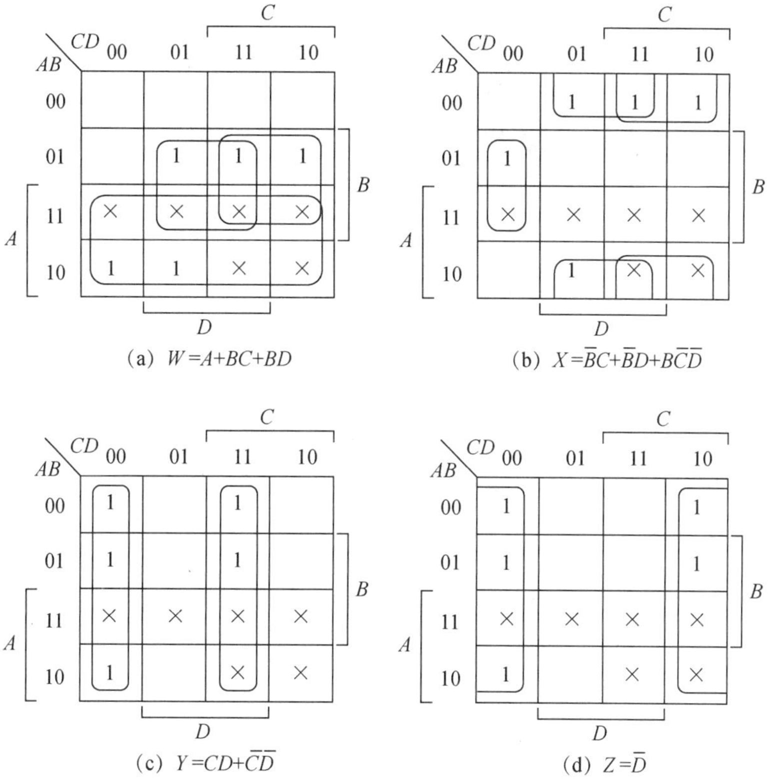

(a) $W=A+BC+BD$　(b) $X=\overline{B}C+\overline{B}D+B\overline{C}\overline{D}$　(c) $Y=CD+\overline{C}\overline{D}$　(d) $Z=\overline{D}$

图 3-14　例 3-9 卡诺图

表 3-4　代码转换器真值表

十进制数字	输出余 3 码				输入 $ABCD$			
	W	X	Y	Z	A	B	C	D
0	0	0	1	1	0	0	0	0
1	0	1	0	0	0	0	0	1
2	0	1	0	1	0	0	1	0
3	0	1	1	0	0	0	1	1
4	0	1	1	1	0	1	0	0
5	1	0	0	0	0	1	0	1

（续表）

十进制数字	输出余 3 码				输入 $ABCD$			
	W	X	Y	Z	A	B	C	D
6	1	0	0	1	0	1	1	0
7	1	0	1	0	0	1	1	1
8	1	0	1	1	1	0	0	0
9	1	1	0	0	1	0	0	1

采用多级优化法判断能否减少门输入成本，当前的门输入数是 26（包含反相器）。优化时，考虑 4 个输出表达式的共同子表达式，在电路内部增加一个逻辑或门 $T_1=C+D$，同时为 T_1 加一个反相器，则

$$W=A+BC+BD=A+B(C+D)=A+B\,T_1$$

$$X=\bar{B}C+\bar{B}D+B\,\overline{CD}=\bar{B}(C+D)+B\,\overline{CD}=\bar{B}T_1+B\,\bar{T}_1$$

$$Y=CD+\bar{T}_1$$

$$Z=\bar{D}$$

通过组合逻辑**或**门 T_1，能使 W、X、Y 共享，使门输入成本从 26 减少到 19，最终，优化的逻辑电路如图 3-15 所示。

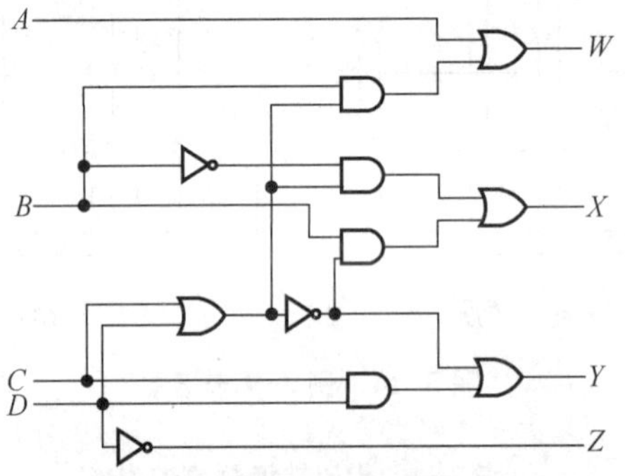

图 3-15　例 3-9 优化的逻辑电路

【例 3-10】　设计一个**与非**门组成的判别电路，判别 8421 码所表示的十进制数值是否大于等于 6。

解：由 A、B、C、D 四个输入变量组合为 8421 码，输出函数为 F。当 $ABCD \geqslant 0110$ 时，$F=1$；当 $ABCD < 0110$ 时，$F=0$。

由于 $ABCD$ 的取值 1010～1111（即 10～15）不需要，故约束方程

$$d=\sum(10,\ 11,\ 12,\ 13,\ 14,\ 15)=0$$

真值表如表 3-5 所示。当 $ABCD$ 取值为 1010～1111 时，函数 F 值在卡诺图中填

写为“Φ”，表示其为任意无关项，因此根据真值表列出函数 F 的逻辑表达式为 $F=\sum(6,\ 7,\ 8,\ 9)+\sum\Phi(10,\ 11,\ 12,\ 13,\ 14,\ 15)$

表 3-5　真值表

A	B	C	D	F
0	0	0	0	0
0	0	0	1	0
0	0	1	0	0
0	0	1	1	0
0	1	0	0	0
0	1	0	1	0
0	1	1	0	1
1	1	1	1	1
1	0	0	0	1
1	0	0	1	1
1	0	1	0	Φ
1	0	1	1	Φ
1	1	0	0	Φ
1	1	0	1	Φ
1	1	1	0	Φ
1	1	1	1	Φ

卡诺图如图 3-16 所示，对其进行简化，消除多的变量项，合并得出如图 3-17 所示的两个块(BC 和 A)组合，得到的简化表达式为 $F=BC+A$。 由于题目要求用**与非**门实现，故采用两次取反的方式，变换得出表达式

$$F=\overline{\overline{BC+A}}=\overline{\overline{BC}\cdot\overline{A}}$$

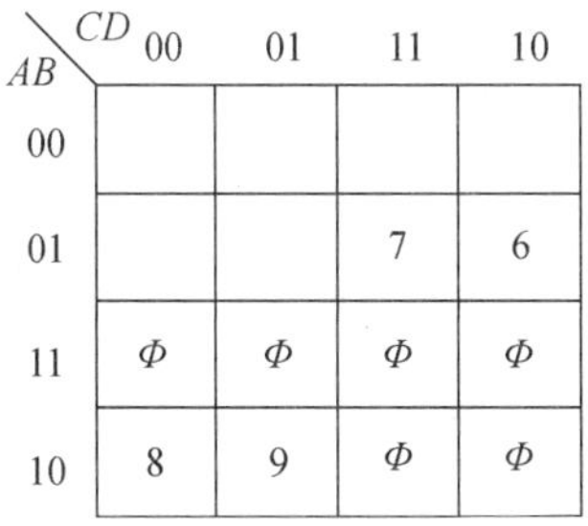

图 3-16　例 3-10 卡诺图

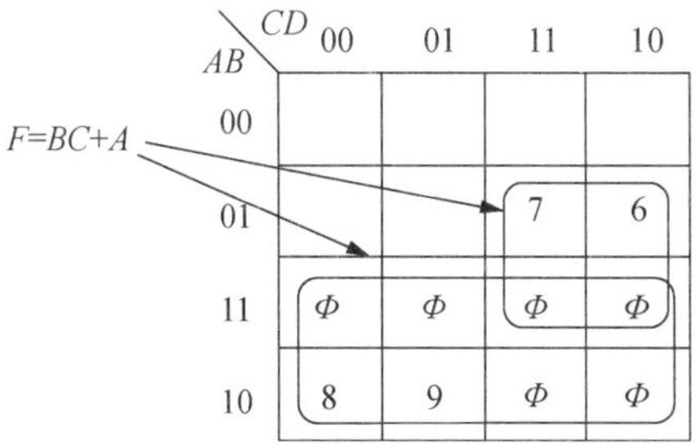

图 3-17　例 3-10 卡诺图简化

根据逻辑函数表达式画出如图 3-18 所示的逻辑电路图，实线框中的 D、$\overline{D}$ 输入的**与非**门可以省略。

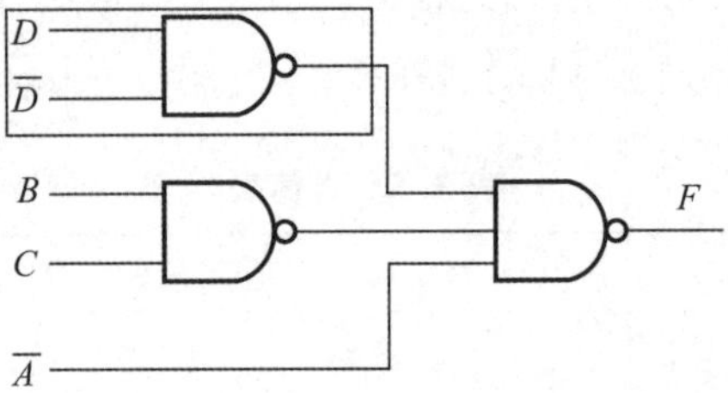

图 3-18　例 3-10 优化逻辑电路

3.3 组合逻辑电路的等价变换

3.3.1 等价互换

根据狄摩根定律，与非门和非或门等价(表 3-6)，或非门和非与门等价(表 3-7)，可以互换。

$$\overline{A}+\overline{B}=\overline{AB}$$
$$\overline{A+B}=\overline{A}\,\overline{B}$$

表 3-6　与非门和非或门真值表

输入		输出	
A	B	$\overline{AB}$	$\overline{A}+\overline{B}$
0	0	1	1
0	1	1	1
1	0	1	1
1	1	0	0

表 3-7　非与门和或非门真值表

输入		输出	
A	B	$\overline{A+B}$	$\overline{A}\,\overline{B}$
0	0	1	1
0	1	0	0
1	0	0	0
1	1	0	0

3.3.2　与非门、或非门通用元件

用**与非**门组合成其他功能器件，如图 3-19 所示。

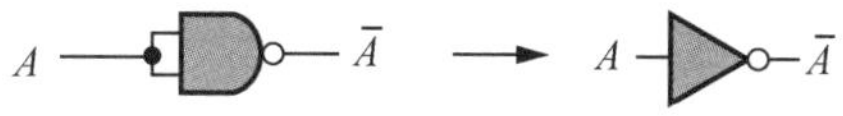

(a) 1个与非门作1个反相器

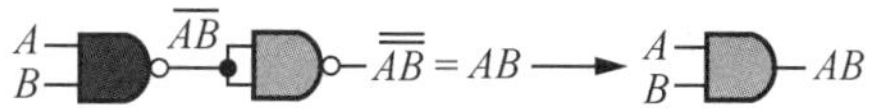

(b) 2个与非门作与门

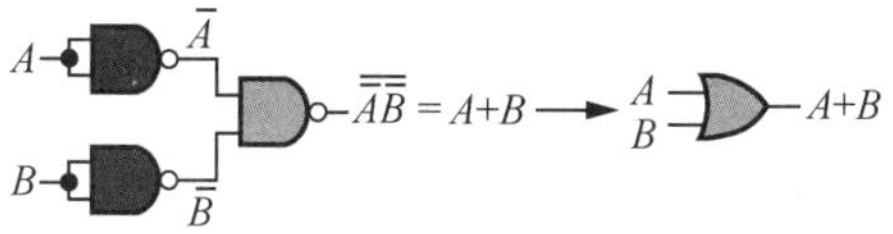

(c) 3个与非门作或门

图 3-19　与非门组合元件

用**或非**门组合成其他功能器件，如图 3-20 所示。

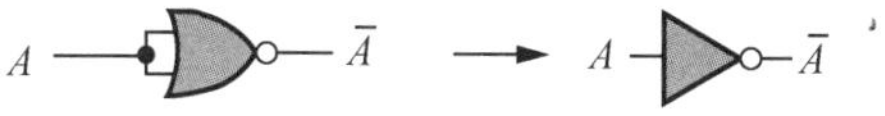

(a) 1个或非门作反相器

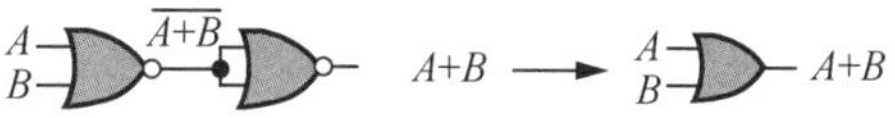

(b) 2个或非门串联作1个或门

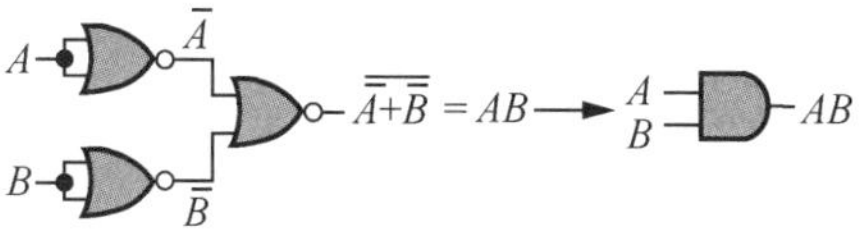

(c) 3个或非门组合作1个与门

图 3-20　或非门组合元件

3.3.3　与非门和或非门等价变换电路

与非门由多个单元类型组合而成，一个单元类型包括一个固定输入数的**与非**门。**与非**门实现布尔函数的简便方法是从优化**与**门、**或**门和反相器组成的逻辑电路开始；然后通过将逻辑图转换为**与非**门和反相器的方法，将逻辑函数转换为**与非**逻辑。该转换方法同样适合**或非**门单元。

给定一个已经优化的，由**与**门、**或**门和反相器组成的电路，转化成由**与非**门(**或非**门)组成的电路，假设这些门电路的扇入没有限制，步骤如下：

(1) 用**与非**门(**或非**门)和反相器替换原电路中的**与**门和**或**门，形成**与**门和**或**门的等效电路。如图 3-21(a)和(b)所示。

(2) 取消如图 3-21(d)所示的反相器对。依据布尔代数 $\overline{\overline{X}}=X$ 的性质消除反相器后的电路,达到缩短电路级数的目的。

(3) 在不改变逻辑函数的前提下,执行下列优化过程:

① 将所有位于电路输入或**与非门**(**或非门**)输出和被驱动**与非门**(**或非门**)输入之间的反相器“推”到被驱动**与非门**(**或非门**)的输入,在该步骤中,要尽可能消除串联成对的反相器。

② 用一个驱动所有并联反相器输出的单独反相器替代多个并联的反相器。

③ 重复步骤①和②,直到电路输入、**与非门**(**或非门**)输出和**与非门**(**或非门**)输入之间最多只有一个反相器。

图 3-21(c)所示,表明了步骤(3)怎样把一个反相器推过“点”的方法,即将输入到“点”的输入线上的反相器用从该“点”输出的所有输出线上的反相器来替代。

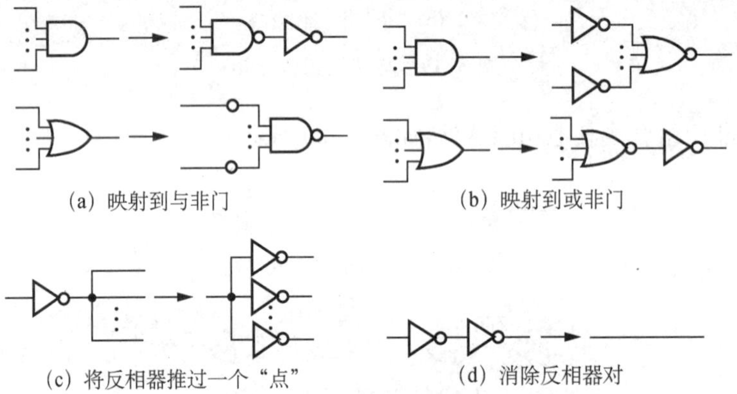

图 3-21　将与门、或门和反相器转换成与非门、或非门及反相器

【例 3-11】　用与非门实现已经优化的函数 $F=AB+\overline{(ABC)C}+\overline{(AB)D}+E$。

解:图 3-22(a)所示为优化函数的原始逻辑电路。

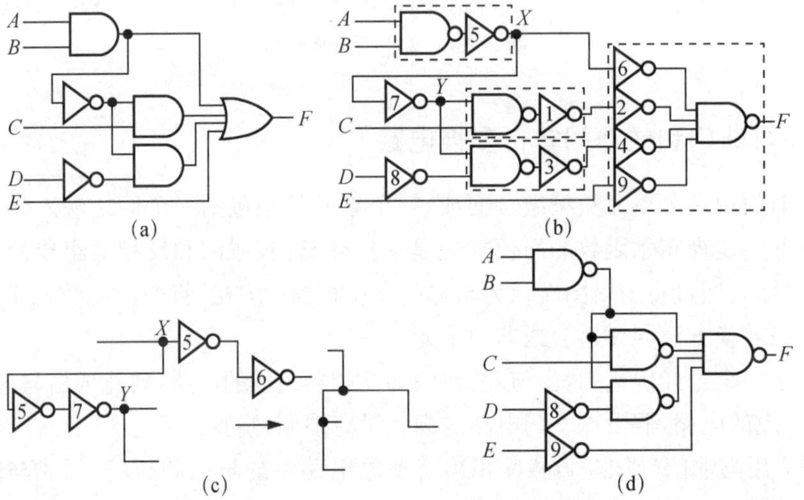

图 3-22　例 3-11 与非门等价互换

如图 3-22(b)所示，按照等价变换方法，将每个**与**门和**或**门用**与非**门和反相器组成的等效电路替代。

消除反相器对(1, 2)和(3, 4)。

如图 3-22(c)所示，将反相器 5“推”过 X 点，并分别与反相器 6 和 7 成对消除。最后，得到如图 3-22(d)所示的逻辑电路。由于反相器 8 和 9 不能和其他反相器成对，保留在最终的逻辑电路图中。

【例 3-12】 用**或非**门实现已经优化的函数 $F=AB+\overline{(ABC)}C+\overline{(AB)}D+E$。

解：如图 3-23(a)所示为优化函数的原始逻辑电路。

将每个**与**门和**或**门用图 3-23(b)所示的**或非**门和反相器组合电路等效替换。

反相器 1 被“推”过 X 点，分别与反相器 2 及 3 组成对被消除，输入线 D 上的一对反相器也被消除，但输入线 A, B, C 和输出线 F 上的单个反相器因不能成对被保留，从而得到如图 3-23(c)所示的逻辑电路。

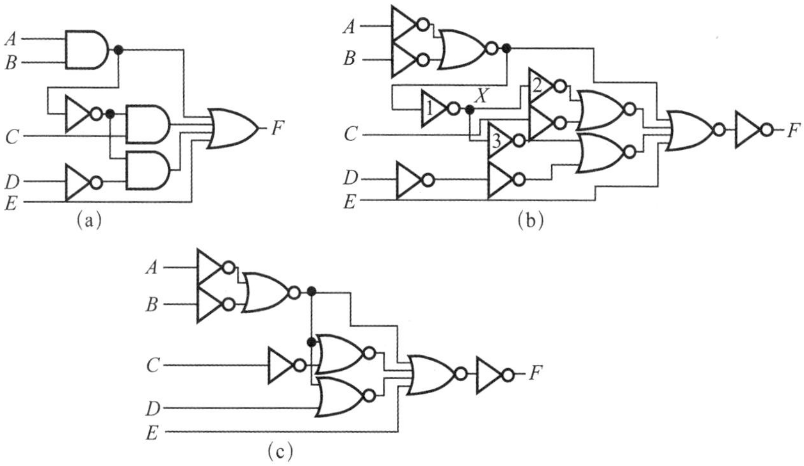

图 3-23 例 3-12 或非门等价互换

3.4 数据选择器与分配器

3.4.1 数据选择器

数据选择器(MUX)也被称为多路转换器或多路复用器，是一种多输入、单输出的计算机数字系统重要逻辑器件，它通过控制信号选择哪一路输入送给输出。通常有二选一(2-1)、四选一(4-1)、八选一(8-1)、十六选一(16-1)、三十二选一(32-1)等数据选择器。图 3-24 所示是 74LS153 四选一数据选择器的逻辑电路，其功能表如表 3-8 所示，符号“×”为任意状态，1 为高电平，0 为低电平。4 路输入 D_0, D_1, D_2, D_3 各自何时输送到输出端 Y，受控制端 S_1, S_0 控制。当 $S_1S_0=00$ 时，D_0 输送到输出端 Y，其余三路依次类推。S_1S_0 常称为数据选择器的地址输入端(地址总线)。

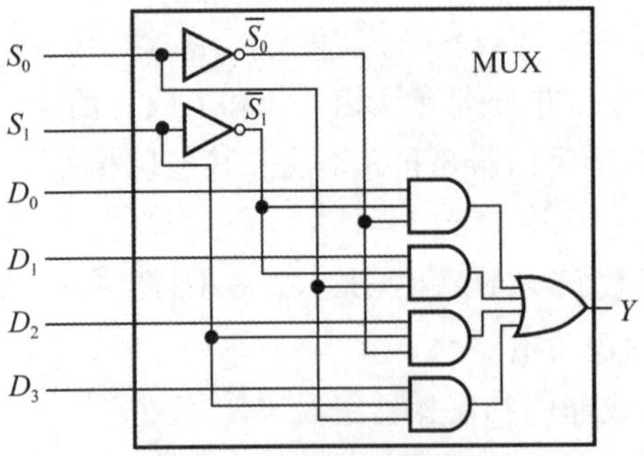

图 3-24　四选一数据选择器逻辑电路

表 3-8　四选一数据选择器功能表

选择输入		数据输入				输出
S_1	S_0	D_0	D_1	D_2	D_3	Y
×	×	×	×	×	×	0
0	0	D_0	×	×	×	D_0
0	1	×	D_1	×	×	D_1
1	0	×	×	D_2	×	D_2
1	1	×	×	×	D_3	D_3

根据逻辑电路或功能表,可以列出四选一数据选择器的函数表达式为

$$Y=\bar{S_1}\ \bar{S_0}D_0+\bar{S_1}\ S_0\ D_1+S_1\ \bar{S_0}D_2+S_1\ S_0\ D_3=\sum_{i=0}^{3} m_i\ D_i$$

式中,$m_i(i=0,\ 1,\ 2,\ 3)$ 表示地址输入端的 4 个最小项。输入、地址输入端和输出 Y 波形如图 3-25 所示。

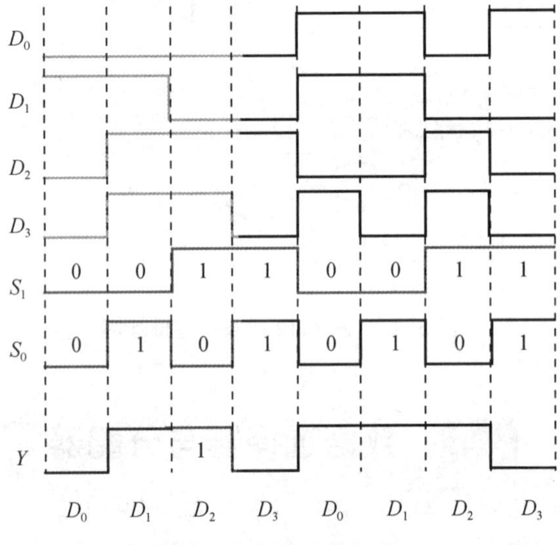

图 3-25　四选一数据选择器输入与输出波形图

根据四选一选择器可扩展八选一、十六选一和三十二选一选择器,表达式 $Y=\sum_{i=0}^{n-1} m_i\ D_i$,$n$ 分别取值 8, 16, 32,地址总线根数分别为 3, 4, 5。

3.4.2　数据分配器

数据分配器(DMUX)的功能与数据选择器正好相反,是一种实现单路输入、多路输出的逻辑器件,输入端的数据从哪一路输出是由地址总线端控制的。

图 3-26 和表 3-9 所示为一入四出数据分配器的功能图及输入输出功能表，C 为数据输入端，Z_0，Z_1，Z_2，Z_3 为输出端，S_1，S_0 为地址总线控制端。

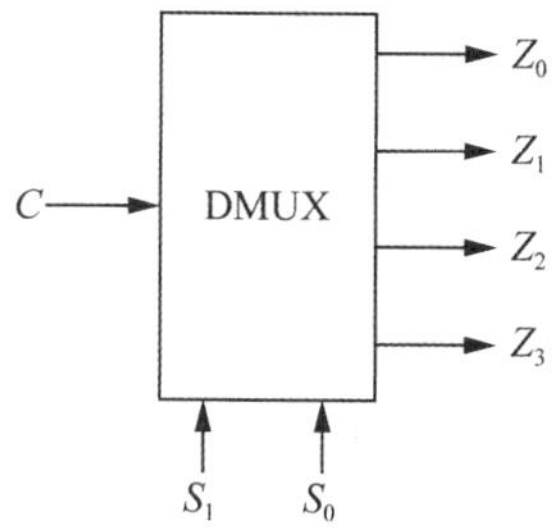

图 3-26　一入四出数据分配器

表 3-9　一入四出数据分配器功能表

选择输入		输出			
S_1	S_0	Z_0	Z_1	Z_2	Z_3
0	0	C	1	1	1
0	1	1	C	1	1
1	0	1	1	C	1
1	1	1	1	1	C

数据分配器往往和数据选择器配套使用，如图 3-27 所示为八输入数据选择器，通过地址总线 ABC 控制，将数据向数据分配器的输出端传输。例如，当 $ABC=101$ 时，实现 D_5 经过端口 Y 和 D 向 f_5 传输的过程。

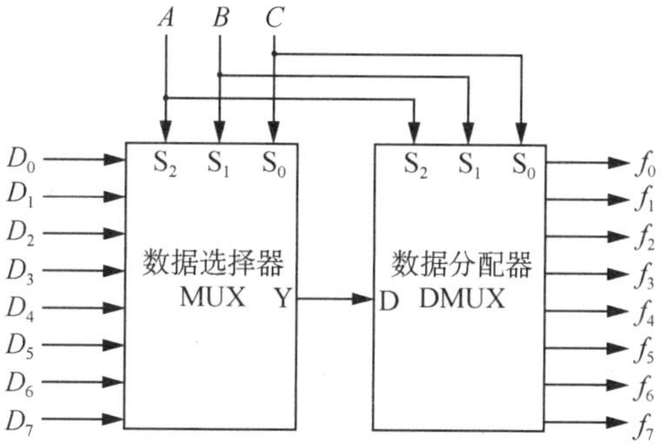

图 3-27　八输入数据选择器

3.5　译码器与编码器

3.5.1　译码器

顾名思义，译码器能实现译码功能，是输入二进制码，输出高低电平信号的逻辑电路。每一组输入编码只对应唯一有效输出状态，也称为多一译码器，是计算机数字系统中重要的逻辑器件。常用的译码器有 2-4，3-8，4-16 以及 4-10 译码器，可用于 BCD 码译码等。可把 2-4 译码器作为基本单元，扩展出其他类译码器。

2-4 译码器如图 3-28 所示，通过使能端 G 控制输入端 D_1D_0 的编码对应唯一输出通道 Y_3，Y_2，Y_1 或 Y_0 呈现高电平状态，其取反则低电平有效。同理，对于如图 3-29 所示的 3-8 译码器，有 3 个数据输入端 D_2，D_1 和 D_0，8 个输出端（$Y_0 \sim Y_7$），还有 3 个使能端 G_1，G_{2A} 和 G_{2B}。当 $G_1=1$，$G_{2A}+G_{2B}=0$ 时，输入端

$D_2D_1D_0$ 的编码对应的唯一输出端为低电平，实现该组输入信号的译码。3-8 译码器芯片 74LS138 的封装与功能表如图 3-30 和表 3-10 所示，其中 $G_2 = G_{2A} + G_{2B}$。

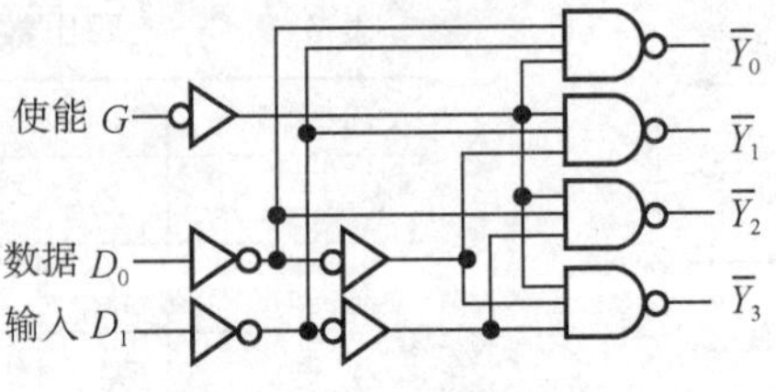

图 3-28　2-4 译码器

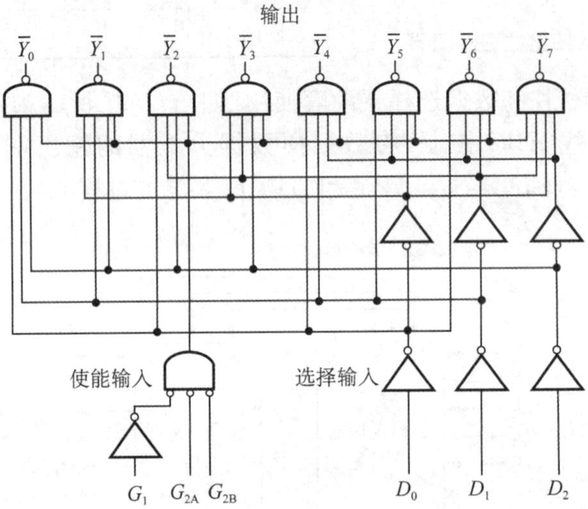

图 3-29　3-8 译码器

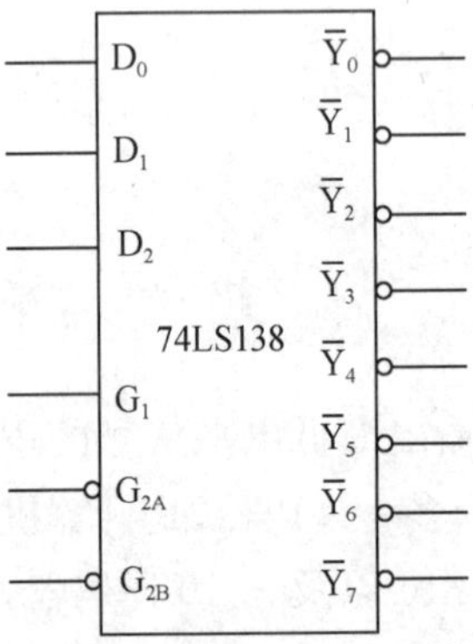

图 3-30　74LS138 译码器的封装

表 3-10　74LS138 译码器功能表

使能输入		选择输入			输出							
G_1	G_2	D_2	D_1	D_0	$\overline{Y}_0$	$\overline{Y}_1$	$\overline{Y}_2$	$\overline{Y}_3$	$\overline{Y}_4$	$\overline{Y}_5$	$\overline{Y}_6$	$\overline{Y}_7$
×	1	×	×	×	1	1	1	1	1	1	1	1
0	×	×	×	×	1	1	1	1	1	1	1	1
1	0	0	0	0	0	1	1	1	1	1	1	1
1	0	0	0	1	1	0	1	1	1	1	1	1
1	0	0	1	0	1	1	0	1	1	1	1	1
1	0	0	1	1	1	1	1	0	1	1	1	1
1	0	1	0	0	1	1	1	1	0	1	1	1
1	0	1	0	1	1	1	1	1	1	0	1	1
1	0	1	1	0	1	1	1	1	1	1	0	1
1	0	1	1	1	1	1	1	1	1	1	1	0

以 2-4 译码器作为基本单元，扩展出 4-16 译码器，如图 3-31 所示。图中共有 5 个 2-4 译码器，2-4 译码器作为地址线译码扩展高位数据线 A_3A_2，4 路输出分别

与第 1～4 个 2-4 译码器的使能端相连，低位数据线 A_1A_0 都与这 4 个译码器的输入端相连。通过这种方式实现 4-16 译码器的扩展。

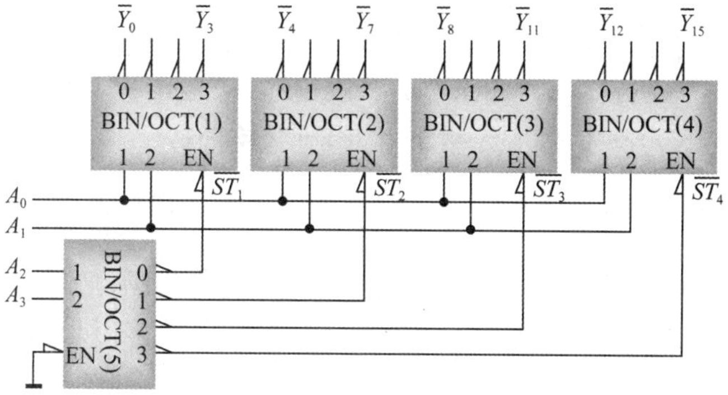

图 3-31　利用 2-4 译码器扩展 4-16 译码器

在计算机数字系统中，常采用七段发光数码管显示数字，可由译码驱动芯片 74LS48 和数码管 BS201A 组成。如图 3-32 所示。

74LS48 是中规模 BCD 码译码器，能提供较大的输出电流，直接驱动发光数码管。其与共阴极发光数码管连接的功能表如表 3-11 所示。

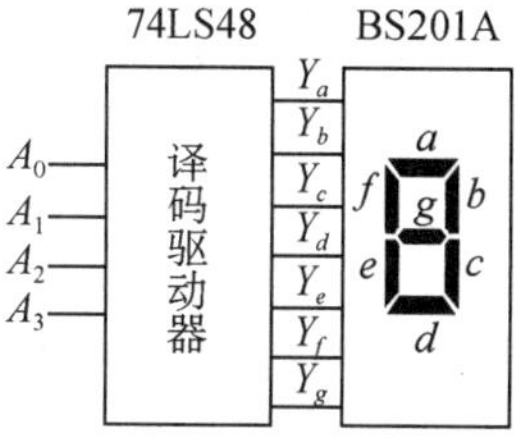

图 3-32　七段数字显示电路

表 3-11　译码芯片 74LS48 功能表

输入				输出							显示字符
A_3	A_2	A_1	A_0	Y_a	Y_b	Y_c	Y_d	Y_e	Y_f	Y_g	
0	0	0	0	1	1	1	1	1	1	0	0
0	0	0	1	0	1	1	0	0	0	0	1
0	0	1	0	1	1	0	1	1	0	1	2
0	0	1	1	1	1	1	1	0	0	1	3
0	1	0	0	0	1	1	0	0	1	1	4
0	1	0	1	1	0	1	1	0	1	1	5
0	1	1	0	0	0	1	1	1	1	1	6
0	1	1	1	1	1	1	0	0	0	0	7
1	0	0	0	1	1	1	1	1	1	1	8
1	0	0	1	1	1	1	0	0	1	1	9

数码管是分段式半导体器件，由 7 个发光管组成发光段，通电后，可以把电能转换为光能。发光二极管显示电路有两种：一种是 7 个发光二极管共用一个阳极，为共阳极电路；另一种共用一个阴极，为共阴极电路。BS201A 采用共阴极电路，

如图 3-33 所示。译码器的输出端分别连接 $a\sim g$ 7 个阳极端，当输出高电平时，相应的二极管发光，就能显示出相应的十进制数码。如译码器输入端 $A_3A_2A_1A_0=0001$，则输出端 $Y_b=Y_c=1$，发光数码管 b，c 段点亮发光，显示数字 1；当输入端 $A_3A_2A_1A_0=0111$ 时，则输出端 Y_a，Y_b 和 Y_c 为 1，发光数码管 a，b，c 段点亮发光，显示数字 7。其他数字同理。

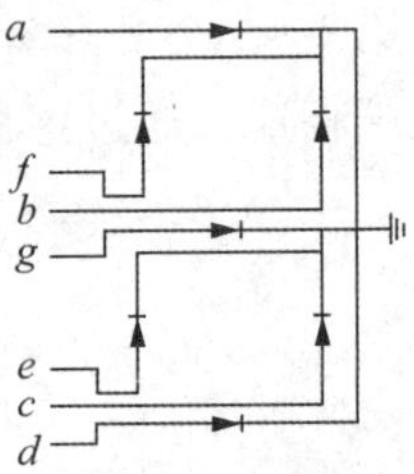

图 3-33 共阴极发光数码管电路

3.5.2 编码器

编码就是将所要处理的数据或信息转化成二进制代码，实现该转化过程的电路为编码器。编码器可实现“一对多”的译码。

普通编码器有 8-3 编码器和 BCD 编码器等，编码器的每个输入端可连接代表一个十进制数码的信号，在所有输出端输出该十进制数码的二进制编码。8-3 编码器的结构和功能表如图 3-34 和表 3-12 所示。$D_0\sim D_7$ 输入端仅代表一个十进制数码的信号（0～7），每次仅有一个输入，输出端 $Y_2Y_1Y_0$ 从高位到低位分别输出其对应的二进制编码。

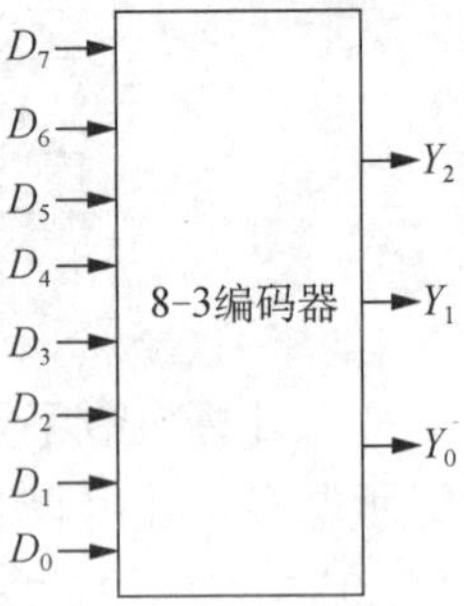

图 3-34 8-3 编码器

表 3-12 8-3 编码器功能表

D_7	D_6	D_5	D_4	D_3	D_2	D_1	D_0	Y_2	Y_1	Y_0
1	0	0	0	0	0	0	0	1	1	1
0	1	0	0	0	0	0	0	1	1	0
0	0	1	0	0	0	0	0	1	0	1
0	0	0	1	0	0	0	0	1	0	0
0	0	0	0	1	0	0	0	0	1	1
0	0	0	0	0	1	0	0	0	1	0
0	0	0	0	0	0	1	0	0	0	1
0	0	0	0	0	0	0	1	0	0	0

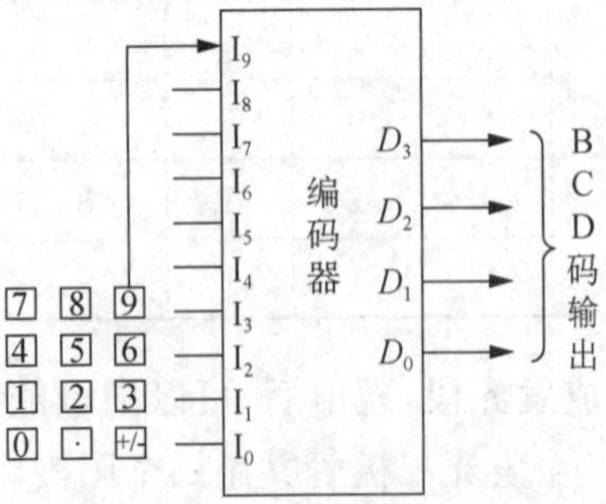

图 3-35 BCD 编码器

图 3-35 和表 3-13 所示为 BCD 编码器及真值表，连接方式与 8-3 编码器相似。根据其真值表可以列出 BCD 码的输出逻辑函数表达为

$$D_3=I_8+I_9$$
$$D_2=I_4+I_5+I_6+I_7$$
$$D_1=I_2+I_3+I_6+I_7$$
$$D_0=I_1+I_3+I_5+I_7+I_9$$

当 $I_8=1$，输出端 $D_3D_2D_1D_0=1000$，为 8 的二进制编码。

表 3-13　BCD 编码器真值表

输入	输出 BCD 码			
十进制数字信号	D_3	D_2	D_1	D_0
I_0	0	0	0	0
I_1	0	0	0	1
I_2	0	0	1	0
I_3	0	0	1	1
I_4	0	1	0	0
I_5	0	1	0	1
I_6	0	1	1	0
I_7	0	1	1	1
I_8	1	0	0	0
I_9	1	0	0	1

根据输出逻辑函数表达式可画出如图 3-36 所示的 BCD 编码器逻辑电路图，此时输入为 I_6，输出 $D_3D_2D_1D_0=0110$。

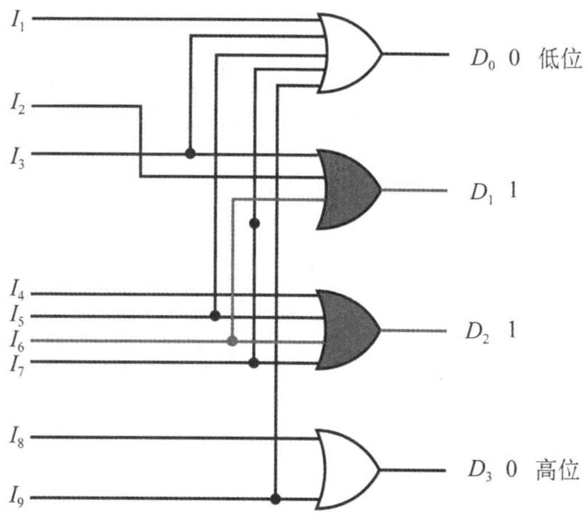

图 3-36　BCD 编码器逻辑电路

为了能允许任一时刻多个输入线有效，克服普通编码器每个时刻只有一个输入线输入的缺点，可设计采用优先编码器。设计时预先对所有输入按优先顺序排序，当有多个输入同时有效时，只对优先级最高的输入信号编码，优先级低的信号不编码。图 3-37 和表 3-14 所示是 8-3 优先编码器的逻辑电路图及真值表。*EI*、*EO* 两个信号输入端可用于扩展，输入输出信号都是低电平有效。输入端的脚标越大，其优先级越高。如当 $\overline{I_7}=0$ 时，不管其他输入端等于 0 或 1，都只对 $\overline{I_7}$ 编码，即输出端 $D_2D_1D_0=000$，I_7 输出编码为 111。同理，当 $\overline{I_7}=1$ 且 $\overline{I_6}=1$ 时，若 $\overline{I_5}=0$，则当前 $\overline{I_5}$ 处于最高优先级，不管 $\overline{I_4}\sim\overline{I_0}$ 为 0 或 1，只对 $\overline{I_5}$ 编码输出 $D_2D_1D_0=101$。真值表和逻辑电路中输入端 *EI* 为允许输入信号，*EO* 为允许输出信号。

表 3-14　8-3 优先编码器真值表

$\overline{ST}$	$\overline{I_0}$	$\overline{I_1}$	$\overline{I_2}$	$\overline{I_3}$	$\overline{I_4}$	$\overline{I_5}$	$\overline{I_6}$	$\overline{I_7}$	$\overline{D_2}$	$\overline{D_1}$	$\overline{D_0}$	EI	EO
1	×	×	×	×	×	×	×	1	1	1	1	1	
0	1	1	1	1	1	1	1	1	1	1	1	1	0
0	×	×	×	×	×	×	×	0	0	0	0	0	1
0	×	×	×	×	×	×	0	1	0	0	1	0	1
0	×	×	×	×	×	0	1	1	0	1	0	0	1
0	×	×	×	×	0	1	1	1	0	1	1	0	1
0	×	×	×	0	1	1	1	1	1	0	0	0	1
0	×	×	0	1	1	1	1	1	1	0	1	0	1
0	×	0	1	1	1	1	1	1	1	1	0	0	1
0	0	1	1	1	1	1	1	1	1	1	1	0	1

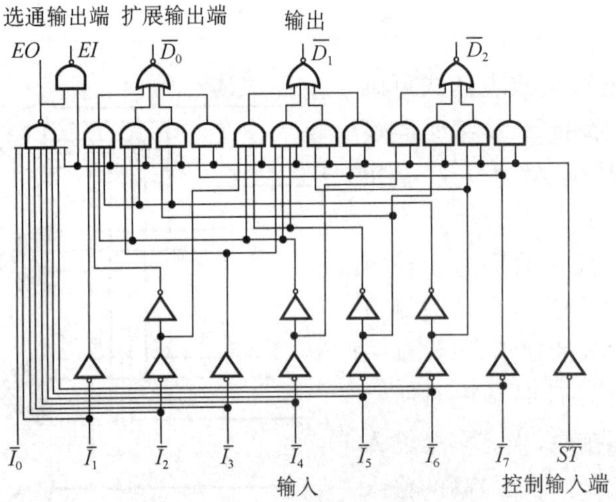

图 3-37　8-3 优先编码器逻辑电路

【例 3-13】 设计一个十进制数字键输入，并在数码管上显示该十进制数的逻辑电路。

解： 如图 3-38 所示，利用 BCD 编码器(74HC147)输出数字键盘的对应 BCD 编码，编码信号 $\overline{D_3}\ \overline{D_2}\ \overline{D_1}\ \overline{D_0}$ 通过 74LS48 译码驱动器的输入端 $A_3A_2A_1A_0$ 输入给译码器进行译码，通过 $Y_a \sim Y_g$ 七个输出端输出译码的高电平信号，驱动数码管相应的段发光，显示出十进制数。由于 $\overline{D_3}\ \overline{D_2}\ \overline{D_1}\ \overline{D_0}$ 是反码值，接入 $A_3A_2A_1A_0$ 时，需要经过一个反相器取反，从而恢复成原码，再经过译码显示。

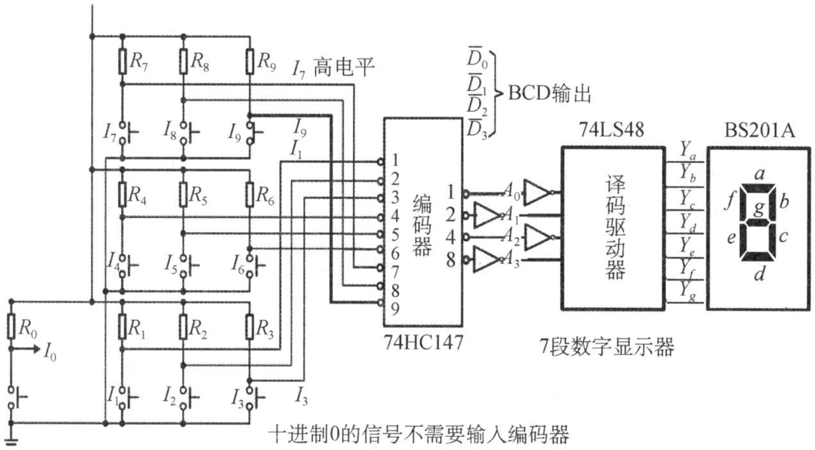

图 3-38　十进制数字键输入显示

3.6　数据比较器与加法器

3.6.1　数据比较器

在计算机系统中，数据比较是系统进行计算的基本运算，有多种进制比较方式。数据比较器是用来比较两组二进制数大小的逻辑电路。如图 3-39(a)所示为 4 位二进制数据比较器的功能框图。输入是一组二进制数 $A_3A_2A_1A_0$(A_3 为高位)和另一组二进制数 $B_3B_2B_1B_0$(B_3 为高位)，两组数比较的结果只能是输出 $A>B$，$A=B$ 或$A<B$ 三种情况的一种。图 3-39(b)给出了 4 位二进制数据比较器芯片 74HC85 的逻辑符号与引脚图，其真值表如表 3-15 所示。从真值表可以看出，当两组 4 位二进制数进行比较时，先从最高位开始比较，如最高位相同，再比较次高位，依此类推。其过程为：

(1) $A_3>B_3$ 时，不管其他输入情况如何，都是 $A>B$，输出 1；

(2) $A_3=B_3$，$A_2>B_2$ 时，不管其他输入情况如何，都是 $A>B$，输出 1；

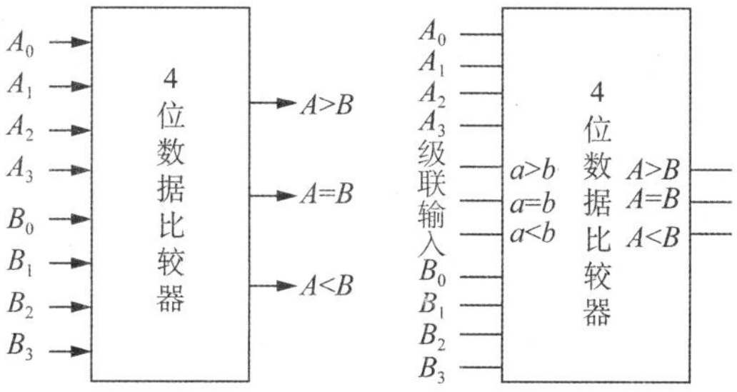

(a) 功能框图　　(b) 引脚图

图 3-39　4 位二进制比较器

(3) $A_3=B_3$, $A_2=B_2$, $A_1>B_1$ 时,不管其他输入情况如何,都是 $A>B$, 输出 1;

(4) $A_3=B_3$, $A_2=B_2$, $A_1=B_1$, $A_0>B_0$ 时,$A>B$, 输出 1;

……

真值表中最下面三行的比较输出还与级联输入有关。级联输入端 $a<b$ 和 $a>b$ 接地,$a=b$ 接高电平,表示本级无级联,只作 4 位二进制数比较器。

表 3-15　4 位二进制比较器真值表

比较输入				级联输入			输出		
A_3B_3	A_2B_2	A_1B_1	A_0B_0	$A>B$	$A<B$	$A=B$	$A>B$	$A<B$	$A=B$
$A_3>B_3$	×	×	×	×	×	×	1	0	0
$A_3<B_3$	×	×	×	×	×	×	0	1	0
$A_3=B_3$	$A_2>B_2$	×	×	×	×	×	1	0	0
$A_3=B_3$	$A_2<B_2$	×	×	×	×	×	0	1	0
$A_3=B_3$	$A_2=B_2$	$A_1>B_1$	×	×	×	×	1	0	0
$A_3=B_3$	$A_2=B_2$	$A_1<B_1$	×	×	×	×	0	1	0
$A_3=B_3$	$A_2=B_2$	$A_1=B_1$	$A_0>B_0$	×	×	×	1	0	0
$A_3=B_3$	$A_2=B_2$	$A_1=B_1$	$A_0<B_0$	×	×	×	0	1	0
$A_3=B_3$	$A_2=B_2$	$A_1=B_1$	$A_0=B_0$	1	0	0	1	0	0
$A_3=B_3$	$A_2=B_2$	$A_1=B_1$	$A_0=B_0$	0	1	0	0	1	0
$A_3=B_3$	$A_2=B_2$	$A_1=B_1$	$A_0=B_0$	0	0	1	0	0	1

当比较位数超过 4 位时,采用两片及多片数据比较器级联的方式来扩展比较功能。例如,将两片 4 位比较器 74HC85 级联组成 8 位比较器,第一级的输入端分别对应接入低 4 位,且输入端 a<b 和 a>b 接地,a=b 接高电平,设定本级无级联;第二级的输入端分别对应接入高 4 位,且其输入端 a<b, a=b, a>b 分别对应接第一级输出端 A<B, A=B 和 A>B 的高电平,设定本级有级联。扩展 8 位比较器如图 3-40 所示。

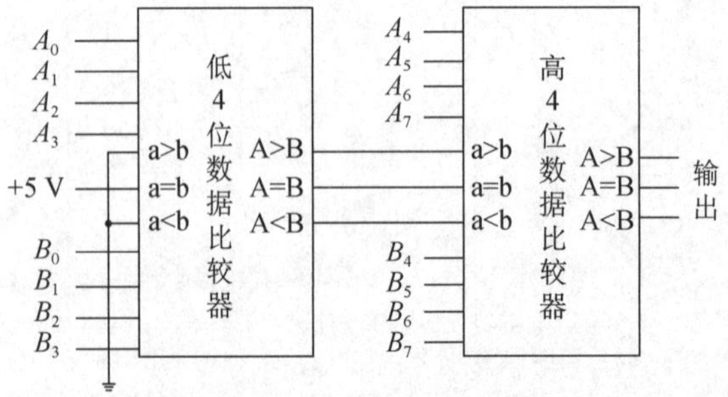

图 3-40　两片 4 位比较器 74HC85 级联扩展 8 位比较器

3.6.2　加法器

加法器是计算机系统的重要运算部件，可进行二进制数据的加法运算。有串行加法器和并行加法器两种。

串行加法器如图 3-41(a)所示，由多个全加器(FA)串行连接而成。FA 是一位全加器，包括输入加数 A_i、被加数 B_i 和低位进位信号 C_{i-1}，输出和 S_i 与高位进位信号 C_i。FA 的逻辑电路如图 3-41(b)所示。根据逻辑电路及真值表(表 3-16)，得出全加器 FA 的逻辑表达式为

$$S_i=(A_i \oplus B_i) \oplus C_{i-1}$$
$$C_i=A_i B_i+(A_i \oplus B_i) C_{i-1}$$

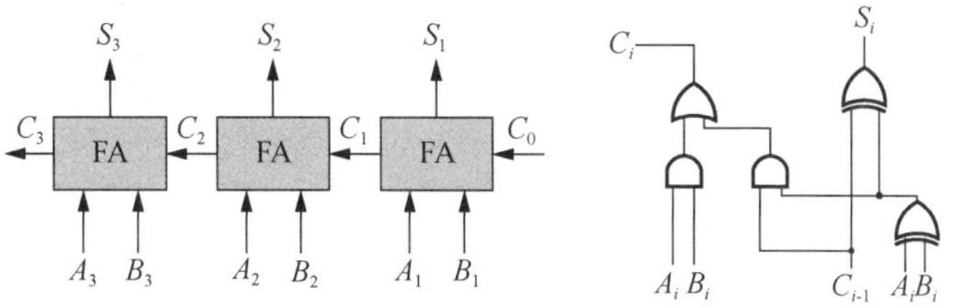

(a) 逻辑框图　　(b) 一位全加器逻辑电路

图 3-41　串行加法器

表 3-16　一位全加器真值表

输入			输出	
A_i	B_i	C_{i-1}	S_i	C_i
0	0	0	0	0
0	0	1	1	0
0	1	0	1	0
0	1	1	0	1
1	0	0	1	0
1	0	1	0	1
1	1	0	0	1
1	1	1	1	1

根据求和表达式 S_i 和进位表达式 C_i，每输入一位数据，进行加法运算得到本级的和及向上一级全加器发送进位信号。因此，求和的最高位输出必须等所有各位信号逐位传送后才能完成，速度慢，工作效率低。

为了克服串行加法器速度慢、效率低的缺点，设计采用 4 位超前进位并行加法器 74LS283，其逻辑电路如图 3-42 所示。

设加数 $A=A_3 A_2 A_1 A_0$，被加数 $B=B_3 B_2 B_1 B_0$，4 个并行加法器的逻辑表

达式为

$$S_1 = A_1 \oplus B_1 \oplus C_0$$
$$C_1 = A_1 B_1 + (A_1 \oplus B_1) C_0$$
$$S_2 = A_2 \oplus B_2 \oplus C_1$$
$$C_2 = A_2 B_2 + (A_2 \oplus B_2) C_1$$
$$S_3 = A_3 \oplus B_3 \oplus C_2$$
$$C_3 = A_3 B_3 + (A_3 \oplus B_3) C_2$$
$$S_4 = A_4 \oplus B_4 \oplus C_3$$
$$C_4 = A_4 B_4 + (A_4 \oplus B_4) C_3$$

令 $G_i = A_i B_i$ 为进位生成项，$P_i = A_i \oplus B_i$ 为进位传递项，则

$$C_i = G_i + P_i C_{i-1}$$

所以，进位表达式为

$$C_1 = G_1 + P_1 C_0$$
$$C_2 = G_2 + P_2 C_1 = G_2 + P_2 G_1 + P_2 P_1 C_0$$
$$C_3 = G_3 + P_3 C_2 = G_3 + P_3 G_2 + P_3 P_2 G_1 + P_3 P_2 P_1 C_0$$
$$C_4 = G_4 + P_4 C_3 = G_4 + P_4 G_3 + P_4 P_3 G_2 + P_4 P_3 P_2 G_1 + P_4 P_3 P_2 P_1 C_0$$

因此，每位和输出的表达式为

$$S_i = P_i \oplus C_{i-1}$$

分析进位表达式可以看出，最低位的进位信号 C_0 可超前输入到 C_4 和 S_4 等各位，加快了进位信号的传递，提高了运算效率。

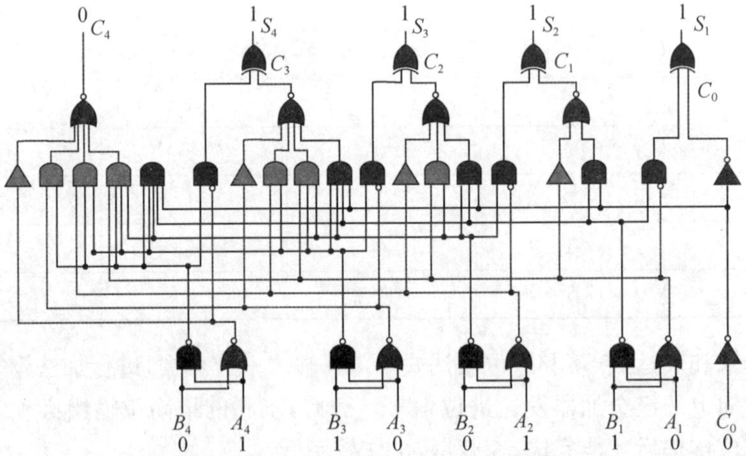

图 3-42　4 位并行加法器逻辑电路

3.7 奇偶校验器

3.7.1 基本工作原理

在数字通信过程中，二进制信息流的传输可能发生差错，即产生 1 变成 0 和 0 变成 1 的情况。为了保证数据传输正确，消除误码，常在一个字节的数据附加一个校验码，使二进制码串中 1 的个数成奇数个或偶数个，成奇数个的校验方法为奇校验，成偶数个的校验方法为偶校验。

保证奇偶校验正确性的基本原理是：偶数个 1，其和总为 0；奇数个 1，其和总为 1。

根据其基本原理，需要对给定代码全部位数相加的和进行奇校验或偶校验。对于 2 比特求和可用 1 个**异或**门来完成，4 比特求和可用 3 个**异或**门来完成，如图 3-43所示。当输入比特流中 1 的数目为奇数时，则输出 X 为高电平“1”；反之，1 的数目为偶数时，则输出 X 为低电平“0”。

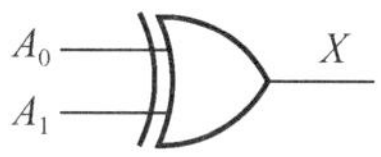

(a) 2比特求和

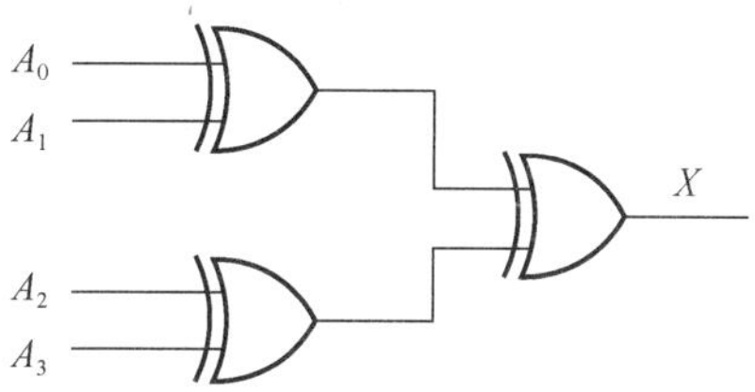

(b) 4比特求和

图 3-43　2 比特、4 比特求和逻辑电路

3.7.2 数据传输的奇偶校验

图 3-44 和表 3-17 所示为奇偶校验发生器与校验器芯片 74LS280 的逻辑框图和真值表，实现 9 位码的校验，包括 8 个数据位 $I_0 \sim I_7$ 和 1 个校验位 I_8，2 个输出 F_{ev} 和 F_{od}。当 9 个输入组成的 9 位码组中 1 的个数是奇数时，则输出 $F_{ev}=0$(低电平)，$F_{od}=1$(高电平)；当 9 个输入组成的 9 位码组中 1 的个数是偶数时，则输出 $F_{ev}=1$(高电平)，$F_{od}=0$(低电平)。两个输出信号互斥。

表 3-17　奇偶检校器的真值表

输入	输出	
$I_0 \sim I_8$	F_{od}	F_{ev}
偶数(0，2，4，6，8)	0	1
奇数(1，3，5，7，9)	1	0

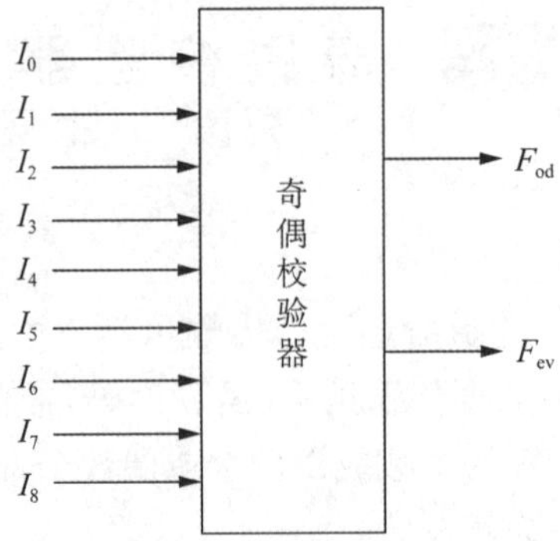

图 3-44　偶校验发生器与校验器芯片 74LS280 的逻辑框图

在设计数字通信系统时，可用两片 74LS280 芯片实现 8 位数据比特流的传输。一片放在发送端，另一片放在接收端。通信系统逻辑电路如图 3-45 所示。发送端的 9 位码组包括两部分，一部分是原 8 位信息码 $I_0 \sim I_7$，另一部分是校验码 I_8。系统采用奇校验方式（$I_8=1$），因此，发送端的奇监督位 F_{od} 表达式为

$$F_{od}=(I_0 \oplus I_1 \oplus I_2 \oplus I_3 \oplus I_4 \oplus I_5 \oplus I_6 \oplus I_7) \oplus I_8$$

当 9 位码组中 1 的个数为奇数时，$F_{od}=1$；当 9 位码组中 1 的个数为偶数时，$F_{od}=0$。

在接收端，判断位 F_{ev} 的表达式为

$$F_{ev}=\overline{(I_0 \oplus I_1 \oplus I_2 \oplus I_3 \oplus I_4 \oplus I_5 \oplus I_6 \oplus I_7) \oplus I_8}$$

如果 $F_{ev}=0$，说明码组中 1 的个数为奇数，传输正确；如果 $F_{ev}=1$，说明码组中 1 的个数不为奇数，传输错误。

偶校验传输也可采用类似的方式，可以检测 1 位数据传输出错的情况，但不能检测两位同时出错的情况。如需要其他更好的方法，可以参考通信原理有关资料。

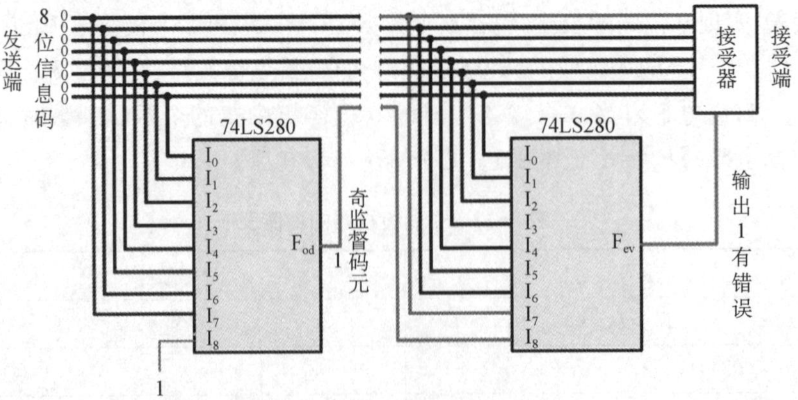

图 3-45　数据传输的奇校验

本章小结

本章主要对计算机系统中执行数据处理的组合逻辑电路的设计与简化方法进行介绍，使学生理解和掌握组合逻辑电路设计的理论和实现方法，并通过组合逻辑分析与组合逻辑设计进行工程优化，以满足工程应用的特殊要求。需要重点关注电路的竞争冒险问题，以克服不稳定状态。同时，对计算机系统中的重要组成部件，如数据选择器、数据分配器、译码器、编码器、数据比较器、加法器和校验器的基本原理和逻辑结构进行了阐述，为后续学习计算机指令系统及中央处理器奠定基础。

练习

1. 分析下列逻辑电路（题图 3-1 和题图 3-2），写出原始表达式，并简化表达式。

（1）

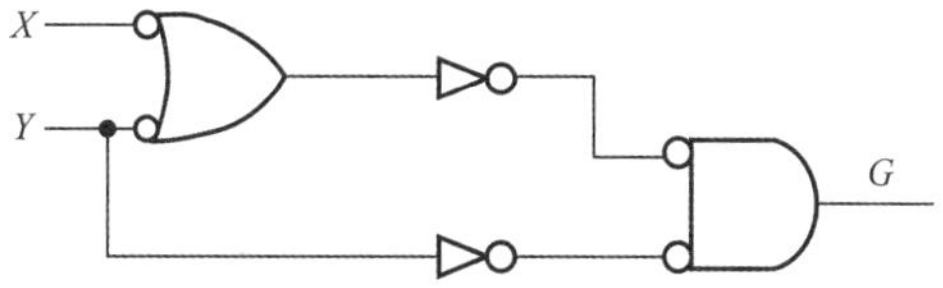

题图 3-1

（2）

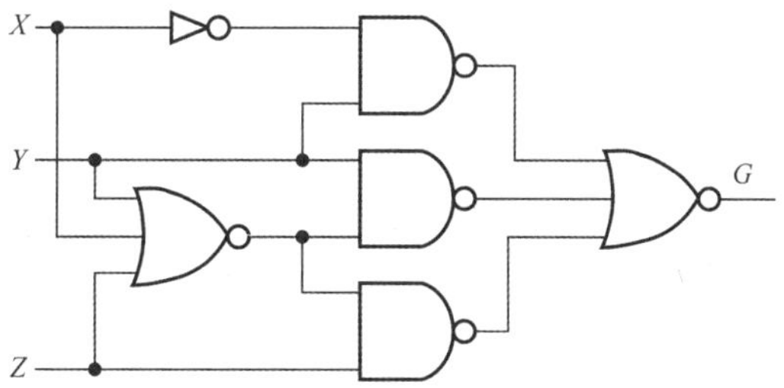

题图 3-2

2. 分析下列逻辑电路（题图 3-3），以 $S_2S_1S_0$ 作为控制输入端，列出其真值表，并得出其简化表达式。

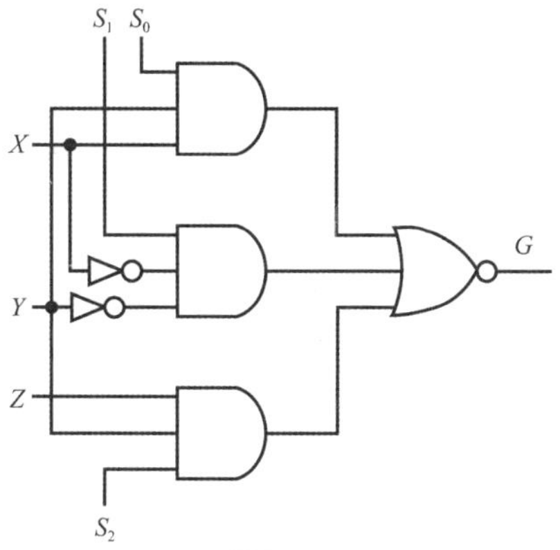

题图 3-3

3. 设计一个二进制码-格雷码转换电路。输入二进制码 $B_3B_2B_1B_0$，输出格雷码 $G_3G_2G_1G_0$，$\overline{EN}$ 为使能控制端。当 $\overline{EN}=0$ 时执行转换过程，输出格雷码；当 $\overline{EN}=1$ 时输出高阻态。

4. 设计一个报警灯电路。A，B，C 为报警灯 3 个按键，当只有 1 个键单独按下或 2 个键同时按下时，报警灯不亮（不报警）；只有当 3 个或 3 个以上的按键按下，报警灯才亮，发出报警信号。请完成如下设计过程：

(1) 列出真值表；

(2) 用卡诺图求出最简逻辑表达式；

(3) 画出与非门的电路图。

5. 利用一个 4-16 译码器将 8421BCD 码转换成余 3 码。设计出该转换电路，写出逻辑表达式。

第 4 章　时序逻辑电路

第 3 章重点介绍了组合逻辑电路，通过逻辑门组合出复杂的逻辑电路，实现诸如加法、减法、译码与编码等逻辑运算功能，但此类电路构造的硬件成本高，灵活性差。为克服这些缺点，构造一种能够记忆各操作时间序列之间信息的电路，该电路称为时序逻辑电路，构成该电路的基本部件有锁存器和触发器。时序逻辑电路由锁存器、触发器和组合逻辑电路共同构成。

4.1　时序逻辑电路的概念

组合逻辑电路和记忆功能元件连接构成时序逻辑电路，其逻辑框架如图 4-1所示。记忆元件存储了上一时刻操作结果的二进制信息。将某一时刻存储在记忆元件中的二进制信息称为该时刻记忆元件的状态。时序逻辑电路通过输入端接收二进制信息，并与记忆元件的当前状态一起输入其组合电路，共同决定该时刻的输出，同时由记忆元件存储该时刻的输出，并作为下一时刻的输入状态，以此类推。因此，时序逻辑电路的输出既是其输入的函数，又是记忆元件当前状态的函数。记忆元件的下一时刻状态也是电路输入级当前状态的函数。故时序逻辑电路是由输入、内部状态和输出序列共同决定的。

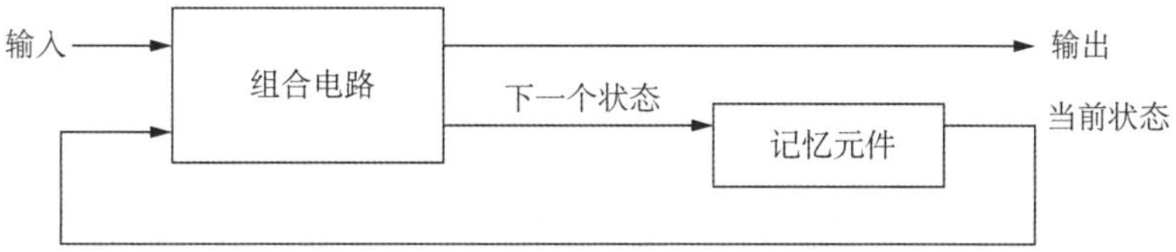

图 4-1　时序逻辑电路的组成框架

时序逻辑电路主要分为同步时序电路和异步时序电路。同步时序电路是根据在离散时间同一点上从其信号中获得的信息来定义的，异步时序电路是根据任意时间点的输入信号以及输入信号在连续时间内变化的顺序来定义的。

同步时序电路只在离散的时刻采集和影响记忆元件的信号。同步过程是通过时钟发生器产生周期性的时钟脉冲序列来实现的。这种脉冲信号作用于整个系统，且各个同步记忆元件只因为受脉冲控制的特定关系而产生作用和影响。记忆元件中存储的数据的变化同时受时钟脉冲和其他信号的共同作用，且其输出仅在出现时钟脉冲时产生变化。我们把时钟脉冲作为记忆元件输出信号的同步时序电路称为钟控时序电路。该电路在实际工程项目与产品设计中应用广泛，因其电路不论延迟的差别多大，都能在同一时钟下正常运行工作，确保系统运行和操作的正确性和可靠性。钟控时序电路中使用的记忆元件是触发器，其工作原理将在本章后面介绍。

4.2 锁 存 器

只要输入信号不改变，记忆元件将能无限期地将二进制状态保存下去。最基本的记忆元件是锁存器，并由它构成触发器。

4.2.1 锁存器的基本特性

锁存器具有两个稳定的物理状态，因此能记忆一位二进制数。常用的锁存器逻辑符号如图 4-2 所示，它的基本特性如下：

(1) 有两个互补互斥的输出端 Q 和 $\overline{Q}$。

当 $Q=1$ 时，$\overline{Q}=0$；当 $Q=0$ 时，$\overline{Q}=1$。

(2) 有两个稳定的状态。

称 $Q=1$ 和 $\overline{Q}=0$ 为"1"状态，$Q=0$ 和 $\overline{Q}=1$ 为"0"状态。

(3) 在输入信号的作用下，锁存器可以在两个稳定状态之间转换翻转。

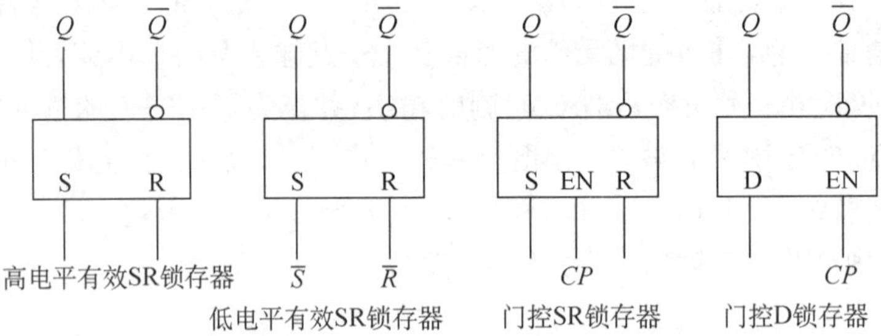

图 4-2 常用的锁存器类型的逻辑符号

为了更好地明确时序，把输入信号发生变化之前锁存器的状态称为现态(PS)，用 Q^n 和 $\overline{Q^n}$ 表示；把输入信号发生变化之后锁存器的状态称为次态(NS，下一状态)，用 Q^{n+1} 和 $\overline{Q^{n+1}}$ 表示。令 X 为输入信号的集合，则锁存器的次态是其现态和输入信号的函数，表达式为

$$Q^{n+1}=f(Q^n, X) \tag{4-1}$$

该表达式为锁存器的次态方程，又称状态方程，是时序电路的通用逻辑函数表达式。常用的锁存器包括基本 SR 锁存器、门控 SR 锁存器和门控 D 锁存器，每种锁存器都有自己的特定状态方程，称为特征方程。

4.2.2 基本 SR 锁存器

SR 锁存器是由两个交叉耦合的**或非**门构成，如图 4-3(a)所示。其有两个输

入端 S 和 R，S 用于置位，R 用于复位以及两个互补互斥的输出有效状态。当输出 $Q=1$，$\overline{Q}=0$ 时，锁存器处于置位状态（"1"状态）；当输出 $Q=0$，$\overline{Q}=1$ 时，锁存器处于复位状态（"0"状态）；当输入端 S 和 R 同时为 1 时，两个输出都为 0，锁存器为不定状态，也叫未定义状态。

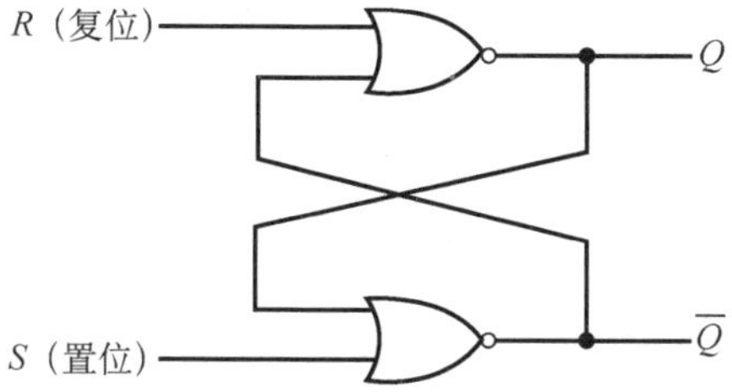

(a) 逻辑电路

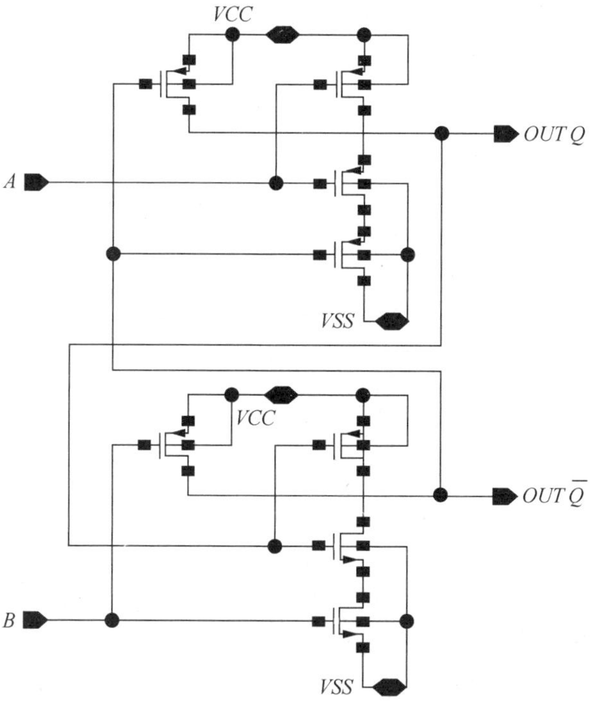

(b) CMOC电路图

图 4-3　或非门组成的 SR 锁存器

通常情况下，锁存器的两个输入信号都保持为 0，直到状态发生改变。如输入 S 变为 1，锁存器进入置位状态。在输入信号 R 变为 1 之前，S 必须回到 0，以避免不定状态。其功能表（表 4-1）存在两种输入情况使进入置位状态，即开始时 $S=1$、$R=0$，电路进入置位状态。之后，S 重置回 0 且保持 $R=0$，电路保持在置位状态。接下来，S 保持为 0 且 R 变为 1，电路进入复位状态。此时，如果 R 重回到 0，电路保持复位状态不变。因此，当两个输入同时变为 0 时，锁存器既可能处于置位状态，也可能处于复位状态，其变化后的状态取决于哪个输入端输入为1。当 S 输入为1时，则为置位状态；当 R 输入为1时，则为复位状态。

表 4-1　SR 锁存器的功能表

S	R	Q	$\overline{Q}$	
1	0	1	0	置位状态
0	0	1	0	
0	1	0	1	复位状态
0	0	0	1	
1	1	0	0	未定义状态

如果SR锁存器的两个输入都为1，则两个输出都为0，处于不定状态，违背互补互斥原则，将会产生下一状态不可预知的后果，应予以避免。其波形图如图 4-4 所示。

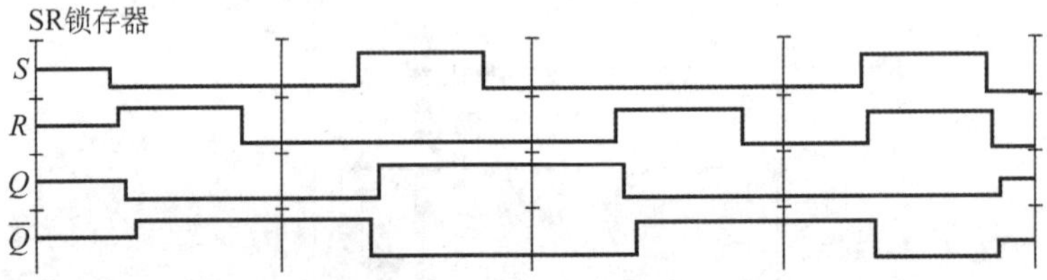

图 4-4　SR 锁存器波形图

$\overline{S}\,\overline{R}$ 锁存器由两个**与非**门交叉耦合组成，如图 4-5(a)所示，功能表见表 4-2。当然**与非**门和**非或**门等效，可以替换，如图 4-5(b)所示。除非需要改变锁存器的状态，否则通常情况保持两个输入信号都为1。将输入 $\overline{S}$ 设为0时，输出 Q 变为1，锁存器进入置位状态；当输入 $\overline{S}$ 变回1时，电路保持在置位状态。当两个输入信号都为1时，使输入信号 $\overline{R}$ 变为0，锁存器状态随之改变进入复位0状态；即使两个输入状态信号都置为1后，电路仍保持上一个状态不变。当两个输入信号都为0时，锁存器为不定状态，应尽量避免。$\overline{S}\,\overline{R}=11$，为保持 $Q^{n+1}=Q^n$，状态不改变。当 $\overline{S}=0$ 时，锁存器置“1”；当 $\overline{R}=0$ 时，锁存器置“0”。$\overline{S}\,\overline{R}$ 锁存器的状态变化如图 4-5(c)所示，两个圆圈分别表示0状态和1状态，箭头方向表示锁存器状态转换的方向，箭头旁注明了转换的条件，状态方程为

$$\begin{cases}\overline{S}+\overline{R}=1\\ Q^{n+1}=\overline{\overline{S}}+\overline{R}\,Q^n\end{cases}\tag{4-2}$$

$\overline{S}\,\overline{R}$锁存器波形图如图 4-5(d)所示。

表 4-2　图 4-5 功能表

$\overline{S}$	$\overline{R}$	Q	$\overline{Q}$	
0	1	1	0	置位状态
1	1	1	0	
1	0	0	1	复位状态
1	1	0	1	
0	0	1	1	未定义状态

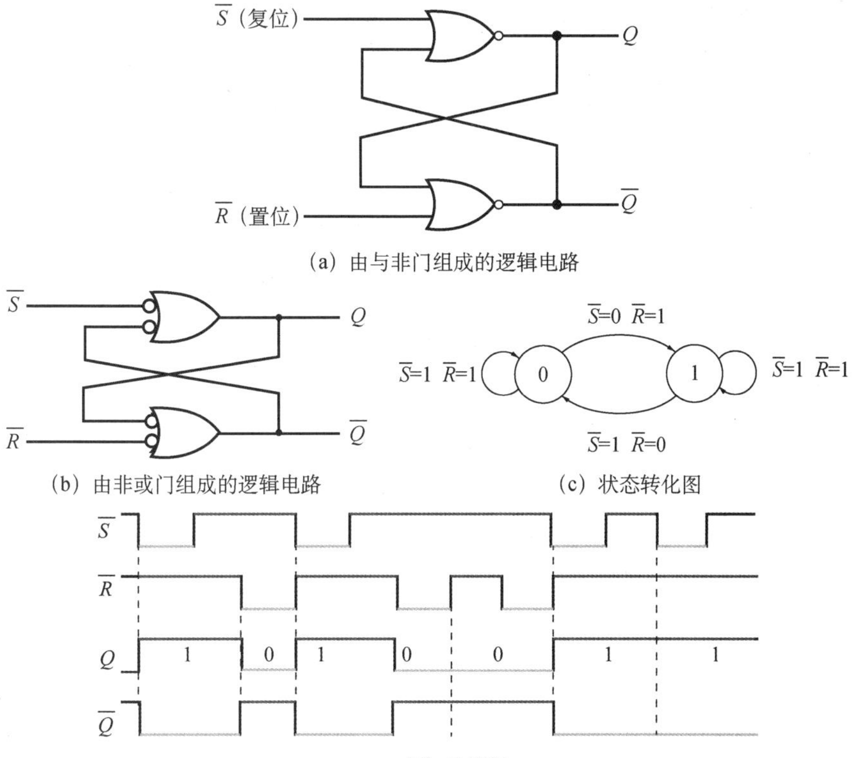

(a) 由与非门组成的逻辑电路

(b) 由非或门组成的逻辑电路　　(c) 状态转化图

(d) 波形图

图 4-5　$\overline{S}\,\overline{R}$ 锁存器

4.2.3　门控 SR 锁存器

通过增加一个控制输入信号来控制锁存器何时对输入信号作出反应，从而更好地控制基本**或非**门 SR 锁存器和**与非**门 SR 锁存器的操作状态。门控 SR 锁存器如图 4-6所示，其由基本**与非**门锁存器和两个额外的**与非**门组成，它的控制输入信号 C 作为另外两个输入信号的使能信号，只要该使能信号 C 保持为 0，与之相连的**与非**门的输出就一直维持为 1，从而使 $\overline{S}\,\overline{R}$ 锁存器保持不变。当使能信号 C 为 1 时，输入端 S 和 R 的值才会影响到 $\overline{S}\,\overline{R}$ 锁存器的输出状态。当 $S=1$，$R=0$，$C=1$ 时，锁存器处在置位状态。当 C 变回 0 时，电路保持当前状态不变，即使能信号

$C=0$ 时，电路保持静止，不管此时 S 和 R 怎样变化，锁存器都不改变以前的输出状态。当 $S=0$，$R=1$，$C=1$ 时，锁存器处在复位状态。需注意，当 $C=1$ 且 $S=0$，$R=0$ 时，锁存器也保持状态不变。功能表如表 4-3 所示。当输入 $S=1$，$R=1$，$C=1$ 时，电路处在不定状态，因对于 $\overline{S}\,\overline{R}$ 锁存器来说，此时两个输入信号都为 0，故其处在未定义状态。如果 C 变回 0，$\overline{S}\,\overline{R}$ 锁存器的输入组合由 00 变成 11，将不能确定下一个状态。门控 SR 锁存器是重要的部件，是构成其他类型的锁存器和触发器的基本单元。

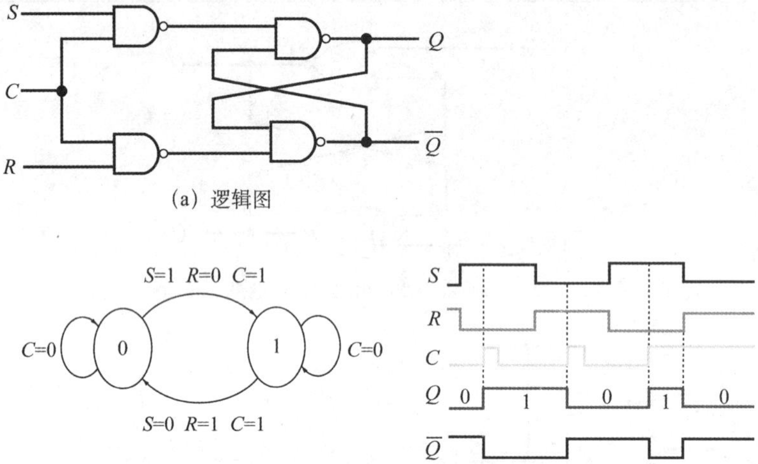

(a) 逻辑图

(b) 状态转换图

(c) 波形图

图 4-6　带门控的 SR 锁存器

表 4-3　图 4-6 功能表

输入			输出	
C	S	R	Q^{n+1}	$\overline{Q}^{n+1}$
0	×	×	Q^n	$\overline{Q}^n$
1	1	0	1	0
1	0	1	0	1

4.2.4　门控 D 锁存器

为了消除 SR 锁存器中的不定状态，保证电路运行的正确可靠性，采用输入信号 S 和 R 永远不同时取 1 的设计方法，即门控 D 锁存器，如图 4-7 所示。该锁存器只有一个输入信号 D 和一个使能信号 C。输入信号 D 接输入端 $\overline{S}$，输入信号 D 的取反直接接到输入端 $\overline{R}$，只要使能信号 C 为 0，$\overline{S}\,\overline{R}$ 锁存器的两个输入信号就都为 1，此时无论 D 为何值，$\overline{S}\,\overline{R}$ 锁存器的状态保持不变。当使能信号 $C=1$ 时，锁存器电路运行，输入信号 D 被接收。如果 D 为 1，则锁存器输出 Q 为置位 1 状态；如果 D 为 0，则锁存器输出 Q 为复位 0 状态。功能表见表 4-4。

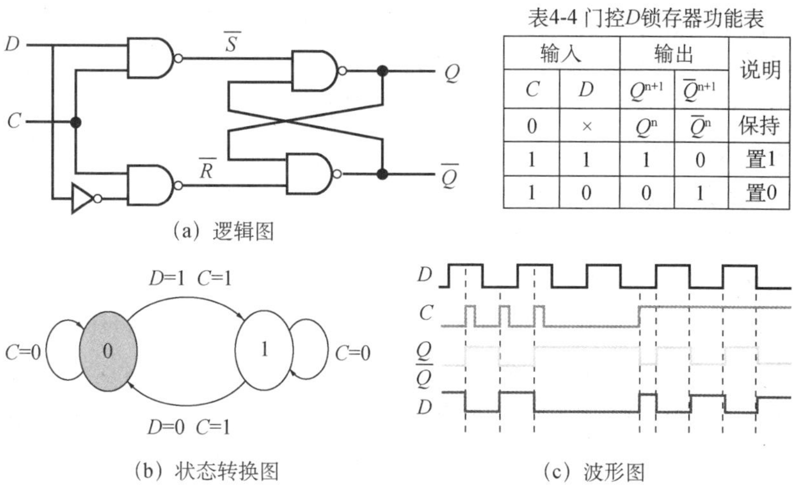

图 4-7　门控 D 锁存器

表 4-4　门控 D 锁存器功能表

输入		输出		说明
C	D	Q^{n+1}	$\overline{Q}^{n+1}$	
0	×	Q^n	$\overline{Q}^n$	保持
1	1	1	0	置 1
1	0	0	1	置 0

门控 D 锁存器可以通过内部记忆元件保存数据。当使能输入信号 C 有效为 1 时，D 锁存器就将输入的数据传送到输出端 Q，Q 值会随输入信号 D 的值变化而变化。当使能信号 D 无效为 0 时，锁存器保持以前的输出，不会因当前输入数据的变化而变化，直到使能信号 C 重新回到有效为止。

4.3　触　发　器

通过输入信号的值变化来控制锁存器的输出状态的方式称为触发，这种通过使能来触发的部件称为触发器。触发器是一种同步稳态部件，可记忆一位二进制数。“同步”是指触发器的记忆状态按时钟脉冲 CLK 规定的启动指示点（又称脉冲边沿）来改变。例如，通过使能信号作为时钟脉冲来控制 D 锁存器，在每次时钟脉冲为 1 时触发。只要输入的时钟脉冲保持有效为 1，则数据的输入信号的任何改变都会改变锁存器的输出状态，这种传输方式是透明的，即当使能控制信号有效时，输出端实时得到数据输入端的值，不受任何外界影响。其触发方式为电平触发。

触发器电路的设计原则是当其所在的时序电路采用单一时钟信号时，电路仍能正确运行。所有由单一时钟信号触发的锁存器的输出端都不能直接或者由组合逻辑连接到自身或其他锁存器的输入端。触发器能保证操作正确性的根本原因是具有灵活控制的透明性。在输出信号改变之前,使输入信号与输出信号之间的通路断开,并保持以前的输出状态。因此,在一个时钟周期内,能让一个触发器"看不到"自身输出信号的改变和连接到其输入端的信号的改变。故触发器的新状态只取决于某个瞬间的前一个状态,并不会发生多个脉冲周期状态改变的情况。

用锁存器组合触发器有两种方法。其一,是组合两个锁存器并满足条件:①当出现时钟脉冲时,输入信号控制触发器的状态;②当没有出现时钟脉冲时,触发器的状态才发生改变。这种电路是主从式触发器。其二,是构造的触发器只有在时钟由 0 变为 1 或由 1 变为 0 时,利用电平变化的边沿触发;其他时间,触发器都处在保持状态。这种电路是边沿触发式触发器。可利用时钟脉冲的上升沿(正沿)或时钟脉冲的下降沿(负沿)来触发触发器。触发器通过时钟脉冲的边沿启动记忆 1 位数据,极大提高了逻辑电路的工作效率和可靠性,是计算机系统广泛使用的记忆元件。常用的触发器有三种,如图 4-8 所示。图中,时钟输入端 C 的尖角符">"外带小圆圈表示时钟信号为正脉冲,尖角符外不带小圆圈表示时钟信号为负脉冲。尖角符表示将时钟信号转换成窄脉冲,使用边沿触发方式。如无尖角符表示电平触发,无小圆圈表示正电平触发,有小圆圈表示负电平触发,都是主从式触发。本节只介绍边沿触发器的工作原理。

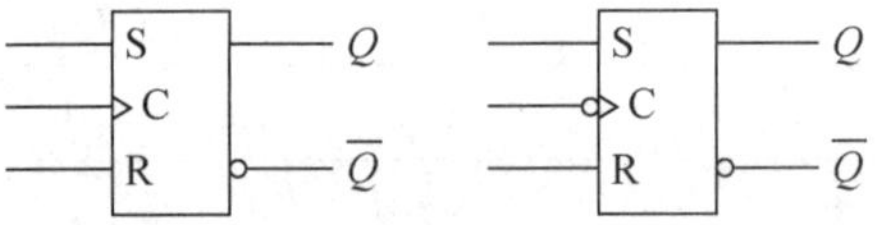

(a) SR触发器

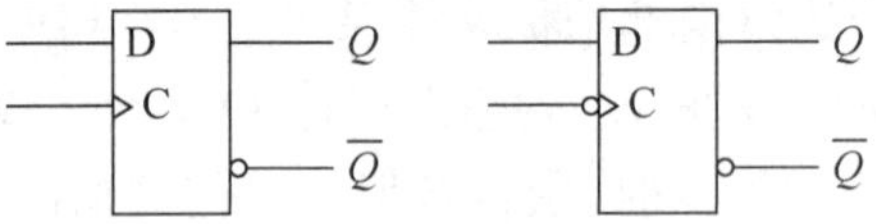

(b) D触发器

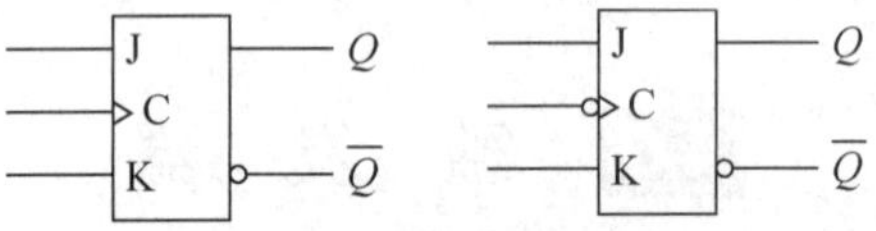

(c) JK触发器

图 4-8 常用触发器

4.3.1 SR 触发器

SR 触发器是构成 D 触发器和 JK 触发器的基础单元,采用正沿触发式,如图 4-9所示。数据输入端 S 和 R 为同步输入,因为输入的数据只在时钟脉冲上升沿传输给触发器,其功能表如表 4-5 所示,表中"×"表示与输入信号无关,"↑"表示从低到高上升沿触发。当 $S=1$, $R=0$ 时,在时钟脉冲上升沿到来时,触发器输出 Q 为置位 1 状态;当 $S=0$, $R=1$ 时,在时钟脉冲上升沿到来时,触发器输出 Q 为复位 0 状态;当 $S=0$, $R=0$ 时,无论时钟脉冲上升沿是否到来,触发器输出 Q 保持不变；当 $S=1$，$R=1$ 时，即使时钟脉冲上升沿到来，触发器输出 Q 的状态也不稳定。

SR 触发器与门控 SR 锁存器的不同之处在于其带有一个窄脉冲发生器。窄脉冲发生器的功能是对应时钟脉冲的上升沿到来时即刻产生一个持续时间很短的窄脉冲信号，称之为尖峰脉冲，逻辑电路如图 4-9(a)所示。时钟信号 CLK 同时送到**与非**门一个输入端和反相器，经反相后再送给同一个**与非**门的另一输入端，但取反的信号比原信号延迟了一个**非**门时间，从而使逻辑电路产生一个宽度仅为若干毫秒的窄脉冲，再经过一次反相，则输出一个尖峰脉冲。在图 4-9(b)中，窄脉冲发生器产生的尖峰脉冲作为 SR 触发器的使能控制信号，由上升沿触发。SR 触发器由窄脉冲发生器、中间控制门 G_1 与 G_2、SR 锁存器三部分组合而成。

表 4-5　正沿 SR 触发器功能表

输入			输出		注释
S	R	C	Q^{n+1}	$\overline{Q^{n+1}}$	
0	0	×	Q^n	$\overline{Q^n}$	保持
0	1	↑	0	1	置 0
1	0	↑	1	0	置 1
1	1	↑	?	?	不定状态

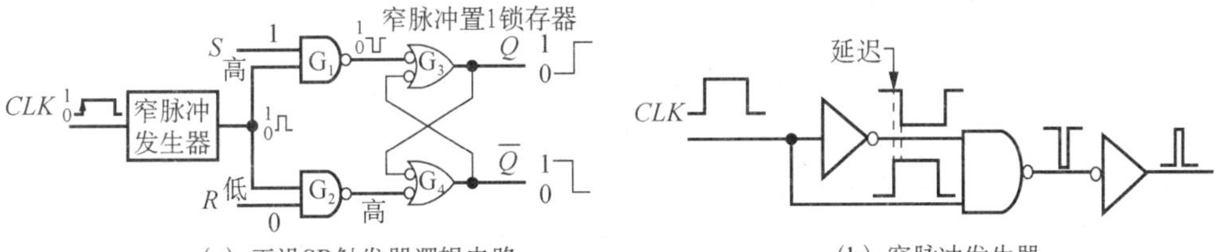

(a) 正沿SR触发器逻辑电路　　(b) 窄脉冲发生器

图 4-9　SR 触发器

SR 触发器输入端 S、R 的数据是否能送到 G_3 或 G_4，取决于送给控制门 G_1、G_2 的窄脉冲，其工作原理有如下四种情况：

(1) 假定初始状态 $Q=0$，且 $S=0$，$R=0$，$CLK=0$。此时 G_1 门和 G_2 门输出高电平，Q 输出的低电平反馈到 G_4 输入端，使 $\overline{Q}$ 输出变为高电平 1。由于 $\overline{Q}$ 为高电平，G_1 门输出为高，则 Q 输出保持为 0 状态。如果时钟端送到一个时钟脉冲，控制门 G_1、G_2 输出仍为高电平，此时 S 和 R 两个输入的低电平被阻止，所以触发器的状态仍保持 $Q=0$ 的状态不变。

(2) 设 $S=1$，$R=0$，CLK 输入一个时钟脉冲。当 CLK 变高时，$S=1$，G_1 门输出一个负窄脉冲，使 G_3 门的输出 Q 变为高电平 1。G_2 门由于输入 $R=0$，其输出变高，从而使 G_4 门的两个输入都为高电平，因此其输出 $\overline{Q}$ 变低。$\overline{Q}$ 的低电平反馈到 G_3 门输入确保 $\overline{Q}$ 的输出为低电平状态，从而也保证 $Q=1$ 状态。从 0 状态变成 1 状态的触发过程如图 4-10(a)所示。

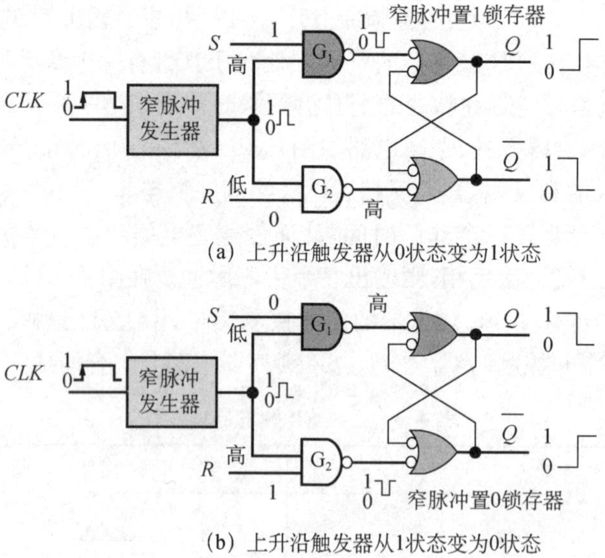

(a) 上升沿触发器从0状态变为1状态

(b) 上升沿触发器从1状态变为0状态

图 4-10 正沿 SR 触发器

(3) 设 $S=0$, $R=1$, 且 CLK 输入一个时钟脉冲。由于 $R=1$ 为高电平,时钟脉冲上升沿使 G_2 门输出一个负脉冲到 G_4 门,使其输出 $\overline{Q}$ 变高电平。此时 G_3 门的两个输入都为高电平 1,使其输出 Q 变为低电平 0,该低电平反馈到 G_4 门的一个输入端,保证 $\overline{Q}$ 为高电平,也保证 $Q=0$,使触发器保持在置 0 状态。从 1 状态变成 0 状态的触发过程如图 4-10(b)所示。

(4) 与门控 SR 锁存器一样,存在 $S=1$, $R=1$,CLK 输入一个时钟脉冲时,SR 触发器的输出 Q、$\overline{Q}$ 出现不稳定的状态。

当给定 S、R、CLK 的波形(图 4-11)时,SR 触发器将输出 Q 和 $\overline{Q}$ 的波形。时钟脉冲 1 到达时, $S=0$, $R=0$,则$Q^{n+1}=Q^n=0$, $\overline{Q}=1$;时钟脉冲 2 到达时, $S=0$, $R=1$,则$Q^{n+1}=Q^n=0$, $\overline{Q}=1$;时钟脉冲 3 到达时, $S=1$, $R=0$,则 $Q=1$, $\overline{Q}=0$;时钟脉冲 4 到达时, $S=0$, $R=1$,则 $Q=0$, $\overline{Q}=1$;时钟脉冲 5 到达时, $S=1$, $R=0$,则 $Q=1$, $\overline{Q}=0$。

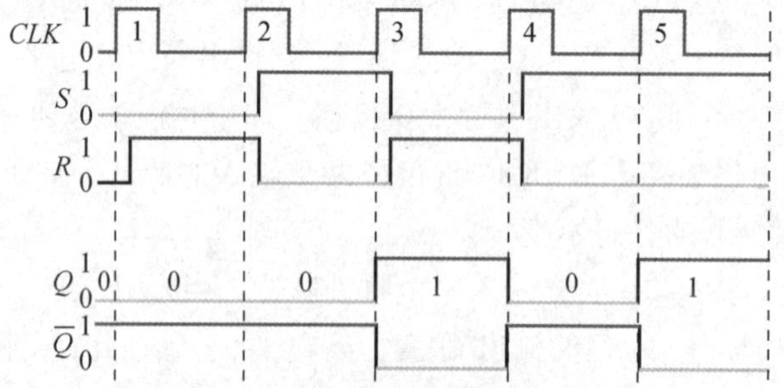

图 4-11 SR 触发器波形

4.3.2　D 触发器

D 触发器没有能使输出“无变化”的输入端。为了使触发器状态保持不变，可使 CLK 输入的时钟脉冲无效，或者在不改变时钟脉冲的条件下，通过把输出经过多路复用器连接回 D 输入端来实现。D 触发器是在 SR 触发器的基础上构建的，输入信号 D 送到输入端 S 的同时，增加一个**非**门，取反后接到输入端 R，即构成一个 D 触发器。如图 4-12 所示。其功能表见表 4-6。

D 触发器的工作原理是：当数据 $D=1$ 输送给 S，且时钟脉冲的上升沿到来，则触发器为置位 1 状态；当数据 $D=0$ 输送给 S，且时钟脉冲的上升沿到来时，则触发器为复位 0 状态。当 $CLK=1$ 时，D 触发器的特征方程为

$$Q^{n+1}=D\cdot CLK=D \tag{4-3}$$

表 4-6　D 触发器功能表

输入		输出		说明
D	CLK	Q	$\overline{Q}$	
0	↑	1	0	置位(存 1)
0	↑	0	1	复位(存 0)

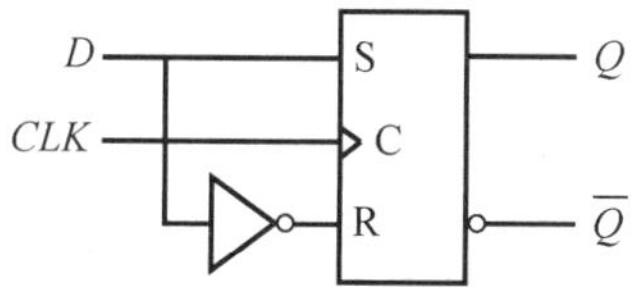

(a) 逻辑电路图

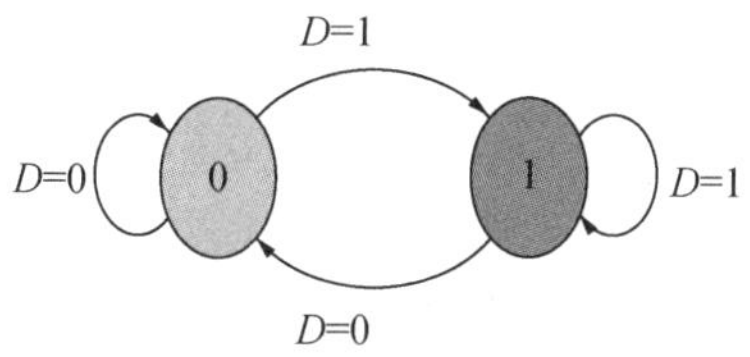

(b) 状态转换图

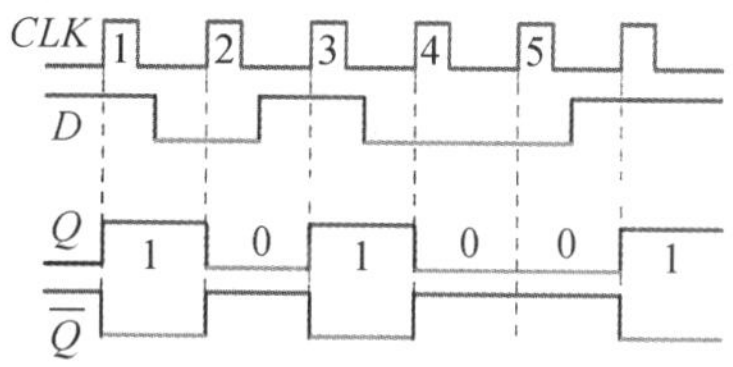

(c) 波形图

图 4-12　D 触发器

4.3.3　JK 触发器

JK 触发器是 SR 触发器的修改版，是为了消除 SR 触发器在 $S=R=1$ 时产生不确定的输出状态，因 JK 触发器在 $J=K=1$ 时，其输出的信号为当前信号的反码。JK 触发器如图 4-13 所示，把 SR 触发器的中间控制电路**与非**门 G_1，G_2 都修改为三个输入，且增加的输入由其输出端反馈接入。其工作原理有四种情况：

(1) 如触发器现态为 0，$J=1$，$K=0$。当时钟脉冲①发出，产生的窄脉冲送到 G_1 门，因 $\overline{Q}=1$，$J=1$，G_1 门有效，输出的窄脉冲①使触发器置 1。如图 4-13(a)所示。

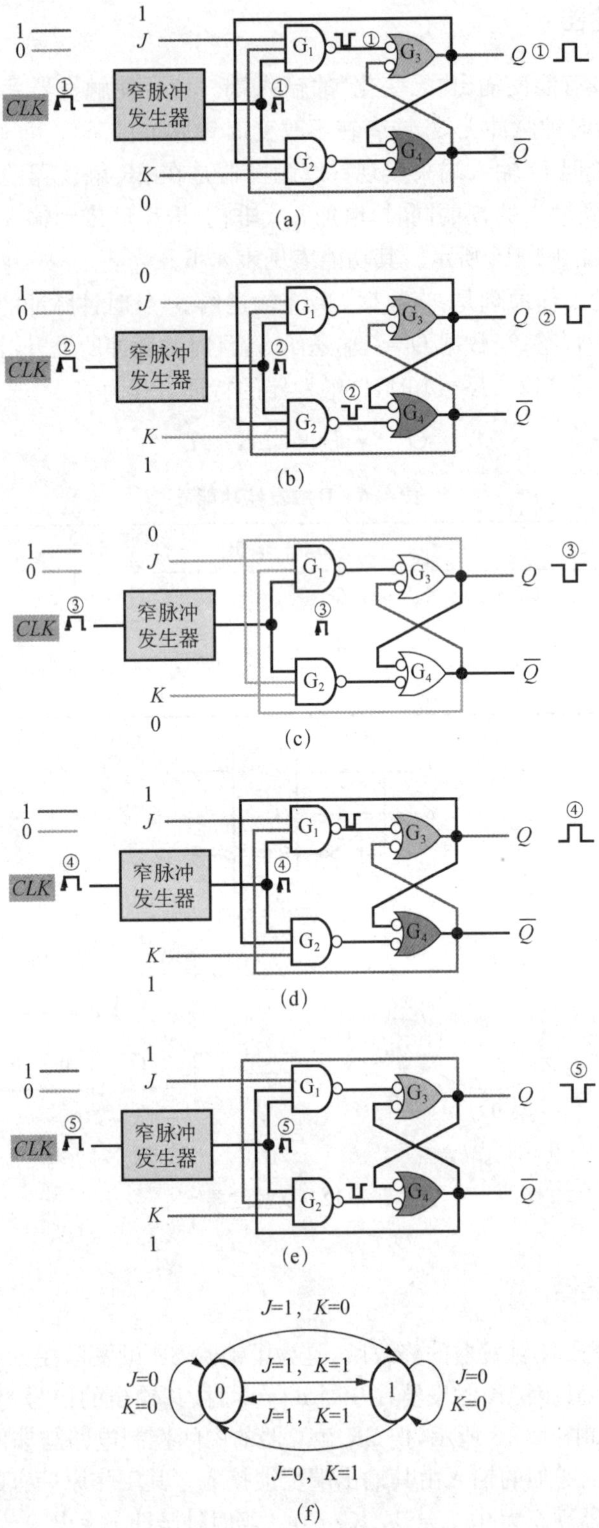

CLK
窄脉冲发生器
J
K
G1
G2
G3
G4
Q
$\overline{Q}$
(a)
(b)
(c)
(d)
(e)
J=1，K=0
J=1，K=1
J=1，K=1
J=0，K=1
J=0 K=0
J=0 K=0
0
1
(f)

图 4-13 JK 触发器

(2) 如触发器现态为 1，$J=0$，$K=1$。当时钟脉冲②发出，产生的窄脉冲②送到 G_2 门，因 $Q=1$，$K=1$，G_2 门有效，输出的窄脉冲②使触发器置 0。如图 4-13(b)所示。

(3) 如触发器现态为 0，$J=0$，$K=0$。当时钟脉冲③发出，由于 G_1，G_2 门均关闭，没有窄脉冲③输出，触发器处于保持状态。如图 4-13(c)所示。

(4) 如触发器现态为 0，$J=1$，$K=1$。由于 $Q=0$，$J=1$，G_1 门打开，当时钟脉冲④发出，窄脉冲④使触发器置 1。如图 4-13(d)所示。如触发器现态为 1，$J=1$，$K=1$，由于 $Q=0$，$J=1$，G_2 门打开，当时钟脉冲⑤发出，窄脉冲⑤使触发器置 0。如图 4-13(e)所示。

因此，当 $J=1$，$K=1$ 时，对每一个连续的时钟脉冲，触发器的状态可在 0 和 1 两个状态之间翻转(即计数)，这种工作方式称为交替操作。图 4-13(f)为状态变化图，表 4-7 所示为其功能表。

表 4-7　JK 触发器的功能表

输入			输出		注释
S	R	CLK	Q^{n+1}	$\overline{Q^{n+1}}$	
0	0	×	Q^n	$\overline{Q^n}$	保持
0	1	↑	0	1	置 0
1	0	↑	1	0	置 1
1	1	↑	$\overline{Q^n}$	Q^n	不稳态

带强制的 PER 和 CLR 的 JK 触发器如图 4-14(a)所示，强置输入端 PRE 使触发器强置 1，CLR 使触发器强置 0。这两个强置输入信号称为异步输入，通常处于高电平。触发器在时钟后沿改变状态，当出现异步强置输入 $\overline{CLR}=0$ 时，输出 Q 被强置 0。当出现异步强置输入 $\overline{PRE}=0$ 时，输出 Q 被强置 1。波形图如图 4-14(b)所示。

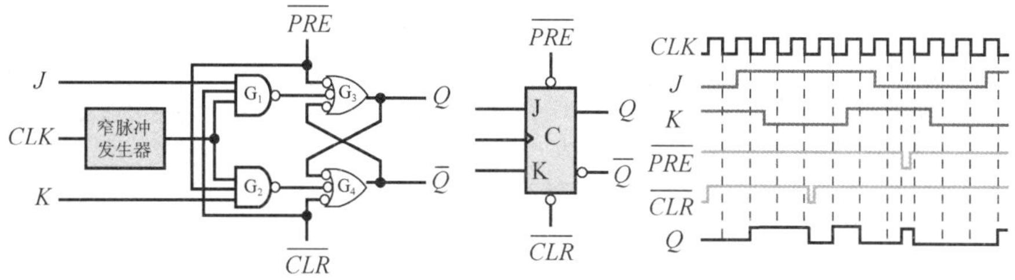

(a) 带PRE和CLR的JK触发器逻辑电路　　(b) 波形图

图 4-14　带强制的 *PER* 和 *CLR* 的 JK 触发器

4.4 寄存器与移位寄存器

4.4.1 寄存器

寄存器由锁存器或触发器组成，具有存储 n 位二进制数据的功能，其广泛应用于计算机系统。4 位寄存器如图 4-15 所示，由 4 个 D 锁存器构成的 4 位寄存器与时钟控制端连接在一起，用一个公共电位信号 G 来控制，输入端各自独立，输出采用三态门形式(三态门输出的寄存器便于组成数据总线)。在公用数据通道分时传送各寄存器数据。由 D 触发器构成的寄存器原理类似，但采用时钟边沿触发，工作更加可靠。同理，采用 8 个 D 锁存器或 D 触发可组合出 8 位的寄存器。功能表见表 4-8。

表 4-8　图 4-15 的功能表

输出控制	CP	D	输出
0	↑	1	1
0	↑	0	0
0	0	×	Q^n
1	×	×	高阻

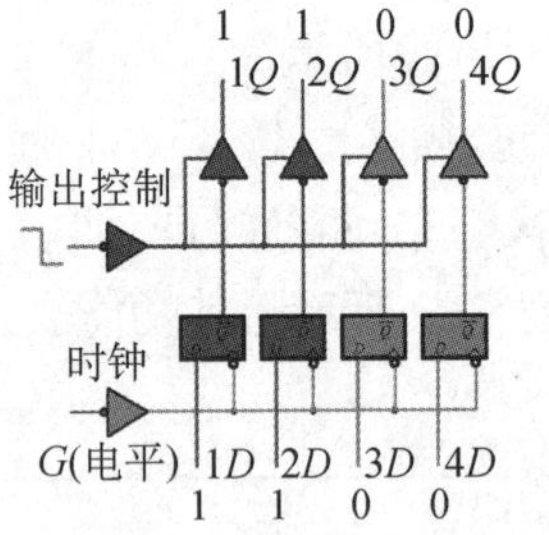

图 4-15　4 个 D 锁存器组成的 4 位寄存器

4.4.2　移位寄存器

移位寄存器具有单向或双向移动存储数据功能，移位寄存器由一系列触发器构成，每一个触发器的输出端连接下一个触发器的输入端，所有触发器使用相同的时钟脉冲输入来触发移位操作。

由 4 个触发器串行构成的简单 4 位移位寄存器如图 4-16 所示。每一个触发器的输出端都连接到下一个触发器的输入端 D，串行输入信号 X 连接最左端的触发器输入端，串行输出信号 S 从最右端的触发器输出端输出。同样的方法可以构造左移寄存器，即将右端的每一个触发器的输出端连接到其左侧的触发器的输入端，连接关系满足 $D_i = Q_{i-1}$。

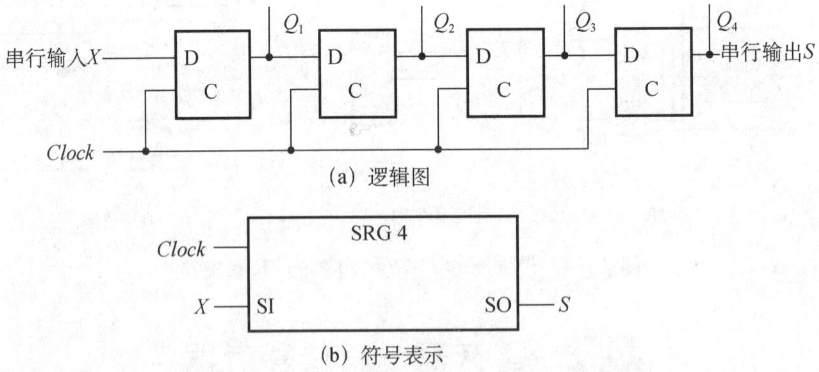

图 4-16　简单的 4 位移位寄存器

常用的寄存器有七种类型，如图 4-17 所示。

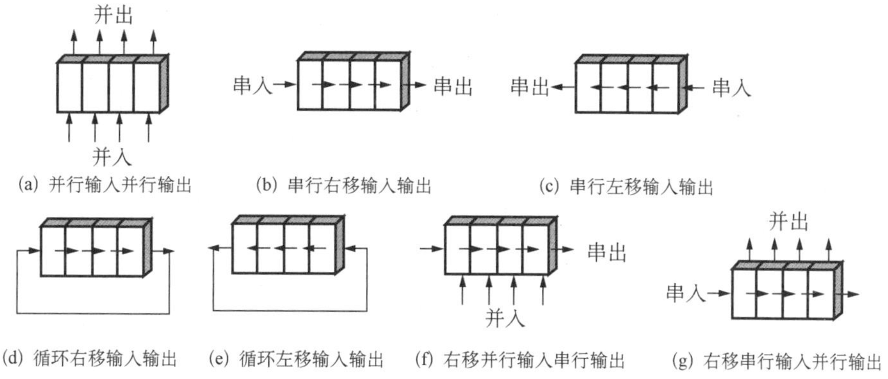

图 4-17　常用的寄存器类型

8 位通用寄存器 74LS299 的逻辑电路如图 4-18 所示。它能实现四种功能:并行置数、左移、右移和寄存数据,并可以实现并入并出、并入串出、串入串出和串入并出操作。左移工作模式时各级输入表达式为

$$D_H = S_L$$

$$D_i = Q_{i+1}$$

式中,S_L 为左移串行输入值,i 表示寄存器的某一位。

如果把整个移位寄存器中的数据看作一个二进制数,则左移时的功能表达式为

$$\{R] = 2[R] + S_L$$

式中,$\{R]$ 为移位寄存器的内容,$2[R]$ 表示左移一位。

同理,右移表达式为

$$D_H = S_R$$

$$D_i = Q_{i-1}$$

$$\{R] = [R]/2 + S_R$$

右移一位相当于寄存器内容除以 2。

74LS299 8 位通用移位寄存器的并行输入输出引脚共用,因此输入和输出操作应分时进行,并通过一排三态门进行控制。当三态门关闭时,用 $A \sim H$ 八个引脚并行置数;当三态门打开时,用公用引脚并行输出 $Q_A \sim Q_H$ 中的 8 位数据。接到每个触发器 D 输入端的四个**与或**门从左至右依次组成右移、左移、并行置数和保持数据四种功能,功能选择由选择控制端 S_1S_0 进行组合控制,在时钟脉冲到来时,将 8 组四个**与或**门的输出送到 8 个 D 触发器保存。另外,可通过一个公用清零端,清除 8 位通用寄存器里的数据为 0。这种类型的寄存器在计算机系统里使用广泛,可用作累加寄存器、乘除法部件的寄存器等。

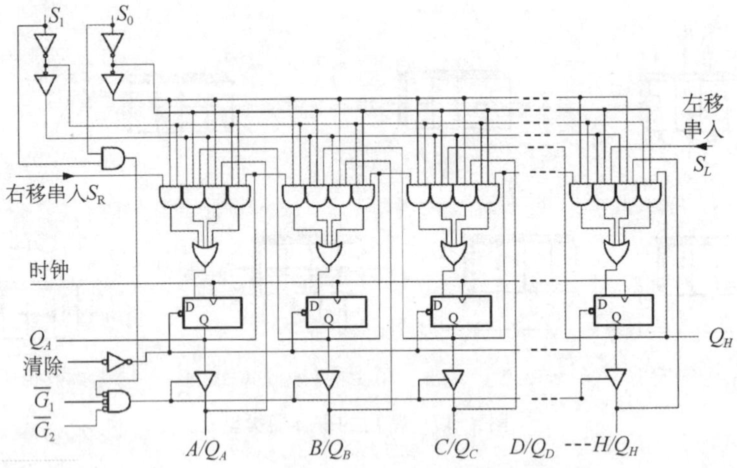

图 4-18　74LS299 8 位通用移位寄存器逻辑电路

4.5 计 数 器

能够在输入脉冲序列的激励下遍历指定状态序列的寄存器称为计数器。输入脉冲可以是时钟脉冲或其他脉冲源，脉冲的时间间隔不要求是固定值。本节仅介绍时钟脉冲。遍历的状态序列可以是二进制序列，也可以是其他的状态序列。

计数器按照计数功能可分为加法计数器、减法计数器和可逆计数器；按照位制分类可分为二进制计时器、十进制计数器和任意进制计数器；按照进位方式可分为同步计数器与异步计数器。计数器所能记忆的最大数目称为模，用 M 表示。

4.5.1 同步二进制计数器

同步二进制计数器的所有触发器的时钟输入端都连接公用的时钟信号，因此，所有的触发器都由相同的时钟脉冲触发。

JK 触发器在 $J = K = 1$ 时，用计数方式构成的同步计数器采用 3 个 JK 触发器组成。该计数器的模 $M = 2^3 = 8$，在开始工作前，要对其清零。其逻辑电路、波形图、状态变化及真值表如图 4-19 和表 4-9 所示。根据其功能表可以画出状态变化图。

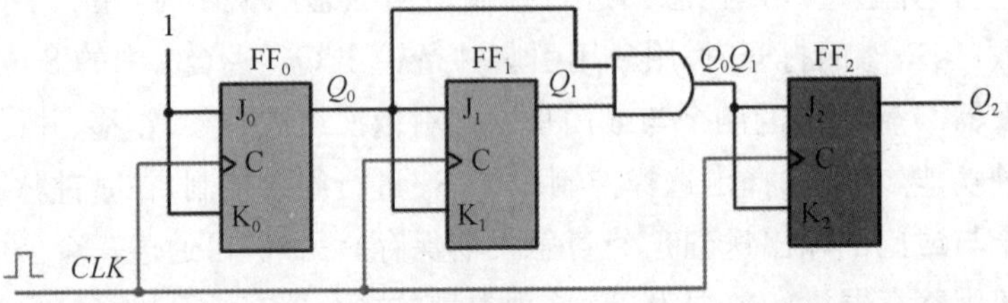

(a) 逻辑电路

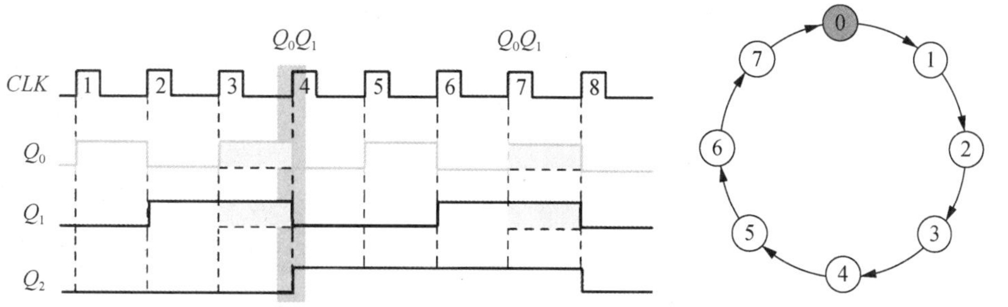

（b）波形图　　　　（c）状态转换图

图 4-19　计数方式构成的同步计数器

表 4-9　图 4-19 的功能表

时钟个数	PS(现态)			NS(次态)		
	Q_2	Q_1	Q_0	Q_2	Q_1	Q_0
1	0	0	0	0	0	1
2	0	0	1	0	1	0
3	0	1	0	0	1	1
4	0	1	1	1	0	0
5	1	0	0	1	0	1
6	1	0	1	1	1	0
7	1	1	0	1	1	1
8	1	1	1	0	0	0
9	0	0	0	0	0	1

用一个两输入的**与**门输出为计数器中每一级触发器提供其前一级的状态信息，并作为其输入，该计数器具有串行门控功能，称为串行计数器，如图 4-20(a)所示。该计数器的进位先行得到，如把对应的门控电路改为如图 4-20(b)所示虚框

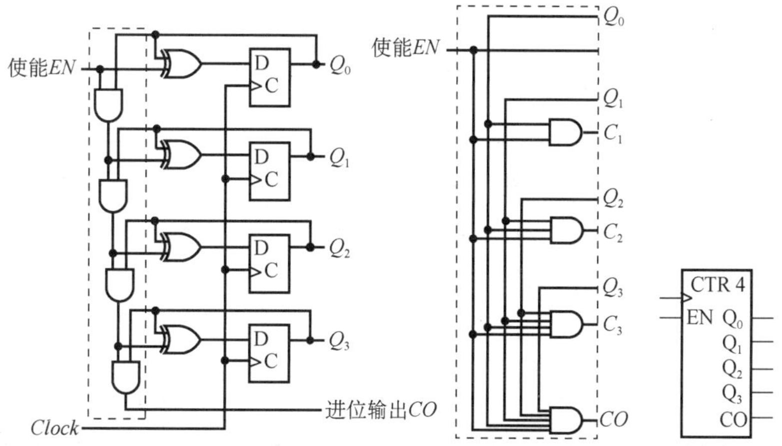

(a) 逻辑电路—串行门控　　(b) 逻辑电路—并行门控　　(c) 框图

图 4-20　4 位二进制同步计数器

中的并行门控电路，就可以变成带有并行门控的计数器，简称并行计数器。并行计数器的优点在于其从状态 1111 到 0000 转变的时延仅为一个**与**门的时延，而串行计数器则为 4 个，因此工作效率得到成倍的提升。图 4-20(c)所示为上升沿触发的串行-并行计数器框图。

如果将两个 4 位的并行计数器连接起来，将其中一个的 *CO* 输出端连接到另外一个使能 *EN* 输入端，即可构成一个 8 位串行或并行的计数器。同理，可以扩展到 16 位等任意长度的计数器。

用移位寄存器组成的同步计数器由 K 位移位寄存器串联而成，前一位寄存器的输出是后一位寄存器的输入，最后一位寄存器的输出反馈给最前一位寄存器的输入。如果最后一位寄存器的输出端 Q 用于反馈信息，则是环形计数器；用 $\overline{Q}$ 反馈信号，则是扭环计数器。扭环计数器的模 $M=2K$。图 4-21 所示是模数为 6 的扭环计数器的逻辑电路、状态变化与波形图，其功能表见表 4-10。

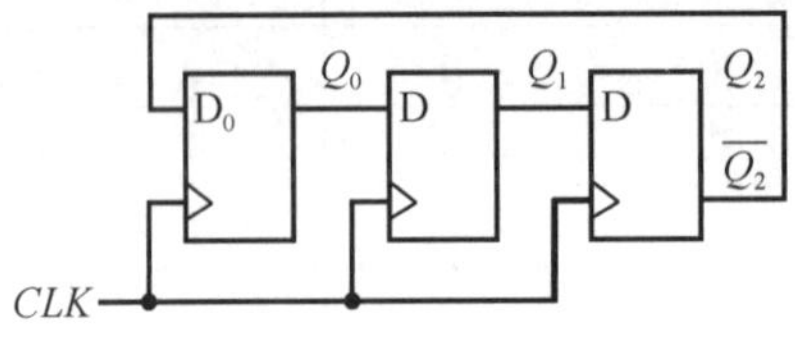

(a) 逻辑电路

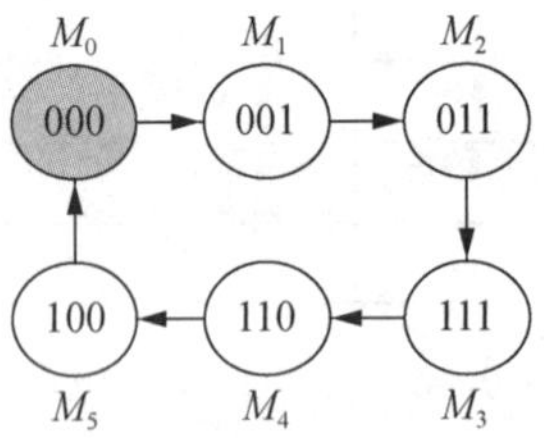

(b) 状态转换图

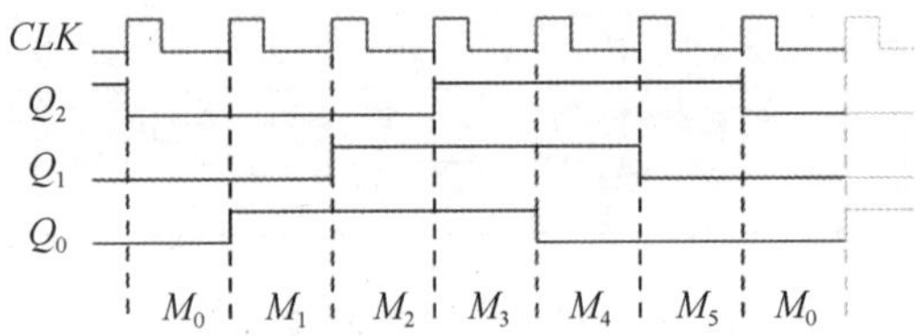

(c) 波形图

图 4-21 扭环计数器

表 4-10 图 4-21 的功能表

CP	PS			NS			输出/输入
	Q_2	Q_1	Q_0	Q_2	Q_1	Q_0	$\overline{Q}_2=D$
1	0	0	0	0	0	1	1
2	0	0	1	0	1	1	1
3	0	1	1	1	1	1	1
4	1	1	1	1	1	0	0
5	1	1	0	1	0	0	0
6	1	0	0	0	0	0	0
7	0	0	0	0	0	1	1

该扭环计数器的模为 6，有 6 个状态 $M_0 \sim M_5$，三个变量 Q_0，Q_1，Q_2 组成的

逻辑表达式为

$$M_0 = \overline{Q_2}\,\overline{Q_1}\,\overline{Q_0}$$
$$M_1 = \overline{Q_2}\,\overline{Q_1}\,Q_0$$
$$M_2 = \overline{Q_2}\,Q_1\,Q_0$$
$$M_3 = Q_2\,Q_1\,Q_0$$
$$M_4 = Q_2\,Q_1\,\overline{Q_0}$$
$$M_5 = Q_2\,\overline{Q_1}\,\overline{Q_0}$$

上述逻辑表达式相邻状态之间只有一个触发器状态发生变化，因此，可以消除一个变量进行简化，得出简化的逻辑表达式为

$$M_0 = \overline{Q_2}\,\overline{Q_0}$$
$$M_1 = \overline{Q_1}\,Q_0$$
$$M_2 = \overline{Q_2}\,Q_1$$
$$M_3 = Q_2\,Q_0$$
$$M_4 = Q_1\,\overline{Q_0}$$
$$M_5 = Q_2\,\overline{Q_1}$$

所以，对于扭环计数器来说，无论 K 值为多少，每个计数状态都只有一个触发器发生反转，逻辑函数只有两个触发器状态组成，波形的鲁棒性非常好。

通过最后一位寄存器的输出端 Q 反馈到第一位寄存器输入端的环形计数器，需要通过强制端 PRE 或清零端 CLR 设置原始状态 $Q_2Q_1Q_0=100$，以消除 000 或 111 状态，该计数器的模 $M=K$，即触发器的位数和状态数相等，状态变化规律为 100→010→001→100。环形计数器是一种循环右移计数器，也称定序计数器，输出的状态不需译码。环形计数器逻辑电路如图 4-22 所示。

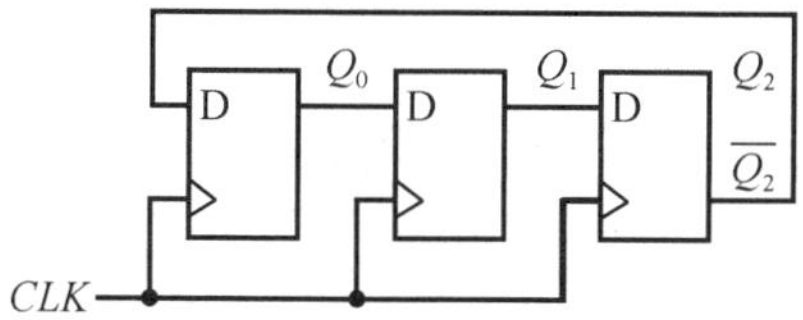

图 4-22 环形计数器逻辑电路

4.5.2 异步计数器

异步计数器的各级 JK 输入端接逻辑高电平（交替方式工作），第 1 级时钟端接时钟源，其余各级的时钟接上级的输出，有延迟时间。

图 4-23 所示是该计数器的逻辑电路及波形图，异步模 16 计数器采用负沿触发，第 1 级时钟端接时钟源，其余各级的时钟取自上级原码输出端（正脉冲），经非

门反相变成负脉冲。其模 $M=2^4=16$。设每级的翻转时间为 t_p，则 n 级需要总的翻转时间为 $T=nt_p$，因此 CLK 最大的时钟频率为 $f_{Max}=1/T=1/(nt_p)$。

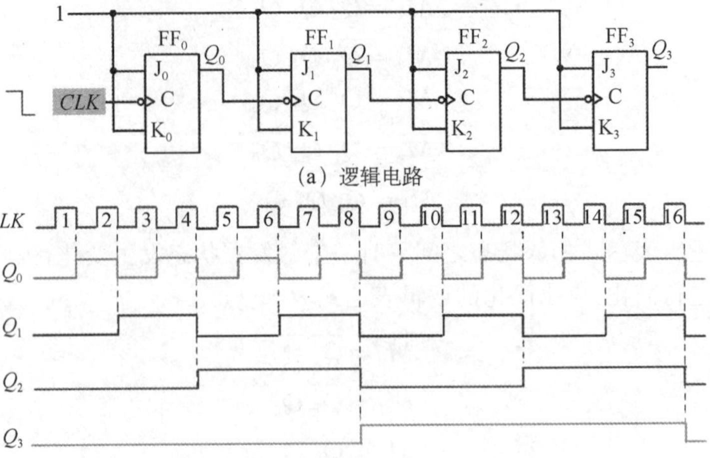

(a) 逻辑电路

(b) 波形图

图 4-23　异步模 16 计数器逻辑电路及波形图

BCD 码异步模 10 计数器如图 4-24 所示，由 4 位异步模 16 计数器改造，当计数器状态变成 BCD 码 1001 后，跳过 1010～1111 六个数，变成 BCD 码 0000，即由 1010 码变成 0000。通过 4 个输入**与非**门对 1010 状态进行检测译码，在该码出现瞬间，$\overline{CLR}$ 信号变低，强制清零为 0000，重新开始计数。该计数器也称为 10 进制计数器。

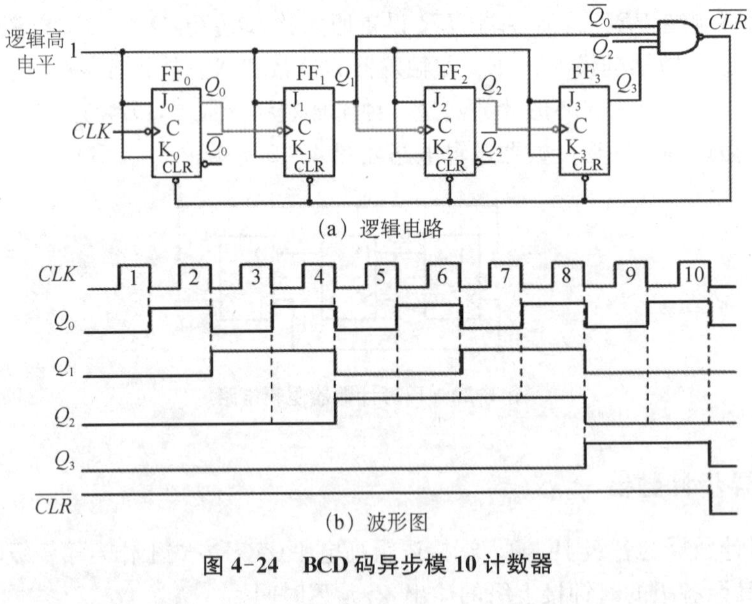

(a) 逻辑电路

(b) 波形图

图 4-24　BCD 码异步模 10 计数器

4.5.3　集成计数器

很多芯片厂商提供多种中等规模集成度的计数器芯片在工程实际中选用，分成同步计数器和异步计数器两大类。同步计数器速度快、效率高，译码后波形好，因此使用广泛，主要能实现如下功能：

(1) 可逆计数。可以实现加法和减法计数。通过加减控制和双时钟控制。

(2) 预置功能。通过预置控制端进行预先设定初始状态，有同步预置和异步预置两种。同步预置后，要在下一个时钟脉冲的有效边沿到来时才完成预置功能并生效，即预置功能与时钟同步；异步预置后，即刻把预置数据送到各触发器，与时钟无关，类似触发器的复位与置位。

(3) 复位功能。常用的中规模同步计数器都支持复位功能，有同步与异步复位功能，控制的方式分别和同步与异步预置类似。

(4) 选择有效的时钟沿。中规模同步计数器通常采用上升沿触发，中规模异步计数器则采用下降沿触发。

(5) 扩展功能。有的中规模同步计数器提供进位与借位功能，以及计数方式的控制输入等。

74LS163 同步模 16 计数器的逻辑电路、波形图与真值表如图 4-25 和表 4-11 所示，其功能如下：

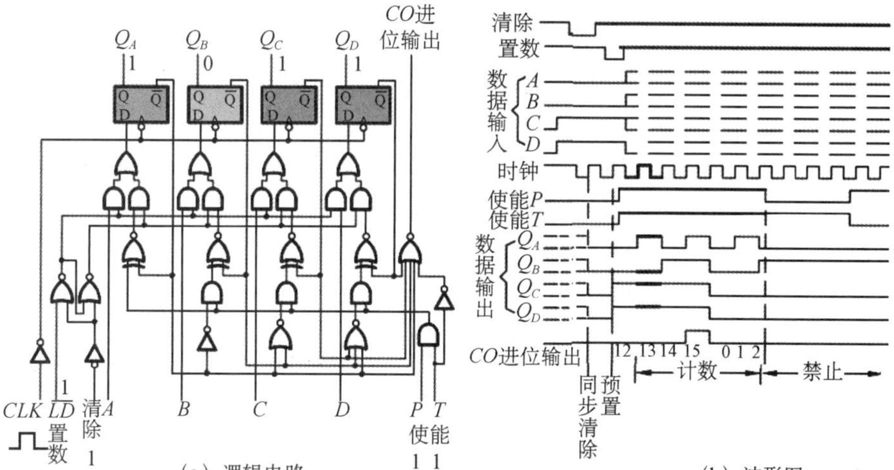

(a) 逻辑电路　　　　(b) 波形图

图 4-25　74LS163 同步模数 16 计数器

表 4-11　图 4-25 的功能表

清除	PT	$\overline{LD}$	CP	D	C	B	A	Q_D	Q_C	Q_B	Q_A
0	×	×	↑	×	×	×	×	0	0	0	0
1	0	1	×	×	×	×	×	保持原状态			
1	0	0	↑	d	c	b	a	d	c	b	a
1	1	1	↑	×	×	×	×	计数			

(1) 该器件由 4 位二进制加法构成，模数 $M=16$，采用时钟上升沿触发。

(2) 采用同步消除,不论使能输入端 PT 为何电平,清零输入端的低电平在下一个时钟脉冲上升沿的作用下将四个 D 触发器的输出置为低电平 0。

(3) 采用同步预置,当 $\overline{LD}=0$ 时,在时钟脉冲作用下,计数器并行预置 4 位二进制。

(4) 当 $\overline{LD}=1$ 时,两个计数器使能输入 PT 同时为高电平 1,依照时钟脉冲进行正常计数。

(5) 具有超前进位输出,无需额外电路,可级联扩展为 n 位同步计数器。

预置功能是中等规模计数器的一项重要功能。可通过预置功能来实现任意模数的计数器,其基本方法是使计数器从某一预置状态开始计数,当到达模值为 M 的终止状态时,将产生的预置控制信号送到预置控制端进行预置,重复该过程实现计数。因此,采用预置法的计数过程为预置→计数→预置→计数→……,依次反复。具体的实现过程为:

(1) 将进位(加上计数)或借位(减去计数)输出到预置控制端。从而使计数器当加计数加到最大值,或减计数减到最小值时,就自动产生有效的预置控制信号,并送到预置控制端。

(2) 预置值的设定。令 N 为原来计数器的模数,M 为待实现的模数,采用同步预置时,如实现加计数,则预置值 $E=N-M$;如实现减计数,则预置值 $E=M-1$。采用异步预置时,如实现加计数,则预置值 $E=N-M-1$;如实现减计数,则预置值 $E=M$。

实现一个同步预置 $M=6$ 的加计数器,如采用同步预置,设定的预置值 $E=N-M=10-6=4$。到达状态 9 时,进位输出信号送到预置控制端,到下一个时钟脉冲上升沿到来时,回到预置状态 4,状态 9 和状态 4 各占一个脉冲时钟,波形连续,无毛刺产生,波形图如图 4-26(a)所示。如采用异步预置实现减计数器,设定的预置值 $E=M=5$。到达状态 0 时,借位输出信号送到预置控制端即刻生效,第一个时钟脉冲上升沿到来时,回到预置状态 5,重新开始计数,波形图如图 4-26(b)所示。

中等规模计数器如无预置功能,一般都会提供清零输入端,可利用清零端复位来构成任意进制计数器。其方法为:计数从某一状态开始,到达满足 M 的终止状态时,产生复位信号,使计数器恢复到初始状态,再重复计数,另外需要额外逻辑门来检测终止状态。

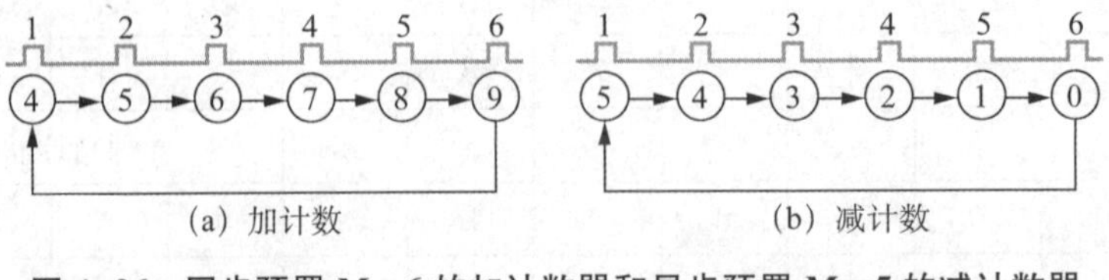

图 4-26　同步预置 $M=6$ 的加计数器和异步预置 $M=5$ 的减计数器

设计一个分频器,2 片计数器 74HC160 级联后的总模值 $M=M_1\times M_2=10\times$

10＝100(M_1、M_2 分别为两片 74HC160 的模)。如计数器(1)的输入频率 $f=$ 1 MHz,则计数器(2)的输出频率为 $f/100=10$ kHz,因此 2 个十进制计数器级联为 100 分频,中间带一个 10 分频输出。其逻辑电路中,第 1 级的进位输出端 TC 连接到第 2 级的使能输入端 CEP 和 CET,第 2 级的输出端 TC 为整个分频器的输出频率。分频器的级联如图 4-27 所示。

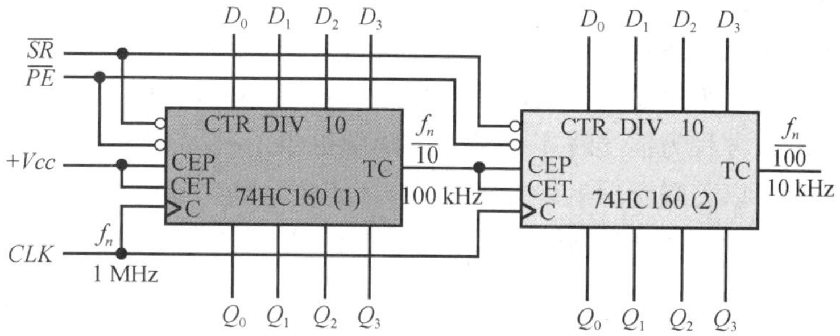

图 4-27　分频器的级联

如图 4-28 所示,通过 3 片 74HC161(模 $M=16$)级联可构造任意分频器。3 片完全级联时,模值 $M=16\times16\times16=4\,096$,此时如要实现级联的模数为 2 000,二者的差值为 $4\,096-2\,000=2\,096=(830)_H$,将 1000,0011,0000 分别输入计数器的高 4 位、中 4 位、低 4 位,完成初始值$(830)_H$ 的设置,进行加法计数。当计数到 2 000 个脉冲时,计数器的值变成 4 095[$(FFF)_H$],结束本次计数,开始下一次循环计数。因此,采用预置法实现一个模数 2 000 的计数器,需要预置的数为$(830)_H$。

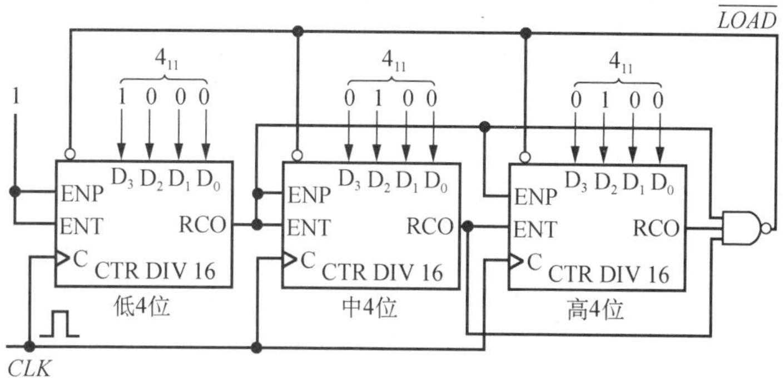

图 4-28　3 片级联的任意分频器

4.6　时序逻辑分析

时序电路的行为由输入、输出及电路的当前状态决定,输出和下一个状态是输入和当前状态的函数。对时序电路的分析就是要写出关于输入、输出以及状态的时序逻辑表达式。

时序逻辑根据状态的改变方式分为同步时序逻辑和异步时序逻辑。前者是在共用的相同时钟脉冲控制下改变状态，而后者是在输入信号(脉冲或电位)控制下改变状态。时序逻辑图中既可以包括也可以不包括组合门。

4.6.1 输入方程

时序电路的逻辑图由触发器以及组合门构成。构成电路的触发器和组合电路提供了其逻辑函数表达式的全部信息，为触发器提供输入信息的组合电路可以用一个布尔函数集合来描述。该函数集合称为触发器的输入方程。

触发器输入方程为描述时序电路的逻辑图提供了一种合适的代数表示方法，它的字母符号可以关联所用触发器的类型，又能完全确定驱动触发器的组合逻辑电路，并蕴含在触发器的时钟输入端之中。例如，图 4-29 所示的一个时序电路，该电路由两个 D 触发器、一个输入端 X 和一个输出端 Y 组合而成，输入方程描述为

$$D_A = AX + BX$$
$$D_B = \bar{A}X$$
$$Y = (A + B)\bar{X}$$

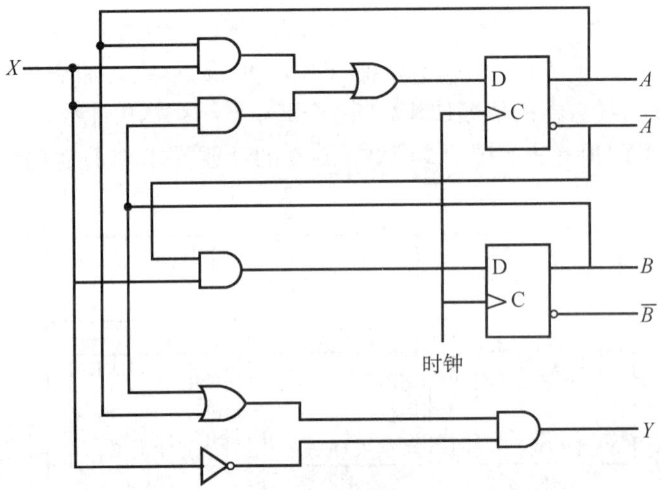

图 4-29 时序逻辑电路

4.6.2 状态表

时序电路的输入、输出和触发器状态之间的功能关系可以用状态表列举，如表 4-12和表 4-13 所示。该表包含当前状态、输入、下一状态和输出。当前状态列表示触发器 A 和 B 在任意时刻的状态。输入列表示在每个可能的当前状态下的输入 X 的值。下一状态列表示触发器在下一个时钟周期的状态。输出列是在每个当前状态和输入组合下输出端 Y 的值。

表 4-12　状态表(a)

当前状态		输入	下一状态		输出
A	B	X	A	B	Y
0	0	0	0	0	0
0	0	1	0	1	0
0	1	0	0	0	1
0	1	1	1	1	0
1	0	0	0	0	1
1	0	1	1	0	0
1	1	0	0	0	1
1	1	1	1	0	0

表 4-13　状态表(b)

当前状态		下一状态				输出	
		$X=0$		$X=1$		$X=0$	$X=1$
A	B	A	B	A	B	A	B
0	0	0	0	0	1	0	0
0	1	0	0	1	1	1	0
1	0	0	0	1	0	1	0
1	1	0	0	1	0	1	0

在表 4-12 中,“当前状态”和“输入”列分开在单独的一栏中,是一维的表。如果把输入 X 的 0 和 1 两种情况都列入下一状态和输出列中,就形成如表 4-13 所示的二维表。

输出既与当前状态有关,又与输入有关的时序电路,称为米里型(Mealy)时序电路;如果输出只与当前状态有关,称为摩尔型(Moore)时序电路,其状态表为一维。

4.6.3　状态转换图

根据状态表可以画出状态转换图。状态用一个圆圈表示,状态之间的转换用连接这些圆圈的箭头表示。圆圈里的二进制数值为触发器的状态,箭头线段上标明输入/输出变量,如图 4-30 所示。其中,图 4-30(a)为图 4-29 的状态转换图。

同一个系统,可以用米里型时序逻辑描述,也可以用摩尔型时序逻辑描述,二者可以等价互换,其目的是:①使用等价状态减少所需要的状态数;②可以混合使用米里型和摩尔型输出。只要把摩尔型状态转换图[图 4-30(c)]的圆圈内输出函数值移到箭头线段上作为分母,即可转换为等价的米里型状态转换图[图 4-30(b)]。

米里型和摩尔型状态表如表 4-14 和表 4-15 所示。

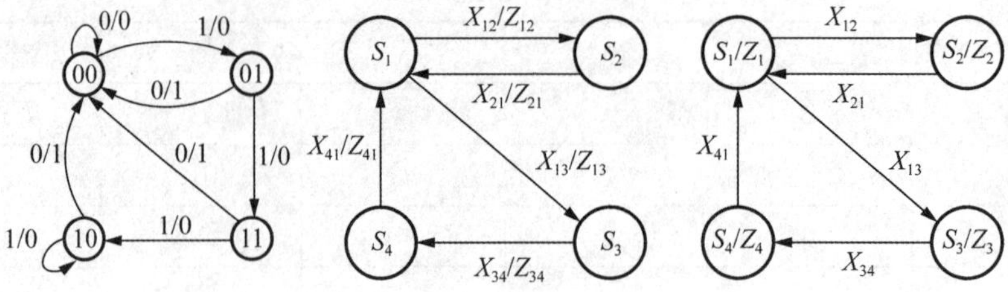

(a)　(b) 米里型　(c) 摩尔型

图 4-30　状态转换图

表 4-14　米里型状态表

X / S	$[X]_1$	…	$[X]_i$	…
S_1	S_{11}/Z_{11}	…	S_{i1}/Z_{i1}	…
…	…	…	…	…
S_j	S_{1j}/Z_{1j}	…	S_{ij}/Z_{ij}	…
…	…	…	…	…

表 4-15　摩尔型状态表

X / S	$[X]_1\cdots[X]_i\cdots$	$Z_1\cdots Z_m$
S_1	$S_{11}\cdots S_{i1}\cdots$	$Z_{11}\cdots Z_{m1}$
…	…　…	…　…
S_j	$S_{1j}\cdots S_{ij}\cdots$	$Z_{1j}\cdots Z_{mj}$
…	…　…	…　…

4.6.4　时序电路分析方法

时序逻辑分析是为了明确时序电路的逻辑功能，其关键是为了找出电路状态的变化规律。状态变化规律可以用次态输入表达式描述，再用状态变化表或状态转换图来描述，基本步骤如下：

(1) 根据给定的逻辑图，写出输入方程，即输出函数和激励函数表达式。激励函数也称为寄存器内部输出函数，其结果作为输出函数的输入变量。

(2) 建立次态表达式与状态转移真值表。

(3) 建立状态表，画出状态转换图。

(4) 分析输入序列与输出序列的关系，明确逻辑功能。

【例 4-1】 分析如图 4-31(a)所示时序电路。

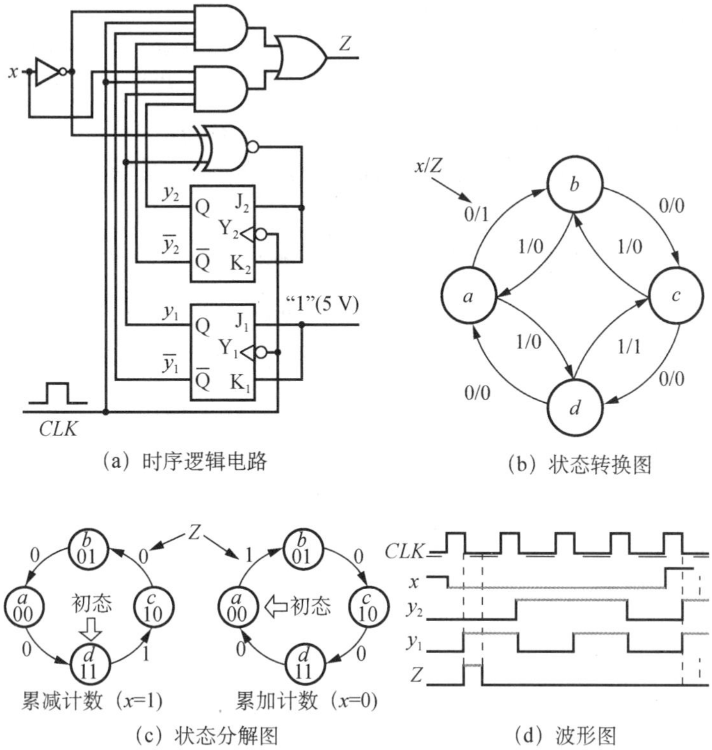

(a) 时序逻辑电路　(b) 状态转换图
(c) 状态分解图　(d) 波形图

图 4-31　例 4-1 时序逻辑

表 4-16　状态转移真值表

输入 x	PS(现态)		NS(次态)		输出 Z
	y_2	y_1	y_2^{n+1}	y_1^{n+1}	
0	0	0	0	1	1
0	0	1	1	0	0
0	1	0	1	1	0
0	1	1	0	0	0
1	0	0	1	1	0
1	1	1	1	0	1
1	1	0	0	1	0
1	0	1	0	0	0

表 4-17　状态表

PS	NS	
	$x=0$	$x=1$
$a=\overline{y_2}\,\overline{y_1}=00$	b，1	d，0
$b=\overline{y_2}y_1=01$	c，1	a，0
$c=y_2\overline{y_1}=10$	d，1	b，0
$d=y_2y_1=11$	a，1	c，1

解:(1) 分析电路。该电路由门电路组合逻辑与触发器构成,其中,**与**门、**非**门和**同或**门组成组合逻辑电路,两个 JK 触发器构成记忆元件,所以,这是一个时序逻辑电路。*CLK* 是时钟脉冲,采用的是下降沿(负沿)触发来改变触发器的状态。

电路的输入包括:外部输入变量 x,内部输入变量(中间变量) y_2, $\overline{y_2}$, y_1, $\overline{y_1}$;电路的输出包括:外部输出变量(输出函数)Z,内部输出变量(激励函数) J_2、K_2。

(2) 由组合逻辑电路得出输出函数和激励函数表达式为

$$Z=\overline{x}\ \overline{y_2}\ \overline{y_1}+x\ y_2\ y_1$$
$$J_1=K_1$$
$$J_2=K_2=\overline{x}\odot y_1$$

CLK 是时钟脉冲,用来建立触发器的时序状态。

(3) 根据输入方程与激励函数的特征方程,建立触发器的次态表达式。

JK 触发器的特征方程为

$$Q^{n+1}=J\overline{Q^n}+\overline{K}Q^n$$

则触发器 Y_1、Y_2 的次态表达式为

$$y_2^{n+1}=J_2\ \overline{y_2}+\overline{K_2}\ y_2=(\overline{x}\odot y_1)\ \overline{y_2}+(\overline{x}\odot \overline{y_1})\ y_2$$
$$y_1^{n+1}=J_1\ \overline{y_1}+\overline{K_1}\ y_1=1\cdot \overline{y_1}+\overline{1}\cdot y_1=\overline{y_1}$$

因此,只要输入 x 和触发器的现态 y_1、y_2 确定,就可以在 *CLK* 的负沿建立触发器的次态,即可描述该时序逻辑电路的状态变化规律。

(4) 建立时序逻辑电路的状态表和状态转换图。根据输出函数和触发器 Y_1、Y_2 的次态表达式可建立状态转移真值表,如表 4-16 所示。令状态 $a=\overline{y_2}\ \overline{y_1}=00$, $b=\overline{y_2}\ y_1=01$, $c=y_2\ \overline{y_1}=10$, $d=y_2\ y_1=11$,则可得出状态表(表 4-17),其第一列为现态 PS 的四种可能状态;右列为输入 x 为 0 和 1 两种值与现态情况下,在 *CLK* 脉冲负沿作用下所建立的次态与输出 Z。 根据状态表画出如图 4-31(b)所示状态转换图,箭头旁注表示输入/输出,当输入 $x=0$ 且每送入一个脉冲负沿时,电路状态将遵循 $a\rightarrow b\rightarrow c\rightarrow d\rightarrow a$ 途径变化一次,且在 a 变为 d 时产生一个输出“1”;反之,当输入 $x=1$ 且每送入一个脉冲负沿时,电路状态将遵循 $a\rightarrow d\rightarrow c\rightarrow b\rightarrow a$ 途径变化一次,且在 d 变为 c 时输出“1”。 两种情况见图 4-31(c)的累加计数和累减计数状态分解图,累加时初始态为 a ,加 1 时输出端 Z 输出“1”,表示累加计数开始;累减时初始态为 d,减 1 时输出端 Z 输出“1”,表示累减计数开始。

(5) 明确逻辑功能。如果该电路输入变量 x 是电位信号,*CLK* 是连续的时钟脉冲,则从状态分解图可知其是一个二进制可逆计数器,如 $x=0$,每输入一个脉冲负沿,计数器从状态 00 开始加 1 计数,依次是 00→01→10→11,状态由 00 变成 01 时,输出 $Z=1$,表示累加计数开始;如 $x=1$,每输入一个脉冲负沿,计数器从状态 11 开始减 1 计数,依次是 11→10→01→00,状态由 11 变成 10 时,输出 $Z=1$,表

示累减计数开始。因此,可以把 x 作为加减控制信号,CLK 作为计数脉冲,Z 作为累加($x=0$ 时)或累减信号($x=1$ 时)。这样既可以累加计数又可以累减计数,有4个状态,计数器的模 $M=4$,其工作波形如图4-31(d)所示。

【例4-2】 分析如图4-32(a)所示时序电路。

解:(1) 分析电路。该电路与外部输入变量无关,只与内部状态有关,是摩尔型时序逻辑电路,其由一个**与非**门组合逻辑和三个D触发器级联构成。Y_1 触发器输入端是两个输入变量相**与**,它的输出端 Q 连接触发器 Y_2 的输入端,Y_2 的输出端连接 Y_3 的输入端,Y_3 的输出反相端反馈 Y_1 触发器输入端。3个D触发器共用一个时钟,采用正沿触发。组合逻辑的**与非**门两个输入分别来自触发器 Y_1 的输出反相端和 Y_2 的输出端,其输出 D_{12} 连接触发器 Y_1 的一个输入端,和 Y_3 的输出反相端作为触发器 Y_1 的另一个输入 D_{11},二者相**与**。

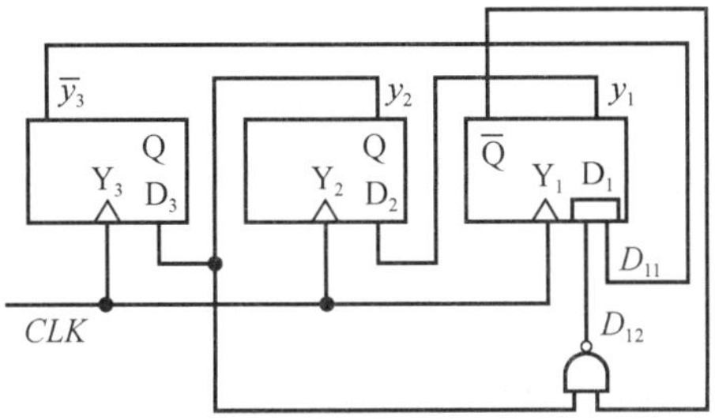

(a) 时序电路

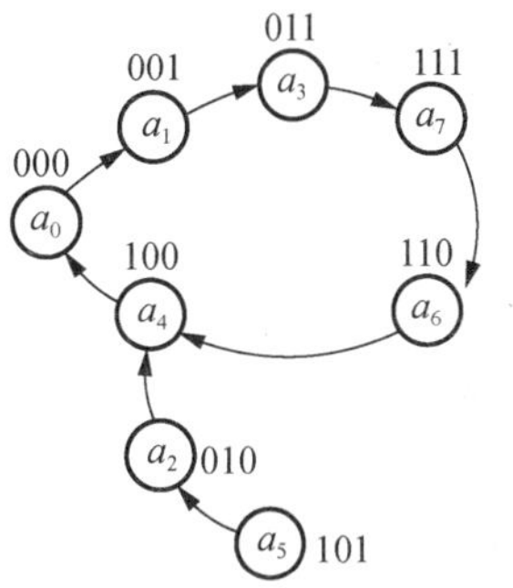

(b) 状态转换图

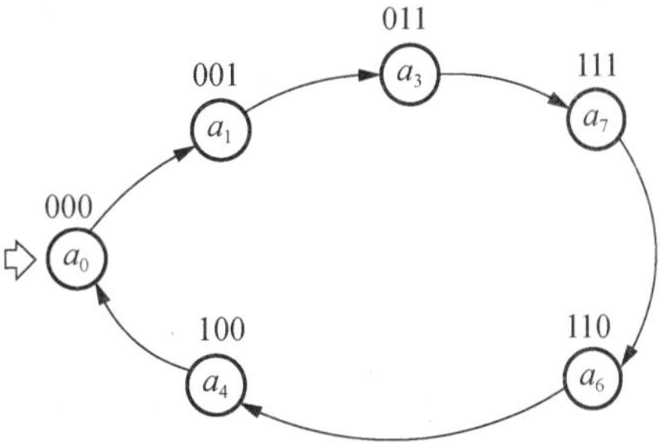

(c) 有效状态转换图

图4-32 摩尔型时序逻辑

(2) 建立触发器的次态表达式和状态转移真值表。由逻辑电路可列出激励函数为

$$D_3=y_2,\ D_2=y_1,\ D_1=D_{11}\cdot D_{12}=\bar{y}_3\,\bar{y}_2+\bar{y}_3\,y_1$$

代入D触发器的特征方程,得出三个D触发器的次态表达式为

$$y_3^{n+1}=D_3=y_2,\ y_2^{n+1}=D_2=y_1,\ y_1^{n+1}=D_1=\bar{y}_3\,\bar{y}_2+\bar{y}_3\,y_1$$

依据次态表达式列出如表4-18所示的状态转移真值表,左列为现态,右列为次态。

表 4-18　状态转移真值表

y_3	y_2	y_1	y_3^{n-1}	y_2^{n+2}	y_1^{n+1}
0	0	0	0	0	1
0	0	1	0	1	1
0	1	0	1	0	0
0	1	1	1	1	1
1	0	0	0	0	0
1	0	1	0	1	0
1	1	0	1	0	0
1	1	1	1	1	0

表 4-19　状态表

PS	NS
a_0	a_1
a_1	a_3
a_2	a_4
a_3	a_7
a_4	a_0
a_5	a_2
a_6	a_4
a_7	a_8

(3) 建立状态表与状态转换图。令 $a_0 = 000$，$a_1 = 001$，…，$a_6 = 110$，$a_7 = 111$，在状态转移真值表中替换，则得到状态表(表 4-19)，接着画出如图 4-32(b)所示的状态转换图，是一个有两个分叉的环状图，封闭的圆圈构成一个循环。

(4) 说明电路的逻辑功能。只要把电路的初态控制在闭环圆圈之内，电路就可以按照圆圈的状态编码对 *CLK* 时钟脉冲计数，并循环运行，计数的有效序列为 000→001→011→111→110→100→000[图 4-32(c)]。且无论开始时电路处于何种状态，经过若干时钟后，电路状态都会进入封闭圆圈的有效序列开始循环运行。因此，该电路是具有自启动功能的循环码计数器。为了消除分叉的 2 个无效状态，可加入一个强置清零的输入信号使计数器的初始状态为 a_0，使计数器从开始就保持在闭环内计数运行。该电路无外部输入，也无输出，是一个摩尔型同步时序计数器电路。

4.7　时序逻辑设计

时序逻辑电路需根据电路规格说明书要求进行设计，得到逻辑电路或者得出一系列能导出逻辑图的布尔函数表达式。时序逻辑电路与组合逻辑电路的不同点是组合电路完全由真值表描述，但时序电路需要用状态表描述。因此，时序逻辑电路设计的第一步就是求出状态表，或等价的其他逻辑表现形式，如状态转换图。

同步时序电路由触发器和组合逻辑构成。电路设计包括选择触发器和构建组合逻辑结构，由组合逻辑结构和触发器组成的电路必须满足规格要求。所需触发器的最小个数是由电路状态的个数决定的，n 个触发器可以有 2^n 个二进制状态。组合电路是由状态表通过推导触发器的输入方程及输出方程得到的。一旦触发器的类型和数量确定，并将二进制组合赋予各个状态，时序电路的设计问题也就转化成组合电路的设计问题，就可以使用组合逻辑电路的设计方法。

4.7.1　时序逻辑设计步骤

时序逻辑设计是时序逻辑分析的逆过程，其设计步骤如下：

(1) 分析规格要求说明。分析规格说明书，理清功能需求。

(2) 形式化。从问题的陈述中得出原始状态表或状态转换图，并进行简化得到一个简化状态表。

(3) 形态赋值。为简化的状态表中的每个状态赋予相应的二进制编码。

(4) 确定触发器的输入方程。从状态表中的"输出"栏分析得到输出函数和激励函数表达式，并优化触发器的输出函数和激励函数表达式。

(5) 工艺映射。画出由触发器、**与**门、**或**门及反相器构成的时序逻辑电路，并转化成可获得的触发器和门工艺构成的新逻辑电路。

(6) 验证设计正确性。

【例 4-3】 用**与非**门和 D 触发器设计一个同步时序逻辑电路，用来检测信号线上输入的信号序列是否为连续的"011"。

解：(1) 确定输入变量及输出函数。要求该时序逻辑电路只有一个输入变量，设为 x，是一个二进制序列；只有一个输出函数，设为 Z。要求能检测输入信号 x 是否为连续的"011"序列，如是，输出 $Z=1$。

(2) 确定时序逻辑电路的原始状态表。设逻辑电路的初始状态为 a，列出不同 x 序列输入情况下，电路状态的变化规律及输出 Z 的值[图 4-33(a)]，箭头线上面的数字表示 x 的输入序列，箭头所指向的圆圈表示该次输入时所建立的新的状态，其"/"下的数字表示输出 Z 的值。当电路处于初态 a 时，如输入 $x=0$，则进入 b 态，且输出 $Z=0$；如输入 $x=1$，则进入 c 态，且输出 $Z=0$。当电路处于 b 状态时，如输入 $x=0$，则进入状态 d，且输出 $Z=0$；如输入 $x=1$，则进入状态 e，且输出 $Z=0$。当电路处于 e 状态时，如输入 $x=0$，则进入状态 f，且输出 $Z=0$，因此时输入的 x 序列已是"010"，不满足题目要求；如输入 $x=1$，则进入状态 g，且输出 $Z=1$，因此时输入的 x 序列是"011"，满足题目要求。其他分支过程分析类似。需要注意，输入序列 x 在 011 后不再假设电路进入另一个新状态，而是进入已假设的 g 状态，根本原因是，通过二叉树搜索，对于检测一个连续输入序列"011"来说，只需要三个连续时钟的输入"011"有效，g 状态就可以被记忆。因此，x 输入序列三种组合下，设置 7 个状态能够满足。得出原始状态表(表 4-20)。

(3) 化简原始状态表，得到简化状态表。对原始状态表进行分析，如果所设置的两个状态在现时刻的任何输入，其输出及建立的次态完全相同，则它们可以合并为一个状态，观察发现状态 b，d，f 在输入 $x=0$ 或 $x=1$ 时，所产生的输出都为 0，且建立的次态都是 d 或 e，所以这三个状态可以合并为一个状态，表示成 $q_1=\{b, d, f\}$。同理，状态 c，g 也可合并为一个状态，表示成 $q_2=\{c, g\}$。令 q_1 替代原始状态表中的状态 b，d，f，用 q_2 替代状态 c，g，从而得出如表 4-21 所示的中间状态表。中间状态表的第一、二两行相同，可继续简化，把 a 和 q_1 合并为一个状态

$S_1=\{a, q_1\}$，令 $S_2=e$、$S_3=q_2$，则可得出如表 4-22 所示的最简状态表。通过两次简化过程，把原始的 7 个状态减至 3 个状态，从根本上简化了逻辑电路。依据最简状态表，可画出如图 4-33(b)所示的米里型状态转换图。

(4) 状态编码，对 S_1，S_2，S_3 三个状态赋予对应的二进制编码。同步时序电路的状态是通过触发器及组合逻辑来构成，三种状态至少需要两个触发器 ($3 \leqslant 2^k$，$k=2$) Y_1，Y_2，有 00，01，10，11 四种组合。假设 $S_1=00$，$S_2=01$，$S_3=10$，则即将选定的状态 $S_1=\overline{y_2}\,\overline{y_1}$，$S_2=\overline{y_2}y_1$，$S_3=y_2\overline{y_1}$，可以画出如图 4-33(c)所示的组成框图。框图中含有两个 D 触发器，满足题目的状态要求，还需要实现组合逻辑电路。

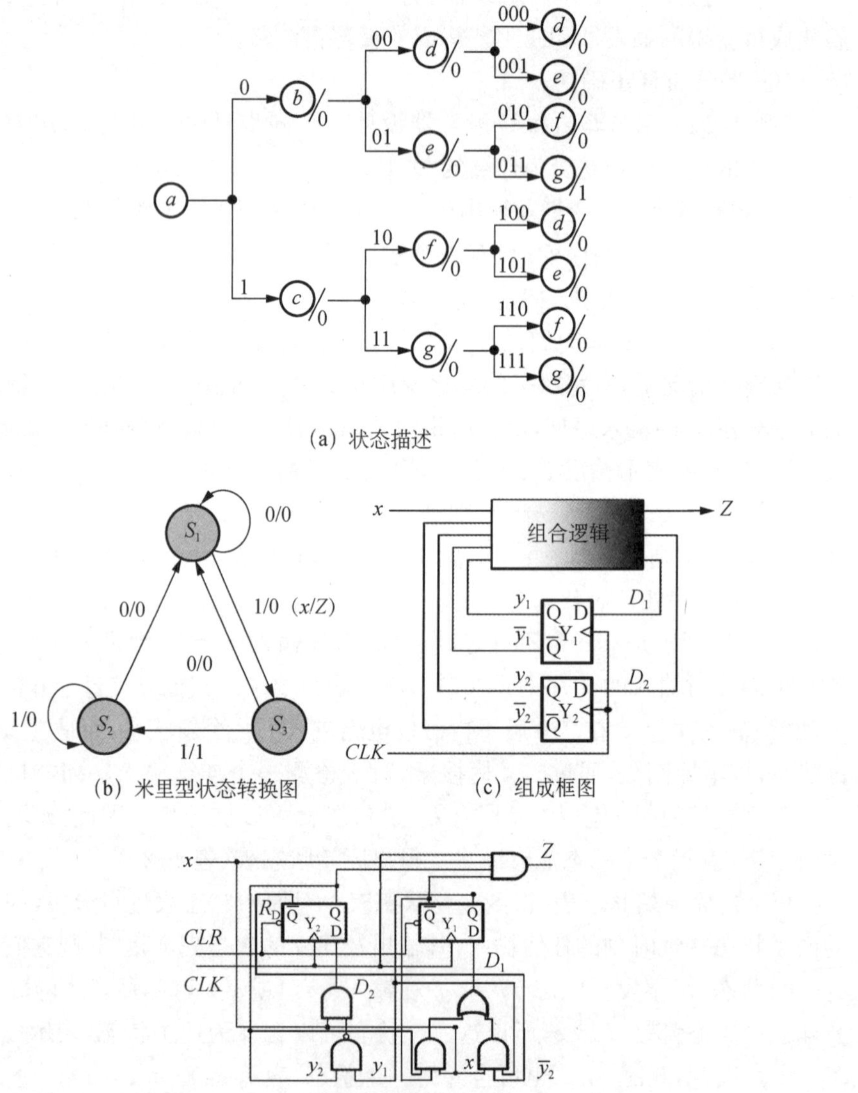

(a) 状态描述

(b) 米里型状态转换图

(c) 组成框图

(d) 逻辑电路

图 4-33　例 4-3 时序逻辑

(5) 确立输出函数与激励函数表达式。先列出状态真值表，设 $S_1=00$，$S_2=01$，$S_3=10$，即将选定的状态 $S_1=\overline{y_2}\ \overline{y_1}$、$S_2=\overline{y_2}y_1$、$S_3=y_2\ \overline{y_1}$ 代入最简状态表中，则置换成状态编码表。对于组合逻辑电路而言，需要明确激励函数（D_2，D_1）表达式。之后，根据状态编码表给定的次态与现态的真值关系，同时利用 D 触发器的激励关系，找出输入 x，现态 y_2，y_1 与次态 y_2^{n+1}，y_1^{n+1} 的真值关系，如表 4-23 所示。

表 4-20　原始状态表

PS \ NS, Z	$x=0$	$x=1$
a	b, 0	c, 0
b	d, 0	e, 0
c	f, 0	g, 0
d	d, 0	e, 0
e	f, 0	g, 1
f	d, 0	e, 0
g	f, 0	g, 0

表 4-21　中间状态表

PS \ NS, Z	$x=0$	$x=1$
a	q_1, 0	q_2, 0
q_1	q_1, 0	q_2, 0
q_2	q_1, 0	g, 1
g	q_1, 0	g, 0

表 4-22　最简状态表

PS \ NS, Z	$x=0$	$x=1$
S_1	S_1, 0	S_3, 0
S_2	S_1, 0	S_2, 0
S_3	S_1, 0	S_2, 1

表 4-23　输出函数真值表

C(条件)	PS	NS	激励	输出
x	$y_2^n y_1^n$	$y_2^{n+1}\ y_1^{n+1}$	D_2D_1	Z
0	00	00	00	0
0	01	00	00	0
0	10	00	00	0
1	00	10	10	0
1	01	01	01	0
1	10	01	01	1

依据真值表，设 PS、NS、C 分别为现态、次态、输入条件，关系表达式为

$$NS=\sum PS\cdot C$$

次态 NS 应包括所有逻辑“1”的各种情况，所以需要将每一种为“1”情况对应的 PS 状态和输入条件 C 先相**与**，再相**或**。真值表中 $y_2^{n+1}=1$ 的有 1 项，$y_1^{n+1}=1$ 的有 2 项，可得出激励函数表达式为

$$y_2^{n+1}=D_2=\overline{y}_2\overline{y}_1x$$

$$y_1^{n+1}=D_1=\overline{y_2}\ y_1x+y_2\ \overline{y_1}x$$

输出逻辑函数表达式为

$$Z = y_2 \overline{y_1} x$$

(6) 根据逻辑函数表达式，画出如图 4-33(d)所示的逻辑电路图，CLK 除了为两个D触发器提供正沿触发信号外，还接入输出 Z 的**与**门输入，保证输出 Z 与 CLK 脉冲同步，使得 x 连续输入为 011，且有 CLK 脉冲时，才输出 $Z=1$；若无 CLK 脉冲，则输出 $Z=0$。

4.7.2 原始状态表建立的方法

电路规格说明书常以文字形式对电路行为进行描述，这种描述需要进行解释，以便在电路设计的"形式化"过程中得到相应的逻辑图或逻辑表，这是设计步骤中的创造性部分，后续的其他步骤可以借助计算机工具自动完成。

建立状态表或状态图的基础是要直观理解状态的概念。状态是用于"记住"在触发时钟边沿或触发脉冲期间加载在电路上的输入组合的历史序列。一般情况下，状态可能要逐个保存输入值，也就是保留输入序列的完整历史记录。当然，在大多数情况下，状态是触发器上每个时刻输入组合序列的抽象。在建立状态表或状态图时，可能需要增加新的状态或定义新的状态。状态个数可能会变大，但不必要为每个当前状态和可能的输入组合都增加一个新的状态，相反，状态重用和状态合并更加重要，因为这样可以避免状态的数目发生不可控制的增长，并可以简化状态表。其关键是要充分理解每个状态所代表的抽象含义。

在计算机数字系统电源刚刚上电时，触发器的状态是未知的。然而，存在给处于未知状态的电路加载一个输入序列的可能性，但这个序列必须在期望获得预期的输出信号之前使电路进入已知状态。因此，需确保电路工作正常可靠，要求设计的电路必须有一个已知的初始状态。更明确地说，就是必须提供一定的硬件机制保证电路可以从任何未知状态马上进入到初始状态。这一机制称为复位或主复位信号。无论何时加载到电路上的输入信号为何值，复位信号都会将电路置于初始状态，也称为复位状态。通常情况下，电路开启通电时自动激活复位信号，当然，还提供手工复位按钮等方式来人工激活复位信号。复位信号控制过程可以是同步的，也可以是异步的。同步复位需要一个时钟触发，必须合并到电路的同步设计中，如增加一个**与**门，将复位信号和输入信号相**与**，再连接D触发器的输入端。异步复位是指在没有时钟触发情况下，把复位信号直接施加到触发器的输入端，一般不采用这种复位方式。

例如，要求建立"当电路的前三个输入序列为 110，当前输入信号为 1 时，则输出信号 Z 为 1"的状态转换图与状态表。该电路的输出既由当前状态决定，又由当前的输入决定，是一个米里型电路，其输出与状态和输入同时相关。设初始状态 A 作为复位状态，当前脉冲过后进入下一状态 B，表示序列中出现了一个 1。为表示序列中出现了第一个 1，从状态 A 到状态 B 画一条有向箭头线，并旁注"1/0"，斜杠

"/"左边的 1 为输入信号，其右的 0 为输出信号。这一状态转换如图 4-34(a)所示。同理，对可能的输入组合进行分析，得出如图 4-34(b)和(c)所示的中间状态，最后形成如图 4-34(d)所示的原始状态转换图。例如，状态 C 代表序列 1101 中的头两位 11，若下一个输入信号值为 0，则进入状态 D，且输出为零；如接着输入信号 1，则输出变为 1。

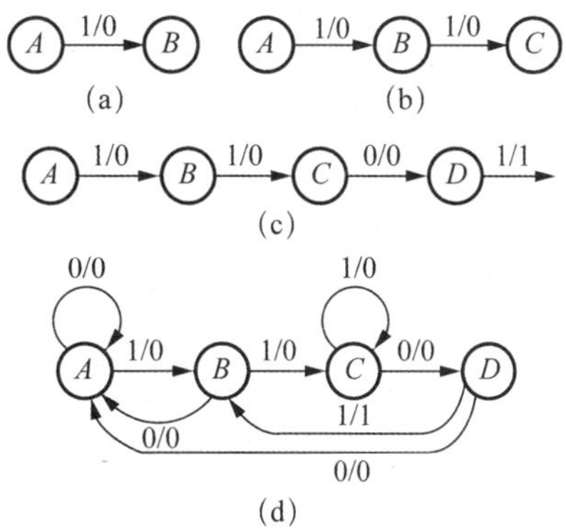

图 4-34　状态转换图

下一步，要确定已在状态 D 时，再输入信号 1，将转换到哪一个状态。由于输入为 1，可能要识别的位数包含第一位或第二位。但因为电路处于状态 D，显然前一个输入信号为 0，因此，此次输入信号 1 是序列中的第一个 1，原因是其前一个输入信号为 0，不是 1。表示序列中出现第一个 1 的是状态 B，故在状态 D 时，输入信号为 0，将转换到状态 B，如图 4-34(d)所示。检查状态 C，观察状态 A 和 B 生成的轨迹，可知在状态 C 时输入 1 至少是序列中的第二个 1，表示序列中连续出现两个 1 时的状态是 C，再来一个输入信号 1 转换的新状态仍然是 C，且输出为 0。同理，分析得出从状态 B 转换到状态 A 的过程，以及从状态 D 转换到状态 A 的过程，这两个过程都是在当前状态下接收到一个输入信号 0，就转换到对应的状态的，且输出为 0。依据状态转换图列出状态表(表 4-24)。

表 4-24　状态表

当前状态	下一状态		输出 Z	
	$X=0$	$X=1$	$X=0$	$X=1$
A	A	B	0	0
B	A	C	0	0
C	D	C	0	0
D	A	B	0	1

在所有状态转换图形式化过程中，可能出现状态冗余情况，因此，要求尽可能将冗余状态合并成必须的最简状态。

4.7.3　状态赋值

构建状态转换图时，对其赋予符号名称，但不是二进制编码。接下来的工作是需要把这些符号名称用二进制编码替换。通常情况下，若有 m 个状态，编码中有 n 位，则 m，n 必须满足 $m \leqslant 2^n$，m 为模数，n 为触发器的个数。对每个状态赋予唯一的二进制码值。

【例 4-4】 根据如图 4-35(a)所示的某个时序系统的状态转换图和如表 4-25 所示

的状态表,采用文字表示转换条件的方法,改造等价的记忆文档状态(MDS, Memory Document State)图与状态表。

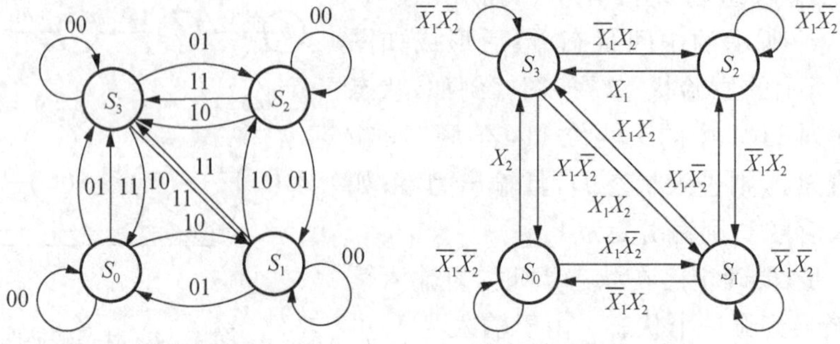

(a) 时序系统的状态转换图　　(b) MDS图

图 4-35　状态赋值

解:根据状态转换图知,该时序系统有 4 个状态 S_0, S_1, S_2, S_3, 2 个输入变量 X_1、X_2,每个状态最多可以转换为 4 个可能的次态(包括其自身)。采用文字表示的 MDS 图,将二进制编码替换为文字,就可得出如图 4-35(b)所示等价的 MDS 图和其状态表(表 4-26)。

表 4-25　状态表

PS(现态)	NS(次态)			
	X_1X_2			
	00	01	10	11
S_0	S_0	S_3	S_1	S_3
S_1	S_1	S_0	S_2	S_3
S_2	S_2	S_1	S_3	S_3
S_3	S_3	S_2	S_0	S_1

表 4-26　MDS 状态表

PS(现态)	NS(次态)	转换条件
S_0	S_0	$\overline{X}_1\overline{X}_2$
	S_1	X_1X_2
	S_3	X_2
S_1	S_0	$\overline{X}_1X_2$
	S_1	$\overline{X}_1\overline{X}_2$
	S_2	$X_1\overline{X}_2$
	S_3	X_1X_2

（续表）

PS(现态)	NS(次态)	转换条件
S_2	S_1	$\overline{X}_1X_2$
	S_2	$\overline{X}_1\overline{X}_2$
	S_3	X_1
S_3	S_0	$X_1\overline{X}_2$
	S_1	X_1X_2
	S_2	$\overline{X}_1X_2$
	S_3	$\overline{X}_1\overline{X}_2$

【例 4-5】 用"一对一法"设计实现例 4-4 的时序系统。

解:一对一法就是对每一个状态编码使用一个触发器，4 个状态则需要 4 个触发器，它们的输出分别为 Q_A、Q_B、Q_C、Q_D，新的状态编码如表 4-27 所示。将二进制状态编码替换到 MDS 图和状态转移表中，如图 4-36(a)和表 4-28 所示。利用公式 $NS=\sum PS\cdot C$，得出

$$S_0=S_0\overline{X}_1\overline{X}_2+S_1X_1\overline{X}_2+S_3X_2$$
$$S_1=S_0\overline{X}_1X_2+S_1\overline{X}_1\overline{X}_2+S_2X_1\overline{X}_2+S_3X_1X_2$$
$$S_2=S_1\overline{X}_1X_2+S_2\overline{X}_1\overline{X}_2+S_3X_1$$
$$S_3=S_0X_1\overline{X}_2+S_1X_1X_2+S_2\overline{X}_1X_2+S_3\overline{X}_1\overline{X}_2$$

激励函数表达式为

$$Q_A=Q_A\overline{X}_1\overline{X}_2+Q_BX_1\overline{X}_2+Q_DX_2$$
$$Q_B=Q_A\overline{X}_1X_2+Q_B\overline{X}_1\overline{X}_2+Q_CX_1\overline{X}_2+Q_DX_1X_2$$
$$Q_C=Q_B\overline{X}_1X_2+Q_C\overline{X}_1\overline{X}_2+Q_DX_1$$
$$Q_D=Q_AX_1\overline{X}_2+Q_BX_1X_2+Q_C\overline{X}_1X_2+Q_D\overline{X}_1\overline{X}_2$$

根据激励函数表达式画出一对一法时序系统的逻辑电路，如图 4-36(b)所示。4 个 D 触发器共用同一脉冲时钟 CLK，并设置同一个清零端 $\overline{CLR}$。

表 4-27　一对一法状态编码表

状态 \ 触发器	Q_A	Q_B	Q_C	Q_D
S_0	1	0	0	0
S_1	0	1	0	0
S_2	0	0	1	0
S_3	0	0	0	1

表 4-28　状态转移表

PS(现态)				NS(次态)				转换条件
Q_A	Q_B	Q_C	Q_D	Q_A	Q_B	Q_C	Q_D	
1	0	0	0	1	0	0	0	$\overline{X}_1\overline{X}_2$
				0	1	0	0	$X_1\overline{X}_2$
				0	0	0	1	X_2
0	1	0	0	1	0	0	0	$\overline{X}_1X_2$
				0	1	0	0	$\overline{X}_1\overline{X}_2$
				0	0	1	0	$X_1\overline{X}_2$
				0	0	0	1	X_1X_2
0	0	1	0	0	1	0	0	$\overline{X}_1X_2$
				0	0	1	0	$\overline{X}_1\overline{X}_2$
				0	0	0	1	X_1
0	0	0	1	1	0	0	0	$X_1\overline{X}_2$
				0	1	0	0	X_1X_2
				0	0	1	0	$\overline{X}_1X_2$
				0	0	0	1	$\overline{X}_1\overline{X}_2$

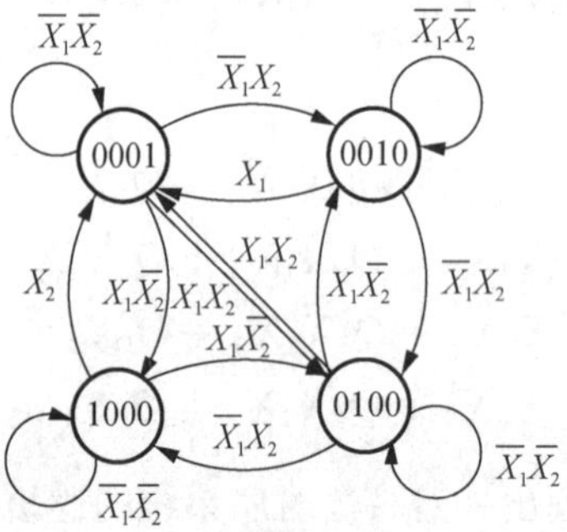

(a) 状态转换图

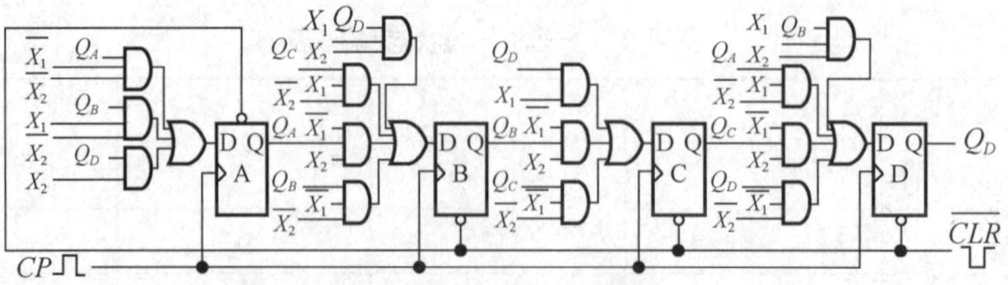

(b) 时序系统逻辑电路

图 4-36　一对一法四状态时序系统

【例 4-6】 用计数器法设计实现例 4-4 的时序系统。

解: 用计数器法对 4 个状态的二进制编码，满足 $M=4=2^K$，所以 $K=2$，需要 2 个 D 触发器 Q_A、Q_B，4 个状态编码 00，01，10，11。根据计数器状态编码方式，得到转换的计数器法状态转移表如表 4-29 所示。根据公式 $NS=\sum PS \cdot C$，可对真值表 Q_A、Q_B 列中各自为"1"的行求逻辑**与**，再求逻辑**或**，可得出 Q_A，Q_B 的激励函数表达式为

$$\begin{aligned}
Q_A &= \bar{Q}_A\bar{Q}_B X_2 + \bar{Q}_A Q_B X_1 \bar{X}_2 + \bar{Q}_A Q_B X_1 X_2 + Q_A \bar{Q}_B \bar{X}_1 \bar{X}_2 + \\
&\quad Q_A \bar{Q}_B X_1 + Q_A Q_B \bar{X}_1 X_2 + Q_A Q_B \bar{X}_1 \bar{X}_2 \\
&= \bar{Q}_A\bar{Q}_B X_2 + \bar{Q}_A Q_B X_1 + Q_A \bar{Q}_B \bar{X}_1 \bar{X}_2 + Q_A \bar{Q}_B X_1 + Q_A Q_B \bar{X}_1 \\
Q_B &= \bar{Q}_A\bar{Q}_B X_1 \bar{X}_2 + \bar{Q}_A \bar{Q}_B X_2 + \bar{Q}_A Q_B \bar{X}_1 \bar{X}_2 + \bar{Q}_A Q_B X_1 X_2 + \\
&\quad Q_A \bar{Q}_B \bar{X}_1 X_2 + Q_A \bar{Q}_B X_1 + Q_A Q_B X_1 X_2 + Q_A Q_B \bar{X}_1 \bar{X}_2
\end{aligned}$$

采用计数器法得出逻辑电路，如图 4-37(b)所示，2 个 D 触发器共用同一脉冲时钟 CLK 以及共同的清零控制输入信号 $\overline{CLR}$。

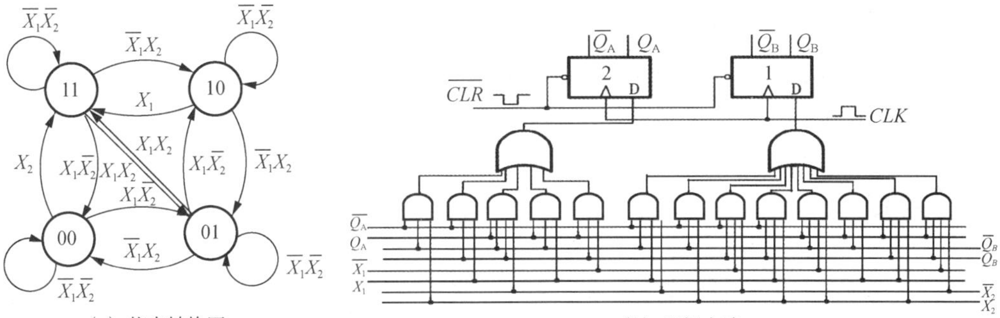

(a) 状态转换图　　　(b) 逻辑电路

图 4-37　计数器法四状态时序系统

表 4-29　状态转移表

PS(现态)		NS(次态)		转换条件
Q_A	Q_B	Q_A	Q_B	
0	0	0	0	$\bar{X}_1\bar{X}_2$
		0	1	$X_1\bar{X}_2$
		1	1	X_2
0	1	0	0	$\bar{X}_1 X_2$
		0	1	$\bar{X}_1\bar{X}_2$
		1	0	$X_1\bar{X}_2$
		1	1	$X_1 X_2$
1	0	0	1	$\bar{X}_1 X_2$
		1	0	$\bar{X}_1\bar{X}_2$
		1	1	X_1

（续表）

PS(现态)		NS(次态)		转换条件
Q_A	Q_B	Q_A	Q_B	
1	1	0	0	$X_1\overline{X}_2$
		0	1	X_1X_2
		1	0	$\overline{X}_1X_2$
		1	1	$\overline{X}_1\overline{X}_2$

本章小结

时序逻辑电路和组合逻辑电路的本质区别在于其输出与当前的输入和此前的输出有关，具有反馈特性，有记忆能力。本章介绍了时序逻辑电路的基本元件，即锁存器和触发器，并以此为基础，介绍 JK 触发器和 D 触发器的基本特性。重点讲述了寄存器作为计算机系统的重要部件的基本组成和功能，并利用真值表、状态方程和状态转换图实现同步和异步时序逻辑电路设计和时序逻辑电路分析，同时对电路的正沿和负沿触发，以及电平触发进行了介绍，为后续计算机系统中央处理器的学习打下基础。

练习

1. 分析下列触发器电路，写出其状态方程和真值表，假设 Q 的初始态为 1。

(1) 输入低电平有效(题图 4-1)；

(2) 输入低电平有效(题图 4-2)；

(3) 输入高电平有效(题图 4-3)。

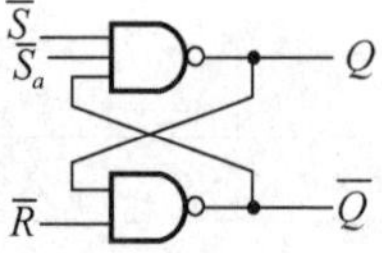

题图 4-1

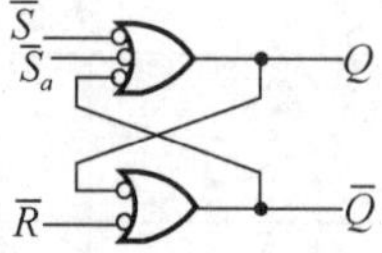

题图 4-2

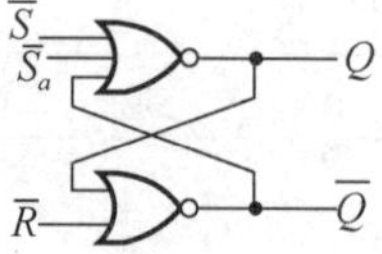

题图 4-3

2. 分析触发器电路与输入波形(题图 4-4)，写出其状态方程和真值表，说明 CLK 脉冲到来时，触发器置"1"的条件，并画出 A、B、CLK 输入时序对应的 Q 输出端波形。

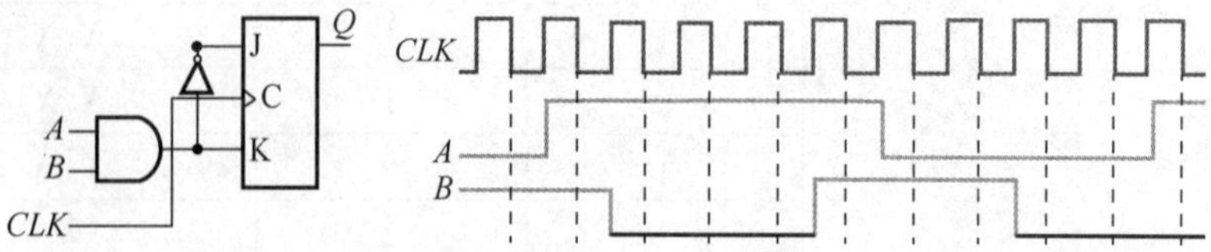

题图 4-4

3. 分析同步计数器电路(题图 4-5),列出状态转移表和状态转换图,并画出在时钟作用下的输出端 Q_0、Q_1、Q_2、Q_3 的波形。

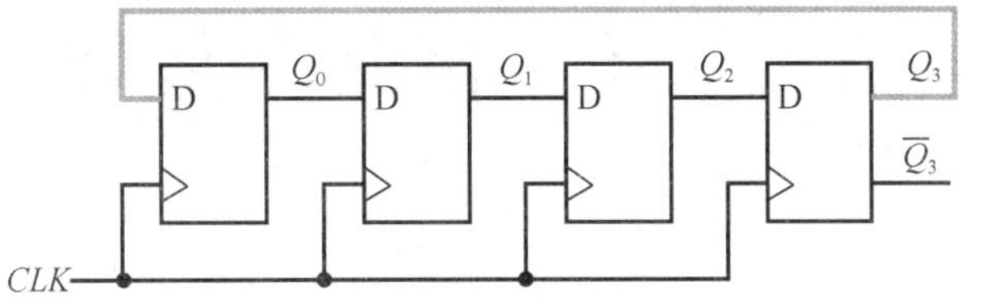

题图 4-5

4. 用 D 触发器设计一个 5 进制循环码同步计数器,循环规律为 000→001→010→011→100→101→000。

5. 用 D 触发器设计一个 4 位二进制加法器,并画出波形图。

6. 设计实现一个计数器,使其按下列波形图(题图 4-6)工作。

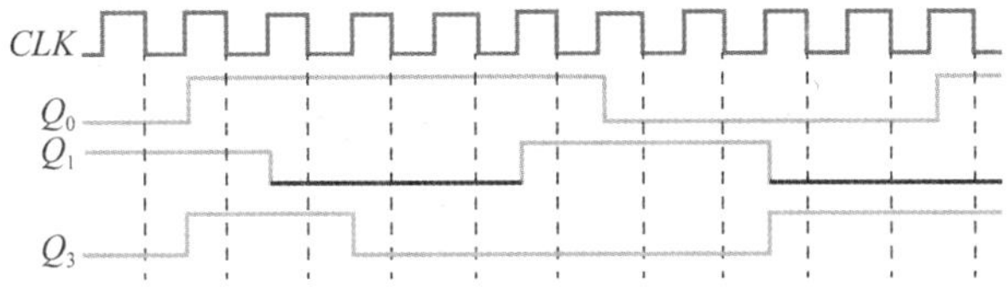

题图 4-6

(1) 分析确定该计数器的状态;

(2) 画出状态转换图,列出状态转移真值表;

(3) 如果使用 D 触发器,求出该计数器的激励方程函数表达式;

(4) 画出上述计数器的逻辑电路。

7. 分析下列时序系统的状态图(题图 4-7)。

(1) 列出该状态转换图的状态表;

(2) 求出等价的 MDS 图与状态表;

(3) 采用一对一法设计该时序系统,列出状态转移表、激励方程表达式并画出逻辑电路;

(4) 采用计数器法设计该时序系统,列出状态转移表、激励方程表达式并画出逻辑电路。

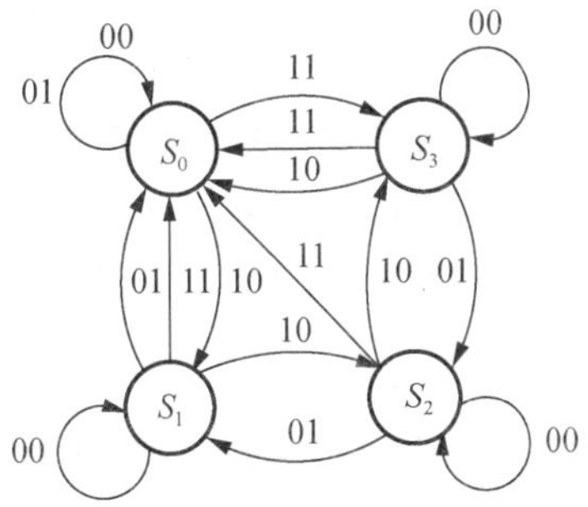

题图 4-7

8. 使用若干片 16 进制计数器,设计一个模数为$(139)_{10}$的计数器,画出电路图。

第 5 章　存储器基础

存储器是数字计算机的重要组成部分，包括随机访问存储器(RAM)和只读存储器(ROM)等。随机访问存储器只能暂时存储数据，只读存储器能永久存储数据。可编程逻辑器件(PLD)通过存储信息来定义存储逻辑电路，而 ROM 是众多 PLD 器件中的一种。

本章从输入、输出及定时控制模型等方面，用等效逻辑模型来讲解 RAM 芯片的内部结构与工作原理，包括静态 RAM 与动态 RAM。存储器不仅在存储数据和 RAM 子系统中起到极其核心的作用，而且广泛应用于计算机系统中。

5.1　存储器基本概念

5.1.1　存储器定义

在数字计算机系统中，存储器是能存储二进制信息的单元集合，除了存储单元之外，存储器还包括执行存储和恢复信息操作的电路。为了对信息进行处理，信息从存储器传送到包括寄存器和组合逻辑的处理系统上进行运算操作，之后将处理结果送回到相同或不同位置的存储器单元中。输入输出设备也需要与存储器交互，信息从输入设备送入存储器中进行处理，处理后的信息存放在存储器中，再从存储器中取出，送给输出设备。

数字计算机系统要用到随机访问存储器和只读存储器两类存储器。RAM 用于存储即将要用到的新信息，容量从几百位到数十亿位不等。我们把存储新信息到存储器的过程称为存储器的写操作，将存储的信息从存储器输送出去的过程称为存储器的读操作。RAM 既能执行读操作，又能执行写操作。而 ROM 只能执行读操作。

5.1.2　随机访问存储器

存储器是二进制存储单元和控制信息输入输出存储单元的电路集合。随机访问存储器可以从任意目标位置访问存储单元来进行信息的输入输出，不同位置的单元访问时间花费一样长。存储器访问时间的长短，取决于指定访问的位置和磁头在当前磁盘或磁带所处的物理位置的逻辑距离远近，距离越长，存储器访问时间越长。

二进制信息被分组存储在存储器中，每个组称为一个字。字是由位组成的实体，每个实体又是从存储器输入输出信息的一个单元，是由 0 和 1 组成的序列，它表示的可能是一个数字、一条指令、一个或多个由文字和数字混合而成的字符串或其他信息的二进制码。8 位 0 或 1 组成的二进制序列称为一个字节。一般来说，计算机存储器的字长都为 8 的倍数，即一个 16 位的字是 2 个字节，一个 32 位的字是 4 个字节。存储部件的容量一般指其能存储的总的字节数。存储器与其他部件之间的通信依靠输入输出数据总线、地址总线以及控制总线的共同协作完成。存储器框图如图 5-1(a)所示，要存储的信息从 n 位数据输入线输入，处理完成的信息从 n 位数据输出线输出，k 位地址线用来指定当前存储的处理信息地址，两个控制输入信号用来指定信息的传输方向：Write 控制信号将二进制数据输入到存储器，Read 控制信号将二进制数据从存储器输出。

存储器主要由它所包含的字的个数和每个字的位数来表示。字由地址线进行选择，存储器的每个字都会被分配唯一的地址，其范围为 $0 \sim 2^{k-1}$(k 是地址线的数目)。因此，中央处理器把 k 位二进制表示的地址传送给地址线，译码器接收此地址译码并选择指定路径，就可以找到存储器中该地址对应的字。存储容量通常指存储器中字或字节的数量，其容量大小不等，单位有 K，M，G，分别对应2^{10}、2^{20}、2^{30}，所以 64 K$=2^{16}$，2 M$=2^{21}$，4 G$=2^{32}$。

图 5-1(b)所示是一个存储容量为 1 K 个 16 位的字的存储器，即容量为2^{10}个 16 位的字。二进制地址从 0000000000～1111111111 共 1 024 个。通过二进制地址即可找到对应的字单元，读写存储器时把 16 位的一个字当成一个整体单元来进行操作。

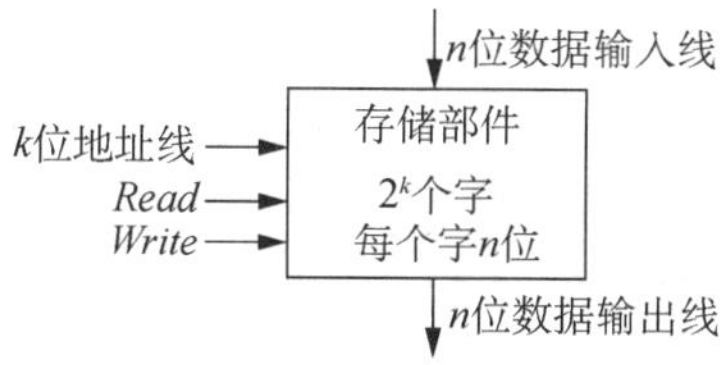

(a) 存储器框图

存储器地址

二进制	十进制	存储器内容
0000000000	0	10110101 01011100
0000000001	1	10101011 10001001
0000000010	2	00001101 01000110
⋮	⋮	⋮
1111111101	1021	10011101 00010101
1111111110	1022	00001101 00011110
1111111111	1023	11011110 00100100

(b) 1 024×16位的存储器

图 5-1　数据的存储形式

需要注意，进行存储操作时，数据的大小 m 要满足 $m \leqslant 2^k$，否则数据量超过容量将产生溢出故障。

5.1.3　存储器读写操作

随机访问存储器能执行读和写两种操作。写操作是将要存储的字送入存储器中存储，读操作是从存储器中读出保存字的副本。写信号控制输入操作，读信号控制输出操作。存储器内部电路能够实现这些控制信号，执行指定的功能。执行写操作的步骤如下：

(1) 将目标字单元的二进制地址加载到地址线。

(2) 将要存入存储器的数据信息位加载到数据输入线。

(3) 激活写输入信号。

通过上述操作即将数据输入线上的数据写入到对应地址的存储器单元中。

执行读操作的步骤如下：

(1) 将要读出的字单元所对应的二进制地址加载到地址线。

(2) 激活读输出信号。

通过上述操作即可从对应地址的存储器单元中把数据读出到数据输出线上，读出的是副本，不会改变其内容。

存储器由 RAM 集成电路和相关的逻辑电路构成。RAM 的读写过程由读和写两个控制信号控制。大多数集成电路没有提供分离的读写控制信号管脚，而是通过提供一个芯片选择信号来选择读写的芯片，采用 $Read/\overline{Write}$ 信号来指定相应的操作，如图 5-2(a)所示。芯片选择信号用来使能指定要访问的 RAM 芯片。如芯片选择无效，不执行任何操作；如芯片选择有效，则通过 $Read/\overline{Write}$ 信号的高低电平分别进行读写操作，为高电平 1 时，执行读操作，为低电平 0 时，执行写操作。当片选信号对芯片组访问选择时，同时要提供访问整个存储器的信号，这个信号叫做存储器使能。

5.1.4 存储器读写波形

对存储单元的操作一般由 CPU 来控制，当然，现代计算机还有系统内部转移数据控制器(Direct Memory Access, DMA)模式。CPU 与自己的时钟脉冲同步，但存储器不使用 CPU 的时钟，其读写操作的定时通过改变控制输入的值来确定。存储器的读操作访问时间是从地址请求到数据输出的最大时间，写周期时间是从地址请求到存储一个字的操作完成的最大时间。存储器写操作可以在时钟周期间隔内连续进行，CPU 必须在它的内部时钟与存储器读写操作同步的情况下提供存储器控制信号。所以，必须要求存储器的访问时间和写周期时间必须等于 CPU 时钟周期的固定倍数。如图 5-2(b)所示，设 CPU 的时钟频率为 50 MHz，时钟周期为 20 ns。如果 CPU 与访问时间 65 ns、写周期 75 ns 的存储器通信，在给存储器配备所需的时钟脉冲值时，要求配备的时钟脉冲值大于或等于访问周期与写周期中较大者除以 CPU 时钟周期得出的结果。$\text{Max}\{65, 75\}/20=75/20=4$，因此对于每个存储器请求必须至少用 4 个时钟脉冲。

存储器写波形如图 5-2(b)，写周期由 T_1, T_2, T_3, T_4 四个周期组成，每个周期 20 ns。写操作时，CPU 必须把地址和输入数据传送给存储器，产生地址请求后，存储器使能在 T_1 脉冲的上升沿置为高电平；片选成功后，在 T_2 脉冲上升沿写

片选 CS	Read/$\overline{Write}$ R/W	存储器操作
0	×	无操作
1	0	对目标字进行写操作
1	1	对目标字进行读操作

(a) 读写控制信号

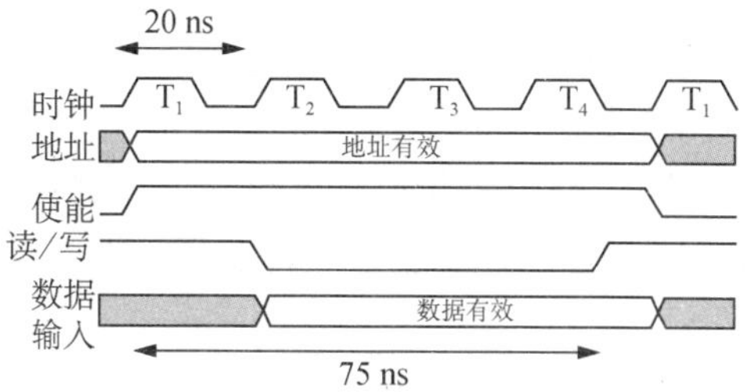

(b) 写波形

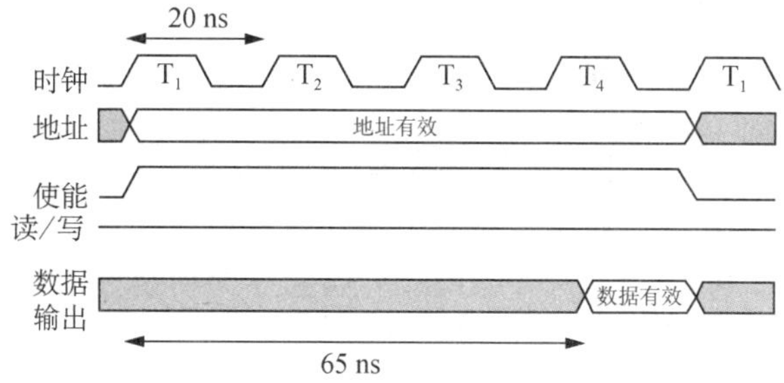

(c) 读波形

图 5-2　存储器操作波形

信号为低电平 0 有效，开始写入数据；在 T_4 周期下降沿写信号变为高电平 1 无效，表示一个写过程完成。波形中阴影部分表示无效。为了保证写操作的完整有效性，Read/$\overline{Write}$信号必须在地址信号稳定之后才能发生改变，否则可能选中一个或多个其他字，破坏原数据，且要求在发出地址信号和存储器使能信号之后，其能保持为 0 足够长时间，直至 T_4 周期下降沿到来，以允许写操作完成。最后还要求，Read/$\overline{Write}$信号置 1 后，地址和数据信号必须保持短时间稳定，以避免破坏其他存储单元的数据。当 T_4 周期完成时，存储器写操作结束后还有 5 ns 剩余时间，CPU 可以在下一个 T_1 脉冲产生另一个存储器请求的地址和控制信号。

存储器读波形如图 5-2(c)所示，CPU 发出地址请求，将存储器使能置 1，Read/$\overline{Write}$信号置 1 表示读操作，所有操作都在 T_1 的上升沿进行。从地址有效和存储器使能有效开始后 65 ns 内，存储器将把地址选中的对应单元的数据送到数据输出线上。然后，CPU 再在下一个 T_1 的上升沿将数据存入其内部的某一寄存器中，同时也能发出下一次访存请求的地址和控制信号。

5.1.5　存储器基本特征

集成电路 RAM 可以是静态的，也可以是动态的。静态 RAM(SRAM)由存储二进制信息的内部锁存器构成，信息会保存到断电才丢失。动态 RAM(DRAM)以电容电荷的形式存储信息，通过 n 沟道 MOS 管访问电容，存储的电容电荷会随时间放电。采取刷新 DRAM 方式对电容进行周期性充电，每隔几毫秒循环地对存储字进行读写来恢复衰退的电荷。DRAM 存储芯片功耗较低，单片存储容量较大，而 SRAM 易于使用，读写周期短，而且不需要刷新补偿电荷。集成电路 RAM(包括 SRAM 和 DRAM)断电都会丢失存储信息，是易失性存储器，都需要外部电路维持存储的二进制信息。而磁盘这类存储器断电后仍能保持原存储的信息，是非易失性存储器，其通过磁性元件的方向来表示所存储的数据，方向在断电后仍能保持不变。ROM 也是一种非易失性存储器。

5.2 SRAM 存储器

5.2.1 SRAM 存储器单元

存储器由 RAM 芯片和相关的辅助逻辑组成。一个包含 m 个字和 n 位的 RAM 芯片的内部是由 $m \times n$ 个二进制单元陈列和相关的电路构成的，其相关电路又由选择要读写字的译码器、读电路、写电路和输出逻辑构成。RAM 单元是 RAM 芯片的基本二进制存储单元，通常被设计成电子电路而不是逻辑电路。但用逻辑模型可以很方便快捷地构造 RAM 芯片模块。图 5-3(a)所示为一位 RAM 单元的组合逻辑，存储功能通过一个 SR 锁存器来实现，*Select* 信号为锁存器输入使能控制，如 *Select* 为 0，则内容保持不变；如 *Select* 为 1，则其内容由 B 和 $\overline{B}$ 的值决定。锁存器的输出由 *Select* 选通来产生单元输出 C 和 $\overline{C}$，如 *Select* 为 0，则输出 C 和 $\overline{C}$ 都为 0；如 *Select* 为 1，则输出 C 是存储值，而 $\overline{C}$ 为 C 的取反值。

为了简化 SRAM 图，把一组 RAM 单元及其读写电路组合成一个 RAM 位片。位片包括与一组 RAM 字中同一个位相关的所有电路，其逻辑构成如图 5-3(b)所示。锁存器单元的加载由字选输入信号控制。如字选输入为 0，则锁存器输入都为 0，锁存器单元的内容保持不变；如字选输入为 1，则写入存储器的值由写逻辑的两个信号 B 和 $\overline{B}$ 的值来决定。为了使这两个信号中的某一个为 1，并可以改变已存储的值，$Read/\overline{Write}$信号必为 0，位选信号必为 1。输入的数据和其反码分别加载到 B 和 $\overline{B}$，从而把所选择的 RAM 单元置位或复位。若输入的数据为 1，则锁存器置位为 1；若输入的数据为 0，则锁存器复位为 0，从而完成写操作。

写操作一次进行一个字，即只有一条字选择线置为 1，其他字选择线置为 0，只对一个连接到 B 和 $\overline{B}$ 的 RAM 单元进行写操作。字选择也通过共享读逻辑控制对 RAM 单元的读操作。如字选择为 0，则通过**与**门阻止 SR 锁存器中存储信息输出到读逻辑的一对**或**门上；如字选择为 1，则读逻辑读出信息传送到 RAM 位片的数据输出线上。当然还要注意，不管 $Read/\overline{Write}$为何值，对于这种读逻辑设计，读操作总是会发生。

图 5-3(b)中右边框图给出了 RAM 位片符号来表示 RAM 芯片的内部结构，每条字选择线延长到超出位片，当并排放置多个位片时，相应的字选择线就连接在一起。

5.2.2 SRAM 存储器芯片

图 5-4 所示为 16×1RAM 芯片的符号和框图，每 16 个 1 位字有 4 根地址输

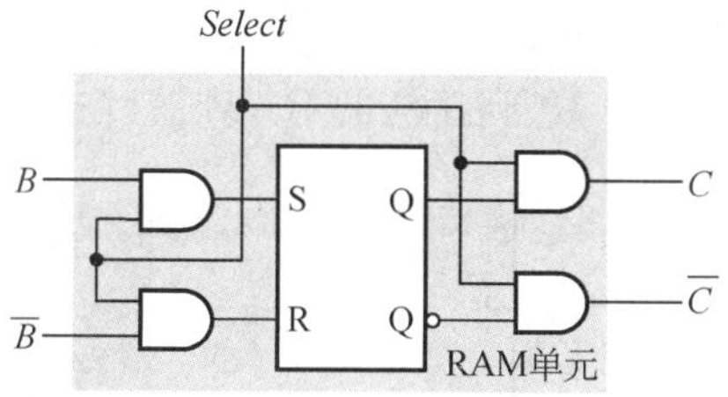

（a）静态RAM单元

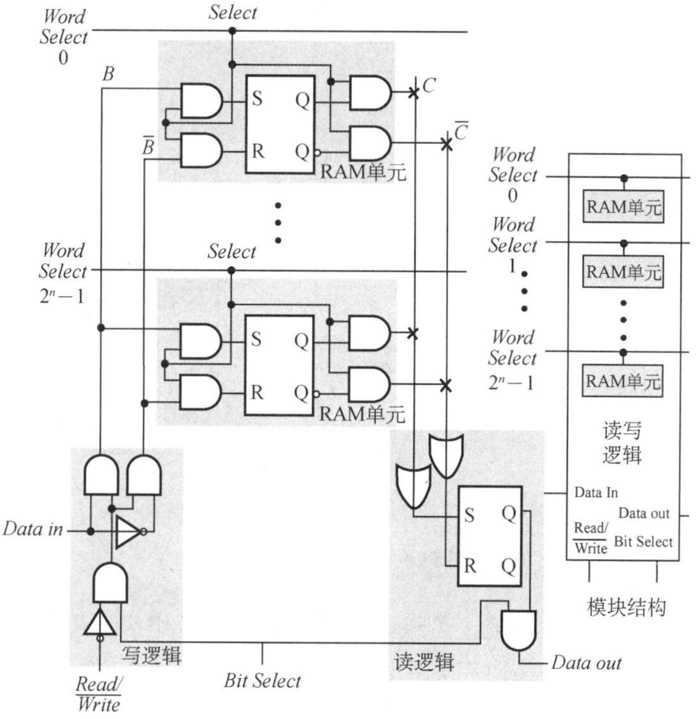

（b）RAM位片

图 5-3　SRAM 存储器

入、数据输入、数据输出与 $Read/\overline{Write}$ 信号线。芯片级的片选信号与由多个芯片构成的 RAM 位片级的存储器使能信号连接对应，芯片内部由一个具有 16 个 RAM 单元的 RAM 位片组成。在控制的 16 条字选择选通线中，有且仅有一条信号值为 1，其他为 0，因此要使用一个 4-16 译码器将 4 位地址译码成 16 位的字选择选通信号。图 5-3(b)中的三态门逻辑符号用作三态缓冲器，有一个输入端、一个输出端与一个门输出控制端，可以构成一个具有任意多个输入端的复用系统。三态门的输出由片选输入信号控制，通过在 RAM 芯片输出端使用三态缓冲，将位线连接在 RAM 输出端，将输出信号连接起来从芯片中读取字。其输出与使能信号和 RAM 片选输入信号对应一样，从特定位置的 RAM 芯片读取一个字，其片选输入信号值必须为 1，而其他连接到同一输出端位线上的芯片，它们的片选输入必须为 0。也就是这些信号中只能出现一个有效信号 1,通过译码器对地址译码后就得到这些选通信号的组合输出,送到对应的 RAM 芯片选通端。

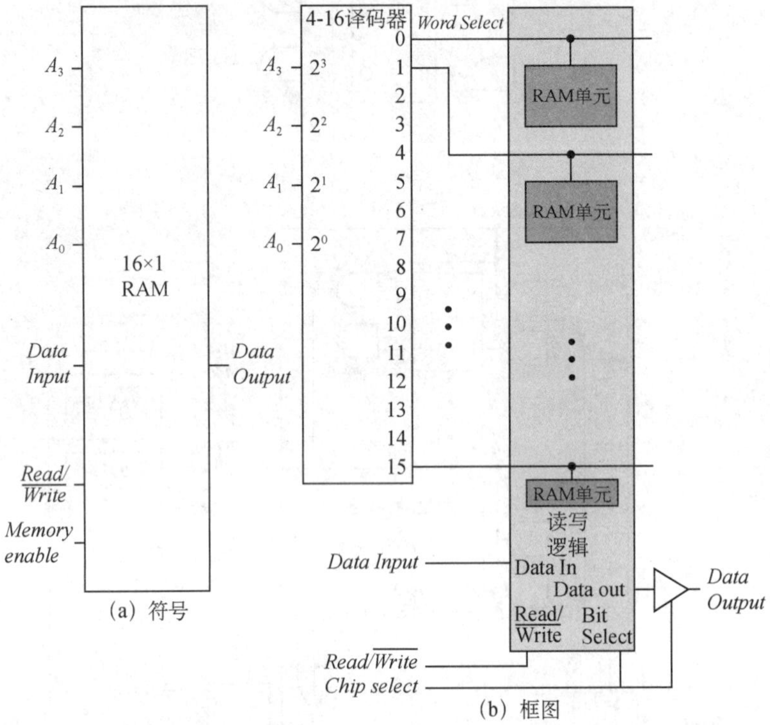

图 5-4　16×1RAM 芯片

RAM 芯片对 RAM 单元还可以采用重合选择进行组织。RAM 芯片中,译码器最为简单的设计方式是:具有 k 个输入和 2^k 个输出,即总共需要 2^k 个具有 k 个输入的**与**门组成。但是,如果字数很多,且每个字都有一位包含于一个 RAM 的位片中,则共享读写电路的单元数量就很多,会导致 RAM 的读写周期时间变长,工作效率降低。为解决这一问题,用两个译码器使用重合选择方式来减少译码器的门电路个数、每个门的输入个数及每个位片的 RAM 单元数。采取的配置形式是:用两个 $k/2$ 输入的译码器代替一个 k 输入的译码器,其中一个用来控制字选择,另一个用来控制位选择,组成二维阵列模式。如果 RAM 芯片有 m 个字,每字一位,则该模式下选择位于字选择行和位选择列交叉处的 RAM 单元。所以,字选择不再严格用于对字进行选择,而变为行选择;另一译码器的输出信号用于选择一个或多个位片,进行列选择。如图 5-5 所示,由 16×1 重合选择组成 4×4 单元阵列 RAM 芯片。该芯片由 4 个位片组成,每个位片包含 4 位,共 16 个 RAM 单元构成了 4×4 的二维阵列。最高两位地址通过 2-4 译码器选择阵列中的 4 行中的某一行,最低两位地址通过 2-4 译码器选择阵列中 4 列(位片)中的某一列。片选作为译码器的使能信号,若片选为 0,不做译码操作,译码器输出为 0,则不对阵列中任何 RAM 单元进行操作;若片选为 1,行与列译码器译码某行、某列输出为 1,则阵

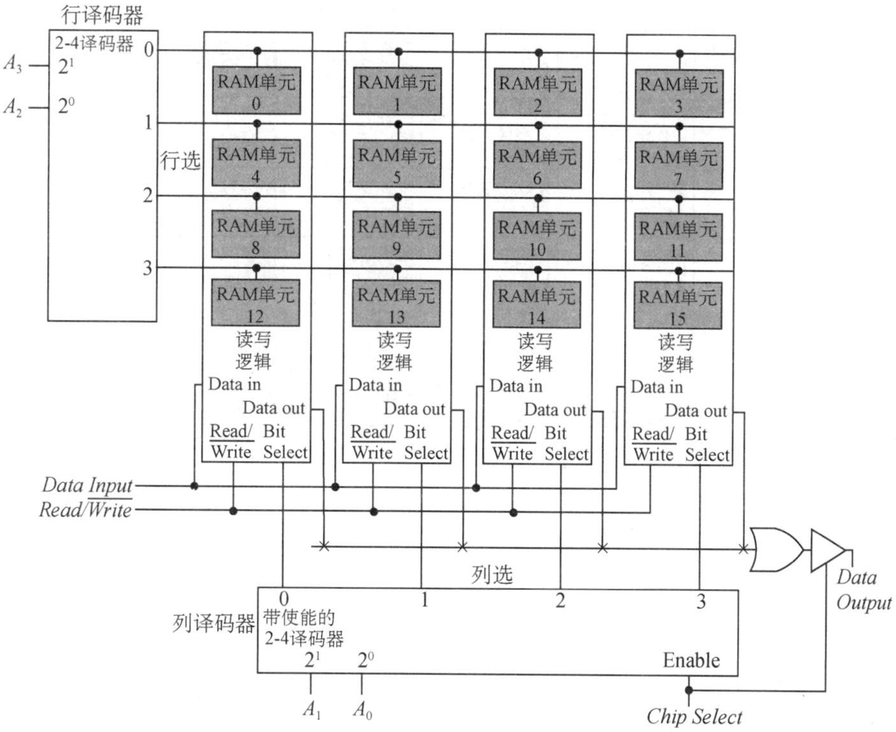

图 5-5　4×4 单元阵列组成 16×1RAM 芯片

列中对应行与对应列的 RAM 单元进行操作。例如，地址线信号 $A_3A_2A_1A_0=0111$，对最高两位地址译码后选择 RAM 单元阵列第 1 行(01)，对低两位地址译码后选择 RAM 单元阵列第 3 列(11)，行和列计数从 0 开始，所以访问的是 RAM 单元 7。通过行列选择，$Read/\overline{Write}$信号决定要执行的操作，$Read/\overline{Write}=1$ 时，执行读操作，行选信号选择的位通过**或**门传到三态缓冲器。缓冲器用片选信号作为使能控制，因此读取的数据被送到三态缓冲器输出端。$Read/\overline{Write}=0$ 时，执行写操作，数据输入线上的位传送到目标 RAM 单元中，而没有选择的 RAM 单元处于无操作状态，维持原存储的信息。

用 4×4RAM 单元阵列构成 8×2 的 RAM 芯片(8 个字，每个字只有 2 位)，如图 5-6所示。行译码仍采用 2-4 译码器译码，但需改变列译码器和输出逻辑。由于仅用到三位地址线，其中高两位用于行地址译码，只用低一位作为列地址在片选信号控制下对两列进行选择。因为，每次对两位进行读写操作，所以，列选择线连接到相邻的一对 RAM 位片单元上，而两条数据输入线(数据输入 *Data Output* 0 线和 1 线)分别连接到相邻的不同 RAM 位片上。最后，相邻的 2 个 RAM 位片的输出分别到达两个共享的三态缓冲器，最终由数据输出线 0 和 1 输出。例如，地址 5(二进制码 101)，高两位为 10，即访问阵列的行 2；最低位为 1，即访问列 1，该列有两个相邻的位片 10(二进制码 1010)和 11(二进制码 1011)，则访问位片 10 和 11，分别为字 5 的第 0 位和第 1 位。

重合选择方法大多能节省电路开销，例如大小为 32 K×8 的静态 RAM，容量为

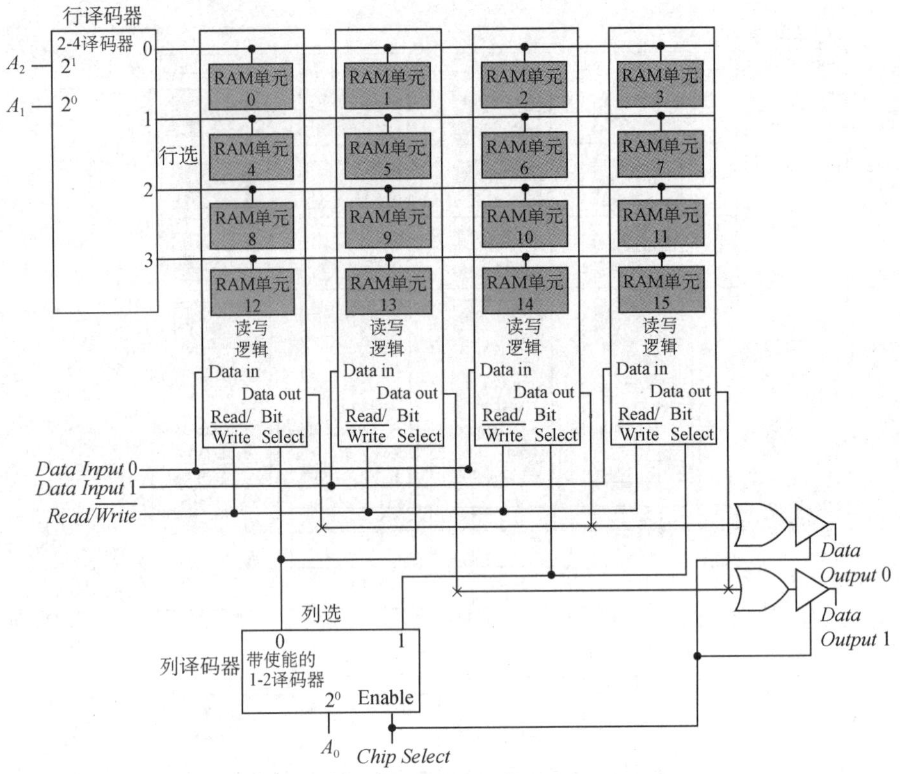

图 5-6　4×4 的单元阵列组成 8×2 的存储器

256 K 位。如不采用重合选择，只用一个译码器，则需要 15 根地址线输入和32 768 个输出的译码电路；如采用重合选择，则用一个 9-512 译码器进行行译码，以及一个 6-64译码器进行列译码。只用一个译码器的门数为 32 800 个，用两个译码器的总门数为 608，门的数量减少为 1/64，既节省了成本，又提高了芯片的访问效率。

5.2.3　SRAM 存储器芯片阵列

RAM 集成电路芯片容量大小不同，如果工程实际中需要存储容量大于所选用的芯片存储容量，则需要多片组合使用，以满足存储容量的要求。存储容量有两个基本参数，即字数与每个字的位数。增加字数需要增加地址长度。地址长度每增加 1 位，存储器的字数增加 1 倍。增加每个字中的位数需要增加数据输入线和数据输出线的数量，而地址长度则保持不变。

容量为 64K 字、每个字长 8 位的 RAM 芯片[图 5-7(a)]需要 16 位地址和 8 位输入输出线。为简化线路，16 根地址线用符号“/”及数字“16”旁注表示，8 位输入输出线用符号“/”及数字“8”旁注表示。片选 CS 信号来选择 RAM 芯片，R/$\overline{W}$信号控制读或写操作，输出端的小三角形符号“▽”表示三态输出。片选 *CS* 信号用来控制数据输出线的输出行为。如 *CS*=0，芯片没被选中，其所有的数据输出线处于高阻状态；CS=1，该芯片选中，数据输出线传送选择字的 8 位数据。

由于单片芯片的容量有限，不能满足存储容量要求，需要用多片芯片进行容量扩展。每增加1位地址就使二进制地址数加倍，所以存储容量也会增加1倍。例如，在复合地址上增加1位，通过一个反相器控制，就可以接入2片这样的RAM芯片将容量扩展1倍；增加2位地址，用一个2-4译码器，就可以接入4片RAM芯片将容量扩展4倍，依此方法，可进行不同倍数容量的扩充，达到满足应用的要求。如图5-7(b)所示，将4片64 K×8的RAM芯片扩充为一块256 K×8的RAM阵列芯片，8位数据输入线连接到所有芯片上，所有的三态输出连接起来形成整个存储阵列的8位数据输出线(4片的8位线一一对应连接在一起)，这种类型的输出连接方式仅适用于三态输出。任何时刻只有一片芯片选择激活有效，其他芯片没选中，为高阻态。被选中的芯片，可进行读写操作。

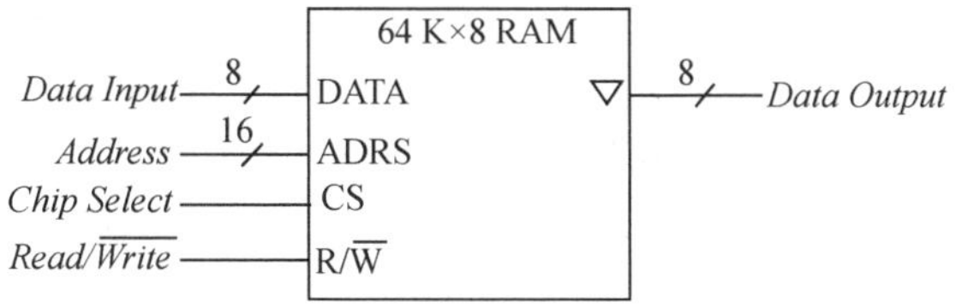

(a) 64 K×8RAM芯片

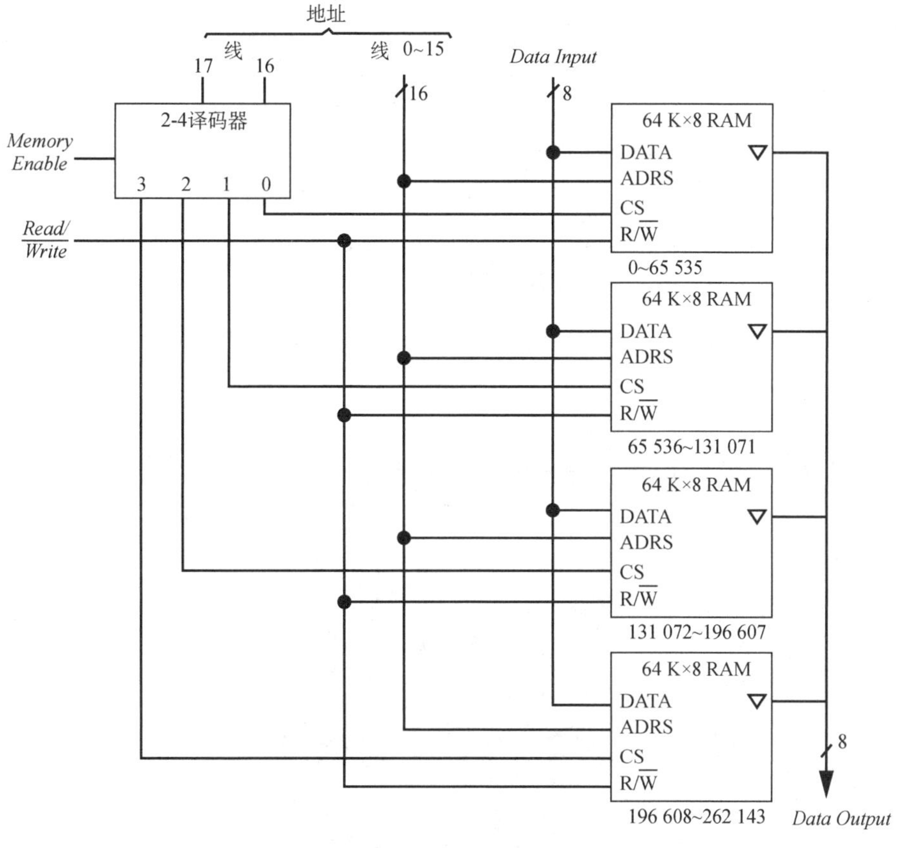

(b) 256 K×8RAM

图5-7　RAM存储器阵列

256 K 字的存储器需要 18 位地址，低十六位地址线连接到 4 块芯片的地址输入端。高两位地址输入给 2-4 译码器，其 4 个输出分别连接到 4 块芯片的片选输入端，当译码器 Memory Enable 的使能信号 $EN=1$ 时，译码器无效，其 4 个输出都为 0，不选择任何存储芯片；当 $EN=1$ 时，译码器对高两位进行译码输出，选择相应的存储芯片。例如，高两位 $A_{17}A_{16}=10$，则选中第 2 片，剩下低十六位地址确定该片中的某个字。第 0 片芯片物理地址为 00-0000-0000-0000-0000～00-1111-1111-1111-1111，第 1 片物理地址为 01-0000-0000-0000-0000～01-1111-1111-1111-1111，第 2 片物理地址为10-0000-0000-0000-0000～10-1111-1111-1111-1111，第 3 片物理地址为11-0000-0000-0000-0000～11-1111-1111-1111-1111，各片地址的十进制范围已在图 5-7(b)中列出。

也可以将 2 块芯片组合成包含相同字数的复合存储系统，其中每个字的位长扩展为原来的 2 倍。如图 5-8 所示，由两块 64 K×8 的芯片构成一个 64 K×16 的存储系统，16 位的数据输入输出线分别连接到两个芯片上，分别是高八位、低八位数据线，2 块芯片共享 16 位地址线、CS 和 $R/\overline{W}$信号。当然还可以扩展字的位长为 24 位、32 位等不同位数的存储系统。

为了减少芯片引脚数量，许多 RAM 芯片通过双向端口来复用数据输入输出端，即读操作时复用端口为数据输出端，写操作时复用端口为数据输入端。双向信号线由三态缓冲器构成，采用片选 CS 和 $R/\overline{W}$对三态缓冲器进行控制，从而产生双向信号。

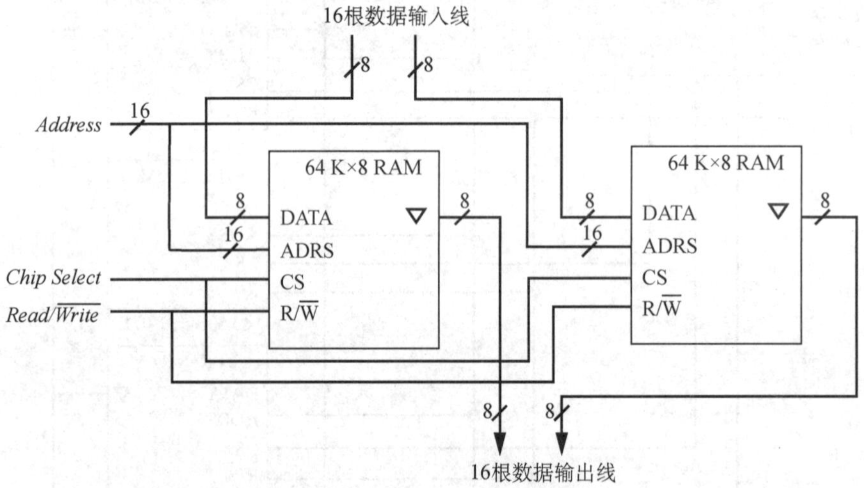

图 5-8　64 K×16RAM 存储器

5.3 DRAM 存储器

DRAM 的成本低、容量大，在大容量存储应用领域使用广泛，例如计算机的主存等。其在逻辑上与 SRAM 相似，但实现的存储单元是电子电路，因此设计更具挑战性。其存储的信息是动态的、临时的,必须对存储的信息采用周期性刷新来维持。刷新是 DRAM 与 SRAM 的基本区别,需要逻辑电路和存储单元刷新来完成。

5.3.1 DRAM 存储器单元基本特征

DRAM 单元的电路结构如图 5-9(a)所示,其由电容 C 和晶体管 T 构成。电容用来存储电荷,如果电容存储足量的电荷,则认为其逻辑值为 1;如果电荷不够,则其逻辑值为 0。晶体管 T 充当开关作用,开关断开,则电容的电荷基本固定,就是存储;开关闭合,电荷从外部位线流入电容,或者流出到外部位线,通过充电与放电实现写入 0 或 1 到存储单元及读取其中的数据。

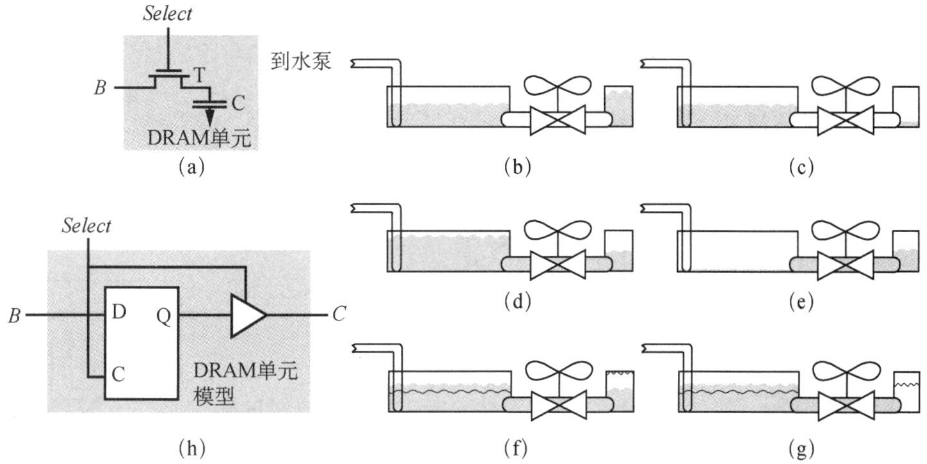

图 5-9 DRAM 单元及特性

以流体力学为例类比 DRAM 单元的读写操作,将电荷比作水,电容比作小容器,晶体管比作阀门,位线因其容量较大就用一个很大的容器和水泵来表示。水泵可以快速填满和排空容器。图 5-9(b)和(c)所示为关闭阀门时的类比过程。小容器填满时表示存储 1,空时表示存储 0。如果要写入 1,打开阀门,水泵填满大容器,水流则通过阀门注满小容器。阀门关闭,小容器保持水满状态,表示 1[图 5-9(d)]。水泵排空大容器,阀门开启,小容器也排空,这个操作写入 0[图 5-9(e)]。

如果要读取一个存储值为 1 的存储单元,其对应的小容器水满,大容器处在一个已知的中间水位。打开阀门,此刻小容器因水满处在高位,水就从小容器流进大容器,会抬高大容器的水位,过程如图 5-9(f)所示。大容器水位抬升的过程就是从小容器读出 1 值的过程。反之,如果存储的小容器初值为空,即为 0,大容器在阀门打开后向小容器注入一点水,水位稍微降低,该过程就是从小容器读取 0 的过程,如图 5-9(g)所示。在这两个读操作过程中,不管存储器容量的初始值是多少,最后它都是一个不会导致外部容器原水位产生很多变化的中间值,这个中间值与原水位的差值足以被检测到是 0 还是 1。但这样的读操作破坏了原来存储的数据,为了能继续读取存储的原始值,必须恢复小容器的初始水位,即恢复存储的原始值。

如果要对 1 的值进行恢复，则水泵要将大容器注满，并通过开启阀门注满小容器；如果对存储 0 的值进行恢复，则水泵将大容器水抽空，并开启阀门排空小容器。

由于电荷泄漏的问题存在，存储单元还有其他电荷流通的路径类似于存储容器上的小漏孔，因此，盛得再满的小容器中的水位总会下降到某一点。而由于大容器的水位增加太少，读取时根本检测不到水位的增加。实际上，如果小容器的储水量在读取时少于其容器的一半，则在大容器中可能检测不到水位的减低。为了补偿电荷的泄漏问题，必须周期性地填满存储值为 1 时的小容器，这就是存储器的刷新。在每个存储单元的电位降低到其存储值不能被正确检测到之前，必须进行刷新。用 D 锁存器模型来表示存储单元的构造，如图 5-9(h)所示，*C* 为选择输出，控制 D 触发器的输出，*B* 为数据输入端，三态缓冲器为 DRAM 单元的输出端。

5.3.2 DRAM 存储器位片

利用 DRAM 单元模型构造如图 5-10 所示的位片模型。DRAM 位片模型和

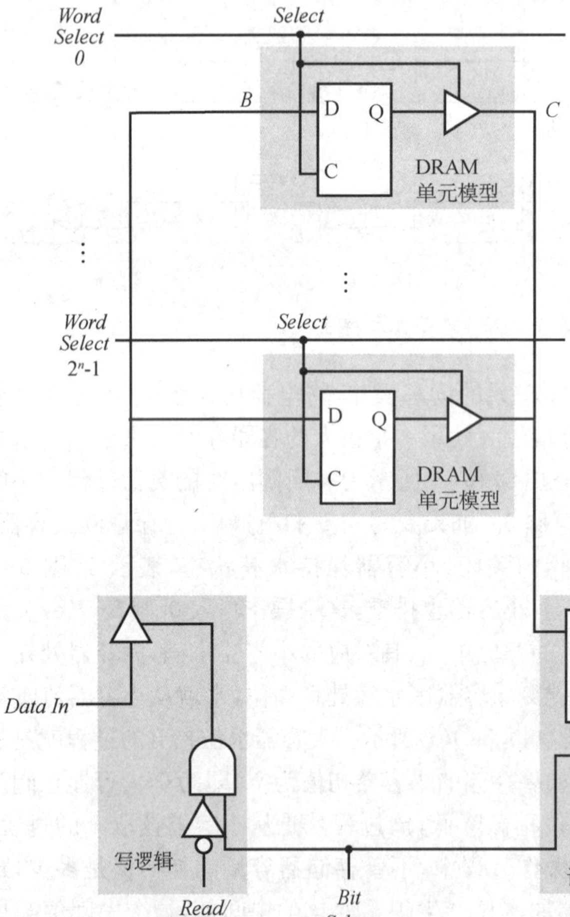

(a) 逻辑图

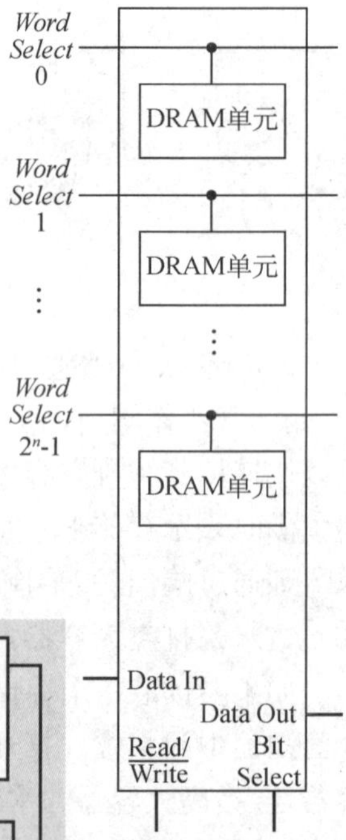

(b) 符号

图 5-10 DRAM 位片模型

SRAM 位片模型类似，除了单元结构不同外，二者在逻辑上是相同的，但各自的位成本差别很大，DRAM 单元由电容和晶体管构成，而 SRAM 单元一般包括 6 个晶体管，其单个单元比 DRAM 复杂 3 倍。在给定尺寸空间的芯片中，SRAM 单元的数量布置不到 DRAM 数量的 1/3。DRAM 的位成本低于 SRAM 位成本的 1/3，这是 DRAM 广泛用于大规模存储器的重要原因。

5.3.3 DRAM 存储系统

DRAM 存储系统由多个 DRAM 芯片组成，大容量的存储系统可能需要 20 多个地址位，则每个 DRAM 芯片都要求有 20 多根引脚，为了减少物理尺寸，就必须减少引脚数量，可以采用行地址和列地址组合寻址方式，先加载行地址，再加载列地址。行地址先起作用，两类地址分开加载。为了在读写时保存行地址，将行地址存储在寄存器中，同样，列地址也存储在寄存器中。行地址的加载信号为$\overline{RAS}$，列地址的加载信号为$\overline{CAS}$，除了行地址、列地址两个加载信号外，还包括控制信号$R/\overline{W}$和$\overline{OE}$，反相表示低电平有效，如图 5-11 所示。

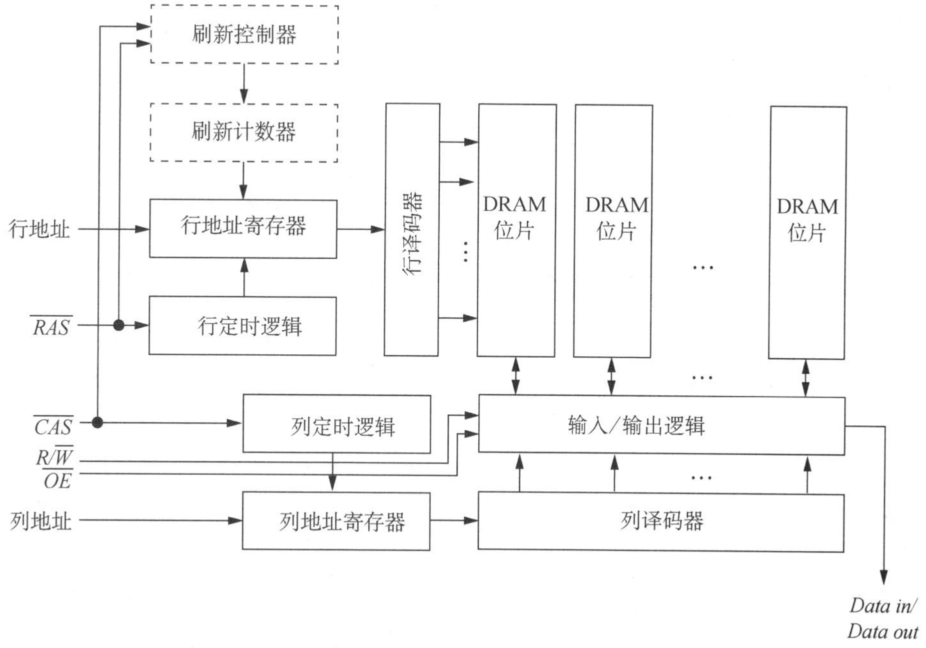

图 5-11 具有刷新逻辑的 DRAM 存储系统

DRAM 的读写操作波形如图 5-12 所示，行地址加载到地址输入端，RAS 信号由 1 变为 0，行地址被装入行地址寄存器，这个地址被送给行地址译码器，用来选择 DRAM 某一行存储单元，同时，列地址加载，CAS 信号从 1 变为 0，列地址被送到列地址寄存器，再传送给列地址译码器，用来选择 DRAM 的某一列，大小等于对应 RAM 单元的数据位数。$Read/\overline{Write}=0$ 时，输入数据在列地址选择时间相同的时间间隔内有效，数据位被送到列地址译码器所选择的位线上，再由位线将数据值送到地址确定的 DRAM 单元，将数据写入该存储单元中。当 *CAS* 和 *RAS* 再为 1 时，写周期结束，DRAM 单元完成新数据的写入。需要注意的是，在写操作中，所选行中没被选中的单元会将原来存储的值再存储一遍，相当于刷新。

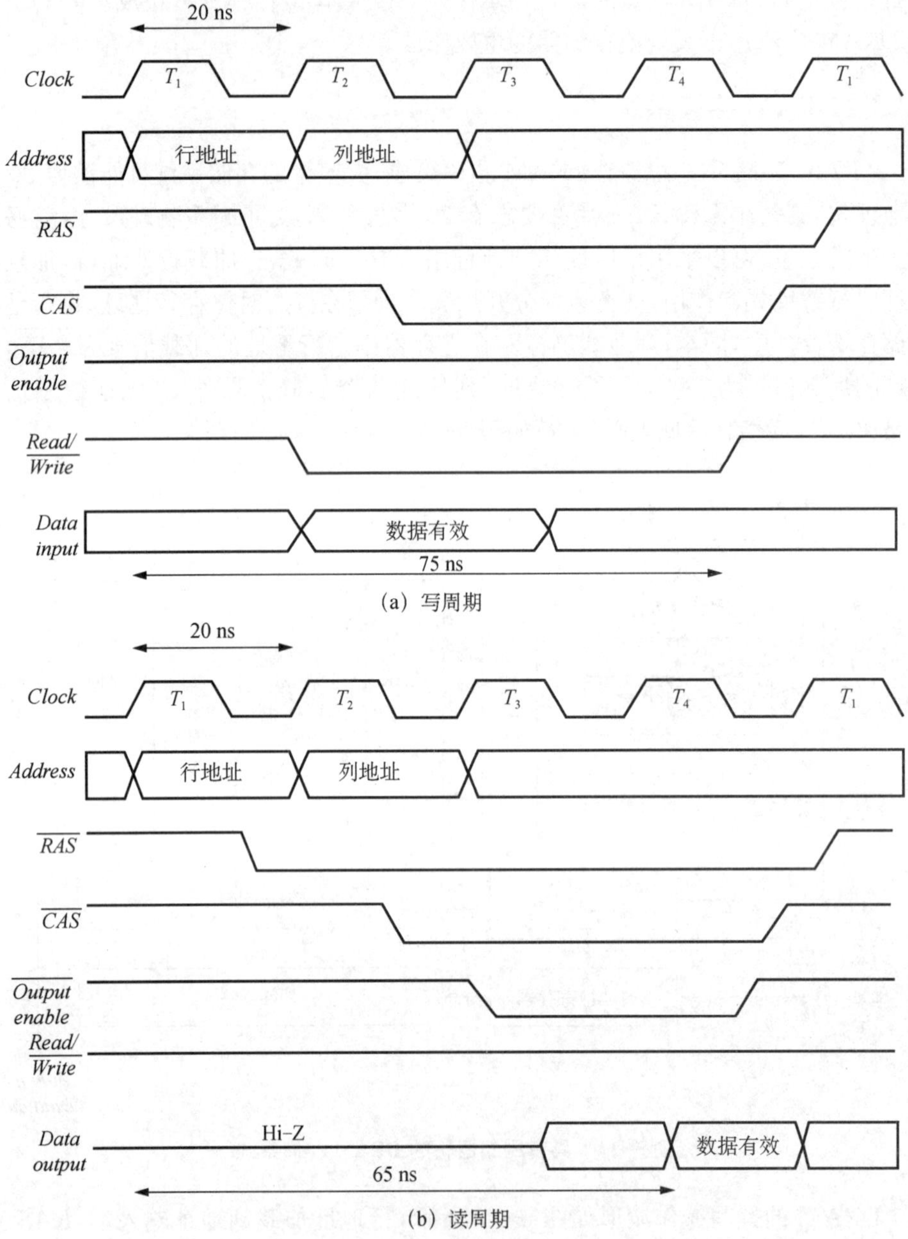

Hi - Z—高阻态

图 5-12　DRAM 读写操作波形

读操作时序波形与写操作类似，如图 5-12(b)所示，地址操作的定时与写周期的定时相同，但读操作不需要进行数据加载，且此时 $Read/\overline{Write}=1$。对应行地址的 DRAM 单元上的数据被送到位线上，通过敏感放大器放大。列地址译码器选取要传送到数据输出端的单元，数据输出端由输出使能信号控制输出。读操作过程在所选行中的所有位也重新存储刷新一遍。为了支持刷新，附加电路包括刷新计数器和刷新控制器，刷新计数器用来提供要刷新的 DRAM 单元的行地址。在刷新模式时，必须由 DRAM 芯片内部提供地址。刷新计数器在每个新周期里加 1。根据计数器的位数不同，当计数到 2^n-1(n 是 DRAM 阵列的行数)时，计数器归 0，进入下一个刷新周期。因此，其刷新的方式是按行刷新。

激活刷新周期的标准方式与类型有如下三种：

(1) 按行刷新。行地址加载到地址线上，RAS 由 1 变成 0 时刷新。这种方式要求刷新地址必须由 DRAM 芯片内部提供，常由 DRAM 控制器来提供。

(2) 按先列后行方式刷新。CAS 先从 1 变成 0，之后 RAS 由 1 变成 0 时刷新。CAS 保持不变，RAS 变化可以完成一个刷新周期。这种情况下的刷新地址由刷新计数器提供，完成一个刷新周期后，刷新计算器加 1.

(3) 隐式刷新。正常读写结束后刷新，CAS 保持为 0，RAS 循环变化，不断进行先列后行方式刷新。在每个隐式刷新期间，前一个读出的数据仍保持有效，故称之为隐式刷新。隐式刷新周期较长，会延迟下一个读写操作。

上述三种刷新方式的启动都是由 RAS 和 CAS 信号从外部控制。DRAM 芯片的每一行数据的刷新必须在一定时间范围(16 ms～64 ms)内完成。所有行的刷新可以在刷新时间内均匀进行，该方式为分散式刷新。也可以是下一个刷新紧接着上一个刷新，该方式为集中式刷新。

5.3.4　DRAM 存储器分类

DRAM 存储器分类见表 5-1。

表 5-1　DRAM 存储器类型

类型	缩写	描述
快页模式 DRAM	FPM DRAM	充分利用共行访问数据的读取：当访问某一行数据时，将该行所有值读出。当再出现同行的数据访问时，仅需要改变列的地址就可以进行访问。避免了重新应用行地址和等待读取必要的延迟
扩展数据输出 DRAM	EDO DRAM	延长 DRAM 在输出上保持数据的时间，由于数据有效时间长，允许在数据访问时，CPU 进行其他工作
同步 DRAM	SDRAM	操作上加上时钟控制而不是异步进行，由于 CPU 知道数据有效的时段，允许存储器与 CPU 之间交互。SDRAM 也充分利用整行值这一优势，存储器被分成多个体，允许重叠访问
双倍数据速率同步 DRAM	DDR SDRAM	除了在时钟上升沿和下降沿均进行数据输出外，与 SDRAM 相同
Rambus® DRAM	RDRAM	专用于较窄的总线宽度提供较高的存储访问速率的场合
检错码	ECC	可应用上述大多数的 DRAM 类型，用来纠正一位错误，也经常用来检测两位错误

随着技术与制造工艺的发展进步，DRAM 的容量和速度取得很大的提高，如图 5-13 所示，有六类常用的 DRAM，本书主要介绍同步 DRAM、双倍数据速率同步 DRAM 与 Rambus DRAM 三种。在现代高速计算机系统中，处理器与存储器层次系统中的 DRAM 进行信息交换，多数处理器的指令与数据从存储层次系统中的两个最近的 L_1 级 Cache 和 L_2 级 Cache 中取得，L_1 级 Cache 和 L_2 级 Cache 是位于 SRAM 存储系统中的两个较小的存储器，多数从 DRAM 取出的指令和数据不是直接送给 CPU 处理，而是送给 Cache，并且以行的形式读取出来，再送到 Cache。

上述三类 DRAM 的操作效率都遵循一个基本原则，即每次读操作可以把一行的所有位读出。

5.3.5 同步 DRAM

同步 DRAM(SDRAM)采用钟控传输方式。图 5-13 所示为存储容量为 16 M 的 SDRAM 集成芯片。除了同步操作时钟外，输入输出信号与 DRAM 基本相同，但其内部结构却有很多不同。SDRAM 要实现同步，因此在其地址输入和数据输入输出端口都设有同步寄存器。并且增加列地址计数器来保证 SDRAM 的同步操作。SDRAM 有一个可以从地址总线加载的模式控制字，可实现其复杂的控制。一个 16 M 的存储器，由 8 192 行和 16 384 列组成，每 8 位构成一个字节，故其行地址 13 位，列地址数 2 048(16 384/8)，需要列地址 11 位。13+11=24，恰好为 16 M 存储器的地址位数。

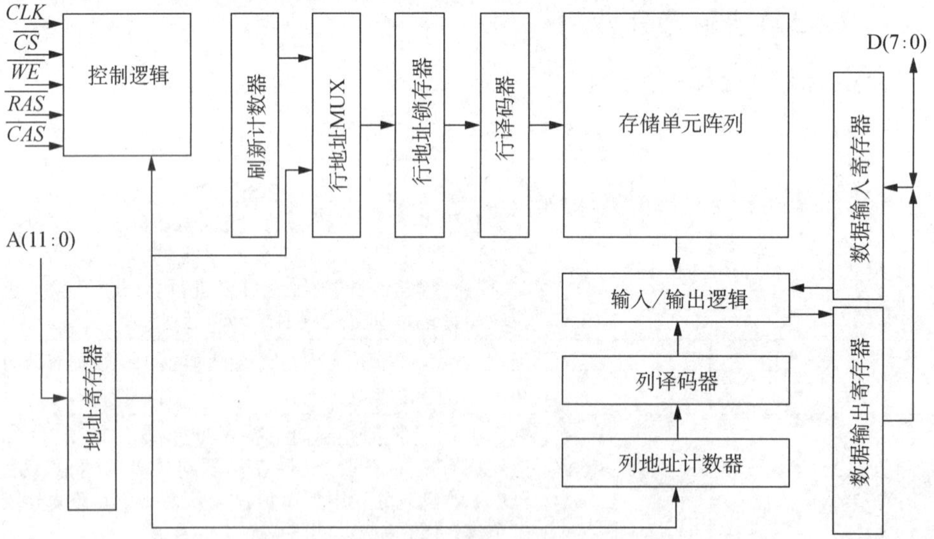

图 5-13 16 MB SDRAM 存储器芯片

SDRAM 的寻址方式与 DRAM 类似，先进行行地址请求，再进行列地址请求，但二者的时序波形不同。在对某一特定列地址进行读操作前，其对应的整行 2 048 字节都会被读出并存在 I/O 逻辑中，需要花费若干时钟周期。列地址请求发出后，执行实际的读操作，经过若干时钟周期延迟后，对应列的字节送到输出端，每个时钟周期输出一个字节，把输出字节的数量称为突发性读长度，该长度在地址总线上写入的控制模式字到控制逻辑时就已被设置好。

图 5-14 所示为突发性读长度等于 4 的读操作的时序波形。其读操作开始于行地址和行地址选通 *RAS* 信号的加载时刻，在 *RAS* 信号的控制下将行地址加载到地址寄存器，启动对行的读操作。在其后 2 个周期内，读取所选的行数据。在第三个时钟周期内，列地址信号和选通信号有效，列地址被加载到地址寄存器，并对第一个字节的数据进行读操作。再 2 个时钟周期后的时钟上升沿，将有效数据从 SDRAM 中读出。随后，接下来的有效数据字节依次被读出，字节以 B_1，B_2，B_3，B_0 顺序出现，原因是在列地址中，CPU 需要对字节直接识别，列地址的最后两位为 01，随后的字节出现顺序是将这两位加起来，用列地址计数器的值对突发性读长度取模，其结果地址最后两位为 01，10，11，00，其他地址位不变。

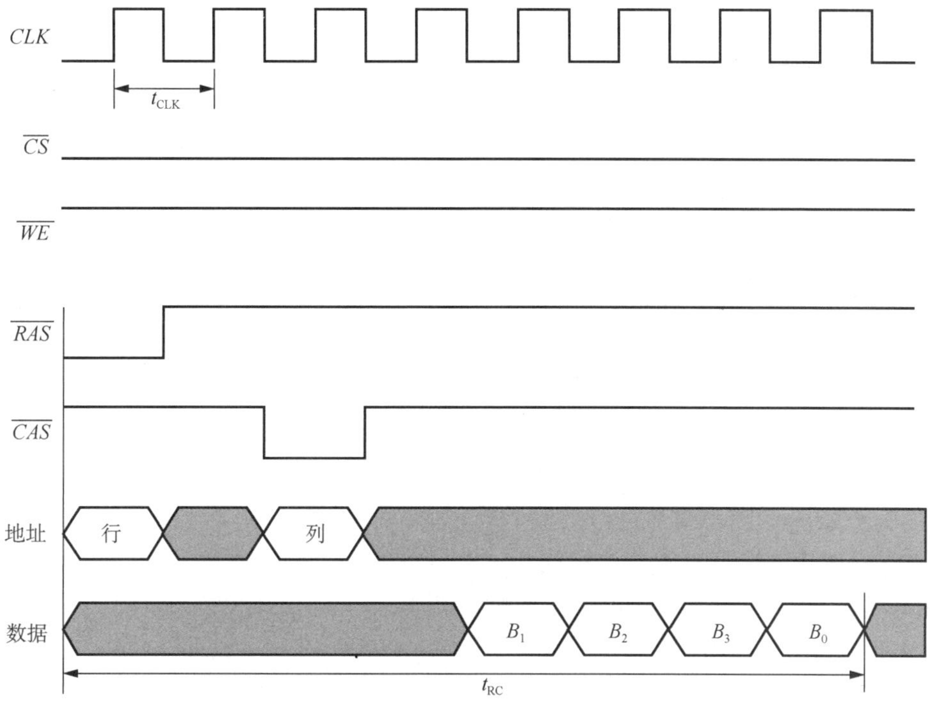

图 5-14　SDRAM 读长度为 4 的读操作时序波形

假设普通 DRAM 的读取周期为 60 ns，SDRAM 的时钟周期为 7.5 ns。DRAM 的字节速率为 60 ns 每字节，即 16.67 MB/s，对于 SDRAM 而言，读取 4 字节需 8 个时钟周期，即 60ns，字节速率为 66.67 MB/s。如突发性读长度为 8 字节而不是 4 字节，则所需的读周期时间为 90 ns，字节速率为 88.89 MB/s。如整行读取，则读周期＝60＋(2 048－4)×7.5＝15 390 ns，字节速率为 133.07 MB/s，近似达到每 7.5 ns 读一个字节的极限速率。

5.3.6 双倍数据速率同步 DRAM

双倍数据速率同步 DRAM(DDR SDRAM)能在不增加时钟开销的情况下克服 DRAM 的速率限制。其与 SDRAM 的不同之处是在时钟的上升沿和下降沿都能读取数据，因此每个时钟周期内可以输出 2 字节的数据。图 5-14 中，SDRAM 在每个时钟的上升沿读取 1 字节，共读取 4 字节。如在时钟的 2 个边沿都读取数据，则在相同的周期内可以输出 8 字节的数据。如果时钟周期为 7.5 ns，则双字节传输率最高速率可达到 266.14 MB/s。

还可以将存储器分成多个体，每个体执行单独操作，如果行地址和体地址已经可用，则对行的读取可以在一个或多个体上进行。数据只能从当前被选定的行中读取，当一个体读取完成，其他体中的数据可以马上读取。如存储器可以不间断输出数据流，那么数据读取的实际速率就几乎接近速率的上限。但实际可能发生多个行同时访问同一个体的冲突问题。

5.3.7 Rambus DRAM

Rambus DRAM(RDRAM)芯片集成在存储系统里，利用包总线将 RDRAM 芯片和通向处理器的存储总线互联。包总线主要由一条 3 位的行地址通路、一条 5 位的列地址通路和一条 16 位或 18 位的数据通路组成。该总线是同步的，在时钟的 2 个边沿都能进行数据传输，与 DDR SDRAM 特征相同。包总线中的 3 条通路信息以包方式传输，周期时长 4 个时钟，即每个包有 8 个传输，每条路径的包的位数包括：行地址包 24 位、列地址包 40 位、数据包 128 位或 144 位。144 位的数据包里包含用于纠错码的 16 位奇偶位。RDRAM 芯片采用多个存储体，能并发访问存储器中不同的行。其采用普通的行激活技术来读取存储器中所选行的数据，通过列地址来读取行数据中顺序选择的字节对，字节对的顺序即为包传输的顺序。图 5-15 所示为 RDRAM 读操作的时序波形，其构成复杂，假如其时钟周期为 1.875 ns，则传输一个包的周期时间为 $4\times1.875=7.5$ ns。图 5-15 中读取 8 字节或 16 字节的单个包的时间周期为 32 个时钟周期，即 $8\times4\times1.875=60$ ns，字节速率为 255.67 MB/s。如果同一行访问 4 字节，速率增加到 $4\times255.67=1.067$ GB/s。如果读取 RDRAM 整行 2 048 字节，时钟周期增加到 $60+(2\,048-64)\times1.875/4=990$ ns，则一个字节速率限制为 $2\,048/(990\times10^{-9})=2.069$ MB/s，达到理想速率极限 4/1.875 ns 或2.133 GB/s。

5.3.8 动态 RAM 存储器阵列

许多用于 SRAM 阵列的设计方法也可以用于 DRAM 阵列的设计，但对 DRAM 阵列的控制和选址还有很多不同之处，可以采用 DRAM 控制器来处理这些新的要求，该控制器执行的功能主要如下：

(1) 将地址分为行地址和列地址，并能在适当时传送。

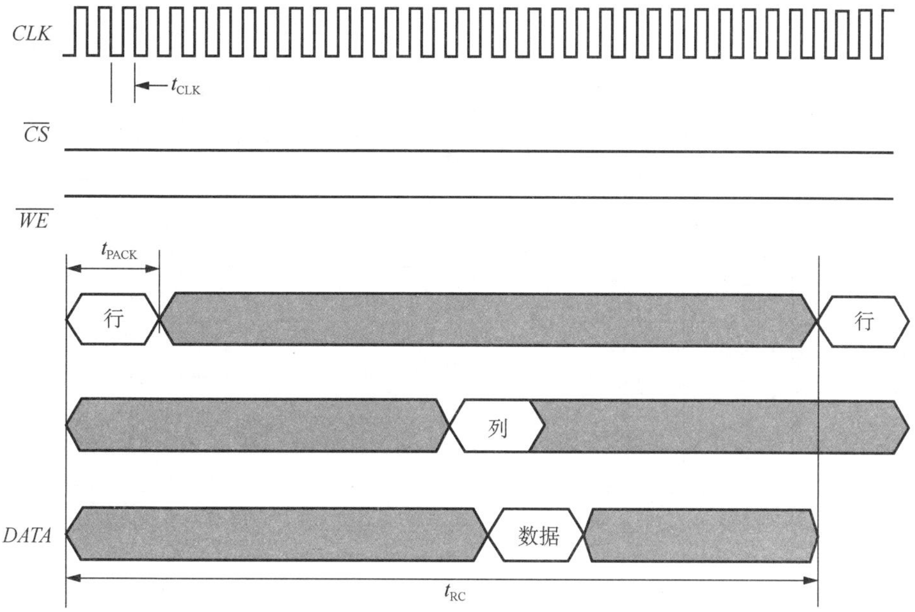

图 5-15　RDRAM 读操作时序波形

(2) 在适当的时间提供 *RAS* 和 *CAS* 信号，以控制读、写和刷新操作。

(3) 自动在规定的时间间隔内执行刷新操作。

(4) 提供其他状态信号以识别存储器是否在忙于刷新操作等。

DRAM 控制器是一个复杂的同步时序逻辑电路，由计算机的 CPU 时钟控制其同步操作。

5.4　ROM 存储器

ROM 是一种只读存储器，即在其工作时只能读出，不能写入。其保存的原始数据是在工作之前被写入的。ROM 分为掩模 ROM 和可编程 ROM 两类，可编程 ROM 又分为一次性编程的 PROM、多次编程的 EPROM 和 EEPROM。ROM 存储器保存可靠，保密性强，存储非易失。本书重点介绍掩模 ROM。

掩模 ROM 是一个存储内容固定的 ROM，是由厂商提供的产品。其存储的数据或程序都已被转换成二进制码，并被固化。ROM 芯片一旦制作完成后，其存储的内容就不能再改变。大部分 ROM 芯片利用行、列选择线交叉点上的晶体管是导通或截止来表示存储的是 1 或是 0。

图 5-16 所示为 16×8 位的掩模 ROM 存储器阵列，有 4 条地址输入线，采用 4-16 译码器输出 16 条 ROM 的行选线，每行一个字，每个字的长度 8 位，总共 16 个字，列选线 8 条，每条 1 位。行列线交叉处为一个 MOS 管存储元。当行选线与 MOS 管栅极连接时，MOS 管导通，列选线为高电平，表示该存储元为 1；当行选线与 MOS 管栅极不连接时，MOS 管截止，表示该存储元为 0。

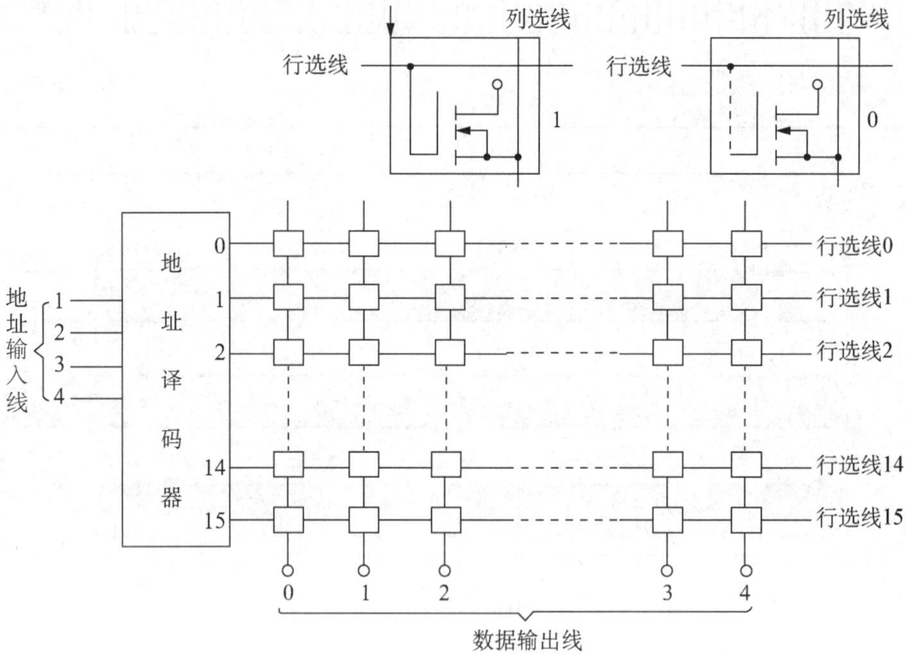

图 5-16　16×8 位掩模 ROM 存储器阵列

图 5-17 所示为掩模 ROM 芯片逻辑符号与框图。ROM 有三组信号线，分别是：8 条地址线，存储容量 256 字；数据线 4 条，对应字长 4bit；控制线 $\overline{E}_0$，$\overline{E}_1$ 相与，可以连在一起。当 $\overline{E}_0=\overline{E}_1=0$ 时，允许 ROM 读出，ROM 输出缓冲器被打开，4 位数据 $O_3\sim O_0$ 被读出。

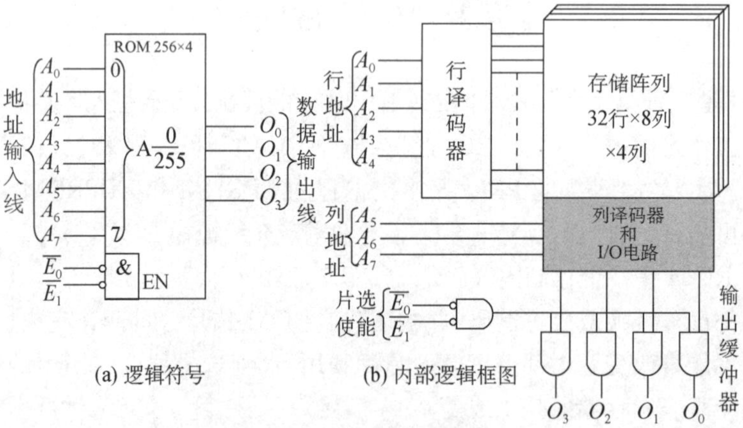

图 5-17　掩模 ROM 芯片

图 5-18 所示是在掩模 ROM 芯片中实现 4 位二进制码转换成循环码，将要转换的码作为地址码输入给 ROM 芯片的地址输入端，对应的格雷码已被厂商写入 ROM 芯片内的对应存储单元中，当输入二进制码时，其输出端就输出格雷码。在

图 5-18 框图中，左边是一个 4-16 译码器，右边的是一个**或**阵列，由行线和列线组成。在陈列中，交叉点上标有黑点的，表示存储元编程为"1"；无黑点，表示存储元编程为"0"。点阵列图和真值表（表 5-2）的 $G_3 \sim G_0$ 一一对应。

由真值表可以写出输出 $G_3 \sim G_0$ 与输入 $B_3 \sim B_0$ 的最小项**与或**表达式为

$$G_3 = \sum(8, 9, 10, 11, 12, 13, 14, 15), G_2 = \sum(4, 5, 6, 7, 8, 9, 10, 11)$$

$$G_1 = \sum(2, 3, 4, 5, 610, 11, 12, 13), G_0 = \sum(1, 2, 5, 6, 9, 10, 13, 14)$$

表 5-2　二进制码转换循环码的真值表

二进制码				格雷码			
B_3	B_2	B_1	B_0	G_3	G_2	G_1	G_0
0	0	0	0	0	0	0	0
0	0	0	1	0	0	0	1
0	0	1	0	0	0	1	1
0	0	1	1	0	0	1	0
0	1	0	0	0	1	1	0
0	1	0	1	0	1	1	1
0	1	1	0	0	1	0	1
0	1	1	1	0	1	0	0
1	0	0	0	1	1	0	0
1	0	0	1	1	1	0	1
1	0	1	0	1	1	1	1
1	0	1	1	1	1	1	0
1	1	0	0	1	0	1	0
1	1	0	1	1	0	1	1
1	1	1	0	1	0	0	1
1	1	1	1	1	0	0	0

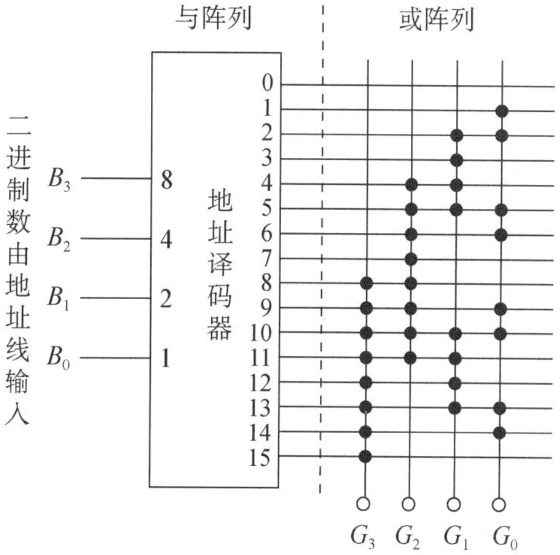

图 5-18　二进制转换循环码点阵列

本章小结

存储逻辑是构成计算机存储系统的重要功能部件，本章介绍 RAM、ROM 等基本组成器件，以满足不同存储部件设计的需要。重点讲述了 SDRAM 和 DRAM 的基本特性和存储机理，同时介绍了 RAM 和 ROM 的特点和适用范围，并系统讲述了利用存储芯片设计存储系统的基本方法，为后面学习计算机的多级存储体系打好基础。

练习

1. 设计一个具有 6 个寄存器的先进先出存储单元，并画出逻辑电路图。

2. 设计一个具有 2 个寄存器的先进后出存储单元，并画出逻辑电路图。

3. 比较分析 DRAM 和 SRAM 的特性差异。

4. 利用若干片 1 M×4 位的 SRAM 芯片(题图 5-1)，设计一个容量为 2 M×8 位的 SRAM 存储器。

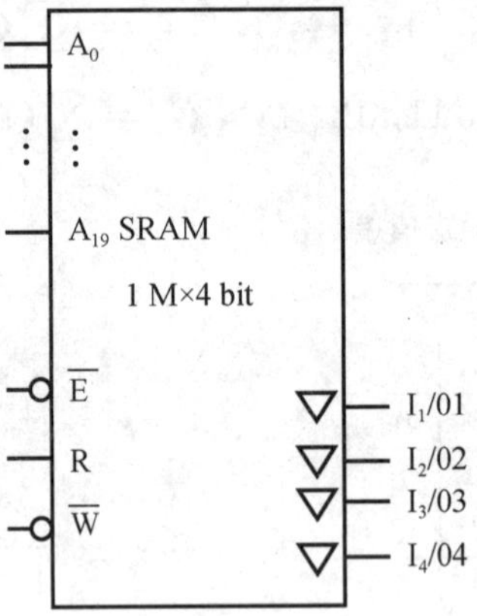

题图 5-1

5. 利用若干片 64 K×4 位的 ROM 芯片(题图 5-2)，设计一个容量为 128 K×8 位的 ROM 存储器。

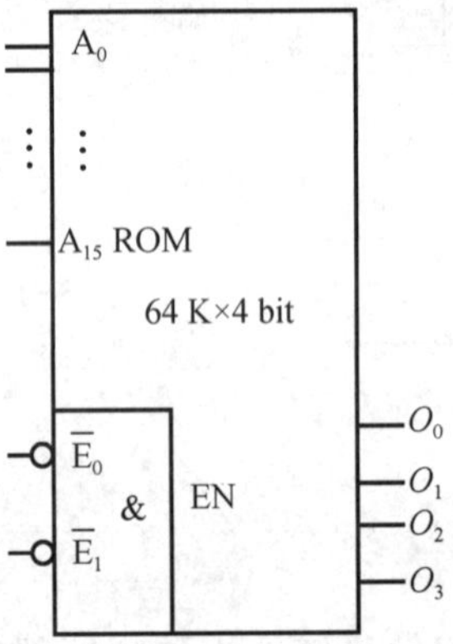

题图 5-2

第 6 章 计算机系统组成

一台完整的计算机包括硬件和软件两部分。一台计算机正常运行和高效工作必须依靠硬件和软件的共同作用。软件系统和硬件系统共同构成完整的计算机系统。

6.1 计算机硬件系统组成

6.1.1 数据通路与控制单元

在计算机系统中所存储的二进制信息可以分成数据和控制信息。寄存器传输操作就是在数据通路中对数据进行处理,这些操作由加(减)法器、移位器、寄存器、数据选择器和总线等硬件模块单元实现。

控制单元提供用于触发数据通路中各种操作的信号,以触发各种指定的处理任务,并决定各种操作的执行顺序。数据通路和控制单元一般分开设计,但彼此紧密联系。

计算机系统中所有寄存器的定时由一个主时钟发生器控制,时钟脉冲信号将作用于包括控制单元里的寄存器在内的所有触发器和寄存器。有些寄存器使用加载的控制信号以便决定是否加载新的数据到寄存器中。数据选择器和总线的选择输入信号以及寄存器的加载控制输入信号和处理逻辑都由控制单元产生。控制单元产生用于决定操作执行顺序的控制信号,其本身也是一个时序逻辑电路。控制单元有现态和次态,次态取决于其当前的状态和控制输入信号,其输出用于触发操作及决定自身的现态。

控制单元有两种不同的设计方法,一种用于可编程系统,另一种用于不可编程系统。可编程系统中,处理器的一部分输入组成一个指令序列。每一条指令指定系统执行某一项或几项操作,包括所使用的操作数、执行操作得到的结果及所存放的位置,有时还要指出下一条所需执行的指令。指令一般存储在 ROM 或 RAM 之类的存储器中,为了按序执行这些指令,需要提供它们在存储器中存放的地址,这些地址值源于一个用于程序指令计数的寄存器,称之为程序计数器(PC)。PC 含有用于计数的逻辑,此外,为了便于根据数据通路的状态信息来改变操作的顺序,PC 需要具备并行加载的功能。控制单元包含一个 PC、相关的决策逻辑和一些用于解释指令含义的逻辑。执行一条指令就是激活需要在数据通路中执行的操作序列。

在不可编程系统中，控制单元不需要从存储器中获得所需要执行的指令，也不需进行指令排序。该类系统中无 PC 或相似的寄存器，控制单元依据当前输入和数据通路中的状态位决定要执行的操作，以及这些操作的排列顺序。如时序逻辑电路中的状态转换图以及得出的激励函数表达式。

数据通路和控制单元的设计方法不尽相同，可以采用状态转换图或状态转换图加寄存器传输列表的组合方式进行设计。

数据通路和控制单元的设计过程如下：

(1) 提出详细的传输系统说明书。

(2) 定义所有的外部数据和控制输入信号、所有数据、控制和状态输出信号，以及数据通络和控制单元中的寄存器。

(3) 画出系统状态机，其中包括数据通路和控制单元的寄存器传输情况。

(4) 定义内部控制和状态信号。使用这些信号将输入状态、输出状态和输出行为以及寄存器传输从状态流程中分开，再以表格的形式进行描述。

(5) 画一个包含了所有控制和状态输入、状态输出的数据通路的模块图，如果系统中包含寄存器传输硬件，再画一个控制单元的模块图。

(6) 设计控制单元和数据通路二者专用的寄存器传输逻辑。

(7) 设计控制单元逻辑。

(8) 审核数据通路和控制逻辑结合在一起时系统操作的正确性。如存在错误，则排除错误再改进。

6.1.2 微程序控制

用存储在存储器中的字作为控制单元的二进制控制值称为微程序控制。控制存储器中的每个字包含一条微指令，微指令用于指定系统中的一条或多条微操作，由一系列的微指令组成一段微程序。微程序一般在系统设计开始时就已经固化在 ROM 中。微程序设计涉及 ROM 里的字如何表示控制变量值的组合问题，系统中的其他控制逻辑凭借连续的读操作来访问这些组合。控制单元和数据通路所执行的微操作存储在 ROM 给定地址的字当中。一个微程序也可以存储在 RAM 之中。该情况下，当系统启动时，控制单元中的存储器被称为控制存储器。如果使用的是 RAM，则它是可写控制存储器。

假设微控制程序存储在 ROM 中，且为事先永久存储，其基本结构如图 6-1 所示。控制地址寄存器(CAR，Control Address Register)指定微指令的存储地址。控制数据寄存器(CDR，Control Data Register)是可选用部件，用来保存当前数据通路和控制单元所执行的微指令。控制字的一个重要功能是给出下一条将要执行的微指令存放的地址，当然，下一条微指令可能按顺序存放在下一个地址单元中，也可能被存放在控制存储器(ROM)中的某个特定地址单元中。所以，当前微指令中的一个或多个位被用于告知下一条微指令的存放地址。下一条微指令的地址同样由当前电路的状态和外部控制输入信号来决定。当当前微指令被执行时，下一地址生成器将生成下一条微指令的地址。在下一个时钟脉冲周期，该地址将被传送到 CAR 中，读取存储在 ROM 中将被执行的下一条微指令。因此，微指令中所包含的位一部分用于触发数据通路的微操作，另一部分用于指定微指令的执行顺序。

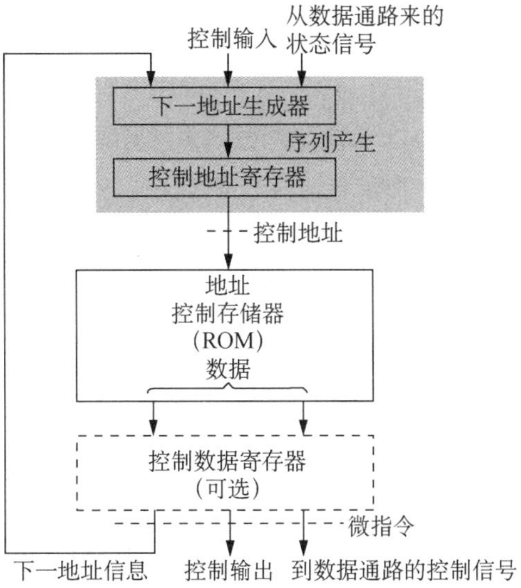

图 6-1　微程序控制单元

下一地址生成器与 CAR 组合在一起通常被称为微程序序列发生器，用来决定从 ROM 中读取指令的顺序。根据序列发生器输入的不同，下一条微指令的地址也会采用不同的指定方式。微程序序列发生器的常用地址产生方法是将当前 CAR 中的值加 1 或者直接加载 CAR 中的值，后者的数据来源包括 ROM 中的地址、外部提供的地址以及启动控制单元的初始地址。

CDR 用于在控制单元计算下一个地址和从存储单元读取下一条微指令时保存当前的微指令。有 CDR 的帮助，解决了 ROM 与数据通路之间的时延问题，就可以使用更高的时钟频率，达到更快的数据处理速度。但在有 CDR 的系统中，微指令序列将变得很复杂，尤其是当系统必须依靠状态位来作出决定的时候。为了简化问题，忽略 CDR，直接从 ROM 的输出端得到微指令。因此，ROM 相当于一个组合逻辑电路，地址信号作为输入，相关地址所存放的微指令作为输出。只要 ROM 当前输入端的地址值保持有效，则该地址所存放的微指令将一直输出在输出端。与 RAM 相同，ROM 不需要读写信号，在每一时钟脉冲周期，系统执行微指令所指定的微操作，并把新地址传送到 CAR 中。此时，CAR 就是系统中唯一一个接收时钟脉冲信号并保存状态信息的部件。下一地址生成器和 ROM 都是组合逻辑电路。所以控制单元的状态只由 CAR 中存储的内容决定。

无论使用可编程还是不可编程系统，微程序控制都是一个实现系统控制的好方法。由于系统的高性能和复杂性要求，系统需要具备同步并行序列操作的功能，微程序控制操作的方法就难以达到实际工程要求，并且，大容量的ROM和RAM在执行速度上远远慢于相应的组合逻辑电路。此外，硬件描述语言和综合工具的结合运用，能快速实现对复杂控制单元的设计和建模，这些客观因素，决定了微程序控制在CPU的数据通路控制单元的设计中不会被过多使用。当然，微程序控制在实现传统计算机体系结构方面还有新的应用，原因是传统系统结构的指令集并不符合现代体系结构规则。一方面，传统系统结构将继续被使用，因其在传统系统结构的软件开发和使用上投资庞大；另一方面，为满足性能要求，现代体系结构也必须采用。这两方面原因，要求现代计算机体系结构采用分层设计，在顶层选择使用微程序控制来实现复杂指令集，在底层使用硬连线控制方式来实现简单指令集，也就是将复杂指令分成多个执行步骤，每一步以极快的速度运行。

6.1.3 计算机硬件系统

计算机硬件系统(Hardware System)是指构成计算机系统的电子线路和电子元件等物理设备的总称。硬件是构成计算机的物质基础，是计算机系统的核心。20世纪40年代中期，美国科学家冯·诺依曼(John von Neumann)大胆地提出了采用二进制作为数字计算机数制基础的理论。同时，他还提出了计算机组成结构、存储程序和程序控制等思想。所谓“存储程序”，就是人们将解题的步骤编成程序，然后把程序存放到计算机的存储器中。计算机的控制器根据程序控制全机执行程序，从而完成该项任务，这一过程称为“程序控制”。因此，存储程序和程序控制就是冯·诺依曼型计算机的主要设计思想。人们把冯·诺依曼的这些理论总结为冯·诺依曼体系结构。

半个多世纪以来，计算机已发展为一个庞大的家族，在这个家族中有巨型机、大型机、中型机、小型机和微型机等，每种规模的计算机又有很多种类和型号。尽管它们在硬件配置上不同，在性能、结构、应用等方面存在较大的差异，但它们的基本组成结构是相同的，仍然以冯·诺依曼体系结构为主流结构。按照冯·诺依曼的设计思想，计算机的硬件系统包含存储器(本节指主存储器)、运算器、控制器、输入设备和输出设备等五大部件。运算器与控制器又并称为中央处理器(Central Processing Unit, CPU)；CPU和存储器通常称为主机；输入设备和输出设备统称输入输出设备，有时也称外部设备，因为它们位于主机的外部。图6-2所示给出了计算机硬件系统中五大部件的相互关系。

1. 存储器

存储器的主要功能是存放程序和数据。程序是计算机操作的依据，数据是计算机操作的对象。不管是程序还是数据，在存储器中都用二进制的形式表示，统称为信息。为实现自动计算，这些信息必须预先放在主存储器中才能被CPU读取。

目前，计算机的主存储器(简称主存)都是半导体存储器。存储体由许多存储

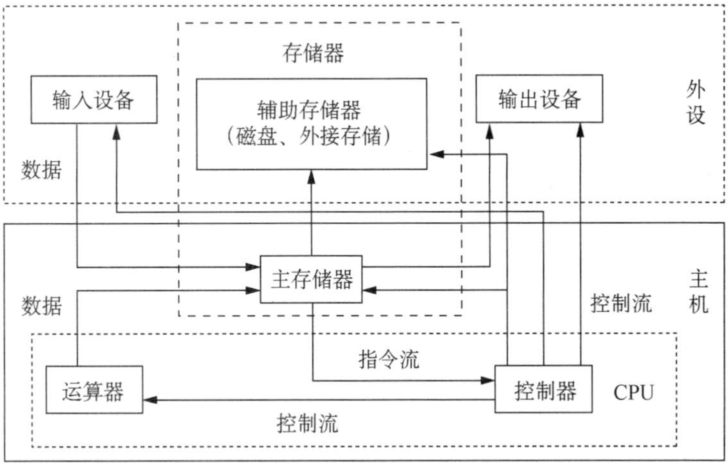

图 6-2　计算机硬件系统组成

单元组成，信息按单元存放。存储单元按某种顺序编号，每个存储单元对应一个编号，称为单元地址，用二进制编码表示。存储单元地址与存储在其中的信息一一对应。每个存储单元的单元地址只有一个，固定不变，而存储在其中的信息则可改变，如图 6-3 所示为一个存储器的构成。

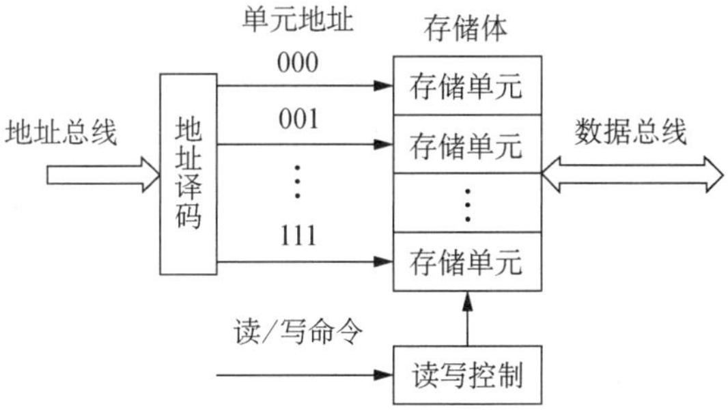

图 6-3　存储器构成

对存储单元存入或提取信息，称为访问存储器。访问存储器时，先由地址译码器将送来的单元地址进行译码，找到相应的存储单元；再由读写控制电路确定访问存储器的方式，即提取（读）或存入（写）；最后，按规定的方式具体完成读/写操作。

与存储器有关的部件还有地址总线和数据总线。它们分别为访问存储器传递地址信息和数据信息。地址总线是单向的，数据总线是双向的。有关存储器的介绍详见第 5 章。

2. 运算器

运算器是一种用于信息加工的部件，又称执行部件。它对数据进行算术运算和逻辑运算。算术运算是按照算术规则进行的运算，如加、减、乘、除及它们的复合运算。逻辑运算一般泛指非算术性运算。如比较、移位、逻辑加、逻辑乘、逻辑取反及**异或**操作等。运算器通常由算术逻辑部件(ALU)和一系列寄存器组成。图6-4所示为一个最简单的运算器示意图,ALU是完成具体算术运算和逻辑运算的部件;寄存器用于存放运算操作数;累加器除存放运算操作数外,在连续运算中,还用于存放中间结果和最后结果,累加器由此得名。寄存器与累加器中的原始数据既可从存储器获得,也可来自其他寄存器,累加器的最后结果既可存放到存储器中,也可送入其他寄存器。

运算器一次运算处理的二进制位数称为字长。它是计算机的重要性能指标。常用的计算机字长有8位、16位、32位及64位。寄存器、累加器及存储单元的长度一般与ALU的字长相等或者是它的整数倍。现代计算机的运算器具有多个寄存器,如8个、16个或多达上百个,这些寄存器统称为通用寄存器组。设置通用寄存器组可以减少访问存储器的次数,从而提高运算器的速度。有关运算器的详细内容将在第7章介绍。

3. 控制器

控制器是全机的指挥中心,它使计算机各部件自动协调地工作。控制器工作的实质就是解释程序,它每次从存储器读取一条指令,经过分析译码,产生一串操作命令,发向各个部件,控制各部件动作,使整个机器连续地、有条不紊地运行,以实现指令和程序的功能。

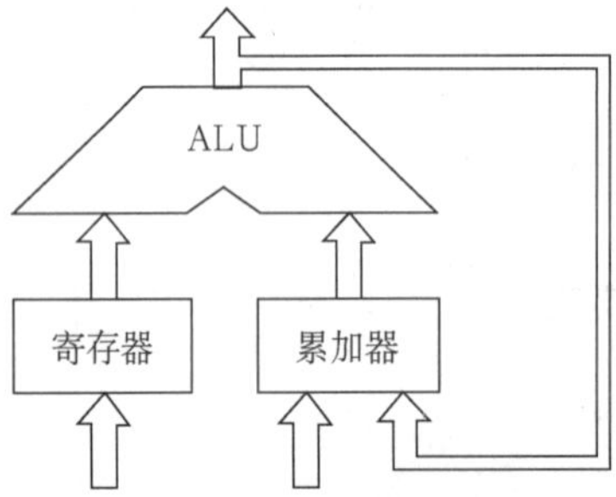

图6-4　运算器示意

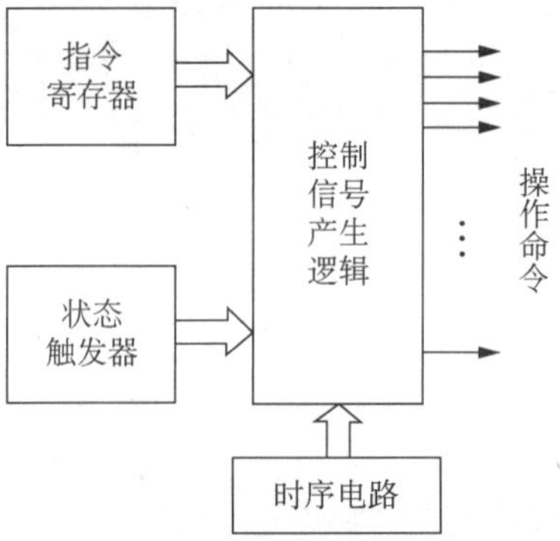

图6-5　控制器结构

计算机中有两种信息在流动:一种是控制信息,即操作命令,它分散流向各个部件;另一种是数据信息,它受控制信息的控制,从一个部件流向另一个部件,在流动的过程中被相应的部件加工处理。控制信息的发源地是控制器。控制器产生控制信息的依据来自三个方面,如图6-5所示。一是指令寄存器,指令存放在指令寄存器中,是计算机操作的主要依据。二是各部件的状态触发器,用于存放反映机器运行状态的有关信息。机器在运行过程中,根据各部件的即时状态,决定下一步操作是按顺序执行下一条指令,还是转移执行其他指令,或者转向其他操作。三是时序电路,它能产生各种时序信号,使控制器的操作命令被有序地发送出去，以保证整个机器协调工作，不至于造成操作命令间的冲突或先后次序上的错误。

4. 输入设备

输入设备就是将信息输入到计算机的外部设备，它将人们熟悉的信息形式变换成计算机能接收并识别的信息形式。输入的信息形式有数字、字母、符号、文字、图形、图像和声音等多种形式。送入计算机的只有一种形式，就是二进制数据。一般的输入设备用于原始数据和程序的输入。

常用的输入设备有键盘、鼠标、扫描仪及模/数转换器等。模/数转换器（A/D 转换器）能将模拟量转换成数字量。模拟量即用连续物理量表示的数据，如电流、电阻、压力、速度及角度等。输入设备与主机之间通过接口连接。设置接口主要有三个方面的原因。一是输入设备大多数是机电设备，传送数据的速度远远低于主机，因而需用接口作数据缓冲。二是输入设备表示的信息格式与主机不同，例如由键盘的按键输入的字母、数字，先由键盘接口转换成 8 位二进制码（ASCⅡ码），再拼接成主机认可的字长送入主机。因此，需用接口进行信息格式的变换。三是接口还可以向主机报告设备运行的状态，传达主机的命令等。

5. 输出设备

输出设备能将计算机运算结果转换成人们或其他设备能接收和识别的形式。输出设备与输入设备一样，需要通过接口与主机联系。常用的输出设备有打印机、显示器和数/模(D/A)转换器等。

外存储设备也是计算机中重要的外部设备，它既可以作为输入设备，也可以作为输出设备，此外，它还有存储信息的功能，因此它常常作为辅助存储器使用。人们常将暂时还未使用或等待使用的程序和数据存放在其中。计算机的存储管理软件将它与主存储器一起统一管理，作为主存储器的补充。常见的外存储设备有磁盘、光盘与磁带机等。它们与输入输出设备一样，也要通过接口与主机相连。

总之，计算机硬件系统是运行程序的基本组成部分，人们通过输入设备将程序与数据存入存储器，运行时，控制器从存储器中逐条取出指令，将其解释成控制命令，去控制各部件的动作。数据在运算器中加工处理，处理后的结果通过输出设备输出。

6. 系统互连

将上述计算机系统各部件相连接，就能实现计算机的基本功能。为了构成一个完整的计算机硬件系统，上述各部件还需要有组织地以某种方式连接起来，实现数据信息和控制信息在不同部件之间的流动和对数据信息的加工处理。实现部件互连的方法很多，本节只介绍最简单的连接方法，即基于单总线结构的互连方法。总线(Bus)是连接两个或多个设备（部件）的公共信息通路，它主要由数据线、地址线和控制线组成。连接计算机中各主要部件的总线称为系统总线。基于单总线结构的系统互连如图 6-6 所示。

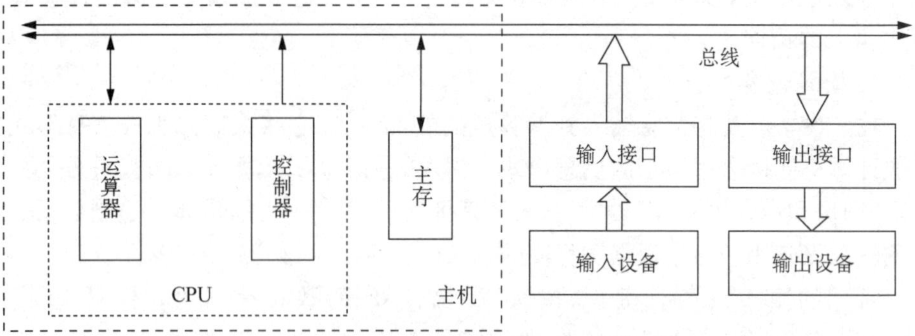

图 6-6 单总线结构的系统互连

图 6-6 中,所有设备均与总线相连。总线是多个设备的公共连接线,因此每次只能有一个设备向总线输出信息,但允许多个设备同时接收来自总线的信息。

6.2 计算机软件系统组成

计算机的软件将解决问题的方法、思想和过程用程序进行描述,因此,程序是软件的核心组成部分。程序通常存储在介质上,人们可以看到的是存储程序的介质,而程序是无形的。

一台计算机中全部程序的集合,统称为这台计算机的软件系统。软件按其功能分成应用软件和系统软件两大类。

应用软件是用户为解决某种应用问题而编制的程序,如科学计算程序、自动控制程序、工程设计程序、数据处理程序、情报检索程序等。随着计算机的广泛应用,应用软件的种类及数量将越来越多,功能也越来越强大。系统软件用于对计算机系统的管理、调度、监视和服务等功能,其目的是方便用户,提高计算机使用效率,扩充系统的功能。通常将系统软件分为以下六类。

1. 操作系统

操作系统是管理计算机各种资源、自动调度用户作业、处理各种中断的软件。由操作系统管理的资源,通常有硬件、软件和数据信息。操作系统的规模和功能可大可小,随不同的要求而异。常见的操作系统有 DOS,UNIX,Windows 和 Linux。

2. 语言处理程序

计算机能识别的语言与机器能直接执行的语言并不一致。计算机能识别的语言很多,如汇编语言、BASIC 语言、FORTRAN 语言、Pascal 语言、C 语言等,它们各自都规定了一套基本符号和语法规则。用这些语言编制的程序叫源程序。用“0”或“1”的机器代码按一定规则组成的语言,称为机器语言。用机器语言编制的程序,称为目标程序。语言处理程序的任务,就是将源程序翻译成目标程序。不同的源程序,对应不同的语言处理程序。

常见的语言处理程序按其翻译的方法不同，可分为解释程序与编译程序两大类。前者对源程序的翻译采用边解释、边执行的方法，并不生成目标程序，称解释执行，如 BASIC 语言；后者必须先将源程序翻译成目标程序后，才能开始执行，称编译执行，如 C 语言。

3. 标准程序库

为方便用户编制程序，通常将一些常用的程序段按照标准的格式事先编制好，组成一个标准程序库，存入计算机系统中。需要时，由用户选择合适的程序段嵌入程序中。运行应用程序时，只要从标准程序库中调子程序或函数，将其正确装配起来，就可得到该程序的解。

4. 服务性程序

服务性程序，也称实用程序，它提供多种计算机系统运行所需的服务功能，是一种辅助计算机工作的程序。例如，用于程序的装入、连接、编辑及调试的装入程序、连接程序、编辑程序及调试程序等都属于服务性程序。又如诊断故障程序、纠错程序、监督程序等。此外，还有二-十进制转换程序等为系统提供更多实用功能的服务性程序。

5. 数据库管理系统

数据库管理系统（Database Management System，DBMS）又称数据库管理软件。它用来管理系统中的所有文件，实现数据共享。数据库是为了满足大型企业的数据处理和信息管理的需要，在文件系统的基础上发展起来的。数据库包含大量文件，有数据、表格、文字档案、信息资料等，它们彼此间存在着一定的关系，通过数据库管理系统将它们联系在一起，对其进行检索、组合、扩建，或按用户要求形成新的文件。此类软件在信息处理、情报检索、办公室自动化和各种管理信息系统中起着重要的支撑作用。

6. 计算机网络软件

计算机网络软件是为计算机网络配置的系统软件。它负责对网络资源进行浏览、组织和管理，实现相互之间的通信。计算机网络软件包括网络操作系统和数据通信处理程序等。前者用于协调网络中各机器的操作系统及实现网络资源的管理，后者用于网络内的通信，实现网络操作。

总之，软件系统是在硬件系统的基础上，为有效地使用计算机而配置的。没有系统软件，现代计算机系统就无法正常、有效地运行；没有应用软件，计算机就不能发挥效能。

6.3 计算机系统性能评价

计算机的性能由多方面因素共同决定，评价一台计算机的性能要综合多项指标。本节将介绍评价计算机性能的常用技术指标，并就这些指标对计算机性能的影响进行简要的分析。

6.3.1 基本性能指标

1. 字长

计算机的字长一般指一次参与运算数据的基本长度，用二进制数位的长度来衡量，一般与计算机内部寄存器、加法器、数据总线的位数以及存储器字长等长，因此，字长直接影响硬件的代价。为便于灵活表达和处理信息，字长一般以字节(Byte,B)为基本单位。不同的计算机字长可以不同，有的计算机还支持变字长，如支持半字长、全字长、双字长和多字长等，但都是字节的整数倍。早期的计算机字长较短，一般为 16 位，现代计算机字长一般为 32 位或 64 位。

字长对计算机性能有下列几方面的影响：

(1) 影响运算精确度。字长越长，计算精确度就越高；反之，计算精确度就越低。

(2) 影响数据的表示范围。字长越长，数据的表示范围就越大。对于浮点数据的表示而言，字长越长，数据表示的范围和精确度越高。

(3) 影响运算速度。当需要运算的数据位较多，而字长又比较短时，需要经过多次运算才能完成计算任务，降低了运算速度。

2. 主存容量

主存容量是指主存可存储的最大信息量，一般用 $M \times N$ 表示，其中，M 表示存储单元数，也称字容量；N 表示每个存储单元存储的二进制位数，也称位容量。当计算机按字节编址时，M 即为存储容量；如果按字编址，则 M 的值随一个字包含的字节数的不同而变化。主存常用容量的单位有 B、KB(千字节，也可简写为 K)、MB(兆字节)、GB(十亿字节)、TB(太字节)，分别对应 1、1 024、1 024 K、1 024 M、1 024 G 个存储单元，分别需要的最小寻址线为 10 位、20 位、30 位、40 位、50 位。

增加主存容量能减少程序运行期间访问辅助存储器的次数，从而提高程序的执行速度和计算机性能。

6.3.2 与执行时间有关的性能指标

时间是衡量计算机系统性能最基本的标准，完成同样的任务所需要的时间越少，表明该计算机的性能越高。随着计算机系统中软件规模不断增大，系统复杂度不断提高，系统的性能评价也变得越来越困难。即便是两款不同类型的计算机具有相同的 CPU、数据通路宽度和存储容量，其执行同一程序的时间也可能不相同。通过基本性能指标很难准确评价计算机系统的性能，因此，人们把程序的执行时间作为评价计算机性能最主要的指标。

1. 主要的性能指标

1) 时钟周期

时钟周期是时钟频率的倒数，也称为节拍周期或 T 周期，是处理操作最基本的时间单位。显然，随着 CPU 主频的提高，对应的时钟周期时间也越短，例如，主频 100 MHz 的 CPU 的时钟周期为 10 ns，主频 1 GHz 的 CPU 的时钟周期为 1 ns。

2）执行一条指令的时钟周期数

计算机中一条指令的执行时间等于该指令实际执行过程中所用到的时钟周期时间之和。执行一条指令的时钟周期数（CPI，Clock cycles Per Instruction）是指执行每条指令所需要的平均时钟周期数。由于指令功能不同，且同一功能的指令还可能具有多种不同的寻址方式，所以，指令执行时所需要的时钟周期数也可能不同。CPI 既可表示每条指令执行所需要的时钟周期数，也可指一类指令（如算术运算类指令）或一段程序中所有指令执行所需时钟周期数的平均值。对于具有相同指令系统的不同计算机系统而言，同一段程序被编译后所生成的指令条数相同，但是执行这些指令所需要的时间不一定相同，因此，可将 CPI 作为计算机性能评价的指标之一。程序中包含的总指令条数为 IC，根据上述 CPI 的定义，可得

$$\text{CPI} = \text{执行程序所需的 CPU 时钟周期总数} / \text{IC} \tag{6-1}$$

假设计算机系统有 n 种指令，某程序中每类指令的使用频度用 P_i 表示，每类指令的 CPI 用 CPI_i 表示，每类指令的条数用 IC_i 表示，则程序的 CPI 计算公式为

$$\text{CPI} = \sum_{i=1}^{n} (\text{CPI}_i \times P_i) = \sum_{i=1}^{n} \left(\text{CPI}_i \times \frac{\text{IC}_i}{\text{IC}}\right) \tag{6-2}$$

式中，$\frac{\text{IC}_i}{\text{IC}}$ 反映了第 i 种指令在程序中所占的比例。

3）CPU 时间

CPU 时间是计算某个任务时 CPU 实际消耗的时间，即 CPU 真正花费在某程序上的时间。该时间不包括因为等待输入输出操作的时间。用汇编语言编写延时程序时，其延长的时间就是程序包含的每条指令执行时间的总和。根据上述定义和描述，计算执行程序的 CPU 时间

$$\text{CPU 时间} = \text{执行程序所需的 CPU 时钟周期总数} \times \text{时钟周期时间} \tag{6-3}$$

根据式(6-1)和式(6-3)，得出执行程序的 CPU 时间

$$\text{CPU 时间} = \text{IC} \times \text{CPI} \times \text{时钟周期时间} \tag{6-4}$$

式(6-4)被称为全性能公式，因其从 CPU 的主频、指令 CPI 和程序中包含的指令数量等多个方面来综合评价计算机的性能，能够清楚表明 CPU 的执行时间与下列三个因素紧密相关：

(1) 时钟周期（或时钟频率）。显然，计算机的时钟周期越短（对应计算机的主频越高），程序执行速度就越快。微处理器的时钟频率主要受超大规模集成电路生产工艺的影响。

(2) CPI。如果每条指令所需要的时钟周期数越少，则程序的执行速度越快。CPI 的长短与 CPU 的体系结构有关，体系结构包括指令系统的设计、指令执行过程的安排（如数据通路）等。

(3) 指令条数。当 CPI 和时钟周期固定时，程序中包含的指令条数越少，程序的执行速度就越快。完成相同功能的程序所包含的指令条数主要与指令系统的设计和编译技术有关。

2. CPU 的性能与计算机体系的关系

(1) 时钟周期(或时钟频率)反映了计算机的实现技术和生产工艺。

(2) CPI 反映了计算机的实现技术和指令集结构。

(3) IC 反映了计算机指令系统的设计和编译技术。

(4) MIPS(Million Instruction Per Second，每秒百万条指令)用每秒钟执行完成的指令数量作为衡量计算机性能的一个指标。需注意，该指标考核的指令数是以百万条为单位的。

$$\text{MIPS}=\text{程序中指令的条数}/(\text{CPU 时间}\times 10^6)=\text{时钟频率}/(\text{CPI}\times 10^6) \tag{6-5}$$

式中，10^6表示百万，时钟频率的单位采用 Hz。应用 MIPS 作为衡量计算机系统性能时要注意以下问题：

① 该指标没有考虑不同指令在功能和执行速度上的差异性，因此，不能用于不同指令系统计算机之间性能的比较。

② 对同一台计算机来说，当测试程序中使用了不同类型的指令时，测量出的 MIPS 也不相同，因此，当对同类计算机通过 MIPS 比较性能时，应使用同一测试程序。

③ 在一些情况下，MIPS 值可能与计算机的实际性能成反比，在应用 MIPS 比较性能时，要避免在该情况下应用 MIPS 比较计算机性能。最经典的例子就是带浮点运算硬件的计算机，使用浮点硬件执行浮点运算的计算机比使用软件进行浮点操作的计算机具有更高的实际性能，而 MIPS 则较低。

(5) 每秒兆次浮点操作。每秒兆次浮点操作(Million Floating-point Operations Per Second，MFLOPS)描述的是计算机每秒执行浮点操作次数，而不是 MIPS 所衡量的单位时间内执行的指令条数。如某系统的运算速度为 2 MFLOPS，表示该系统的浮点运算速度为每秒钟 200 万次。

它不是机器实际执行程序时的速度，而是机器在理论上能完成的浮点处理速度。与 MIPS 类似，MFLOPS 用程序中浮点运算次数除以程序在特定输入时的执行时间得到，因此

$$\text{MFLOPS}=\text{程序中的浮点运算次数}/(\text{执行时间}\times 10^6)$$

与 MIPS 相似，MFLOPS 也不能全面反映计算机系统的性能，在应用 MFLOPS作为衡量计算机系统性能时也要注意以下问题：

① MFLOPS 仅能反映浮点数的运算速度。

② 使用该评价指标也可能得到与实际浮点运算性能相反的结果。由于 MFLOPS 是根据程序中单位时间内执行浮点运算的次数来衡量计算机的浮点运

算能力，若一个计算机有浮点数乘法指令，则执行一条指令就能完成乘法运算；而对于一个不具备浮点乘法的计算机而言，需要使用多条非乘法指令才能完成相同的乘法运算，此时后者的 MFLOPS 比前者还高。

③ MFLOPS 的计算结果与所使用的程序相关。不同程序中包含的浮点运算的量不同，用该程序测量该计算机的 MFLOPS，得到的结果也不相同。

总之，采用 MFLOPS 衡量计算机的性能会受到一些条件的限制，为了能利用该指标客观评价计算机的浮点运算性能，实际应用中要注意上述限制条件可能对测试结果的影响。当然，在一般情况下，对体系结构系统相同或相近的两个系统，采用相同的程序计算 MFLOPS，MFLOPS 值越大，表明该系统的浮点运算能力越强。

计算机的性能很难用某一个指标来精确衡量，上述几个衡量计算机性能的指标之间也不是完全独立的，改变其中的一项指标可能会影响到其他指标。在处理器设计中引入一个新的特征时，只有在程序运行的总时间减少的情况下，才能算是对计算机性能的有效改善。一个具有 1 GHz 时钟的处理器未必比一个 800 MHz 的处理器性能好，因为它们可能具有不同的 CPI。

【例 6-1】 考虑条件分支指令的两种不同设计方法：

(1) CPU_A：通过比较指令设置条件码，然后测试条件码进行分支。

(2) CPU_B：在分支指令中包括比较过程。

在这两种 CPU 中，条件分支指令都占用 2 个时钟周期，而所有其他指令占用 1 个时钟周期。对于 CPU_A，执行的指令中分支指令占 20%；由于每条分支指令之前都需要有比较指令，比较指令也占 20%。由于 CPU_A 在分支时不需要比较，CPU_B 的时钟周期时间是 CPU_A 的 1.25 倍。问：哪一个 CPU 更快？如果 CPU_B 的时钟周期时间只是 CPU_A 的 1.1 倍，哪一个 CPU 更快呢？

解：本例不考虑所有系统问题，所以可用 CPU 全性能公式。占用 2 个时钟周期的分支指令占总指令的 20%，剩下的指令占用 1 个时钟周期。所以

$$CPI_A = 0.2 \times 2 + 0.80 \times 1 = 1.2$$

则 CPU_A 性能为

$$总\ CPU\ 时间_A = IC_A \times 1.2 \times 时钟周期_A$$

根据假设，有

$$时钟周期_B = 1.25 \times 时钟周期_A$$

在 CPU_B 中没有独立的比较指令，所以 CPU_B 的程序量为 CPU_A 的 80%，则

$$分支指令比例 = 20\%/80\% = 25\%$$

分支指令占用 2 个时钟周期，而剩下的 75% 的指令占用 1 个时钟周期，因此

$$CPI_B = 0.25 \times 2 + 0.75 \times 1 = 1.25$$

因为 CPU_B不执行比较,故

$$IC_B = 0.8 \times IC_A$$

因此,CPU_B性能为

$$\begin{aligned}\text{总 CPU 时间}_B &= IC_B \times CPI_B \times \text{时钟周期}_B \\ &= 0.8 \times IC_A \times 1.25 \times (1.25 \times \text{时钟周期}_A) \\ &= 1.25 \times IC_A \times \text{时钟周期}_A\end{aligned}$$

在这些假设之下,尽管 CPU_B执行指令条数较少,但 CPU_A因为有着更短的时钟周期,所以比 CPU_B快。

如果 CPU_B的时钟周期时间仅仅是 CPU_A的 1.1 倍,则

$$\text{时钟周期}_B = 1.1 \times \text{时钟周期}_A$$

CPU_B的性能为

$$\begin{aligned}\text{总 CPU 时间}_B &= IC_B \times CPI_B \times \text{时钟周期}_B \\ &= 0.8 \times IC_A \times 1.25 \times (1.1 \times \text{时钟周期}_A) \\ &= 1.1 \times IC_A \times \text{时钟周期}_A\end{aligned}$$

因此,CPU_B由于执行更少的指令条数,比 CPU_A运行更快。

6.3.3 性能测试

对一台计算机的性能进行科学合理的评估是一项重点工作。计算机系统设计者要利用性能评估来对计算机中新增功能的有效性进行评价,制造商在计算机销售过程中要使用性能指标进行宣传,计算机用户在购买计算机时要使用性能指标进行合理的选择。设计者在 20 世纪 70 年代推出了一些应用程序,把应用程序中使用频度最高的那些核心程序作为评价计算机性能的标准程序,称为基准测试程序(Benchamark,也称基准程序)。不同的基准测试程序侧重目的不同,有的测试 CPU 性能,有的测试文件服务器性能,有的测试输入输出界面,有的测试网络通信速度等。根据不同用途,基准测试程序可有专用和通用之分。目前国际上流行的通用基准测试程序可分综合型,如 Dhrystone, Whetstone 等;核心型,如 Livemore,Fortran Kernals 等;数学库型,如 Linpack,FFT 等;应用型,如 SPEC,Perfect 等;并行型,如 NPB(NAS Parallel Benchmark),PARKBENCK 等。常见的基准测试程序如下:

1. 计算机综合测试程序 SPEC

SPEC(System Performance Evaluation Cooperative)是几十家世界知名计算机大厂商所支持的非营利的合作组织,旨在开发共同认可的标准基准程序。

SPEC 基准程序是由 SPEC 开发的一组用于计算机性能综合评价的程序。以对 VAX11/780 机的测试结果作为基数,其他计算机的测试结果以相对于这个基

数的比率来表示。SPEC 基准程序能较全面地反映机器性能，有一定的参考价值。SPEC 1.0 版本于 1989 年 10 月发布，主要用于测试与工程和科学应用有关的数值密集型的整数和浮点数方面的计算。源程序超过 15 万行，包含 10 个测试程序，使用的数据量比较大，分别测试应用的各个方面。SPEC 基准程序测试结果一般以 SPECmark (SPEC 分数)、SPECint (SPEC 整数)和 SPECfp(SPEC 浮点数)来表示。其中 SPEC 分数是 10 个程序的几何平均值，SPEC 整数是 4 个整数程序的几何平均值，SPEC 浮点数是 6 个浮点程序的几何平均值。1992 年在原来 SPECint89 和 SPECfp89 的基础上增加了两个整数测试程序和 8 个浮点数测试程序，因此 SPECint92 由 6 个程序组成，SPECfp92 由 14 个程序组成。这 20 个基准程序是基于不同的应用写成的，主要测量 32 位 CPU、主存储器、编译器和操作系统的性能。组织的主要成员有 IBM，AT&T，Compaq，CDC，DG，DEC，Fujitsu，HP，Intel，MIPS，Motorola，SGI，SUN 和 Unisys 等。1995 年，这些厂商又共同推出了 SPECint95 和 SPECfp95 作为最新的基准程序。SPEC 原主要是测试 CPU 性能的，现在强调开发能反映真实应用(如实际负载等)的基准测试程序，并已推广至客户/服务器计算、商业应用、I/O 子系统等。

CPU2000 是 SPEC 中测量 CPU 功能的最新版性能基准程序组，目的是为不同计算机系统计算密集型的工作负载提供性能评估的测量工具，SPEC CPU2000 包含两组性能基准程序：CINT2000 测量比较计算密集型定点运算和 CFP2000 测量比较计算密集型浮点运算。

2. 整数测试程序 Dhrystone

Dhrystone 主要用于测试编译器、CPU 处理整数指令和控制功能的有效性。Dhrystone 用 C 语言编写，由一系列操作组成：各种赋值语句、各种数据类型的数据区、各种控制语句、过程调用和参数传送，以及整数运算和逻辑操作。现今已很少使用。

3. 浮点测试程序

在计算机科学工程应用领域内，浮点计算工作量占很大比例，因此，机器的浮点性能对系统的应用有很大的影响。有些机器只标出单个浮点操作性能，如浮点加法、浮点乘法时间。Unpack 和 Whetstone 是两个常见的浮点数测试程序，其他程序如 Linpack 主要测试向量性能和高速缓存性能。

(1) Unpack 基准测试程序是一组求解密集线性代数方程组的程序包，主要测试浮点加法和浮点乘法操作的性能。该程序初创于 20 世纪 70 年代，在以后的几十年中不断完善和更新，至今仍是计算机性能测试的主要标准之一。

(2) Whetstone 基准测试程序 Whetstone 是一个综合性基准测试程序，除测试浮点操作外，还测试整数计算和功能调用等性能。Whetstone 是用 FORTRAN 语言编写的综合性测试程序，主要由执行浮点运算、整数算术运算、功能调用、数组变址、条件转移和超越函数的程序组成。测试结果用单位 kwips 表示，1 kwips 表示机器每秒钟能执行 1 000 条 Whetstone 指令。

4. TPC 基准测试程序

事务处理委员会(TPC, Transaction Processing Council)是一个专门负责制定计算机事务处理能力测试标准并监督其执行的组织。20 世纪 80 年代出现了一种新的在线计算模式,它通过在线数据库系统进行简单的事务处理,拥有良好的在线事务处理(Online Transaction Process, OLTP)系统的厂家就可以赢得更多的客户。TPC 基准程序是由 TPC 开发的评价计算机事务处理性能的测试程序,用于评价计算机在事务处理、数据库处理、企业管理与决策支持系统等方面的性能。TPC 成立于 1988 年,目前已有 40 多个成员,几乎包括了所有主要的商用计算机系统和数据库系统。该基准程序的评测结果用每秒完成的事务处理数来表示。TPC 基准测试程序在商业界建立了用于衡量机器性能以及性能价格比的标准。TPC 于 1988 年发布了第一个标准 TPC-A,20 世纪 90 年代又发布了 OLTP 测试标准 TPC-C 和决策支持系统测试标准 TPC-D;1998 年,发布了新的基于 Web 商业的测试标准 TPC-W,用于测试通过 Internet 进行的商业行为,如零售业务和机票预订系统的性能。

5. NPB 并行测试程序

NPB(NAS Parallel Benchmark)是 1991 年美国 NAS (Numerical Aerodynamic Simulatmn)项目所开发的并行测试程序,其目的是比较各种并行机的性能,有时也称为 NPB 并行测试程序。它由 8 个程序组成,测试范围从整数排序到复杂的数值计算均涉及。测试结果以向量处理机的 CrayY-MP/1 为单位(Class A)或 Cray C90/1 为单位(Class B)做比较。NPB 并行测试程序由以下五个核心程序组成:①EP(Embarrassingly Parallel)用于计算 Gauss 伪随机数,因为它几乎不要求处理器之间相互通信,所以很适合并行计算,而所测得的结果往往可以作为一个特定并行系统浮点计算性能可能达到的上限;②MG(MultiGrid)用 4 个 V 循环多重网格算法求解三维泊松方程的离散周期近似解;③CG(Conjugate Gradient)用于求解大型稀疏对称正定矩阵的最小特征值的近似值,它表征了非结构风格计算和非规整远程通信计算类问题;④FFT(Fast Fourier Transformation)用于求解基于 FFT 谱分析法的三维偏微分方程,它也要求远程通信;⑤IS(Integer Sort)用于基于桶排序的二维大整数排序,它要求大量的全交换通信。

另外,还有计算流体力学中的三个模拟程序:①LU(Lower Upper triangular)用于基于对称超松弛法求解块稀疏方程组;②SP(Scalar Penta-diagonal)用于求解 5 对角线方程组;③BT(Block Tri-diagonal)用于求解 3 对角块方程组。

6. 用于测试基于 Microsoft 公司的 Windows 系列的系统平台测试套件

PCMark04:中央处理器测试组、内存测试组、图形芯片测试组、硬盘测试组等。

Business Winstone 2004:主要用于测试计算机系统商业应用的综合性能。

Multimedia Content Creation Winstone 2004:主要用于测试计算机系统多媒体应用的综合性能。

SiSoft Sandra Pro 2004:一套功能强大的系统分析评比工具,拥有超过 30 种的分析与测试模块，主要包括 CPU、存储器、I/O 接口、I/O 设备、主板等。

计算机系统性能是软硬件有机结合的整体综合性能，而基准测试程序往往是由若干个局部测试程序组成的，采用基准测试程序所获得的局部结论基本是可信的，但不能全面反映综合性能。另外，除系统的性能外，系统的可靠性、可用性和可维护性也是计算机系统很重要的性能指标，但这些指标很难测试。

6.4 计算机系统的层次结构

计算机软硬件设计者和使用者总是从不同的角度、以各自不同的视角来看待同一 台计算机，因此，他们看到的计算机系统的属性和对计算机系统的理解也不一样。计算机系统层次结构的概念较客观地反映了不同层次用户所看到的计算机的不同属性。

6.4.1 计算机系统的层次结构划分

计算机系统的层次结构是 1960 年后引入到计算机领域的概念，但目前尚没有一个统一的标准，比较一致的计算机系统的层次结构如图 6-7 所示。

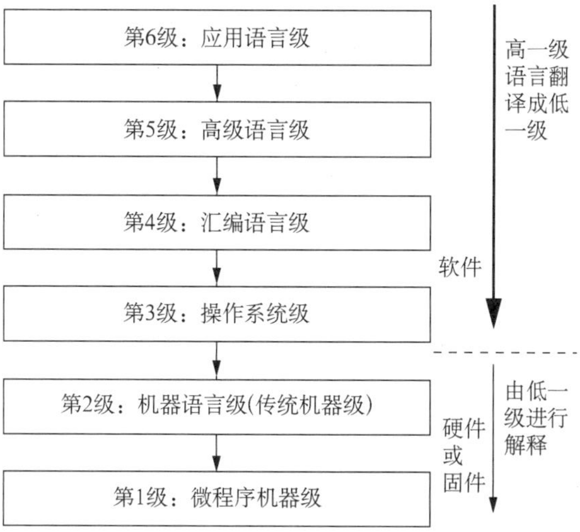

图 6-7 计算机系统层次结构

计算机系统的层次结构一般被分成 6 级，分别描述如下：

第 1 级为微程序机器级，是一个实际的机器层，只有采用微程序设计的计算机系统，才有这一级。该级的用户使用微指令编写微程序，用户所编写的微程序由硬件直接执行，速度快。对于采用微程序设计的计算机而言，该级是计算机系统最底层的硬件系统。对采用硬布线控制器的计算机来说，第 1 级为硬联机器级，此时，这一级由门、触发器等逻辑电路组成，它是由逻辑设计者采用布尔语言设计的硬件内核。第 1 级为第 2 级提供机器指令的解释执行功能。

第 2 级为机器语言级，也是一个实际的机器层，是一般用户可通过编程实现对计算机进行控制的最底层，因此该层也称为传统机器级。机器语言级是计算机中软件系统与硬件系统之间的界面和纽带。一方面，在该层可用二进制表示的机器语言编程控制计算机的硬件系统；另一方面，该级之上的软件系统的各种程序，必须转换成该级的机器语言形式才能被底层的硬件执行。该层的功能由第 1 级的微程序解释实现。

第 3 级是操作系统级。用于对计算机系统的硬件和软件资源进行统一管理和调度。同时该级由机器指令和广义指令组成操作系统程序实现，其中的广义指令是为扩展机器功能而设置的，是由操作系统定义和解释的软件指令。

第 4 级是汇编语言级。它为用户提供一种用助记符表示的汇编编程工具，与第 2 级所采用的机器语言编程工具相比，采用汇编语言编写程序既容易理解，也便于记忆，从而方便用户使用和管理计算机。该级由汇编语言执行和支持。

第 5 级是高级语言级。它是面向用户的，为进一步方便用户编写高级语言程序而设置，该级为用户提供了接近人类自然语言的编程符号和各种有用的例行子程序，方便用户和系统管理员编程及使用计算机。该级由高级语言的编译程序支持和实现，如 C 语言编译程序等。

第 6 级是应用语言级。它是为计算机特定用途设计的，是面向某项具体应用的语言，其编写的程序由应用程序包翻译到第 5 级高级语言级。

在计算机系统的 6 级层次结构中，第 1 级和第 2 级是硬件机器，是计算机系统的基础和核心，计算机的所有功能最终都由硬件来完成；第 3 级是面向机器的，它是为支持高层的需要而设置的；第 4～6 级是面向应用的，它们为程序员解决应用问题而设置。将计算机系统分为多级层次结构的目的是分清各层次结构之间的界面，明确各自的功能，以便构成合理、高效的计算机系统，使硬件工程师能更好地专注于硬件方面的设计研发工作，使软件工程师能更好地专注于软件方面的设计开发工作。

计算机系统层次结构中各层次之间的关系十分密切，其层次结构的一个特点为高层是低层功能的扩展，低层是高层的基础；另一个特点是，站在不同的层次观察计算机系统，会得到不同的概念。例如，程序员站在第 4 级看到的计算机是一个处理高级语言的机器；系统操作员将第 3 级看作是系统的资源；而硬件设计人员在第 1 级和第 2 级看计算机，是电子线路和逻辑器件集。从高级语言、汇编语言、机器语言和微程序设计者角度所看到的不同计算机，即是高级语言程序、汇编语言程序、机器语言程序和计算机硬件电路的操作控制信号（由微程序中的微指令承载）。第 5 级的高级语言程序只有最终被翻译成第 1 级的微操作控制信号才能被计算机识别和执行。

计算机系统的层次结构划分不是固定不变的、绝对的。机器语言级与操作系统级的界面，又称硬软件交界面，随着软件硬化和硬件软化而动态变化。操作系统和其他系统软件的界面也有动态变化的趋势。例如，数据库软件也部分地起到了操作系统的功能。此外，某些常用的带有应用性质的程序，既可以划归应用语言级，也可以划归操作系统级。

6.4.2　硬件和软件逻辑功能的等价性

计算机硬件实现的往往是最基本的算术运算和逻辑运算功能，而其他功能大多是通过软件的扩充得以实现的。不过硬件和软件在功能上的分配关系随着技术的发展而变化。有许多功能可以由硬件实现，也可以由软件实现，即从用户的角度来看它们在功能上是等价的，这一等价性被称为软、硬件逻辑功能的等价性。如乘法运算既可以由硬件直接实现，也可以在加法器和移位器的支持下用乘法子程序实现，这两种实现方法在功能上完全等效，不同的只是执行时间的长短不同而已。

软、硬件的逻辑等价性原理是计算机系统设计的重要依据，软、硬件的功能分配及其界面的确定是计算机系统结构研究的重要内容。当研制一台计算机的时，设计者必须明确分配每一级的任务，确定哪些功能使用硬件实现，哪些功能使用软件实现。软、硬功能界面的划分依据是由设计目标、性能价格比、技术水平等综合因素决定的。就目前而言，一些计算机的特点是，把原来在传统机器级通过编制程序实现的操作，如整数乘除法指令、浮点运算指令、处理字符串指令等，改为直接由硬件完成。

随着大规模集成电路技术的发展，软件硬化或固化是必然的趋势。例如，将程序固化在半导体只读存储器(ROM)中，装载在机器中，随用随取。又如目前的PC，其主板上都有一块 BIOS 芯片，也是将基本输入输出系统(BIOS)固化在 ROM 中实现的。它形式上是硬件，但其实际内容是软件。这种将程序固定在 ROM 中组成的部件称为固件。固件是一种具有软件特性的硬件，它既具有硬件的快速性特点，又有软件的灵活性特点。这是软件和硬件互相转化的典型实例。

6.5　计算机 CPU 的组成与实现

前文已经介绍了微操作的数据通路和决定微操作序列的控制单元的工作原理，对于通用计算机而言，用一条数据通路与一个控制单元及存储器组合，就能实现一台简单的可编程系统，即简单的计算机。指令集结构(Instruction Set Architecture, ISA)是实现这种编程系统的基本方法。为了实现指令集结构，把控制单元和通用数据通路组合在一起并进行封装就构成中央处理单元(Central Processing Unit, CPU)。CPU 和存储器结合起来，就构成了一个可编程系统，存储器用来存储程序和数据。程序和数据的存储方式有两种，一种是利用两个存储器，程序指令和数据分开并各自存储在一个存储器里，分别叫指令存储器和数据存储器，所有操作都在一个时钟周期内完成；另一种是程序指令和数据统一存储在一个存储器里，称为混合存储器，这种结构较为复杂一些，执行一个操作需要多个时钟周期。作为 CPU 的重要组成部件,控制单元和与其互相作用的数据通路将是执行加法、减法等许多指令集定义操作的驱动机构和执行载体。

从程序员可见性角度来看,计算机最底层的特征是指令集结构,以指令集为基础就可以构造出实现计算机硬件的高级描述,即所谓的计算机体系结构,这种结构常被分成数据通路和控制单元。

6.5.1 CPU 的数据通路

组成计算机数据通路的三个基本部分如下:

(1) 寄存器组。

(2) 对存储在寄存器中的数据执行的微操作。

(3) 控制单元接口。

并不是每个微操作都由各自的寄存器直接完成,在计算机体系结构里,通常设定一定数目的存储寄存器,这些存储寄存器与共享操作单元连接,该单元称为算术逻辑单元 ALU。执行一个微操作,必须要将指定的源寄存器的内容送到公用的 ALU,ALU 再执行操作,最后,操作的结果(也称运算结果)输出给目的寄存器。由于 ALU 是一个组合逻辑电路,数据从源寄存器输出给 ALU 进行加工再输出的整个过程只需要一个时钟周期。移位操作通常在不同的单元里执行,有时也会在 ALU 内部完成。

一组寄存器及其共享的 ALU 和连接通路构成系统的数据通路,数据通路和控制单元组合形成 CPU。除了寄存器外,数据通路还包括实现各种微操作的数字逻辑单元。这些逻辑单元有总线、数据选择器、译码器和处理电路。当数据通路中有许多寄存器时,寄存器就可以通过一条或多条总线相互连接。数据通路中,各寄存器通过传输数据或执行各种类型的微操作相互作用。图 6-8 所示是由 4 个寄存器、一个 ALU 和一个寄存器组成的基于总线的简单数据通路。每个寄存器都连接到两个数据选择器,形成 ALU 和移位寄存器的输入总线 Bus A 和 Bus B。每个数据选择器上的选择输入端信号为相应的数据总线选择一个寄存器作为输入。总线 Bus B 有一个附加的数据选择器 MUX B,常量可以由其 *Constant in* 端从外面输入到数据通路中。总线 Bus B 还连接到 *Data out* 上,以便从数据通路输出数据到系统的其他部件,例如存储器、输入/输出设备。总线 A 连接到 *Address out* 上,从数据通路中送出地址信息到存储器、输入/输出设备。

ALU 对总线 Bus A 和 Bus B 上的操作数进行算术和逻辑微操作,G select 输入信号选择 ALU 要执行的微操作类型。移位寄存器对总线 Bus B 上的数据进行移位微操作,*H select* 输入可以把总线 Bus B 上的操作数直接通过移位寄存器输出,也可以选择进行移位微操作。MUX F 信号从 ALU 或移位寄存器二者中选择输出,MUX D 信号从 MUX F 的输出或 *Data in* 的输入二者中选择输出到总线 Bus D 的外部数据,总线 Bus D 连接到所有寄存器的输入端,译码器上的选择输入信号将决定哪一个寄存器将加载总线 Bus D 上的数据。目的地址输入信号将被译码，因此对于在总线 Bus D 上传输的任何寄存器的数据，只有一个寄存器的 *Load* 信号是有效加载信号。当然，*Load enable* 使能端信号可以通过**与**门强制所有寄存器的 Load 信号都为 0，从而使四个寄存器的内容保持不变。

可以充分利用 ALU 运算的结果信息，并作为 CPU 控制器进行决策的依据。V、C、N、Z 是四个与 ALU 相关的状态位。C 为进位状态位，V 为溢出状态位。Z 为输出全零状态位，如果 ALU 的输出全为 0，则 $Z=1$；否则，$Z=0$。N 为符合状态位(为负)，是 ALU 输出的最左端位(最高位)，是带符号数的符号位。当然，来自移位寄存器的状态值也可以合并到这四个状态位中。

数据通络中的控制单元通过提供选通信号，控制数据信息输送给总线、ALU、移位寄存器和寄存器等。例如，执行微操作：$R_1 \leftarrow R_2 + R_3$，控制单元必须为下列的控制输入提供二进制选择信号：

(1) *A select* 信号有效，使 R_2 的内容输送到 A data 上，即送到总线 Bus A 上。

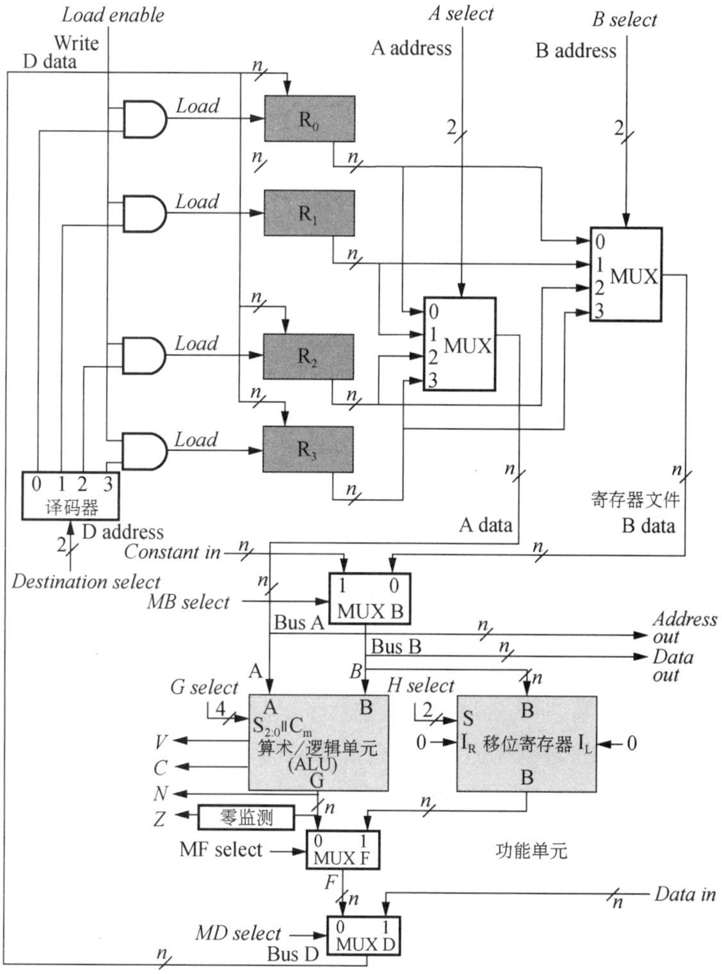

图 6-8　数据通路

(2) *B select* 信号有效，使 R_3 的内容输送到数据选择器 MUX B 的第 0 输入端上，然后 *MB select* 信号有效，使 MUX B 的第 0 输入端数据被选通送至总线 Bus B。

(3) *G select* 信号有效，使 ALU 执行算术运算 $A+B$。

(4) *MF select* 信号有效，将 ALU 的输出传送给 MUX F，并在 MUX F 输出端输出。

(5) *MD select* 信号有效，将 MUX F 的输出送到总线 Bus D 上。

(6) *Destination select* 信号有效，选择 R_1 寄存器为总线 Bus D 上数据存放的目的寄存器。

(7) *Load enable* 信号有效，使能一个寄存器，此时结果装载到 R_1 寄存器。

在同一时钟周期内，上述信号同步并保持有效。来自两个源寄存器的二进制数必须通过 MUX 和 ALU 传送给目的寄存器的输入端，所有过程都在同一个时钟周期剩余时间内完成。当下一个时钟脉冲的上升沿到来时，总线 Bus D 上的二进制数据被装载到目的寄存器中。为提高运行效率，ALU 和移位寄存器应采用级数最少的组合逻辑来构造。

6.5.2 CPU 的 ALU

ALU 是一个可以执行一系列基本算术和逻辑微操作的组合电路，是 CPU 的重要执行部件，其有一组选择线用于控制所有执行的各类操作。这组选择线在 ALU 内被译码，使得 k 根选择线最多可以指定 2^k 种不同的操作。ALU 框图如图 6-9(a)所示，来自总线 Bus A 的 n 位数据输入和来自总线 Bus B 的 n 位数据输入经 ALU 运算，并在 G 输出端输出运算结果。模式选择输入端 S_2 用来区分算术运算和逻辑运算。当 $S_2=0$ 时，两个操作选择输入端 S_1 和 S_0 以及进位输入状态 C_{in} 一起定义执行八种类型的算术运算，如表 6-1 所示；当 $S_2=1$ 时，操作选择输入端 S_0 和进位输入状态 C_{in} 一起定义执行四种逻辑运算。

设计构建该功能的 ALU 分成三个步骤，先设计算术运算，再设计逻辑运算，最后组合算术运算和逻辑运算两部分形成 ALU。

1. 算术运算电路的构建

算术运算电路的基本部件就是一个并行加法器，由一组全加器电路级联而成。通过控制并行加法器的数据输入，可以获得不同类型的算术运算。ALU 逻辑电路如图 6-9(b)所示，算术运算电路由选择线 S_1 和 S_0 控制一组输入并行加法器的信号组合而成的电路，其是一个 n 位算术运算电路，带有输入 A 和 B 以及输出 G。B 输入的 n 位数据经过 B 输入逻辑到达并行加法器的输入端 Y，进位输入端 C_{in} 从并行加法器最低位全加器的进位输入端输入。进位输出端 C_{out} 最高位全加器产生。并行加法器的输出是输出的算术运算求和结果，其求和表达式为

$$G=X+Y+C_{in}$$

式中，X 和 Y 分别是来自输入端 A 和 B 输入的 n 位二进制数；C_{in} 是输入进位，进位为 0 或 1；“+”表示算术加法运算。

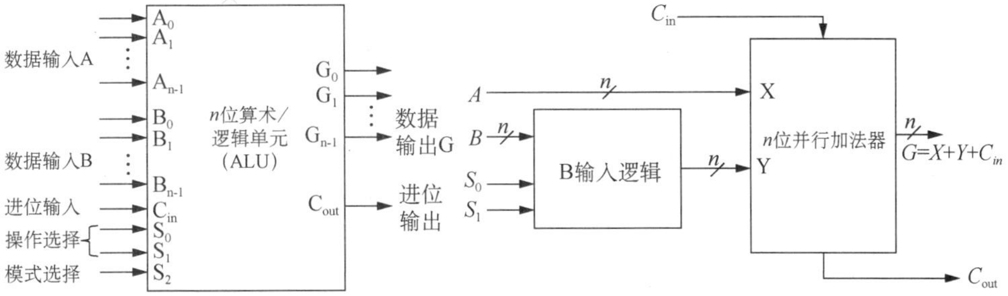

(a) ALU框图　　(b) ALU逻辑电路

图 6-9 ALU 逻辑电路

表 6-1 ALU 功能表

选择		输入	G	
S_1	S_0	Y	$C_{in}=0$	$C_{in}=1$
0	0	全 0	$G=A$(传送)	$G=A+1$(递增 1)
0	1	B	$G=A+B$(加法)	$G=A+B+1$
1	0	$\overline{B}$	$G=A+\overline{B}$	$G=A+\overline{B}+1$(减法)
1	1	全 1	$G=A-1$(递减 1)	$G=A$(传送)

表 6-1 给出了通过两个选择输入 S_1 和 S_0 控制 Y 的值所能获得的八种算术运算。如果不考虑 B 端口的输入且将 Y 输入置为全 0，则输出和为 $G=A+0+C_{in}$。当 $C_{in}=0$ 时，$G=A$，即从输出 A 到输出 G 的直接传输(传送)；当 $C_{in}=1$ 时，$G=A+1$，即实现加 1 运算(递增 1)。将 B 输入加载到并行加法器的输入端口 Y，如 $C_{in}=0$，则 $G=A+B$，即实现 A 和 B 的加法运算；当 $C_{in}=1$ 时，且把 B 的输入取反码送到并行加法器的输入端口 Y，则 $G=A+\overline{B}+1$，即为 A 加上 B 的二进制补码，等同于二进制补码减法运算，故实现减法运算。“-1”的二进制补码表示形式是所有位为 1，因此，端口 Y 输入全 1，且 $C_{in}=0$ 时，则 $G=A-1$，实现减 1 运算。端口 B 输入逻辑可以用 n 个数据选择器来实现，当 $i=0, 1, \cdots, n-1$ 时，输入到数据选择器的每一位数据可以是 0，B_i，$\overline{B_i}$ 和 1，分别对应选择输入 S_1 S_0 的组合值为 00，01，10，11。所以，算术运算电路可用 n 位全加器和 n 位 4-1 数据选择器来构成。

使用 4-1 数据选择器进行设计，端口 B 输入逻辑所需要的门数可以减少，而且只要设计 B 输入逻辑的任意一级(一位)即可。表 6-2 所示为输入逻辑中任意一位 i 的真值表,选择输入信号为 S_1、S_0,输入数据为 B_i,输出信号为 Y_i。 用卡诺图简化得出 Y_i 的函数表达式为 $Y_i = B_i S_0 + \overline{B_i} S_1$,其逻辑电路如图 6-10(b)所示。$S_1$ 和 S_0 对所有 n 级都通用,每一级 i 与输入 B_i 和输出 Y_i 相关联,$i = 0, 1, \cdots, n-1$。 这个逻辑等同于一个 2-1 数据选择器,其选择输入为 B_i,数据输入是 S_1 和 S_0。

表 6-2　真值表

输入			输出	
S_1	S_0	B_i	Y_i	
0	0	0	0	$Y_i = 0$
0	0	1	0	
0	1	0	0	$Y_i = B_i$
0	1	1	1	
1	0	0	1	$Y_i = \overline{B}_i$
1	0	1	0	
1	1	0	1	$Y_i = 1$
1	1	1	1	

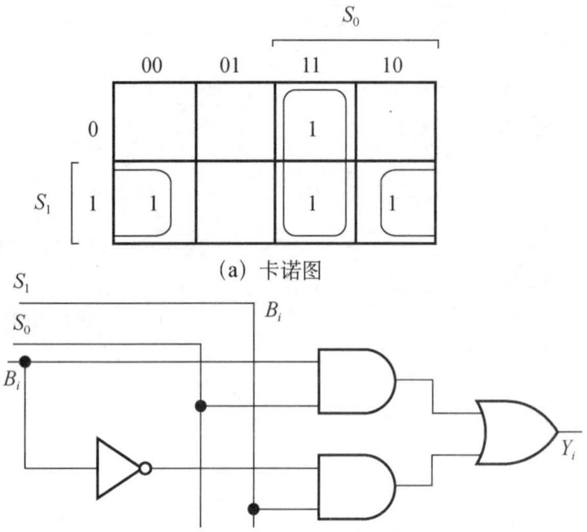

(a) 卡诺图

(b) 卡诺图简化:$Y_i = B_i S_0 + \overline{B}_i S_1$

图 6-10　1 位算术运算电路的 B 输入逻辑

构建的 4 位算术运算的逻辑电路如图 6-11 所示。四个全加器(FA)电路组成并行加法器。输入到第一级的进位是输入进位 C_{in},内部进位由低一级向高一级进位。选择变量是 S_1, S_0 和 C_{in}。 一旦 $C_{in} = 1$,则输出为 $A + Y + 1$。作为 S_1, S_0 和 C_{in} 的算术运算逻辑函数,能实现八种算术运算。需注意的是,$G = A$ 在表 6-1 中出现两次,原因是在实现加 1 或减 1 指令时,用 C_{in} 作为一个控制变量会产生附加运算。

2. *逻辑运算电路的构建*

逻辑微操作处理的是操作数中的位,将寄存器中的每一位作为一个二进制变量来进行逻辑运算,得到位运算结果。常用的逻辑运算共有四种**与**、**或**、**异或**与**非**,其他复杂运算采用这四种基本运算组合而成。

图 6-12 所示为 1 位逻辑运算电路,功能表如表 6-3 所示,包含**与**、**或**、**异或**和**非** 4 个门电路和一个 4-1 数据选择器。四种逻辑运算都是由能满足要求的门电路实现,这些门的输出连接到 4-1 数据选择器的输入端,并由两个选择输入端 S_1, S_0 的组合来控制哪个输入端作为复用器的输出。该 1 位逻辑运算电路可作为 n 位逻辑电路的任意一级,n 位运算时就重复 n 次,$i = 0, 1, \cdots, n-1$,选择变量 S_1、S_0 同时提供给所有级。

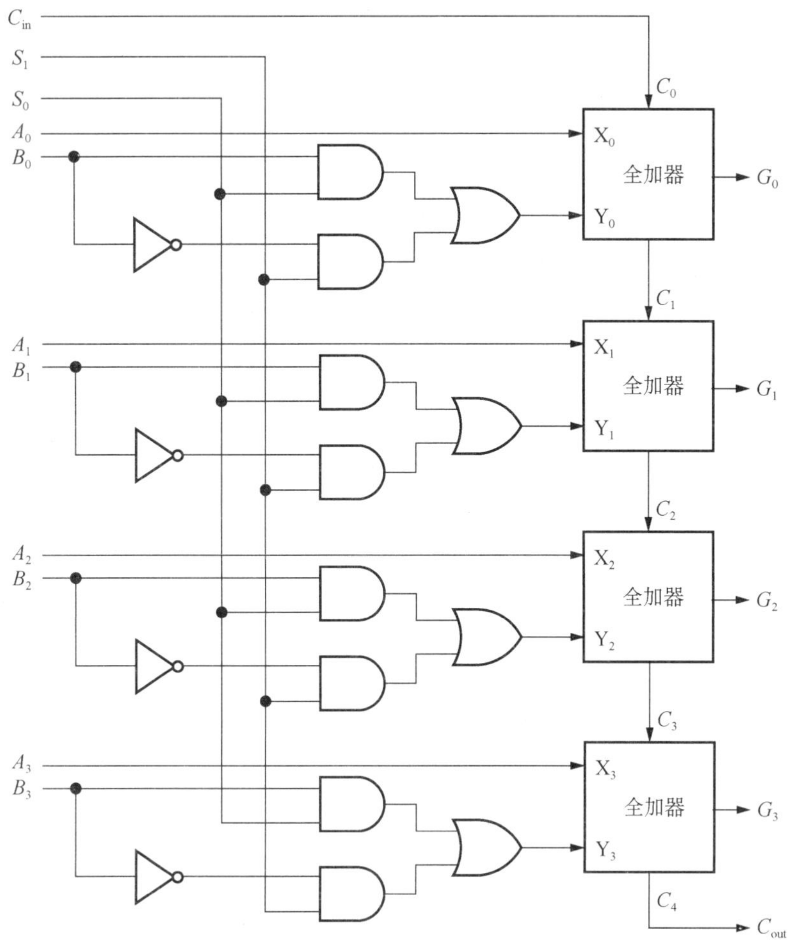

图 6-11　4 位算术运算逻辑电路

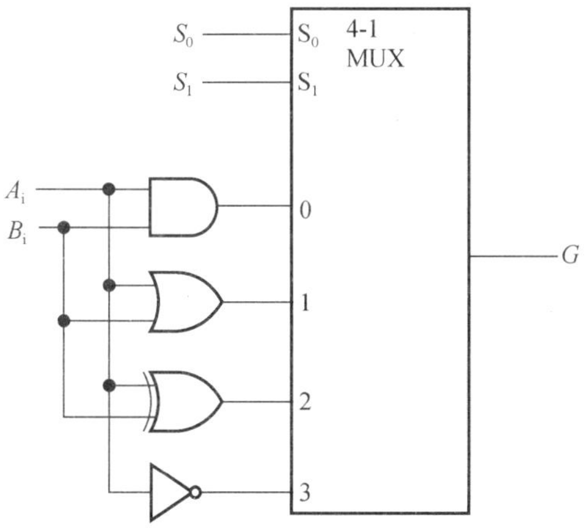

图 6-12　1 位逻辑运算电路

表 6-3　功能表

S_1	S_0	输出	运算
0	0	$G=A\cdot B$	与
0	1	$G=A+B$	或
1	0	$G=A\oplus B$	异或
1	1	$G=\overline{A}$	非

3. 算术逻辑运算单元的构建

ALU 由逻辑运算电路和算术运算电路组合而成,如图 6-13 所示为 1 位(或称一级)ALU 的结构图。每一级算术运算电路和逻辑运算电路的输出端连接到由选择变量 S_2 控制的一个 2-1 数据选择器。如果选择信号 $S_2=0$,则由算术运算进行结果输出;如选择信号 $S_2=1$,则由逻辑运算进行结果输出。该电路只是一级 ALU 单元,对于 n 位 ALU,则把该电路重复 n 次。算术电路的低一级的输出进位 C_{i+1} 必须连接到高一级的输入进位 C_i。第一级的输入进位 C_0 是 ALU 的输入进位 C_{in},同时也用来取代 S_1 的逻辑运算选择变量。C_{in} 的这种独特用法为后面加入 1 位寄存器时,对控制变量进行编码提供了系统的方法。

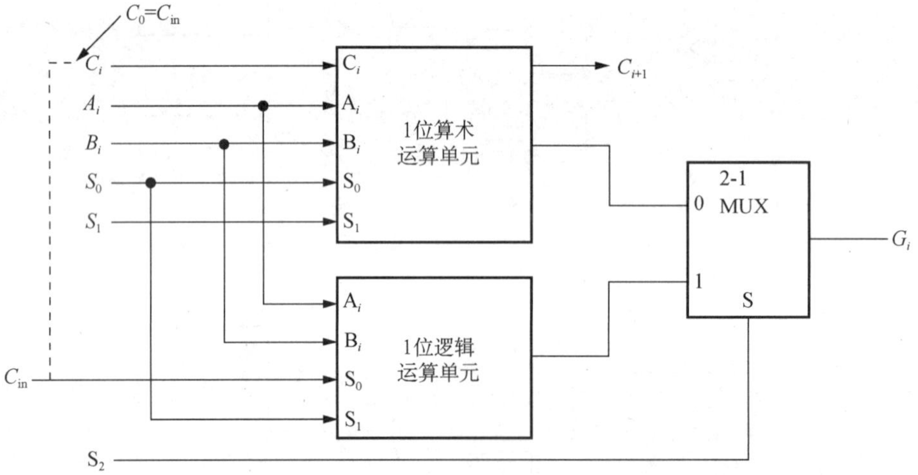

图 6-13　1 位(或称一级)ALU 单元结构

将八种算术运算和四种逻辑运算合并到 ALU 中,每一种运算通过 S_2,S_1,S_0 和 C_{in} 组合进行选择,如表 6-4 所示为 1 位(或称一级)ALU 单元功能表,列出 ALU 的共 12 种运算,当 $S_2=0$ 时,进行算术运算;当 $S_2=1$ 时,进行逻辑运算。且选择输入 S_1 不影响逻辑运算,因而标注为×,其取值可为 0 或 1,在后面的设计过程中,对于逻辑运算电路可假设其值为 0。

当然,ALU 的逻辑设计并非如上述过程这样简单,原因是其逻辑门计数过多,会产生大的电路时延,因此,除了单级 ALU 单元优化外,还要从 n 级总体层面进行优化,以最大程度减少进位时延,故可采用先行进位加法器。

表 6-4　1 位(或称一级)ALU 单元功能表

操作选择				操作	功能
S_2	S_1	S_0	C_{in}		
0	0	0	0	$G=A$	传送 A
0	0	0	1	$G=A+1$	A 加 1

（续表）

操作选择				操作	功能
S_2	S_1	S_0	C_{in}		
0	0	1	0	$G = A + B$	加法
0	0	1	1	$G = A + B + 1$	带进位加
0	1	0	0	$G = A + \overline{B}$	A 加 $\overline{B}$
0	1	0	1	$G = A + \overline{B} + 1$	减法
0	1	1	0	$G = A - 1$	A 减 1
0	1	1	1	$G = A$	传送 A
1	×	0	0	$G = A \cdot B$	与
1	×	0	1	$G = A + B$	或
1	×	1	0	$G = A \oplus B$	异或
1	×	1	1	$G = \overline{A}$	非

4. 移位寄存器的构建

移位寄存器的作用是实现总线 Bus B 上数据的移位操作，且将结果送到 MUX F 的一个输入端。其能够执行右移或左移两种基本移位操作。功能较完备的移位寄存器能实现数据移位的双向操作，并能够进行并行装载。来自总线 Bus B 的数据可以通过并行方式传送给移位寄存器，再进行右移、左移或不操作。其时序为第一个时钟脉冲，将总线 Bus B 上的输出数据加载到移位寄存器，第二个时钟脉冲完成移位操作；最后，第三个时钟脉冲将移位寄存器中的数据传送到选定的目的寄存器中。

当然，移位寄存器也可以采用组合电路来实现，该类移位寄存器从源寄存器到目的寄存器传送一次数据只用 1 个时钟脉冲，节省了 2 个时钟脉冲，因此运算速度更快、更好。在其组合成的移位寄存器中，信号传送通过门电路不需要 1 个时钟脉冲，所以，在数据通路中的一次移位，只需要 1 个时钟脉冲就将数据从总线 Bus H 装载到选定的目的寄存器。

一个组合式移位寄存器可以用数据选择器来构建，如图 6-14 所示是由 4 个数据选择器组合构建的 4 位移位寄存器。2 位选择变量 S 选取移位类型，如 $S=00$，则 4 位数据 B 直接通过移位寄存器，且值不变；如 $S=01$，则 4 位数据 B 在移位寄存器右移一位，且用串行输入 I_R 的值填充最左边 1 位；如 $S=10$，则 4 位数据 B 在移位寄存器左移一位，且用串行输入 I_L 的值填充最右边 1 位。右移或左移时，串行输出可以分别从串行输出 R 或串行输出 L 得到输出结果。4 位移位寄存器可以扩展到 n 位，对应的操作数是 n 位。当寄存器进行一位移动时，还需要另外一个选择变量决定输入 I_R 还是 I_L 的值，注意，当将一个操作数移动 $m(n > m \geqslant 1)$ 位时，移位寄存器必须连续执行 m 次的一位移位操作，总共需要 m 个时钟周期。

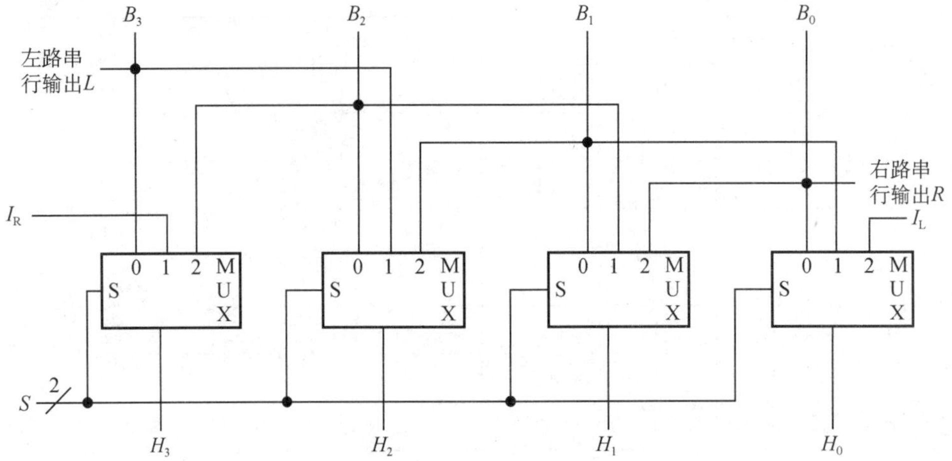

图 6-14　4 位移位寄存器电路

在 CPU 的数据通路中,常常需要在一个时钟周期内将数据移动多位。桶形移位寄存器就是实现这种功能的组合电路,其可以根据一组选择线上的二进制,将输入数据移动或循环移动指定的位数。为了简化问题,只介绍循环左移,即将二进制数据向左移动,寄存器最高数据位循环移动返回进入寄存器最低位。

图 6-15 所示为 4 位桶形左移寄存器,由四个共用选择信号 S_1, S_0 的 4-1 数据选择器构成。选择变量 S_1S_0 决定输入数据循环左移的位数。当 $S_1S_0=00$ 时,不进行移位,输入数据直接输出;当 $S_1S_0=01$ 时,输入数据循环左移 1 位,最高位返回给最低位,再输出;当 $S_1S_0=10$ 时,输入数据循环左移 2 位,最高位返回给次低位,次高位返回给最低位,再输出;当 $S_1S_0=11$ 时,输入数据循环左移 3 位,最高位返回给次高位,次高位返回给次低位,次低位返回给最低位,再输出。该桶形左移寄存器的选择循环移位输出结果如表 6-5 所示。当然,该桶形左移寄存器,也能现

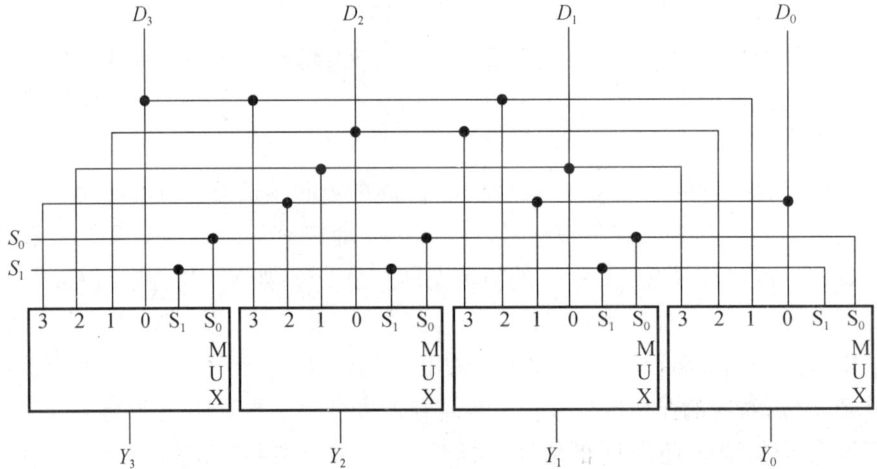

图 6-15　桶形左移寄存器电路

循环右移操作。例如，其循环左移 3 位操作与循环右移 1 位操作结果相同。总之，对于一个 2^n 位桶形移位寄存器而言，其 i 位循环左移等效于 2^n-i 位的循环右移。

表 6-5　4 位桶形左移寄存器功能表

选择		输出				运算
S_1	S_0	Y_3	Y_2	Y_1	Y_0	
0	0	D_3	D_2	D_1	D_0	无循环移位
0	1	D_2	D_1	D_0	D_3	循环移动 1 位
1	0	D_1	D_0	D_3	D_2	循环移动 2 位
1	1	D_0	D_3	D_2	D_1	循环移动 3 位

一个有 2^n 条输入线和 2^n 条输出线的桶形移位寄存器需要 2^n 个数据选择器，每一个数据选择器有 2^n 位数据输入和 n 个选择输入。数据循环移动的位数由选择变量来指定，其值为 $0\sim 2^n-1$。但对于一个大的 n 值，门电路的扇入数太大，因此可以采用分层的数据选择器来组合构成，或者在晶体管级进行特殊的结构设计，以减少门的数量，减少时延，提高效率。

5. 数据通路的描述

数据通路中包含寄存器、寄存器选择逻辑、ALU、移位寄存器和三个附加的数据选择器。采用分层结构设计使数据通路变得更加简单是非常重要的，原因在于 ALU 工作时，数据通路使用频繁，而且分层设计可以让模块的某种实现由另一种实现替代，因此，在数据通路的分层结构中不需要绑定特定的实现方法。

本节介绍的 ALU 数据通路有 4 个寄存器，实际上，32 位的 ALU 有 32 个或更多个寄存器。构建包含很多个寄存器的总线系统需要不同的技术。一组可以完成相同微操作的寄存器可以组成一个寄存器文件。典型的寄存器文件本身是一种快速存储器，其允许一个或多个字被同时读和写。数据通路的寄存文件与功能单元如图 6-16 所示，一个简单的寄存器文件应包含图 6-16 中白色框里要实现的逻辑。寄存器文件具有与存储器类似的属性，由 *A select*、*B select* 和 *Destination select* 三个输入信号变成三个地址信号。由 A Address 访问读到 A data 的字，由 B Address 访问读到 B data 的字，由 D Address 访问从 D data 写入的字，这三个访问操作都在同一时钟周期里完成。另外，与 *Load Enable* 信号对应的 *Write* 写操作信号同时完成，当 *Write*＝1 时，该信号要求寄存器在当前周期装载数据；当 *Write*＝0 时，该信号阻止寄存器在当前周期装载数据。寄存器文件的容量为 $2^m\times n$，其中，m 为寄存器地址的位数，n 为每个寄存器的位数，2^m 就是所需寄存器的个数。

由于 ALU 和移位寄存器共享处理单元，它们的输出由数据选择器 MUX F 来选择，使这三部分巧妙地组合成一个共享功能单元，图中深灰色方框就要实现这个功能单元，其输入来自总线 Bus A 和 Bus B，其输出连接到数据选择器 MUX D 的输入端。该功能单元有四个状态位 V，C，N 和 Z 输出。

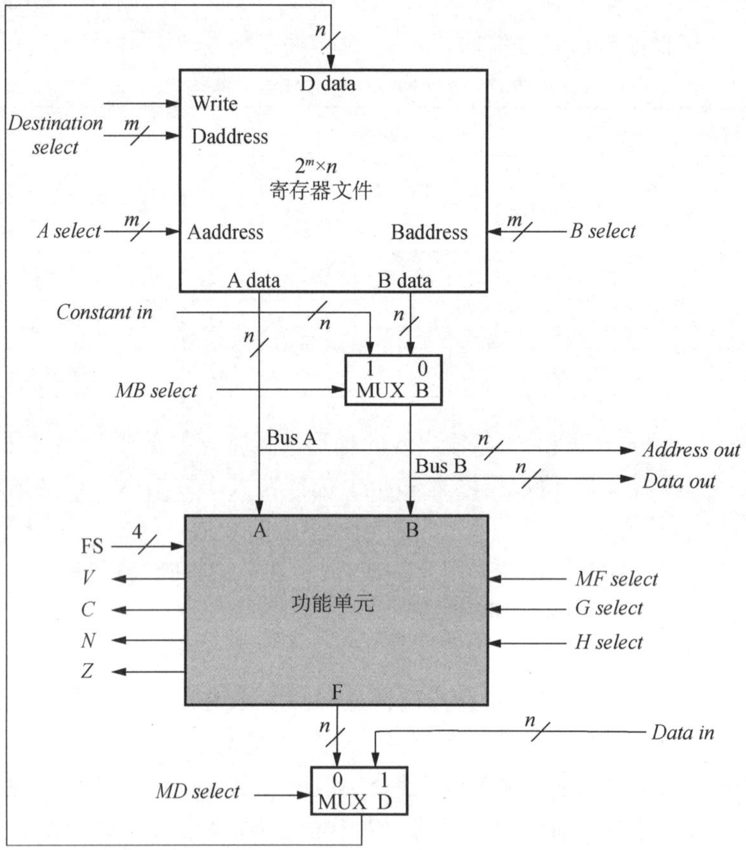

图 6-16　数据通路的寄存器文件与功能单元

数据通路中有三个选择输入端：*G select*、*H select* 和 *MF select*，而在图 6-16 所示的数据通路框图中有一组 4 位选择输入端 FS 作为功能选择。为了完整描述功能单元，*G select*、*H select* 和 *MF select* 的编码都必须用 FS 编码定义(表 6-6)。当 *MF select*=1 时，*H select* 编码决定功能单元的输出。功能单元输出的编码如图 6-16 灰色的框图，且编码转换可以用布尔表达式 $MF\ select = F_3 F_2$，$G_3 = F_3$，$G_2 = F_2$，$G_1 = F_1$，$G_0 = F_0$，$H_1 = F_1$，$H_0 = F_0$。

表 6-6　用 FS 编码定义数据通路的 *G select*、*H select* 和 *MF select*

FS(3～0)	*MF select*	*G select*(3～0)	*H select*(1～0)	微操作
0000	0	0000	××	$F = A$
0001	0	0001	××	$F = A + 1$
0010	0	0010	××	$F = A + B$
0011	0	0011	××	$F = A + B + 1$
0100	0	0100	××	$F = A + \overline{B}$

（续表）

FS(3～0)	*MF select*	*G select*(3～0)	*H select*(1～0)	微操作
0101	0	0101	××	$F=A+\overline{B}+1$
0110	0	0110	××	$F=A-1$
0111	0	0111	××	$F=A$
1000	0	1×00	××	$F=A\cdot B$（与）
1001	0	1×01	××	$F=A+B$（或）
1010	0	1×10	××	$F=A\oplus B$
1011	0	1×11	××	$F=\overline{A}$
1100	1	××××	00	$F=B$
1101	1	××××	01	$F=$ sr B（sr 为右移）
1110	1	××××	10	$F=$ sl B（sl 为左移）

当移位寄存器被选中时，状态位假设为无意义。在复杂的系统中，无论移位寄存器执行何种微操作，其状态位都可以被设计成替代 ALU 的状态。当然，状态位的实现依赖于算术运算电路特定的实现方法，实现方法不同得到的结果会不同。

6. 控制单元的控制字

数据通路的选择变量在任一给定的时钟脉冲下，控制着微操作在数据通路中的执行。选择变量控制从寄存器文件读取数据的地址、功能单元执行操作、装载寄存器文件中的数据以及外部数据选择输入。

下文主要介绍这些控制变量如何控制数据所示通路中的微操作，以及典型微操作的控制变量值的选取和数据通路的仿真。图 6-17(a)所示是图 6-16 的数据通路的其中一种选择输入组合配置，其寄存器文件包含 8 个寄存器，分别为 R_0～R_7。寄存器文件通过总线 Bus A 和 Bus B 向功能单元提供输入。数据选择器 MUX B 在 *Constant in* 上的常量输入和 B data 上的寄存器值之间进行选择。功能单元内的 ALU 和零检测逻辑产生 4 个状态位的二进制数据：*V*(溢出)、*C*(进位)、*N*(符号)和 *Z*(零)。数据选择器 MUX D 选取功能单元的输出或 *Data in* 上的数据作为寄存器文件的输入。

图 6-17(a)一共有 16 位二进制控制输入，其组合值构成一个控制字，如图 6-17(b)所示，由 7 个字段组成。每个字段由两个字母标记。3 位的 DA(D Address)字段代表微操作从 8 个目标寄存器中选取 1 个作为结果；3 位的 AA(A Address)字段代表 ALU 的总线 Bus A 输入从 8 个源寄存器中选取 1 个；3 位的 BA(B Address)字段代表数据选择器 MUX B 的 0 输入选取 1 个源寄存器；1 位的 MB(Mux B)字段决定总线 Bus B 传送的内容是选择源寄存器还是常量值作为输入；4 位的 FS 字段控制功能单元的运算，FS 字段内容为表 6-6 中 15 个编码中的

某一条；1 位的 MD(MUX D)字段选取功能单元的输出或 *Data in* 上的数据作为总线 Bus D 的输入；最后 1 位字段 RW(Read/Write)决定某个寄存器是否被写入。当把这个 16 位字长的控制字应用到控制输入时，它就确定了一个特定的微操作。

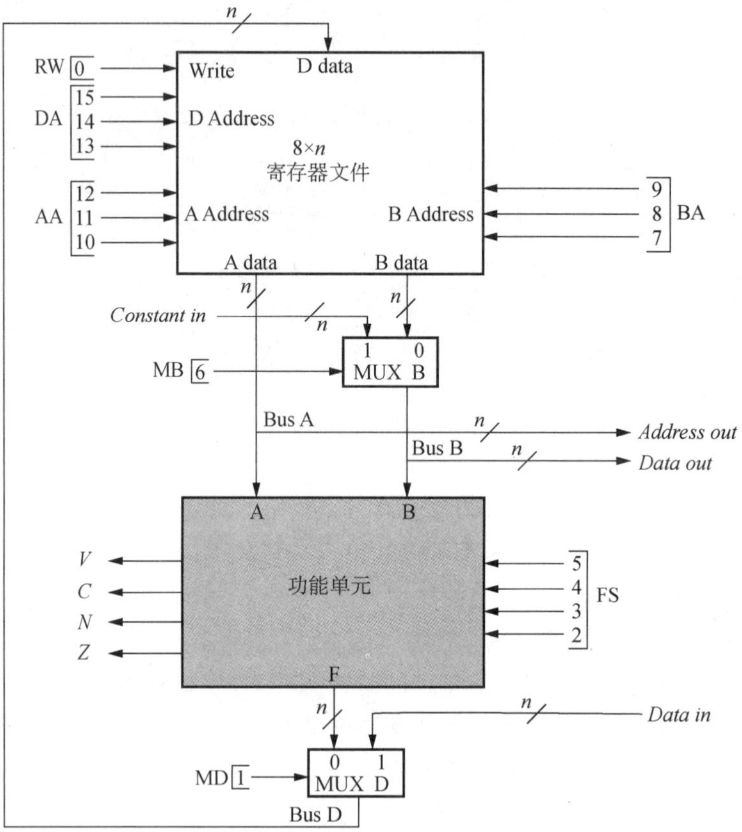

(a) 一种选择输入组合

15 14 13	12 11 10	9 8 7	6	5 4 3 2	1	0
DA	AA	BA	MB	FS	MD	RW

(b) 控制字

图 6-17　数据通路的控制字

每个控制字段也可称为控制码，所有控制码定义的功能如表 6-7 所示，每一个功能的每一个字段都给出了对应的二进制编码。由地址字段 DA，AA，BA 选取的寄存器是其十进制编码对应的二进制数值的寄存器。MB 选取由 BA 字段选定寄存器中输出的值或是从外部 *Constant in* 输入的常数值。ALU 操作、移位寄存器操作和 ALU 及移位寄存器输出选择都是由 FS 字段来指定的。字段 MD 用来控制装载到寄存器文件的信息。最后一位字段 RW 控制写入或不写入功能，不写入功能可以阻止任何寄存器进行写操作，而写入功能则可以对任意一个寄存器执行写入操作。

表6-7 数据通路控制码编码

DA，AA，BA		MB		FS		MD		RW	
功能	编码	功能	编码	功能	编码	功能	编码	功能	编码
R_0	000	寄存器	0	$F=A$	0000	函数	0	无写	0
R_1	001	常量	1	$F=A+1$	0001	数据输入	1	写	1
R_2	010			$F=A+B$	0010				
R_3	011			$F=A+B+1$	0011				
R_4	100			$F=A+\overline{B}$	0100				
R_5	101			$F=A+\overline{B}+1$	0101				
R_6	110			$F=A-1$	0110				
R_7	111			$F=A$	0111				
				$F=A\cdot B$	1000				
				$F=A+B$（与）	1001				
				$F=A\oplus B$（或）	1010				
				$F=\overline{A}$	1011				
				$F=B$	1100				
				$F=\mathrm{sr}\ B$	1101				
				$F=\mathrm{sl}\ B$	1110				

给定微操作的控制字可以通过指定各个控制字段的值来取得。假设实现下列减法运算：$R_1 \leftarrow R_2+\overline{R_3}+1$，该语句指定 R_2 作为 ALU 的 A 输入，R_3 作为 ALU 的 B 输入，它还指定功能单元的运算为 $F=A+\overline{B}+1$，以及选取功能单元的输出作为寄存器文件的输入。最后，微操作选取 R_1 作为目的寄存器，并且设置 RW=1 以允许对 R_1 进行写入操作。这条微操作的控制字由它的 7 个字段来确定，每个字段的二进制编码如下所示。

字段：	DA	AA	BA	MB	FS	MD	RW
符号：	R_1	R_2	R_3	寄存器（Register）	$F=A+\overline{B}+1$	函数	写（Write）
二进制编码：	001	010	011	0	0101	0	1

因此，该条指令微操作的控制字二进制编码为 001-010-011-0-0101-0-1（“-”表示隔开码段）。该微操作的控制字和其他微操作的控制字如表 6-8 所示，控制字的二进制编码如表 6-9 所示。

表6-8 数据通路微操作的控制字

微操作	DA	AA	BA	MB	FS	MD	RW
$R_1 \leftarrow R_2-R_3$	R_1	R_2	R_3	寄存器	$F=A+\overline{B}+1$	函数	写
$R_4 \leftarrow \mathrm{sl}\ R_6$	R_4	—	R_6	寄存器	$F=\mathrm{sl}\ B$	函数	写

(续表)

微操作	DA	AA	BA	MB	FS	MD	RW
$R_7 \leftarrow R_7+1$	R_7	R_7	—	—	$F=A+1$	函数	写
$R_1 \leftarrow R_0+2$	R_1	R_0	—	常量	$F=A+B$	函数	写
数据输出$\leftarrow R_3$	—	—	R_3	寄存器	—	—	无写
$R_4 \leftarrow$数据输入	R_4	—	—	—	—	数据输入	写
$R_5 \leftarrow 0$	R_5	R_0	R_0	寄存器	$F=A\oplus B$	函数	写

表 6-9 数据通路微操作的控制字的二进制编码

微操作	DA	AA	BA	MB	FS	MD	RW
$R_1 \leftarrow R_2-R_3$	001	010	011	0	0101	0	1
$R_4 \leftarrow$sl R_6	100	×××	110	0	1110	0	1
$R_7 \leftarrow R_7+1$	111	111	×××	×	0001	0	1
$R_1 \leftarrow R_0+2$	001	000	×××	1	0010	0	1
数据输出$\leftarrow R_3$	×××	×××	011	0	××××	×	0
$R_4 \leftarrow$数据输入	100	×××	×××	×	××××	1	1
$R_5 \leftarrow 0$	101	000	000	0	1010	0	1

表 6-9 中第二条微操作是移位语句 $R_4 \leftarrow$sl R_6，该语句是指定移位寄存器 R_6 左移一位，结果送到寄存器 R_4。移位寄存器是由总线 Bus B 来驱动的，因此移位操作数的源寄存器的地址应该由 BA 字段来指定，而不是 AA 字段。许多微操作既不使用寄存器文件的 A data，也不使用来自寄存器文件的 B data，此时，相应的符号字段用横线"—"来表示；且这些值没有定义，因此，其对应的二进制编码值用"×"表示。如要执行一条将某个寄存器的内容传送到数据通路之外的微操作，要将寄存器的内容放到寄存器文件的输出 B data 上，设置 RW=0(不写入)，阻止寄存器文件写入。如要将一个小常数放到某个寄存器中或将一个小常数作为一个操作数，可以将此常数放到 *Constant in* 上，设置 MB=1，就能让这个小常数从总线 Bus B 通过 ALU 和总线 Bus D 到达目的寄存器。如要使某一个寄存器清零，可以将某个寄存器的值同时送到 A data 和 B data 上，并设置**或**运算(FS=1010)和 MD=0，这将使总线 Bus D 置为全零，DA 字段设置为要清零的目的寄存器的地址，且设置 RW=1，就将 Bus D 上的全零写入寄存器，实现清零。

总之，许多微操作可能由相同的数据通路来执行，它们的控制序列能通过控制单元产生的合适的控制字二进制编码来实现。若每一个寄存器的位数 n 为 8 位，则使用无符号十进制数来表示全部的具有多个二进制位的信号，原因是十进制数能方便地呈现模拟结果。完整模拟表 6-9 的微操作过程如下。

向数据通路提供输入，并假设每个寄存器初始值即为其十进制编号(如寄存器

R_5 的初始值为 5,二进制为 00000101)。模拟结果如图 6-18 所示,第一个值是时钟 *Clock* 的时钟周期序列波形,数据通路的输入、输出和状态基本上按照信息流经过数据通路的顺序列出。最开始的四个输入是控制字的主要字段,它们指定了寄存器文件输出的寄存器地址以及要执行的操作。接下来是输入 *Constant in* 和 MB,它们用来控制总线 Bus B 的输入。随后是输出 *Address out* 和 *Data out*,它们分别来自总线 Bus A 和 Bus B 的输出。接下来的三个变量 *Data in*、MD 和 RW 是数据通路的最后三个输入变量。最后是 8 个寄存器的内容($Regs_0$～$Regs_1$)和 4 个输出状态 V,C,N,Z(Status bits)。每个寄存器的初始值是各自的十进制编号。只在第 4 个时钟周期时该 Constant in 加载数值 2,此时 MB＝1;其他时候,*Constant in* 的值不确定,用"×"表示。输入 *Data in* 的值是 18,该值假设来自 *Address out* 寻址的一个存储器,这个存储器 0 号单元的值是 18,而其他单元的值未知,因此 *Address out* 为 0,*Data in* 传送完值 18 后,其他周期的值是用 0 和 1 中间的一条线来表示未知。模拟结果表明,寄存器的值因某一微操作的执行而发生改变都出现在微操作被执行的时钟周期后面。例如,时钟周期 1 的减法运算结果在时钟周期 2 出现在 R_1 寄存器中,原因是该结果在时钟周期 1 结束后的时钟 2 上

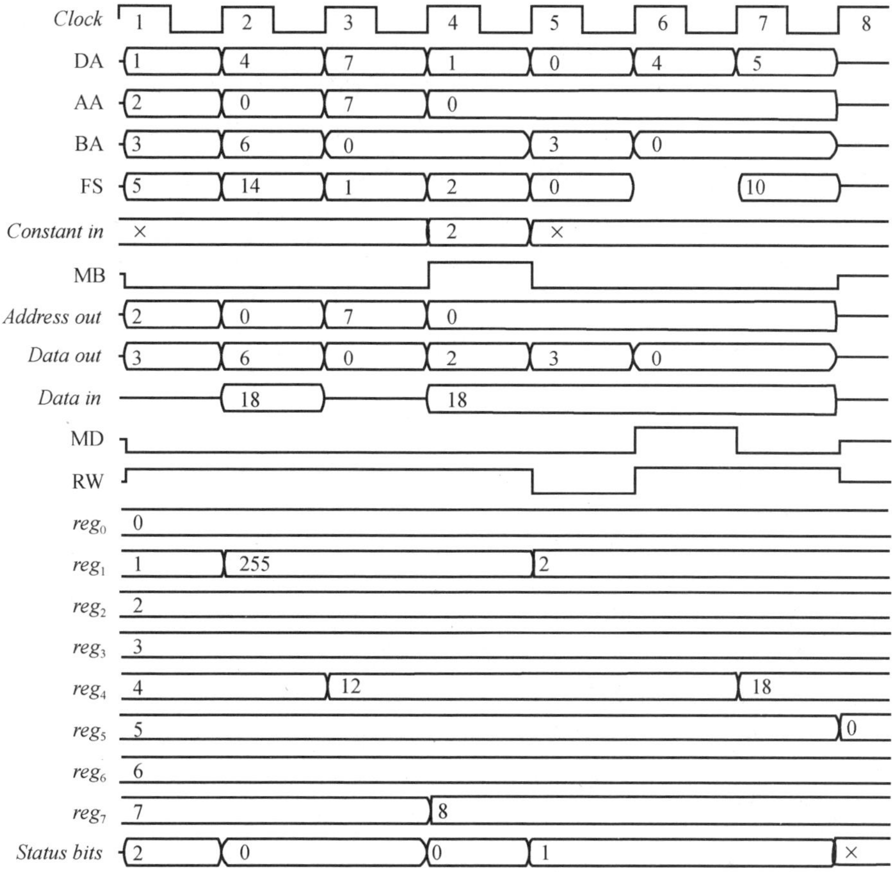

图 6-18　数据通路的模拟微操作序列波形

升沿时刻被送到触发器。*Status bits*，*Address out* 和 *Data out* 的值出现在微操作改变它们的同一个时钟周期里，原因是它们不依赖时钟上升沿的出现；又因为在模拟中没有给定组合时间延迟，所以，这些值在寄存器值变化时一同改变。在模拟过程中，7 个微操作使用了 8 个时钟周期，以便最后一个微操作执行所得到的寄存器值可以被观察到。尽管 *Status bits* 在所有微操作中都出现，但它们并不总是具有实际意义。例如，微操作 $R_3 = Data\ out$ 和 $R_4 \leftarrow Data\ in$，在时钟周期 5 和时钟周期 6 时，*Status bits* 的值与结果没有任何关系，原因是这些操作中没有使用功能单元。另外，在时钟周期 7 时，微操作 $R_5 \leftarrow R_0 \oplus R_0$，此时算术运算单元没有工作，因此从算术运算单元来的 V 和 C 的值与此运算无关，但 N 和 Z 的值表示的结果是带符号的二进制补码整数形式的状态。

6.5.3 ALU 的基本运算单元

ALU 除了包含前面介绍的加法、减法运算单元外，还应包括定点乘法、定点除法和浮点运算的浮点数加减运算、浮点数乘法运算、浮点数除法运算等基本运算单元。

1. 定点乘法

从计算机硬件角度看，实现乘法运算的方法主要有以下两种：(1)以加法器为基础，并配置相应的逻辑功能器件，通过循环累加实现；(2)采用阵列硬件直接实现。移位操作是乘法实现过程中的基本操作。常用的移位操作包括逻辑移位与算术移位两种，每种移位操作又可分为左移和右移。逻辑运算左移时，左边一位移出，右边空出位补 0；右移时，右边一位移出，左边空出位补 0。算术运算左移时，一次移位相当于乘以 2，当符号位改变时表明溢出；右移时，符号位保持不变，其余各位依次右移，右边一位移出，将符号位复制到左边空出的位，一次移位相当于除以 2。

例如，$x = 0.1101$，$y = -0.1011$，用手算算法演算 $x \cdot y$。演算过程为

$$
\begin{array}{r}
0.1101\\
\times\quad 0.1011\\
\hline
1101\\
1101\\
0000\\
+\quad 1101\\
\hline
10001111
\end{array}
$$

由于 x 为正数，y 为负数，所以 $x \cdot y = -0.10001111$。

原码 1 位乘法手算求积的方法不能直接用作计算机中乘法的算法，原因如下：

(1) 由乘数不同位得到的部分积左移的位数不同，不仅不便于控制，而且总的移位次数太多，不利于运算速度的提高。

(2) n 位字长的乘数与被乘数，需要长度为 $2n$ 位的加法器和寄存器，不利于乘积的处理与传送。

(3) 乘数与被乘数字长为 n 位时，需要 n 个寄存器保存部分积。

(4) 需要加法器能完成 n 个部分积同时求和，而基于一位全加器 FA 设计的运算器每次只能实现 2 位数的求和。

为方便机器实现，对手算算法作如下修改：

(1) 设初始部分积为 0，每得到一个部分积就与前面的部分积做一次加法运算，即以累加代替所有部分积同时相加，不仅减少了保存部分积所需的寄存器数目，还能避免一次性部分积求和带来的不便。

(2) 用部分积右移代替手算中的位积左移，不仅使部分积的相加运算可固定在同一位置上进行，而且不再需要长度为 $2n$ 位的加法器。

修改后的原码 1 位乘法流程如图 6-19(a)所示，其逻辑电路如图 6-19(b)所示。

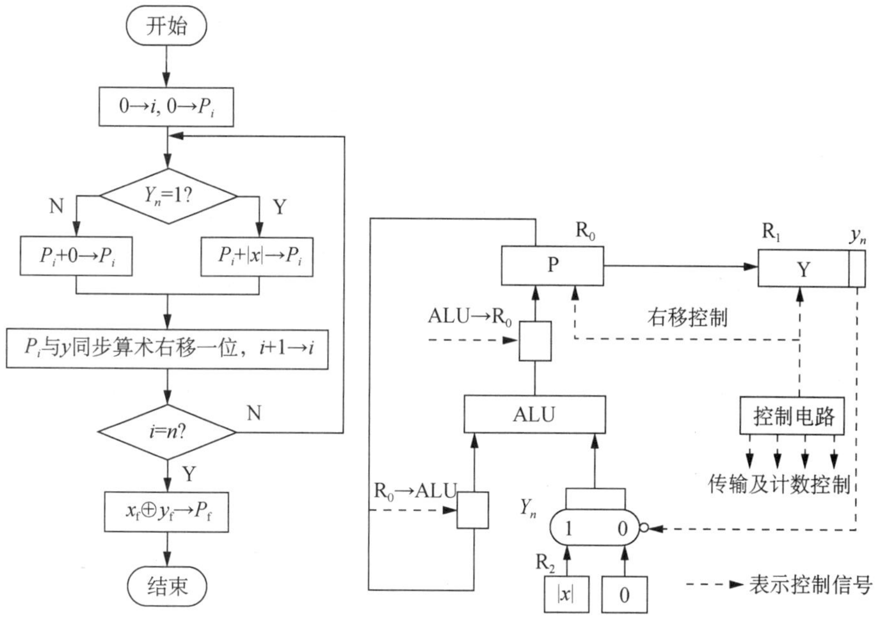

(a) 流程图　　　　(b) 逻辑电路

图 6-19　原码 1 位乘法单元

乘法开始前，令部分积的初值 $P_0=0$，然后对乘数末位 y_n（假设 $|y|=0.y_1y_2\cdots y_n$）进行判断以获得位积 $y_n\times x$，并将位积与 P_0 相加。然后将 P_0 和 y 同步右移一位，得到新的部分积 P_1，部分积中右移出的位按序移入 y 中。重复这个过程 n 次，最后单独处理乘积的符号位。随着 y 的右移，y_n 位总是表示乘数将要被判断的那一位。

【例 6-2】　已知 $x=0.1101$，$y=-0.1011$，用原码 1 位乘法法则求 $x\cdot y$。

解：过程如下。

由于 $P_i=x_i\oplus y_i=0\oplus 1=1$，所以 $x\cdot y=-0.10001111$。

部分积	乘数 (y) 判断位	说明
00.0000	$y_f.101\underline{1}$	$P_0=0$
+ 00.1101		$y_n=1, +x$
00.1101		
→ 00.0110	1 $y_f.10\underline{1}$	右移一位，得 P_1
+ 00.1101		$y_3=n, +x$
01.0011		
→ 00.1001	11 $y_f.1\underline{0}$	右移一位，得 P_2
+ 00.0000		$y_n=0, +0$
00.1001		
→ 00.0100	111 $y_f.\underline{1}$	右移一位，得 P_3
+ 00.1101		$y_n=1, +x$
01.0001		
→ 00.1000	1111 y_f	右移一位，得 $P_4=\lvert x\rvert \cdot \lvert y\rvert$

由例 6-2 可知：①两个 n 位数参加乘法运算要做 n 次加法和移位操作；②用循环累加与移位操作实现乘法运算。

寄存器 R_0 存放部分积，寄存器 R_1 存放乘数，并且最低位 y_n 位为判断位；R_0 与 R_1 具有级联右移功能，即 R_0 中右移出的数据位将移入到 R_1；寄存器 R_2 存放被乘数的绝对值；ALU 实现部分积的累加；控制电路产生运算过程中的控制信号，如右移控制信号、数据从 R_0 送入 ALU 的控制信号 R_0→ALU、控制数据从 ALU 送入的 R_0 控制信号 ALU→R_0、运算开始时的清零信号以及控制运算次数的控制信号等。运算结束时，乘积的高 n 位数据在 R_0 中，低 n 位在 R_1 中，R_1 中原来的乘数在右移过程中逐位移出寄存器。

由于计算机中采用补码数据表示，如果用原码乘法计算两个数的乘积，运算前后要实现补码和原码之间的转换，为减少处理环节，人们提出了补码乘法。

补码 1 位乘法的运算规则为：

(1) 被乘数一般取双符号位参加运算。

(2) 乘数末位增设附加位 y_{n+1}，且初值为 0。

(3) 利用 y_{n+1} 与 y_n 的差判断各步的具体运算，详细控制算法如表 6-10 所示。

表 6-10　补码 1 位乘法的控制算法

$y_{n+1}-y_n$	操作	$y_{n+1}-y_n$	操作
0	部分积右移一位	−1	部分积加$[-x]_补$后右移一位
1	部分积加$[x]_补$后右移一位		

(4) 按照上述算法进行 $n+1$ 步累加操作，n 步右移操作。

【例 6-3】 设 $[x]_补=1.0111$，$[y]_补=1.0011$，求 $[x\cdot y]_补$。

解：设 $[x]_{补}=1.0111$，则 $[-x]_{补}=0.1001$，步骤如下：

部分积		乘数 $y_n y_{n+1}$	说明
00.0000		1.00110	$y_{n+1}=0$
+ 00.1001			$y_{n+1}y_n=01$，加 $[-x]_{补}$
00.1001			
→ 00.0100	1	1.0011	右移一位，得 P_1
+ 00.0000			$y_{n+1}y_n=11$，加 0
00.0100			
→ 00.0010	01	1.001	右移一位，得 P_2
+ 11.0111			$y_{n+1}y_n=10$，加 $[x]_{补}$
11.1001			
→ 11.1100	101	1.00	右移一位，得 P_3
+ 00.0000			$y_{n+1}y_n=00$，加 0
11.1100			
→ 11.1110	0101	1.0	右移一位，得 P_4
+ 00.1001			$y_{n+1}y_n=01$，加 $[-x]_{补}$
00.0111	0101		最后一步数据不移位

因此，$[x \cdot y]_{补}=0.01110101$。

补码 1 位乘法单元的逻辑电路如图 6-20 所示，它与原码 1 位乘法的逻辑结构类似，工作过程也类似，不同的是：①乘数寄存器 R_1 末端增设附加位 y_{n+1}，且 y_{n+1} 初值为 0；②符号位参加运算，每次对乘数寄存器中 $y_n\,y_{n+1}$ 位置上两位进行判断，并根据 $y_{n+1}-y_n$ 的值决定操作方式。

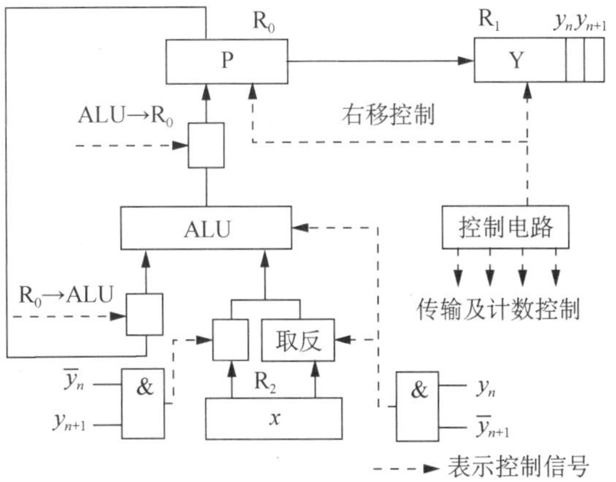

图 6-20　补码 1 位乘法单元逻辑电路

为提高乘法速度，可以采取 2 位乘法，即按乘数每 2 位的取值情况，一次求出对应于该 2 位的部分积。更快速的方法是采用硬件方式实现的阵列乘法器。其基本思想是采用类似手工乘法运算的方法，用大量与门产生手工乘法中的各乘积项，同时，将大量一位全加器按照手工乘法算式中需要进行加运算的各相关项的排列方式组成加法器阵列。

设 $A=a_3a_2a_1a_0$，$B=0.b_3b_2b_1b_0$，用 4 位×4 位不带符号数阵列加法器实现该乘法运算，其基本原理如图 6-21 所示。阵列加法器按行编号，如图 6-21 所示，图中除第 3 行加法器外，其他各行中所有 FA 的进位既没有采用串行进位方式，也没有采用并行进位方式，而是送到下一行相邻高位 FA 的进位输入端，这样做的目的是在保证结果正确的情况下，加快运算的速度。从图 6-21 可以看出第 0 行 FA 的所有进位都送到下一行(第 1 行)相邻高位的 FA 中，第 1 行的进位也同样处理。基于上述原因，图 6-21 中第 3 行阵列加法器是为了第 2 行加法器的进位而设置的，因为第 3 行后面没有下一行阵列加法器了，所以该行的进位采用了串行进位的方式。

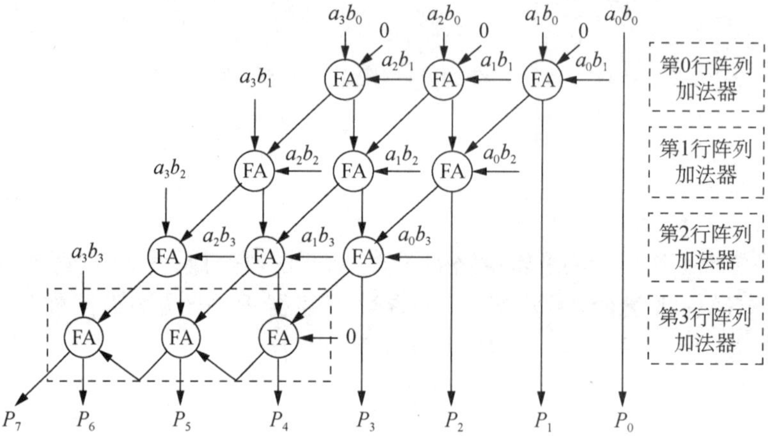

图 6-21　不带符号数阵列乘法器

基于不带符号数的阵列乘法器可设计原码阵列乘法器和补码阵列乘法器，n 位补码阵列乘法器框架如图 6-22 所示。

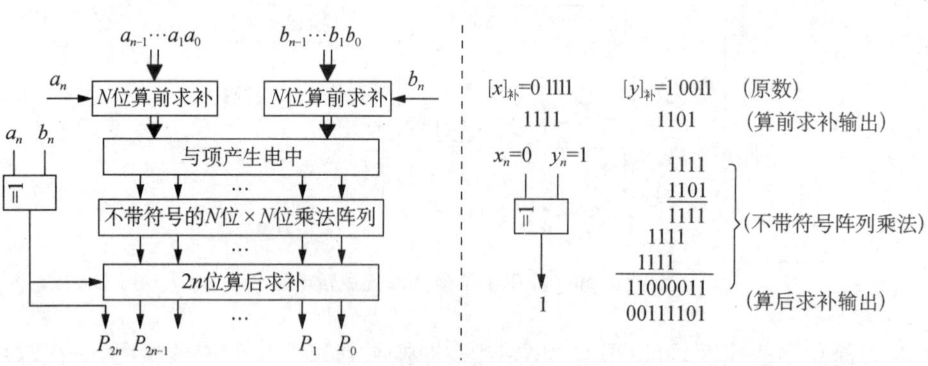

图 6-22　补码阵列乘法器

上述补码阵列乘法器在不带符号数阵列乘法器的基础上变换而来。由于补码乘法中的乘数、被乘数和乘积的结果都以补码方式给出,为了能利用不带符号数阵列乘法器,需要在运算前将以补码方式出现的被乘数和乘数先变成无符号数,因此,在**与**项电路前增加了两个 N 位算前求补电路,并分别用各自的符号位作为求补控制信号。另外,不带符号数阵列乘法器的输出结果是不带符号数,为将结果变成补码,还需在最后增加一个 $2n$ 位算后求补电路,同时,结果的符号位由**异或**门产生,并作为算后求补电路的求补控制信号。图 6-22 虚线右边用一个计算实例补充说明了补码阵列乘法器的工作原理,主要描述了两个算前求补和一个算后求补电路输入和输出数据的变化。

2. 定点除法

除法运算与乘法运算的处理思想相似,通常是将 n 位数的除操作转换成若干次"加减及移位"的循环操作来实现。这里主要介绍恢复余数法和不恢复余数法两种除法。

设被除数 $[x]_{原}=x_1x_2\cdots x_i$,除数 $[y]_{原}=y_1y_2\cdots y_i$,$(i=1,2,\cdots,n)$,则二者的商为 $Q_i=x_i\oplus y_i$,商的值为 $|Q|=|x|/|y|$。

为保证运算的结果不发生溢出,上述除法的隐含条件为 $|x|<|y|$。

由于原码的数值部分与真值相同,所以在设计原码 1 位除法的运算方法时,也可从手算中得到一些启发。通过分析手算二进制除法的过程,可以发现下列规律:①除法通过减法实现;②上第 i 位商前,通过自己的判断来比较余数与 $2^{-i}y$(即将除数右移 i 位)之间的大小,然后根据比较的结果决定商上 1 还是上 0。

为便于在计算机上执行除法运算,对手工除法算法进行如下改进:①通过减法运算比较数的大小,并作为上商的依据。若余数减去除数大于或等于 0 则表示够减,若小于零则表示不够减;②将每次右移除数改为左移余数,并与上商操作统一起来,使得上商能固定在一个 位置上进行。需要注意的是,每左移一次余数,相当于将余数乘以 2,在求得 n 位商后,余数 r 就被左移了 n 次,因此最后正确的余数应为 $r_n\cdot 2^n$。

在原码恢复余数法中,比较被除数(余数)与除数的大小是用减法实现的。对原码除法而言,操作数以绝对值的形式参与运算,因此,相减结果为正(余数的符号位为 0)说明够减,商上 1;相减结果为负(余数的符号位为 1)说明不够减,商上 0。

由于除法通过减法实现,当商上 1 时,可将比较数据大小时的减法操作与除法操作中的减法操作合并,即商上 1 后继续后面的除法操作。商上 0 时表明不够减,但因比较操作时已经实施了一次减法,因此,需要对执行比较操作后的结果加上除数,即将余数还原成比较操作前的数值,这种方法就称为恢复余数法。

【例 6-4】 $[x]_{原}=0.1001$,$[y]_{原}=0.1011$,求$[x]_{原}\div[y]_{原}$。

解:$[|y|]_{补}=0.1011$,$[-|y|]_{补}=1.0101$。步骤如下:

故$[x]_{原}\div[y]_{原}=[Q]_{原}=0.1101$,余数 $[r]_{原}=0.0001\times 2^{-4}$。可以看出运算

被除数/余数	商寄存器	上商位	说明
00.1001			
$+[-y]_{补}$ 11.0101			$(x-y)$ 比较
11.1110		0	余数 $r_0<0$, 商上 0
+ 00.1011			加 y 恢复余数
00.1001			
← 01.0010	0		左移一位，商移入商寄存器
$+[-y]_{补}$ 11.0101			减 y 比较
00.0111		1	$r_1>0$, 商上 1
← 00.1110	0.1		左移一位
$+[-y]_{补}$ 11.0101			减 y 比较
00.0011		1	$r_2>0$, 商上 1
← 00.0110	0.11		左移一位
$+[-y]_{补}$ 11.0101			减 y 比较
11.1011		0	$r_3<0$, 商上 0
+ 00.1011			加 y 恢复余数
00.0110			
← 00.1100	0.110		左移一位
$+[-y]_{补}$ 11.0101			减 y 比较
00.0001	0.1101		$r_4>0$, 商上 1, 只移商

过程是一个循环过程：比较→上商(商为 0 时还需要恢复余数)→左移→再比较，直到商达到规定的位数为止。一般商的位数与除数的位数相同。在运算过程中，由于可能需要恢复余数，而除法中恢复余数的步数不能在运算前被确定，导致原码恢复余数除法控制复杂。

不恢复余数法又称加减交替法，是对恢复余数法的改进。不恢复余数法的特点是不够减时不再恢复余数，而根据余数的符号作相应处理就可继续往下运算，因此运算步数固定，控制简单，提高了运算速度。

分析恢复余数法中恢复余数的环节，可得出不恢复余数的算法。设恢复余数法中某次余数为 r_i。根据恢复余数算法，下一步操作将 r_i 左移一位，并通过减除数进行比较，得到新余数 r_{i+1}。即 $r_{i+1}=2r_i-y$。

当 $r_{i+1}<0$ 时，商上 0，并加 y 恢复余数，即 $2r_i-y+y=2r_i$。

若继续下面的求商，还需将恢复余数后的数左移一位，然后减去除数，才能得到新余数 r_{i+2}，即 $r_{i+2}=2(2r_i)-y=4r_i-y$。

如果当 $(2r_i-y)$ 小于 0 时，商仍上 0，不进行加 y 恢复余数操作，而是把 $(2r_i-y)$ 左移一位，然后加上除数，即 $r_{i+2}=2(2r_i)-y=4r_i-y$。

恢复余数和不恢复余数两种处理方法结果相同，因此，当比较结果小于 0 时，商上 0 后仍将余数左移一位，然后加 y 进行比较。这样，比较过程可根据不同的情况分别用加法或减法实现。不恢复余数法就是采用这种方法，所以它又称为加减交替法。

不恢复余数法的运算规则是：

(1) 当余数为正时，商上 1，余数左移一位，减去除数。

(2) 当余数为负时，商上 0，余数左移一位，加上除数。

【例 6-5】 $[x]_{原}=0.1001$，$[y]_{原}=0.1011$，用不恢复余数法求$[x]_{原}\div[y]_{原}$。

解：$[|y|]_{补}=0.1011$，$[-|y|]_{补}=1.0101$。步骤如下：

被除数/余数	商寄存器	上商位	说明
00.1001			
$+[-y]_{补}$ 11.0101			$(x-y)$ 比较
[0] 11.1110		0	$r_0<0$，商上 0
← 11.1100	0		左移一位
+ 00.1011			余数为负，加 y 比较
[1] 00.0111		1	$r_1>0$，商上 1
← 00.1110	0.1		左移一位
$+[-y]_{补}$ 11.0101			余数为正，减 y 比较
[1] 00.0011		1	$r_2>0$，商上 1
← 00.0110	0.11		左移一位
$+[-y]_{补}$ 11.0101			余数为正，减 y 比较
[0] 11.1011		0	$r_3<0$，商上 0
← 11.0110	0.110		左移一位
+ 00.1011			余数为负，加 y 比较
[1] 00.0001	0.1101		$r_4>0$，商上 1，只移商

故$[x]_{原}\div[y]_{原}=[Q]_{原}=0.1101$，余数$[r]_{原}=0.0001\times2^{-4}$。

例 6-5 运算过程中"□"内的数字是运算器进位位的值，不难发现，加法器进位位的值与所上的商相同，因此，在具体逻辑实现中可用加法器进位位作为上商的控制信号。

图 6-23 所示为实现原码不恢复余数法的逻辑框图。其中，寄存器 R_0 在除法开始前存放被除数，运算过程中存放余数；寄存器 R_2 存放除数；商存放在 R_1 中；R_0 与 R_1 都具有左移功能。每步的商和下一步的操作根据当前加法器进位位的状态来确定，上商操作固定在 q_n 位进行。q_n 的值(即每一步所上的商)控制下一步进行加 y 或进行减 y 操作，当 $q_n=1$ 时，下一步加$[-y]_{补}$，进行减 y 比较；当 $q_n=0$ 时，则下一步进行加 y 比较。

在运算过程中，经 $(n+1)$ 步后获得 $(n+1)$ 位商，其中 n 为有效数的位数，最后由 $x_i\oplus y_i$ 的值来决定商的符号。

对补码除法而言，也要通过比较被除数(余数)与除数的大小来上商，但由于符号位参 与运算，因此判断是否够减，不能采用原码除法中的方法，需要通过判断余数和除数的符号来确定。

为了解决该问题，提出补码不恢复余数法的算法，其步骤为：

(1) 被除数与除数同符号，被除数减去除数；被除数与除数异符号，被除数加上除数。

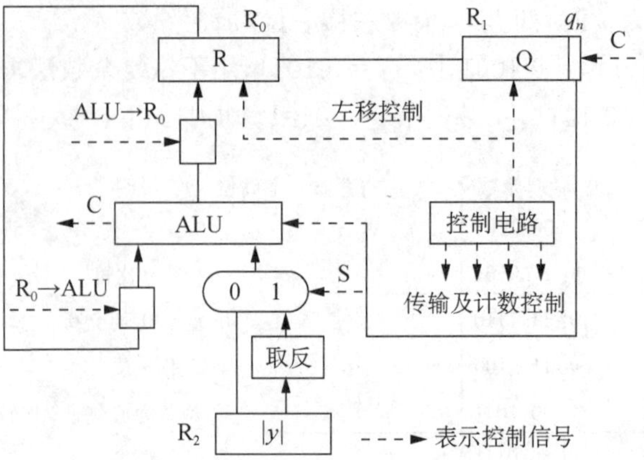

图 6-23　原码不恢复余数法的逻辑框图

(2) 余数与除数同符号，商上 1，余数左移一位减去除数；余数与除数异符号，商上 0，余数左移一位加上除数。

需要注意，余数左移后加上或减去除数就得到了新余数。

(3) 重复步骤(2)，若采用"恒置 1"法(当步次 n 和位次 i 相等时，商 q_n 置 1)，则包括符号位内共重复步骤(2)n 次；若采用校正法(当步次$(n+1)$等于位次时，商加 2^{-n} 或不加)，则包括符号在内，应重复步骤(2)$n+1$ 次。

补码不恢复余数法的算法流程如图 6-24 所示，图中 r_i 表示余数，q_n 为商的末位。

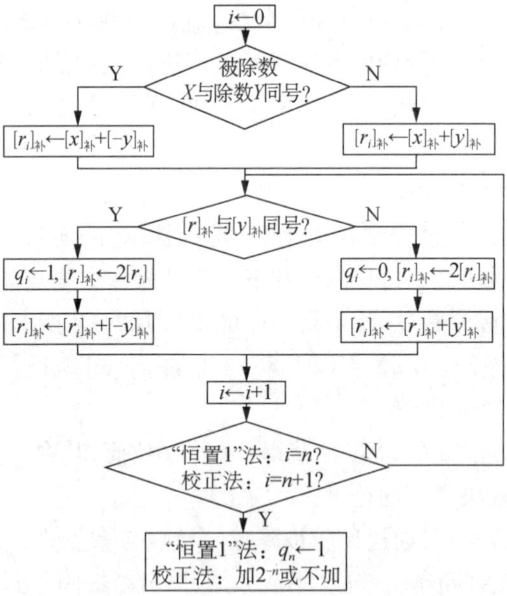

图 6-24　补码不恢复余数法流程

上面所讨论的补码不恢复余数法除法运算是在商的末位"恒置 1"的条件下所取得的有限位商。当商为负时是反码形式，而所需要的商是补码形式，二者之间相差的就是末位的1，这样引起的最大误差是 2^{-n}。在对商的精度没有特殊要求的情况下，一般就采用商的末位“恒置1”法，这样操作简单，易于实现。如果要求进一步提高商的精度，则按上述办法多求1位商，再用校正的办法对商进行处理。在商为负且不能除尽（即余数 $r_i \neq 0$）的情况下，求出一个全字长的商以后，可在末位加上1进行校正。即按上述算法求得商的反码形式后，再加上 2^{-n}，以得到商的补码形式。总之，商的校正可根据的原则为：①当刚好能除尽时，如果除数为正，则商不必修正；如果除数为负，则商需要校正，即加 2^{-n}；②当不能除尽时，如果商为正，则不必修正；如果商为负，则商需要加 2^{-n} 进行修正。

【例6-6】 $[x]_补=0.1001$，$[y]_补=1.0101$，用不恢复余数法求 $[x]_补 \div [y]_补$。

解： $[|y|]_补=1.0101$，$[-|y|]_补=0.1011$。步骤如下：

被除数/余数	商	上商位	说明
00.1001			
$+[y]_补$ 11.0101			被除数与除数异号，加除数比较
11.1110		1	余数 r_0 与除数同号，商上1
← 11.1100	1		左移一位，商从上商位移入商寄存器
$+[-y]_补$ 00.1011			减除数比较
00.0111		0	余数 r_1 与除数异号，商上0
← 00.1110	1.0		左移一位
$+[y]_补$ 11.0101			加减除数
00.0011		0	余数 r_2 与除数异号，商上0
← 00.0110	1.00		左移一位
$+[y]_补$ 11.0101			加除数比较
11.1011		1	余数 r_3 与除数同号，商上1
← 11.0110	1.001		左移一位
$+[-y]_补$ 00.1011			减除数比较
00.0001	1.0010		余数 r_4 与除数异号，商上0，移商

故 $[x \div y]_补=[Q]_补=1.0010$，余数 $[r]_补=0.0001\times 2^{-4}$。

因未除尽，商又为负，因此商需要校正。故 $[x \div y]_补=[Q]_补=1.0010+0.0001=1.0011$

实现补码不恢复余数法的逻辑结构与原码不恢复余数法的逻辑电路十分相似。

求得 n 位商后，得到的余数往往是不正确的。正确的余数常需要根据具体情况作适当处理才能获得，处理方法一般如下：

(1) 若商为正，当余数与被除数符号相同时，则不需处理；当余数与被除数异号时，则应将余数加上除数进行修正才能获得正确的余数。

(2) 若商为负，当余数与被除数同号时，则余数不需处理；当余数与被除数异号时，则余数需要减去除数进行校正。

余数之所以需校正，是因为补码不恢复余数法运算过程中需先比较后上商。因此，如果要保存余数，必须根据具体情况对余数作相应处理，否则余数不一定正确。

为了加快除法的执行速度，采用阵列乘法器的思想来设计阵列除法器实现除

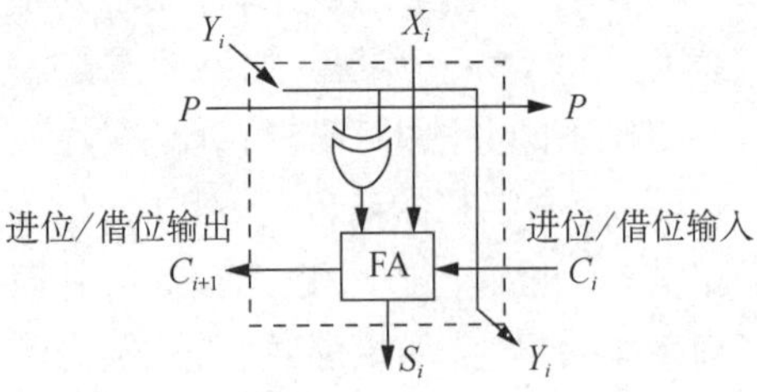

图 6-25　CAS 单元

法运算。为简化运算及阵列除法器的结构，对参加运算的数据进行适当的处理，使其以正数的形式参加运算。图 6-25 所示为可控加减（CAS，Controllable Addition and Subtraction）单元，是阵列除法器的核心单元。

一个 CAS 单元有 8 根引线（比 FA 多 3 根），分成 4 个输入端和 4 个输出端。CAS 单元上面一行水平输入和输出线 P 为加减操作控制，$P=0$ 时，CAS 执行加法；否则，执行减法。CAS 单元下面一行水平输入和输出的是进位/借位输入（输出）信号。Y_i 为除数，输出到下一个 CAS 单元（当由多个 CAS 单元构成阵列时）的 Y_i，相当于手算除法中的右移；输入 X_i 是被除数，输出 S_i 是商。

CAS 单元输入与输出的关系表达式为

$$S_i = A_i \oplus (B_i \oplus P) \oplus C_i$$
$$C_{i+1} = (A_i + C_i)(B_i \oplus P) + A_i C_i$$

当 $P=0$ 时，关系表达式变为

$$\begin{aligned} S_i &= A_i \oplus B_i \oplus C_i \\ C_{i+1} &= A_i B_i + B_i C_i + A_i C_i \end{aligned} \tag{6-6}$$

式(6-6)即为 1 位全加器 FA 的本位和进位的逻辑表达式。

当 $P=1$ 时，关系表达式变为

$$\begin{aligned} S_i &= A_i \oplus \overline{B_i} \oplus C_i \\ C_{i+1} &= A_i B_i + \overline{B_i} C_i + A_i C_i \end{aligned} \tag{6-7}$$

式(6-7)即为 1 位全减器 FP 的本位差和借位的逻辑表达式。

图 6-26 所示为字长 3 位的阵列除法器的基本结构，其中，被除数 $x=0.x_1x_2x_3x_4x_5x_6$（双字长），除数 $y=0.y_1y_2y_3y_4y_5y_6$，商 $q=0.q_1q_2q_3$，余数 $r=0.r_1r_2r_3r_4r_5r_6$。

每行 CAS 单元的连接中，所有 CAS 单元的 P 信号按照相邻关系依次连接，进位/借位信号也依次连接，需要特别注意的是：①最右边 CAS 单元的输出 P 和输入 C 相连接，要理解这种连接的依据，由全加器和全减器表达式可知，$P=1$ 时，CAS 做减法，而减法是通过加负数的补码实现；但 $P=1$ 时，CAS 单元只对除数实现了求反码，所以此时要在最低位加 1 才能变成补码。因此，可用 P 将 1 送到最低位 CAS 的进位输入（即最右边的 CAS 单元）。当 $P=0$ 时，CAS 做加法，与最低 CAS 的进位位相连刚好满足加法的进位需求。②由原码不恢复余数法可知，新上的商决定了下一步除法的算法，因此，可用上一步的商（各行最左边 CAS 的进位/借

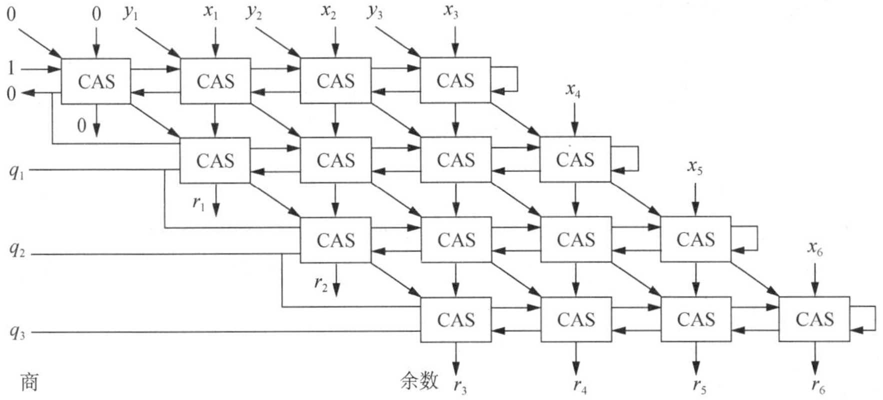

图 6-26 CAS 阵列除法器

位输出)控制除法阵列中相邻下一行 CAS 阵列的加减操作,即商上 1,下一步减除数;商上零,下一步加除数。故将上一步的商与下一行 CAS 阵列的 P 输入相连接。

阵列除法器综合采用了原码不恢复余数法和手算除法的思想,第一步采用减法。另外,根据原码不恢复余数法的法则,上一步的商决定下一步运算是加法还是减法。

3. 浮点加减法

采用补码运算时,加法和减法运算都通过加法运算实现,为简化问题,只介绍浮点加法运算。设有两个浮点数为 $x = 2^m \times M_x$, $y = 2^n \times M_y$(M_x, M_y 为二进制数)。

对 x 与 y 两个数做加减法运算,则有

$$x \pm y = 2^m \times (M_x \pm 2^{n-m} \times M_y) \ (m \geqslant n \text{ 时})$$

$$\text{或 } x \pm y = 2^n \times (2^{m-n} \times M_y \pm M_x)(n \geqslant m \text{ 时})$$

可见当 $m = n$ 时,只要完成括号内两个数(尾数)的求和运算,就可以得到浮点形式的运算结果。然而,参加运算的两个数的阶码 m 与 n 往往并不相等,所以必须先设法让阶码相等后才能进行尾数部分的运算。使阶码相等的过程称为对阶。

另外,浮点数在机器中要求以规格化形式出现,虽然参加运算的浮点数是规格化数,但尾数运算结果不一定是按照格式化输出的规格化数,所以运算后还可能需要对运算的结果进行规格化处理。

总之,浮点加减法运算过程包括如下五个步骤:

(1) 对阶

对阶的原则是小的阶码向大的阶码看齐,这是因为小阶码增大数值时,尾数部分右移舍去的是尾数的低位部分。如果让大阶码向小的阶码看齐,则尾数部分相应左移,将会丢失尾数的高位部分,导致运算结果的精确度大大降低。

对阶又包括如下两个步骤:①求阶差。通过对两个阶码进行减法运算而实现,这不仅能知道阶码的大小,还能求出两个阶码的具体差值。②阶码的调整与尾数的移位,进行方式是当 $m > n$ 时,则将浮点数 y 的尾数右移 $m-n$ 位;当 $m < n$ 时,

则将浮点数 x 的尾数右移 $n-m$ 位。

(2) 尾数运算

对阶完成后可按照定点数的加减运算法则执行尾数加减操作。注意,对于阶码小的那个浮点数,应该使用对阶后的尾数参加运算。

(3) 结果规格化

结果规格化就是使运算结果成为规格化数。为了运算处理方便,可让尾数的符号位扩展为两位,当尾数运算结果不是 11.0××…(或 00.1××…×的形式时,则应进行相应的规格化处理。处理方式为:当尾数符号为 01 或 10 时,需要向右规格化,且只需将尾数右移一位,同时将结果的阶码值加 1;当尾数运算结果为 11.1××…×或 00.0××…×时,需要左移规格化,而且左移次数不固定,运算结果与左移次数有关。

左移规格化的方法是尾数连同符号位一起向左移位,结果的阶码减 1,直到尾数部分出现 11.0 或 00.1 的形式为止。

(4) 舍入

在对阶右移和右移规格化操作时,尾数末尾的几位会因超出机器字规定的位数而丢失,从而产生误差。这时,计算机可以按选定的方式进行舍入操作。常用的舍入方法有:①末位恒置 1 法。不管最低位原来是 0 还是 1,只要因移位而丢失的位中有一位是 1,就把运算结果的最低位置 1。②0 舍 1 入法。当丢失位数的最高位是 1 时,将尾数的末尾加 1。

(5) 溢出判断

由于浮点数中阶码的位数决定数的表示范围,因此,对于浮点运算而言,当阶码出现溢出时才表示运算结果溢出,即当阶码的符号位为 01 和 10 时,表示运算结果溢出。

【例 6-7】 假设 $x=2^{-011}\times(-0.101100)$, $y=2^{-011}\times0.011110$,又假定数的阶码为 3 位,尾数为 6 位(均不含符号位),且都用补码表示,按照补码浮点加减法运算步骤计算 $x+y$。

解:先用补码形式表示 x 和 y(设符号位均取 2 位):$[x]_补=1110111.010100$, $[y]_补=1111000.011110$

(1) 对阶

$$[\Delta E]_补=[E_x]_补+[-E_y]_补=11110+00010=11111$$

因此 $\Delta E=-1$, 所以 x 的阶码比 y 的阶码小 1。

将 x 的尾数向右移动 1 位,同时阶码加 1,对阶后的 x 为

$$[x]_补=11101,\ 11.010100$$

(2) 尾数运算

$$\begin{array}{r} 11.101010 \\ +00.011110 \\ \hline 00.001000 \end{array}$$

(3) 结果规格化

尾数的形式为 00.0××…×，故要左移规格化，即将结果的尾数向左移动两位，同时，将结果的阶码减 2。规格化后的结果为 $[x+y]_{补}=11100,00.100000$

(4) 舍入

最后没有丢失有效数字，所以不需要舍入。

(5) 溢出判断

由于阶码的双符号位相同，故没有发生溢出。最后的结果为

$$x+y=2^{-100}\times 0.100000$$

【例 6-8】 假设 $x=2^{-4}\times(15/32)$，$y=2^{-5}\times(-23/32)$，当阶码为 5 位(含 2 位符号)，尾数为 7 位(含 2 位符号)时，用补码二进制浮点加减法运算方法计算舍入，采用 0 舍 1 入法。

解: 将 x 和 y 用二进制数表示为 $x=2^{-100}\times(0.01111)$，$y=2^{-101}\times(-0.10111)$

$[x]_{补}=1110000.01111$

$[y]_{补}=1101111.01001$

(1) 对阶

先求阶差

$$\begin{array}{r}11100\\ +00101\\ \hline 00001\end{array}$$

x 的阶码比 y 的阶码大 1。需将$[y]_{补}$的阶码加 1，尾数右移 1 位。

$[y]_{补}=1110011.101001$，末位 0 舍 1 入后得$[y]_{补}=1110011.10101$。

(2) 尾数运算

$$\begin{array}{r}00.01111\\ +\quad 11.10101\\ \hline 00.00100\end{array}$$

(3) 结果规格化

因尾数有效位的前两位都与符号位相同，需做两次左移规格化操作，即尾数左移 2 次，阶码减 2。

$$[x+y]_{补}=2^{11010}\times(0.10000)$$

(4) 溢出判断

阶码的双符号位相同，故没有发生溢出。最后的结果为

$$x+y=2^{-6}\times 0.10000$$

IEEE 754 是二进制浮点数算数标准，其浮点数的加减运算过程与基于补码表示的浮点数运算过程类似。由于 IEEE 754 浮点数的阶码采用移码表示，而尾数采

用原码表示，且尾数的最高位隐藏，因此，IEEE 754 浮点数加减运算过程中又表现出与前者的不同：

(1) 对阶和规格化过程中，阶码的运算采用移码的加减运算。

(2) 尾数的运算采用原码运算法则，且隐藏位要参与尾数运算。

(3) 隐藏位参与尾数规格化判断及尾数规格化过程为：①如尾数形式为 1.××…×，则为规格化尾数；②如尾数形式为 1×.××…×，则需要进行右移规格化一次，即将尾数右移一位，同时阶码加 1；③如尾数形式为 00.××…×，则需要进行左移规格化，将尾数左移，尾数每左移一位，同时阶码减 1，直到尾数形式为 1.××…×为止。

(4)溢出判断。浮点数的溢出与否通过阶码来判断，采用移码加减运算法则进行判断。另外，对 IEEE 754 单精度浮点数而言，上溢发生在当阶码为全 1(即 11111111，对应真值为 127)时，进行右移规格化；下溢发生在当阶码为全 0(即 00000000，对应真值为－128)时，进行左移规格化。因此，对于 IEEE 754 单精度浮点数的溢出判断，可采用的简单判断方法为：①若右规格化前阶码已为全 1，则直接判断为上溢，不需要进行右移规格化；反之，则执行右移规格化，并将阶码加 1。②如果在左移规格化之前阶码为全 0，则直接判断为下溢，不需要进行左移规格化；反之，则执行左移规格化，阶码减 1。

注意：阶码的加减运算采用移码运算方法。

【例 6-9】 用 IEEE 754 单精度浮点数加减运算求 0.75＋(－0.4375)。

解：先将 0.75 和 0.4375 表示成浮点数格式为

$$x=(0.75)_{10}=(0.11)_2=2^{-1}\times(1.1)_2$$
$$y=(-0.4375)_{10}=(-0.01110\cdots0)_2=2^{-2}\times(-1.11)_2$$

用 IEEE 754 单精度格式进一步表示为

$$[E_x]_{移}=01111111+(-1)=01111110$$
$$[E_y]_{移}=01111111+(-10)=01111101$$

得到两数的 IEEE 754 单精度表示为

$$[x]_{浮}=001111110(1)1000\cdots0$$
$$[y]_{浮}=101111101(1)1100\cdots0$$

上述浮点数括号中的数字表示隐藏位的值。

(1) 对阶

$$[E_x]_{移}-[E_y]_{补}=01111110-00000011=00000001$$

符号取反后得

$$[E_x\sim E_y]=10000001$$

即 $\Delta E=1$，x 的阶码比 y 的阶码大，将 y 的尾数右移一位得

$$[y]_{浮}=101111110(0)11100\cdots0$$

(2) 尾数相加

两个尾数符号相异，根据原码加法规则，计算

$$0(1)1000\cdots0+1(0)11100\cdots0=00.1010\cdots0$$

括号中的数据是隐藏位，括号前面的一位数是尾数的符号位，其余位是尾数的数值位。

(3) 结果规格化

从和的尾数形式看，需要左移一位进行左移规格化，阶码减 1。

得到

$$和的阶码=01111110+11111111=01111101$$
$$和的尾数=0(1).01000\cdots0$$

(4) 舍入

本例中未丢失尾数的有效数值，故不进行舍入。

(5) 溢出判断

根据 IEEE 754 单精度浮点数溢出的判断方法可知，本题未发生溢出。

即

$$[x+y]_{浮}=001111101(1).01000\cdots0$$

所以

$$x+y=2^{125-127}\times1.01=2^{-2}\times1.01=0.3125$$

浮点数加减运算部件的逻辑结构如图 6-27 所示，最上面是两个浮点数据寄存器，左上部是一个用于对阶的 ALU，它将两个浮点数的阶码相减，并将结果存入阶差寄存器中。

浮点运算控制部件根据阶差，选择阶码小的浮点数的尾数进行右移操作，同时，选择较大的阶码送入阶码加 1 或减 1 寄存器中。阶码大的浮点数的尾数和经过右移后的浮动数的尾数进入尾数运算 ALU，进行尾数的加减运算，运算的结果送入尾数规格化部件。规格化时对运算结果的尾数进行左移或右移规格化，同时，对阶码进行加 1 或减 1 操作。规格化的结果又送入舍入部件，控制部件根据规格化后的结果进行舍入操作。

4. 浮点乘法

假设 $x=2^m\cdot M_x$，$y=2^n\cdot M_y$，则两个浮点数的乘法可表示为 $x\cdot y=2^{m+n}(M_x\cdot M_y)$，浮点乘法运算也可以分为以下三个步骤：

(1) 阶码相加

两个数的阶码相加可在加法器中完成。阶码和尾数两个部分并行操作时，可另设一个加法器专门实现对阶码的求和；串行操作时，可利用同一加法器分时完成阶码求和、尾数求积的运算，并且先完成阶码求和运算。阶码相加后有可能产生溢出，若发生溢出，相应部件将给出溢出信号，指示计算机作溢出处理。

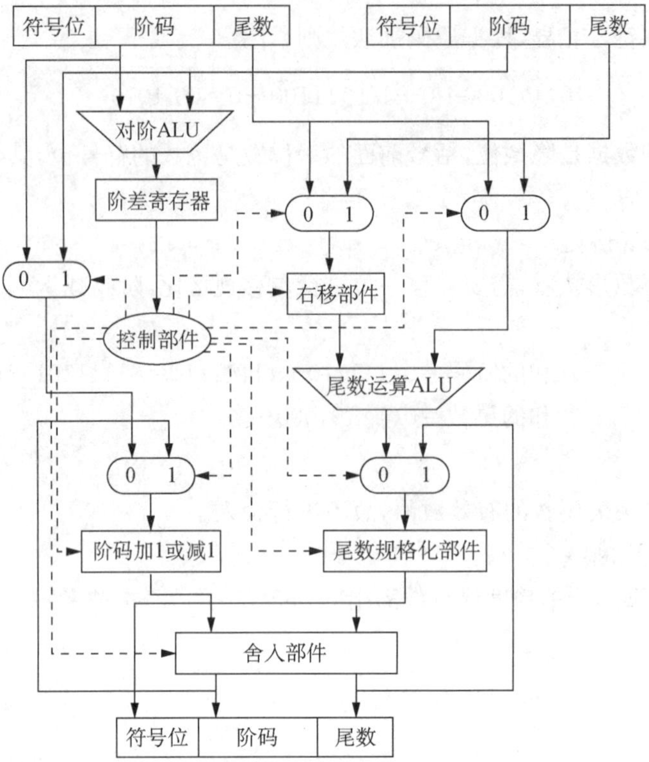

图 6-27　浮点数加减运算部件的逻辑结构

(2) 尾数相乘

两个运算数的尾数部分相乘就可得到积的尾数。

(3) 结果规格化

当运算结果需要规格化时，就进行规格化操作。规格化及舍入方法与浮点减法处理的方法相同。对 IEEE 754 单精度浮点数而言，阶码的运算仍然采用移码的运算法则，尾数处理过程中隐藏位要参与运算，并采用 IEEE 754 的规格化和溢出检测与处理方法。需要特别注意的是，IEEE 754 单精度浮点乘法运算中不存在左移规格化操作。

5. 浮点除法

假设 $x=2^m \cdot M_x$，$y=2^n \cdot M_y$，则两个浮点数的除法可表示为 $x \div y = 2^{m-n}(M_x \div M_y)$，浮点除法运算也可以分为以下三个步骤：

(1) 尾数调整

检查被除数的尾数是否小于除数的尾数(从绝对值考虑)。如果被除数的尾数大于除数尾数，则将被除数的尾数右移一位并相应调整阶码。由于操作数在运算前是规格化数，所以最多只作一次调整。这步操作将防止商的尾数出现混乱。

(2) 阶码求差

因商的阶码等于被除数的阶码减去除数的阶码，所以要进行阶码求差运算。

阶码求差可以很简单地在阶码加法器中实现。

(3) 尾数相除

商的尾数由被除数的尾数除以除数的尾数获得。由于操作数在运算前已规格化,并且调整了尾数,所以尾数相除的结果是规格化定点小数,两个尾数相除与定点除法类似。对 IEEE 754 浮点数而言,阶码的运算仍然采用移码的运算法则,尾数处理过程中隐藏位要参与运算,并采用 IEEE 754 的规格化和溢出判断的处理方法。需要特别注意的是,IEEE 754 浮点除法运算中不存在右移规格化操作。

6.6 指 令 集

在可编程系统中,处理器输入的一部分由指令序列组成。每一条指令控制指令系统执行一个操作,指定操作所需要的操作数、存放操作结果的地方。为了更好地获取指令,指令系统同时还需要指向将执行的下一条指令。对于可编程系统,指令通常被存放在存储器中,既能放在 RAM 中,也能放在 ROM 中。为了按序执行指令,必须指明将要执行的指令在存储器中的地址。这个地址放在一个叫程序计数器(PC, Program Counter)的寄存器中,因此 PC 是具备计数功能的逻辑电路。此外,为了可以根据状态信息去改变指令的执行顺序,还要求 PC 具备并行装载地址的能力。所以,可编程系统的控制单元需要包含一个与 PC 相关的判定逻辑,还需要有必要地分析逻辑,用来对被执行的指令加以解释。执行一条指令,就表示在数据通路中激活一个用来完成由指令确定的操作所必需的微操作系列。而对于非编程系统而言,控制单元既不需要从存储器获取指令,也不需要指定指令执行的顺序,根本原因是其无类似 PC 这样的寄存器,控制单元仅根据其输入和状态来决定要执行的操作和操作的执行顺序。

计算机系统中,通过指令指定的操作在数据通路中通过若干微操作实现,并控制信息在数据通路和存储器之间传输流动。

6.6.1 指令集结构

运行一段程序所指定要执行的操作和执行这些操作的顺序,就是指令列表,该列表明确了操作类型、操作数和执行顺序。这些指令和数据都存储在存储器中,有的混合存在一个存储器中,有的分开存储在指令存储器和数据存储器中。指令的运行过程是,由控制单元产生一个或多个微操作组成的操作序列,再从存储器读取一条指令(简称取指),并明确该指令是哪一种操作(简称译码),然后执行该指令(简称执行),最后把执行结果送回存储器或寄存器(简称写回)。从存储器中读取执行程序的能力是计算机的一个重要属性。

指令就是命令计算机执行一个特定操作任务的二进制编码的位的集合。每一台计算机的指令条数可能不完全相同,每台计算机都有自己的指令集,一个指令集的完整描述就称为该计算机的指令集结构(ISA, Instruction Set Architecture),指令集结构包含三个主要部分:存储资源、指令格式和指令说明。

指令集结构存储资源有程序计数器、寄存器文件、指令存储器和数据存储器。

6.6.2 指令集设计与优化

指令集结构是程序设计者看到计算机的主要属性,是计算机软、硬件的主要界面,其很大程度上决定着计算机应具有的基本功能。设计和确定指令集结构应尽可能考虑怎样有利于满足计算机系统的基本功能,有利于优化计算机的性能价格比,有利于指令集结构后续的发展和优化改进。

指令集结构设计应遵循如下的基本原则:

(1) 完整性。对相似的操作作出相同的规定。例如,对字的操作应与对字节的操作相同,操作后生成的条件码和对各种通用寄存器的使用规定与限制也要相同。

(2) 对称性。例如,若 $A-B\rightarrow A$,则应有 $A-B\rightarrow B$;若 $A+B\times C\rightarrow D$,则应有 $(A+B)\times C\rightarrow D$,这样便于编译。

(3) 独立性和全能性。如果有多种程序选择实现同一种功能,为减少编译时选择哪种以实现更好分析的时间,应该限定操作只能用一种选择方式。

(4) 正交性。指令各个不同含义的字段,如操作类型、数据类型、寻址方式等,在编码时应互不相关,互相独立。例如,乘法操作字长按目的寄存器的编号是奇数或者偶数来编号,就会增加编译的负担。

(5) 可组合性。让指令集结构中所有操作对各种寻址方式和数据类型都能适用。

(6) 可扩充性。要留有一定数量的冗余操作码,利于后续扩充新指令。

除遵循上述主要原则之外,还应尽可能做到如下方面:

(1) 指令码密度适中。高密度指令指的是强功能复合指令,可用于替代功能强的指令串的功能。高密度指令数过多,能减少程序长度,节省程序所需的存储空间,减少程序执行时访问主存储器取指令的次数,也可减少 Cache、虚拟存储器的访问调度次数,有利于减少程序的运行时间,但同时会使指令系统过于复杂,产生硬件实现极不方便的后果。

(2) 兼容性。对系列计算机来说,为保证软件向后兼容,只能增加指令,不能删除和更改指令的功能。所以,在设计指令集结构时必须周密考虑,并尽可能简易。

(3) 适应性。随着工艺技术的发展进步,指令集结构仍可以方便地用硬件来实现,即指令集结构不仅满足当前的工艺实现,还要能适应以后工艺技术的发展与变化,且容易实现。

所以,指令集结构的设计应同时兼顾编译程序设计和系统结构设计两方面的要求,尽可能做到富有生命力。

【例 6-10】　一台模型计算机,共有 7 类不同的指令,使用频度如表 6-11 所示。

表 6-11　模型计算机指令使用频度

指令	使用频度(p_i)	指令	使用频度(p_i)
I_1	0.40	I_5	0.04
I_2	0.30	I_6	0.03
I_3	0.15	I_7	0.03
I_4	0.05		

若操作码用定长码表示,需要 3 位。按信息论观点,当各种指令的出现是相互独立的(实际情况并不都是如此)时候,由于操作码信息是用二进制位表示的,则操作码的信息源熵(信息源所包含的平均信息量)H 为

$$H=-\sum p_i\log_2 p_i$$

按如图 6-31 所示的数据,得

$$\begin{aligned}H&=0.40\times1.32+0.30\times1.74+0.15\times2.74+0.05\times4.32+\\&\quad 0.04\times4.64+0.03\times5.06+0.03\times5.06\\&=2.17(\text{位})\end{aligned}$$

说明表示这 7 类指令,操作码平均只需 2.17 位就够了。采用 3 位定长操作码表示的信息冗余量为

$$\frac{\text{操作码的实际平均长度}-H}{\text{操作码的实际平均长度}}=\frac{3-2.17}{3}=0.28(28\%)$$

此时,3 位定长编码的信息冗余量相当大。为减少信息冗余,可改用哈夫曼(Huffman)编码。哈夫曼编码也称霍夫曼编码,是根据字符出现概率来构造平均字码长度最短的编码。

首先,依据每类指令出现的频度,建立哈夫曼树,该树是一个二叉树结构。构建哈夫曼树的方法是把每类指令的频度从大到小排列为末结点,将末结点中两个频度最大的相加,其结果成为前两个结点的父结点,与剩下结点组成新的结点集合,再将新的结点集合中两个频度最大的值相加形成新的父结点,并与剩下的结点又组成新的结点集合,重复该过程,直到父节点值为 1,即为哈夫曼树的根结点。

之后,父节点与频度值大的子结点的连线统一标注为 1,与频度值小的子结点的连线统一标注为 0;或者,父节点与频度值大的子结点的连线统一标注为 0,与频度值小的子结点的连线统一标注为 1。两种方式选一种。表 6-11 的哈夫曼树如图 6-28所示。

从哈夫曼树中,将每类指令的末结点到根结点的连线序列填入如表 6-12 所示的哈夫曼编码与扩展操作码编码表中。I_1～I_3 类指令的步长(即指令操作码的位

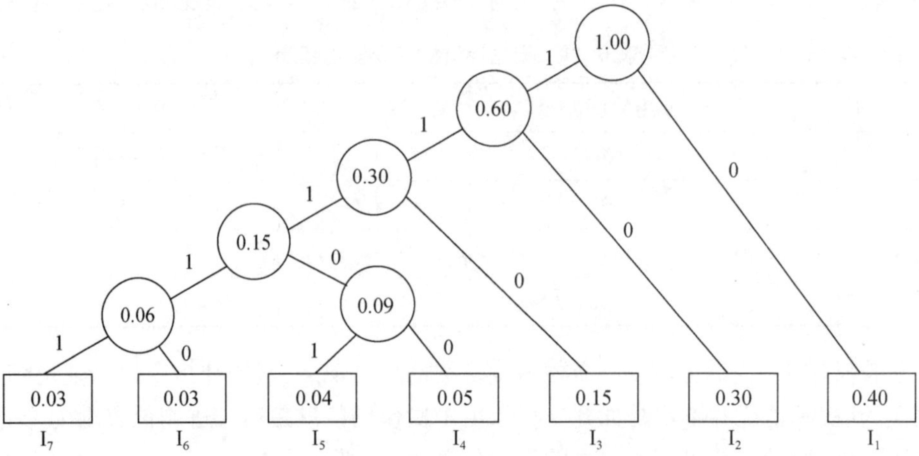

图 6-28　指令设计哈夫曼树

长)分别为 1,2,3 位,I_4～I_7 类指令的位长都为 5 位。采用扩展操作码编码,I_1～I_3 类指令刚好可以用 2 位来区分,编码分别为 00,01,10,码长为 2 位,然后把这 2 位定为 11,当作高两位,再扩展低两位,可以覆盖 I_4～I_7 类指令,编码分别为 1100,1101,1110,1111,码长为 4 位。

表 6-12　指令设计的哈夫曼编码与扩展操作码编码

指令	频度 p_i	操作码使用哈夫曼编码	操作码长度 l_i	哈夫曼扩展操作码	操作码长度 l_i
I_1	0.40	0	1	0 0	2
I_2	0.30	1 0	2	0 1	2
I_3	0.15	1 1 0	3	1 0	2
I_4	0.05	1 1 1 0 0	5	1 1 0 0	4
I_5	0.04	1 1 1 0 1	5	1 1 0 1	4
I_6	0.03	1 1 1 1 0	5	1 1 1 0	4
I_7	0.03	1 1 1 1 1	5	1 1 1 1	4

表 6-12 中只要采用哈夫曼编码,操作码的平均码长就是唯一的。哈夫曼编码的平均码长

$$\begin{aligned}\sum_{i=1}^{7} p_i l_i &= 0.40\times1+0.30\times2+0.15\times3+0.05\times5+\\&\quad 0.04\times5+0.03\times5+0.03\times5\\&=2.20(\text{位})\end{aligned}$$

接近于理论上的信息源熵 2.17 位。该操作码的信息冗余为

$$\frac{2.20-2.17}{2.20}\approx 1.36\%$$

但码长不可能出现小数位，因此采用哈夫曼扩展操作码，定义两种码长指令编码，分别为 2 位码长和 4 位码长，能完整覆盖 $I_1 \sim I_7$ 7 类指令。扩展操作码的平均码长为

$$\begin{aligned}\sum_{i=1}^{7} p_i l_i &= 0.40\times 2+0.30\times 2+0.15\times 2+0.05\times 4+\\ &\quad 0.04\times 4+0.03\times 4+0.03\times 4\\ &=2.30(\text{位})\end{aligned}$$

也非常接近于理论上的信息源熵 2.17 位。该扩展编码的信息冗余为

$$\frac{2.30-2.17}{2.30}\approx 5.65\%$$

尽管其信息冗余对比哈夫曼树编码有所增加，但克服了码长出现小数位的缺陷，且信息冗余远远低于 3 位定长的编码方法，是一种较优的折中编码方案。

6.6.3　指令的格式

指令格式常用一个长方形表格来表示，是将存储在存储器或控制寄存器中的指令的各二进制码位进行符号化描述。这些码位被分成若干码段，称其为字段。每一个字段有其特定名称，诸如操作码、常量、寄存器和存储器地址等。不同字段表示指令的不同功能，组合在一起，就构成了指令格式。

指令操作码(OP，Operation code)是指令中指定某个操作的字段，如加、减、乘、除、移位或取反等算术和逻辑运算。指令操作码的位数是指令集中操作总数的函数，它至少由 m 位组成以表示最多 2^m 种不同的操作，并对每一种操作都分配一个二进制编码(一个代码)。计算机在适当时刻接收到这个编码组合，将为其执行的指定操作提供所需的控制字序列。

指令的操作码用来指令要执行的操作，但操作还必须使用存储在计算机寄存器或存储器中的数据，称为操作数。所以，指令既要指定操作，又要指定存放操作数(源操作数)和操作结果(目的操作数)的寄存器或存储器地址。指令有两种方法指定操作数：(1)如果指令中包含用于识别操作数的特殊位，则为显示方式确定操作数。例如加法运算指令：ADD R_2，R_1，R_0，其中，R_2 是存放目的操作数的寄存器，R_1 与 R_0 是存放两个源操作数的寄存器。(2)如果操作数包含在操作码中，是操作定义的一部分，并没有在指令中直接给出，则为隐式方式确定操作数。例如在寄存器加 1 操作，其中一个操作数是隐式＋1 的。

如果操作数是一个常量，则称之为立即操作数，因其可立即被使用；如果立即操作数的二进制码不足 16 位，则不足部分用零或符号位扩展来填充。

指令字编码有任意长指令字和定长指令字两种格式。任意长指令字编码格式

按位编址在主存储器中存储，如图 6-29 所示。这种编码方式的取指令过程没有规律可循，寻址复杂多变，但存储空间利用率高。

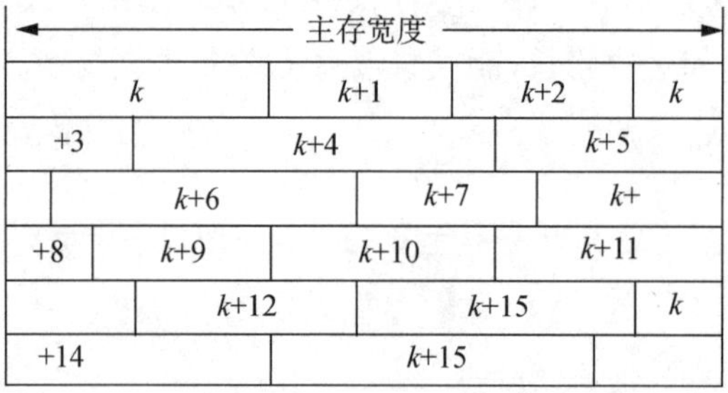

图 6-29　任意长指令字在按位编址主存中存储的情况

定长指令字编码格式把不同位长指令操作码都归纳进定长的编码格式，利于指令的存储管理，指令的寻址有规律可循，取指非常便捷，但会浪费一点存储空间，也发挥不出操作码优化的作用。如图 6-30 所示。

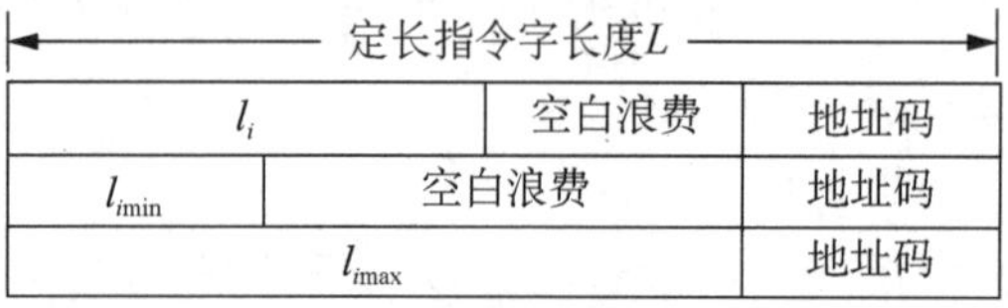

图 6-30　定长指令字编码格式

指令访问主存时，可以采用基址寻址，如图 6-31 所示，基地址 B 为 4 位，数据字 D 长为 12 位。

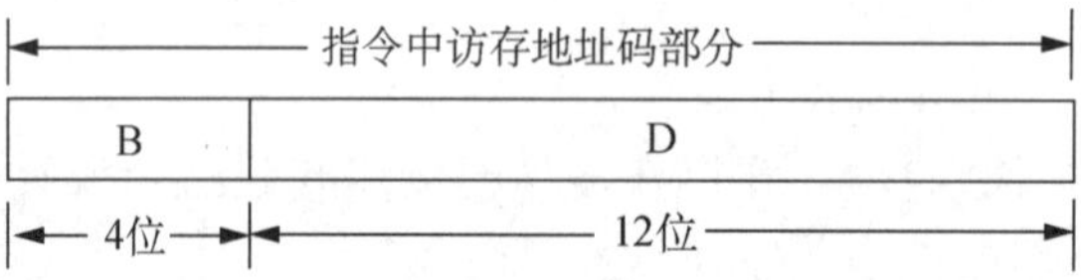

图 6-31　基址寻址

指令中访存地址还有基址寻址＋变址形式，另外提供 4 位可变地址 X。如图 6-32所示。

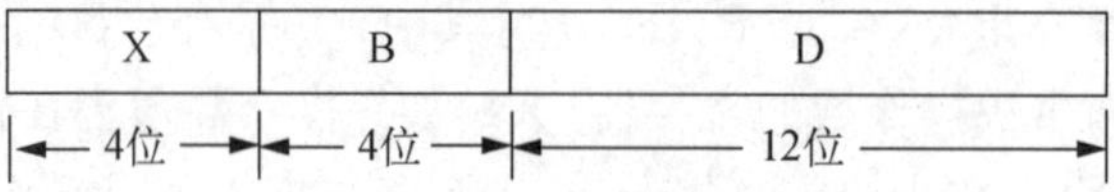

图 6-32　基址寻址＋变址形式

还可将访存地址空间分为若干个段，这样，访存地址就由段号和段内地址两部分组成，如图 6-33 所示。

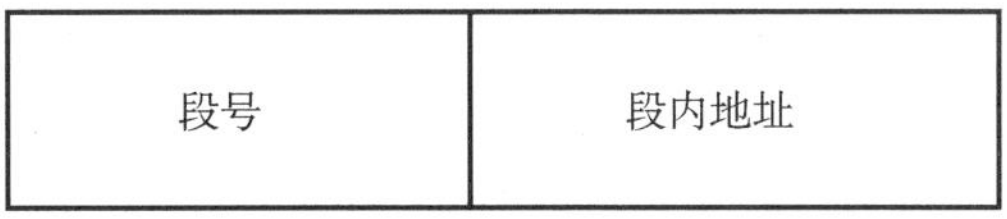

图 6-33 访存地址由段号和段内地址组成

在定长指令字内可实现多种地址制，有二地址、三地址和一地址三种方式。如图 6-34 所示。

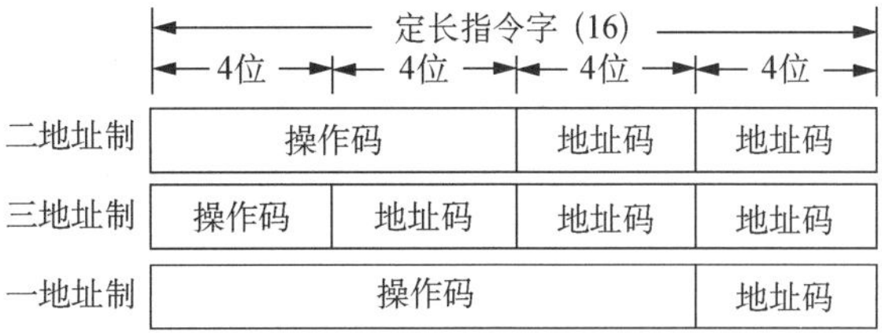

图 6-34 在定长指令字内实现多种地址制

在同种地址制下可采用多种地址形式和长度，区分不同指令集结构的主要因素是 CPU 中用来存储操作数的存储单元类型，存储单元的类型有堆栈、累加器、通用寄存器组三种。因此，指令集结构分为堆栈结构、累加器结构、通用寄存器结构三种类型。其中，通用寄存器结构根据操作数的来源不同，又可进一步分为寄存器一存储器结构（RM 结构，有操作数可以来自存储器）、寄存器-寄存器结构（RR 结构，所有操作数都是来自通用寄存器组，也称为 LOAD-STORE 结构，这个名称强调：只有 LOAD 指令和 STORE 指令能够访问存储器）、存储器-存储器结构（MM 结构，操作数都来自存储器）。其中 4 种指令集结构操作数的位置以及结果的返回位置如图 6-35 所示。

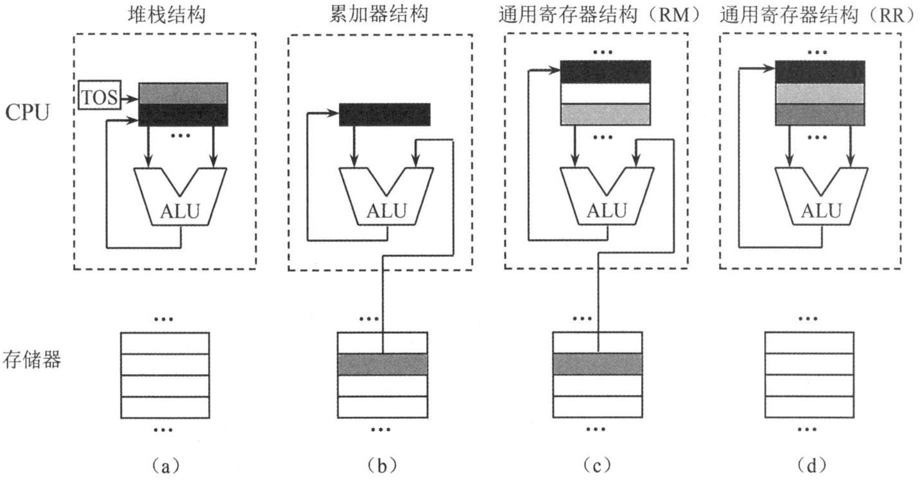

图 6-35 4 种指令集结构的操作数的位置以及结果的返回

注：灰色块存放操作数，黑色块存放结果，TOS(Top Of Stack)为栈顶。

通用寄存器指令格式如图 6-36 所示。

寄存器—寄存器型	操作码		R	R
寄存器—存储器型	操作码	访存地址S		R
带直接操作数	操作码	直接操作数	R	R

图 6-36　通用寄存器指令格式

如果让最常用的操作码最短，其地址码字段个数越多，指令的功能越强，越可以从宏观上减少所需的指令条数。例如，为实现 A+B→C，采用单地址指令需经取 A、加 B、送 C 共 3 条指令完成。而如图 6-37 所示，采用三地址指令，则只需一条指令即可完成。这不仅进一步缩短了程序的占用空间，也因为减少访存取指令次数而加快了程序执行的速度。

加	A	B	C

图 6-37　三地址指令

通用寄存器结构是现代指令集结构的主流，在灵活性和提高性能方面有如下明显优势：

(1) 跟其他的 CPU 内部存储单元一样，寄存器的访问速度比存储器快。

(2) 对编译器而言，能更加容易、有效地分配和使用寄存器。

(3) 寄存器可以用来存放变量。既减少对存储器的访问，加快程序的执行速度，又因寄存器访问比存储器快，且使用更少地址位(相对于存储器地址来说)对寄存器进行寻址，从而有效地减少程序的目标代码的大小。

根据 ALU 指令操作数的个数和来源两个特征，对通用寄存器型指令集结构进一步细分为 3 个操作数的指令和 2 个操作数的指令。3 个操作数的指令有 2 个源操作数、1 个目的操作数。2 个操作数的指令中一个操作数既作为源操作数，又作为目的操作数；另一个操作数只作为源操作数。

总之，ALU 指令中存储器操作数的个数可以是 0～3 中的某一个，为 0 表示没有存储器操作数。ALU 指令中操作数个数和存储器操作数个数如表 6-13 所示。

表 6-13　ALU 指令中操作数个数和存储器操作数个数

ALU 指令中存储器操作数的个数	ALU 指令中操作数的最多个数	结构类型	机器实例
0	3	RR	MIPS，SPARC，Alpha，PowerPC，ARM

（续表）

ALU 指令中存储器操作数的个数	ALU 指令中操作数的最多个数	结构类型	机器实例
1	2	RM	IBM 360/370，Intel 80×86，Motorola 68000
	3	RM	IBM 360/370
2	2	MM	VAX
3	3	MM	VAX

三种通用寄存器型指令集结构，用(m，n)表示指令的 n 个操作数中有 m 个存储器操作数，其优缺点如表 6-14 所示。

表 6-14 三种通用寄存器型指令集结构的优缺点

指令集结构类型	优点	缺点
寄存器-寄存器型(0，3)	指令字长固定，指令结构简洁，是一种简单的代码生成模型，各种指令的执行时钟周期数相近	与指令中含存储器操作数的指令集结构相比，指令条数多，目标代码不够紧凑，因而程序占用的空间比较大
寄存器-存储器型(1，2)	可以在 ALU 指令中直接对存储器操作数进行引用，而不必先用 load 指令进行加载。容易对指令进行编码，目标代码比较紧凑	指令中的两个操作数不对称。在一条指令中同时对寄存器操作数和存储器操作数进行编码，有可能限制指令所能够表示的寄存器个数。指令的执行时钟周期数因操作数的来源(寄存器或存储器)不同而差别比较大
存储器-存储器型(2，2)或(3，3)	目标代码最紧凑，不需要设置寄存器来保存变量	指令字长变化很大，特别是 3 操作数指令。而且每条指令完成的工作也差别很大。对存储器的频繁访问会使存储器成为瓶颈。这种类型的指令集结构现在已不使用

6.6.4 指令的寻址方式

寻址方式的表示方法是把寻址方式与操作码一起编码，也可设置专门的寻址方式字段指示对应的操作数所采用的寻址方式。如果计算机需要支持多种寻址方式，且指令有多个操作数，则很难将寻址方式与操作码一起编码，此时应该为每个操作数分配一个寻址方式字段。常用的寻址方式如表 6-15 所示。

表 6-15 指令的寻址方式

寻址方式	指令实例	含义
寄存器寻址	ADD R_4，R_3	Regs[R_4]←Regs[R_4]+Regs[R_3]
立即值寻址	ADD R_4，#3	Regs[R_4]←Regs[R_4]+3
偏移寻址	ADD R_4，100(R_1)	Regs[R_4]←Regs[R_4]+Mem[100+Regs[R_1]]

（续表）

寻址方式	指令实例	含义
寄存器间接寻址	ADD R_4,(R_1)	Regs[R_4]←Regs[R_4]+Mem[Regs[R_1]]
索引寻址	ADD R_3,(R_1+R_2)	Regs[R_3]←Regs[R_3]+Mem[Regs[R_1]+Regs[R_2]]
直接寻址或绝对寻址	ADD R_1,(1001)	Regs[R_1]←Regs[R_1]+Mem[1001]
存储器间接寻址	ADD R_1,@(R_3)	Regs[R_1]←Regs[R_1]+Mem[Mem[Regs[R_3]]]
自增寻址	ADD R_1,(R_2)+	Regs[R_1]←Regs[R_1]+Mem[Regs[R_2]] Regs[R_2]←Regs[R_2]+d
自减寻址	ADD R_1,−(R_2)	Regs[R_2]←Regs[R_2]−d Regs[R_1]←Regs[R_1]+Mem[Regs[R_2]]
缩放寻址	ADD R_1,100(R_2)[R_3]	Regs[R_1]←Regs[R_1]+Mem[100+Regs[R_2]+Regs[R_3]×d]

需要注意的是，PC 相对寻址是一种以程序计数器 PC 作为参考点的寻址方式，主要用于转移指令中指定目标指令的地址。采用自增/自减以及缩放寻址方式中，用变量 d 来指明被访问数据项的大小（如 4 B 或 8 B）。采用多种寻址方式可以显著地减少程序的指令条数，但可能增加计算机的实现复杂度以及指令的 CPI。

地址码优化是为了缩短地址码的长度，用一个较短的地址码来表示一个比较大的逻辑地址空间，达到既满足寻址要求，又不增加指令长度的目的。缩短地址码长度常采用如下方法：

（1）用间接寻址方式缩短地址码长度。在主存储器的低端开辟出一个专门用来存储地址的区域，由于表示存储器低端部分的地址所需的地址码长度可以很短，将逻辑地址码存入这些单元，就可以缩短地址码。

（2）用偏移寻址方式缩短地址码长度。由于局部性原理，在偏移寻址方式中使用的地址偏移量可以比较短，因此，可以把比较长的基地址放在变址、基址及程序计数器 PC 等寄存器中，在指令的地址码中只需给出较短的地址偏移量。

（3）用寄存器间接寻址方式缩短地址码长度。由于寄存器的数量比较少，表示一个寄存器的地址只需很少几位，而一个寄存器足以放下一个逻辑地址。

6.6.5 指令集计算机分类

指令集计算机分为两类，即复杂指令集计算机（Complex Instruction Set Computer, CISC）和精简指令集计算机（Reduced Instruction Set Computer, RISC），两类指令集计算机是 CPU 的两种架构。复杂指令集计算机 CISC 采用增强指令功能，把越来越多的功能交由硬件来实现，并且指令的数量也是越来越多。精简指令集计算机 RISC 则尽可能地把指令集简化，不仅指令的条数少，而且指令的功能也比较简单。

1. 复杂指令集计算机

超大规模集成电路（Very Large Scale Integration，VLSI）不断发展进步，使得计算机的硬件成本下降，但软件成本却在不断提升，因此，在设计指令系统时，会增加越来越多功能强大的复杂指令，以及多种寻址方式，来满足程序设计者的需求。复杂指令集计算机（Complex Instruction Set Computer，CISC）的目标是不断强化指令功能，减少程序的指令条数，以达到提高性能的目的。增强指令功能主要有如下几个方面：

（1）面向目标程序增强指令功能。包括增强运算型指令的功能、增强数据传送指令的功能、增强程序控制指令的功能。其中，丰富的程序控制指令为编程提供了多种选择，但增加硬件成本和复杂度。

（2）面向高级语言的优化实现来改进指令集。增加语义更接近高级语言语句的指令，从而缩短指令系统与高级语言之间的语义差距。但高级语言与一般的机器语言的语义差距非常大，为高级语言程序的编译带来了一些问题，如编译器本身比较复杂，以及编译生成的目标代码比较难以达到很好的优化。

通过改进指令集，来增加对高级语言和编译器的支持，并缩小高级语言与机器语言的语义差距，以提高系统整体性能。从微程序机器级语言到高级语言的转换如图 6-38 所示。

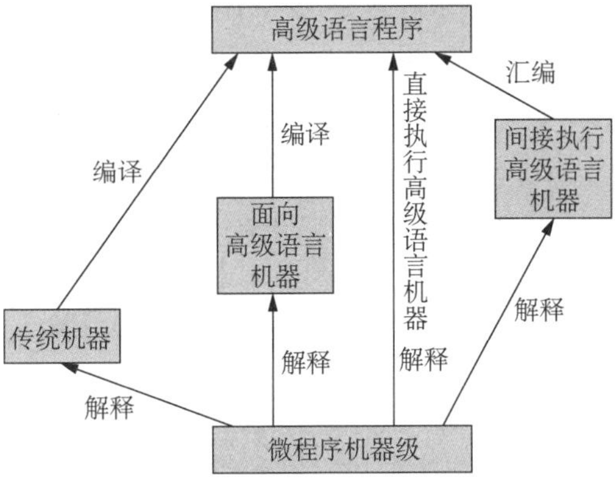

图 6-38　从微程序机器级语言到高级语言的转换

（3）增强对高级语言和编译器的适应能力。对源程序中各种高级语言语句的使用频度进行统计与分析，对使用频度高、执行时间长的语句，增强有关指令的功能，加快这些指令的执行速度，或者增加专门的指令，可以达到减少目标程序的执行时间和减少目标程序长度的目的。增强系统结构的规整性，减少系统结构中的各种例外情况，对高级语言和编译器有力支持，缩小高级语言与机器语言的语义差距。设计开发高级语言计算机工作方式，包括间接执行高级语言和直接执行高级语言两种。前者是把高级语言翻译成为机器的汇编语言，这时高级语言和机器语言是一一对应的，用汇编的方法把高级语言源程序翻译成机器语言程序；后者是直接把高级语言作为机器语言，直接由固件/硬件对高级语言源程序的语句逐条进行解释执行，既不用编译，也不用汇编。

(4) 面向操作系统的优化实现改进指令集。操作系统和计算机系统结构是紧密联系的，操作系统的实现在很大程度上取决于系统结构的支持。指令集对操作系统的支持主要包括：处理机工作状态和访问方式的切换、进程的管理和切换、存储管理和信息保护、进程的同步与互斥，以及信号灯的管理等。另外，支持操作系统的部分指令属于特权指令，一般用户程序是不能使用的。

复杂指令集计算机的指令系统非常庞大复杂，指令多达数百条，且寻址方式种类很多，这类指令集计算机有如下特点：

(1) 指令系统复杂庞大，指令数目一般多达二三百条。

(2) 寻址方式多。

(3) 指令格式多。

(4) 指令字长不固定。

(5) 访存指令不加限制。

(6) 各种指令使用频率相差大。

(7) 各种指令执行时间相差大。

(8) 基本上都采用微程序控制器。

2. 精简指令集计算机

1979 年开始，Patterson 等人陆续研究发现 CISC 指令集结构只有 20%的指令使用频度比较高，占运行时间的 80%，而其余 80%的指令只在 20%的运行时间内才会用到。那些使用频度高的指令也是最简单的指令。指令集庞大，指令条数很多，许多指令的功能又很复杂，使得控制器硬件非常复杂，这会导致两个问题：①占用了大量的芯片面积(如占用 CPU 芯片总面积的一半以上)，给 VLSI 设计造成很大的困难；②增加了研制时间和成本，容易造成设计错误。许多指令由于操作繁杂，其 *CPI* 值比较大，执行速度慢，采用这些复杂指令有可能使整个程序的执行时间反而增加。

由于 CISC 指令功能复杂，规整性不好，不利于采用流水线技术来提高性能，为了克服其指令集结构的问题，就产生了精简指令集计算机(Reduced Instruction Set Computer, RISC)，其解决问题的基本方法是：针对 CISC 的指令种类过多、指令格式不规范、寻址方式太多的缺陷，采用减少指令种类、规范指令格式和简化寻址方式，达到处理器内实现并行流水，大幅提高处理性能的目的。RISC 一般具有如下特点：

(1) 优先选取使用频率较高的一些简单指令，以及很有用但不复杂的指令。

(2) 大多数指令在一个机器周期内完成。

(3) 采用 LOAD/STORE 结构。尽量减少访问主存的指令，而只留下 LOAD 从存储器取数和 STORE 向存储器存数这两种访问存储器的指令。而其他指令只对存储在寄存器的数据进行操作，原因是访存存储器远比访存寄存器花费的时间长。

(4) 设计简单的指令格式和寻址方式，采用固定长的指令字。

(5) 固定的指令格式和指令长度，能简化指令的译码逻辑，大大提高流水线的执行效率。

(6) 面向通用寄存器结构。需要设置大量的通用寄存器，以减少对存储器的访问次数。

(7) 采用硬/固件控制逻辑。控制部件可用组合逻辑来实现，避免或少用微程序控制，从而使控制部件的速度大大提高。

(8) 强调优化编译器的作用，为高级语言程序生成优化的代码。

(9) 充分利用流水技术来提高性能。

RISC 的根本目的是通过简化指令使计算机结构更加简单合理，采用流水线技术，使计算机在一个机器周期内平均完成一条或多条指令，大幅提高处理效率。

6.6.6 MIPS 指令集

MIPS CPU 是 RISC 结构中的一种 CPU，起源于 Stanford 大学 Hennessy 等人的项目研究成果，并经多年商业化运作发展而成。MIPS CPU 有 32 位和 64 位两种，这里介绍 64 位 MIPS CPU(MIPS64)的一个子集，简称为 MIPS。

1. MIPS 的寄存器

32 个 64 位通用寄存器(GPRs：R_0，R_1，…，R_{31})，也被称为整数寄存器。R_0 的值永远是 0。32 个 64 位浮点数寄存器(FPRs：F_0，F_1，…，F_{31})，可用来存放 32 个单精度浮点数(32 位)，也可以用来存放 32 个双精度浮点数(64 位)。当存储单精度浮点数(32 位)时，只用到 FPR 的一半，其另一半没用。MIPS 提供单精度和双精度操作的指令，还提供在通用寄存器与浮点数寄存器之间传送数据的指令。另外，还提供一些特殊寄存器，如浮点状态寄存器，它们可以与通用寄存器交换数据。浮点状态寄存器用来保存有关浮点操作结果的信息。

2. MIPS 的数据表示

MIPS 的数据类型有：

(1) 整数：字节(8 位)，半字(16 位)，字(32 位)，双字(64 位)。

(2) 浮点数：单精度浮点数(32 位)，双精度浮点数(64 位)。

高级语言中常用半字操作的数据类型，操作系统中也有这类操作的程序，它们比较关注数据存储空间的大小。同样的原因，也设置了单精度浮点的操作数。

字节、半字或者字在装入 64 位寄存器时，用零扩展或者用符号位扩展来填充该寄存器的剩余部分。装入以后，对它们将按照 64 位整数的方式进行运算。

3. MIPS 的数据寻址方式

MIPS 的数据寻址方式有立即数寻址与偏移量寻址两种方式，立即数字段和偏移量字段都是 16 位。寄存器间接寻址是通过把 0 作为偏移量来实现的，16 位绝对寻址是通过把 R_0(其值永远为 0)作为基址寄存器来完成。以上涵盖了四种寻址方式。

MIPS 的存储器是按字节寻址的，地址为 64 位。由于采用 LOAD - STORE 结构，通用寄存器和浮点数寄存器之间的数据传送是通过 LOAD 和 STORE 指令完成的。所有存储器访问都必须是边界对齐，可以字节（8 位）、半字（16 位）、字（32 位）、双字（64 位）为单位访问通用寄存器；以单精度浮点数（32 位）、双精度浮点数（64 位）为单位访问浮点数寄存器。

4. MIPS 的指令格式

MIPS 的寻址方式是和操作码一起编码到指令字中。所有的指令都是 32 位的，方便流水线的实现和译码。其中，操作码占 6 位，共有 3 种格式，分别对应 I 类指令、R 类指令和 J 类指令，同名字段的位置固定不变。

1）I 类指令

I 类指令包括所有的 LOAD 和 STORE 指令、立即数指令、分支指令、寄存器跳转指令、寄存器跳转并链接指令。立即数字段为 16 位，用于指明立即数或偏移量。其格式如图 6-39 所示。

6	5	5	16
操作码	rs	rt	立即数 (immediate)
0　　5	6　　10	11　　15	16　　31

图 6-39　I 类指令格式

I 类指令包括如下 5 条指令：

（1）LOAD 指令。访存有效地址：Regs[Rs]＋Immediate，从存储器取来的数据放入寄存器 Rt。

（2）STORE 指令。访存有效地址：Regs[Rs]＋Immediate，要存入存储器的数据放在寄存器 Rt 中。

（3）立即数指令。Regs[Rt] ← Regs[Rs] OP Immediate。

（4）分支指令。转移目标地址：Regs[Rs]＋Immediate，Rt 无用。

（5）寄存器跳转、寄存器跳转并链接指令。转移目标地址为 Regs[Rs]。

2）R 类指令

R 类指令包括 ALU 指令、专用寄存器读/写指令、MOVE 指令等。R 类指令格式如图 6-40 所示。ALU 指令：Regs[Rd]← Regs[Rs] funct Regs[Rt]，func 为具体的运算操作编码。

6	5	5	5	5	6
操作码	rs	rt	rd	sham	func
0　　5	6　　10	11　　15	16		31

图 6-40　R 类指令格式

3）J 类指令

J 类指令包括跳转指令、跳转并链接指令、自陷指令、异常返回指令。在这类指令中，指令字的低 26 位是偏移量，它与 PC 值相加形成跳转的地址。J 类指令格式如图 6-41 所示。

图 6-41 J 类指令格式

5. MIPS 的操作

MIPS 指令可以分为四大类:LOAD 和 STORE、ALU 操作、分支与跳转以及浮点操作。除了 R_0 寄存器,所有通用寄存器和浮点寄存器都由 LOAD 和 STORE 指令操作,如表 6-16 所示。单精度浮点数占用寄存器一半,单精度与双精度之间的转换须显式进行。在存储器中的值均须边界对齐。

表 6-16 LOAD 和 STORE 指令

指令举例	指令名称	含义
LD R_2,20(R_3)	装入双字	Regs[R_2]$\leftarrow_{64}$Mem[20+Regs[R_3]]
LW R_2,40(R_3)	装入字	Regs[R_2]$\leftarrow_{64}$(Mem[40+Regs[R_3]]$_0$)^{32} ## Mem[40+Regs[R_3]]
LB R_2,30(R_3)	装入字节	Regs[R_2]$\leftarrow_{64}$(Mem[30+Regs[R_3]]$_0$)^{56} ## Mem[30+Regs[R_3]]
LBU R_2,40(R_3)	装入无符号字节	Regs[R_2]$\leftarrow_{64}$$0^{56}$ ## Mem[40+Regs[R_3]]
LH R_2,30(R_3)	装入半字	Regs[R_2]$\leftarrow_{64}$(Mem[30+Regs[R_3]]$_0$)^{48} ## Mem[30+Regs[R_3]] ## Mem[31+Regs[R_3]]
L. S F_2,60(R_4)	装入半字	Regs[F_2]$\leftarrow_{64}$Mem[60+Regs[R_4]] ## 0^{32}
L. D F_2,40(R_3)	装入双精度浮点数	Regs[F_2]$\leftarrow_{64}$Mem[40+Regs[R_3]]
SD R_4,300(R_5)	保存双字	Mem[300+Regs[R_5]]$\leftarrow_{64}$Regs[R_4]
SW R_4,300(R_5)	保存字	Mem[300+Regs[R_5]]$\leftarrow_{32}$Regs[R_4]
S. S F2,40(R_2)	保存单精度浮点数	Mem[40+Regs[R_2]]$\leftarrow_{32}$Regs[F_2]$_{0...31}$
SH R_5,502(R_4)	保存半字	Mem[502+Regs[R_4]]$\leftarrow_{16}$Regs[R_5]$_{48...63}$

MIPS 指令集结构中所采用的操作符号意义如下:

(1) ←:赋值操作。

(2) Mem:存储器。

(3) Regs:寄存器组。

(4) 方括号表示内容。

① Mem[ ]:存储器的内容。

② Regs[ ]:寄存器的内容。

③ Mem[Regs[R_1]]:以寄存器 R_1 中的内容作为地址的存储器单元中的内容。

(5) $x \leftarrow_n y$:从 y 传送 n 位到 x。

(6) $x,y \leftarrow z$:把 z 传送到 x 和 y。

(7) 下标:表示字段中具体的位。对于指令和数据,按从最高位到最低位(即从左到右)的顺序依次进行编号,最高位为第 0 位,次高位为第 1 位,依此类推。下标可以是一个数字,也可以是一个范围。例如,$Regs[R_4]_0$ 表示寄存器 R_4 的符号位,$Regs[R_4]_{56...63}$ 表示 R_4 的最低字节。

(8) Mem:表示主存。按字节寻址,可以传输任意一个字节。

(9) 上标:用于表示对字段进行复制的次数。例如,0^{32} 表示一个 32 位长的全 0 字段。

(10) 符号 # #:用于两个字段的拼接,并且可以出现在数据传送的任何一边。

例如,R_8、R_{10} 均为 64 位的寄存器,则 $Regs[R_8]_{32...63} \leftarrow_{32} (Mem[Regs[R_6]]_0)^{24}$ # # $Mem[Regs[R_6]]$,其含义是以 R_6 的内容作为地址访问内存,得到的字节按符号位扩展为 32 位后存入 R_8 的低 32 位,R_8 的高 32 位(即 $Regs[R_8]_{0...31}$)不变。

MIPS 中所有的 ALU 指令都是寄存器-寄存器型(RR 型)指令或立即数型指令。算术和逻辑操作有加、减、**与**、**或**、**异或**和移位。表 6-17 所示的 ALU 指令都支持立即数寻址方式,参与运算的立即数是由指令中的 Immediate 字段(低 16 位)经符号扩展(扩展高 16 位)后生成。

R_0 的值永远是 0,它可以用来合成一些常用的操作。如

DADDIU R_3,R_0,#100

//给寄存器 R_3 装入常数 100

DADD R_2,R_0,R_4

//把寄存器 R_4 中的数据传送到寄存器 R_2

表 6-17 ALU 指令

指令举例	指令名称	含义
DADDU R_1, R_2, R_3	无符号加	$Regs[R_1] \leftarrow Regs[R_2] + Regs[R_3]$
DADDIU R_4, R_5, #6	加无符号立即数	$Regs[R_4] \leftarrow Regs[R_5] + 6$
LUI R_1, #4	把立即数装入一个字的高 16 位	$Regs[R_1] \leftarrow 0^{32}$ # # 4 # # 0^{16}
DSLL R_1, R_2, #5	逻辑左移	$Regs[R_1] \leftarrow Regs[R_2] \ll 5$
DSLT R_1, R_2, R_3	置小于	if ($Regs[R_2] < Regs[R_3]$) $Regs[R_1] \leftarrow 1$ else $Regs[R_1] \leftarrow 0$

6. MIPS 的控制指令

程序中数据流向的改变由一组跳转和一组分支指令来实现控制流的改变,如表 6-18 所示列出了几种跳转和分支指令。能改变控制流的指令有四种:分支、跳转、过程调用及过程返回。其中,跳转是无条件转移,分支是有条件转移。

根据跳转指令确定目标地址的方式不同以及跳转时是否链接，可以把跳转指令分成四种。其中，确定目标地址的方式有两种：①把指令中的 26 位偏移量左移 2 位（因为指令字长都是 4 个字节）后，替换程序计数器的低 28 位；②间接跳转，是由指令中指定的一个寄存器来给出转移目标地址。简单跳转是把目标地址送入程序计数器，实现简单。跳转并链接是把目标地址送入程序计数器，把返回地址（即顺序下一条指令的地址）放入寄存器 R_{31}，其目的是实现过程调用。

需要注意的是，除了寄存器中的内容为目标地址进行跳转外，所有其他控制指令的跳转地址都是相对于 PC 而言。

表 6-18 MIPS 的典型控制指令

指令举例	指令名称	含义
J name	跳转	$PC_{36\ldots62} \leftarrow name \ll 2$
JAL name	跳转并链接	$Regs[R_{31}] \leftarrow PC+4$；$PC_{36\ldots63} \leftarrow name \ll 2$； $((PC+4)-2^{27}) \leqslant name < ((PC+4)+2^{27})$
JALR R_3	寄存器跳转并链接	$Regs[R_{31}] \leftarrow PC+4$；$PC \leftarrow Regs[R_3]$
JR R_5	寄存器跳转	$PC \leftarrow Regs[R_5]$
BEQZ R_4, name	等于零时分支	if $(Regs[R_4]==0)$ $PC \leftarrow name$； $((PC+4)-2^{17}) \leqslant name < ((PC+4)+2^{17})$
BNE R_3, R_4, name	不相等时分支	if $(Regs[R_3]!=Regs[R_4])PC \leftarrow name$ $((PC+4)-2^{17}) \leqslant name < ((PC+4)+2^{17})$
MOVZ R_1, R_2, R_3	等于零时移动	if $(Regs[R_3]==0)Regs[R_1] \leftarrow Regs[R_2]$

分支指令都是条件转移。分支条件由指令确定，例如，测试某个寄存器的值是否为零，需要提供一组比较指令，用于比较两个寄存器的值。再如，“置小于”指令，如果 R_1 中的值小于 R_2 中的值，则该比较指令在目标寄存器中置“1”操作（表示真），否则置“0”（表示假）。有的分支指令可以直接判断寄存器内容是否为负，或者比较两个寄存器内容是否相等。分支的目标地址由 16 位带符号偏移量左移 2 位后和 PC 相加的结果来决定。另外，还提供一条浮点条件分支指令：通过测试浮点状态寄存器来决定是否进行分支。

7. MIPS 的浮点操作

MIPS 的浮点操作针对浮点寄存器中的数据进行，且由操作码指出操作数是单精度（SP）或双精度（DP）。用助记符后缀“S”表示操作数是单精度浮点数，后缀“D”表示是双精度浮点数。如 MOV.S 与 MOV.D 分别是单精度浮点数和双精度浮点数的寄存器的值复制给同一种寄存器的操作指令。

浮点操作包括加（ADD）、减（SUB）、乘（MULT）、除（DIV），且分别有单精度（.S）和双精度（.D）指令。浮点数比较指令将根据比较结果设置浮点状态寄存器中的某一位，以便于后面的分支指令 BC1T（若真则分支）或 BC1F（若假则分支）测试该位，以决定是否进行分支。

本章小结

本章介绍了计算机系统的硬件组成和软件构成，把计算机系统结构作了几个层次划分，同时，对每个层次作出功能性描述，以明确各层次中科学家和工程师关注的主要问题和研究重点。重点讲述了计算机系统的指令集，内容涵盖了微程序控制指令及指令集的设计、优化、寻址方式以及指令的编码与码长等，并以 MIPS 指令集为例，介绍了指令集设计的基本方法，为后面流水线 CPU 的设计打好基础。

练习

1. 比较 RISC 和 CISC 指令集处理器的差异。

2. 计算机系统中提供多少种操作数的寻址方式?

3. 分析基址寻址和变址寻址的各自作用及异同点。

4. 设计一套计算机系统指令集，字长 16 位，运算器 16 位，通用寄存器 16 个，寻址方式 8 种，主存 128 KB，要求指令的操作数地址码由寻址方式字段和寄存器号字段两段构成，请分析确定：

(1) 单操作数指令最多有多少条?

(2) 双操作数指令最多有多少条?

(3) 直接寻址和变址寻址的空间各自多大?

5. 某计算机 A 有 55 条指令，其操作码字段固定为 6 位，从 000000 开始，该机器的后续机型 B 中需要增加 31 条指令，并与 A 保持兼容。

(1) 采用操作码扩展的方法设计出机型 B 的指令操作码。

(2) 假设机型 B 使用每条指令的频度均等，请计算该机型的平均长度。

6. 经统计，某计算机系统的 14 条指令的使用频度分别为：0.01, 0.15, 0.12, 0.03, 0.02, 0.04, 0.02, 0.04, 0.01, 0.13, 0.15, 0.14, 0.11, 0.03，分别求出用等长二进制编码、Huffman 编码、只用两种码长的扩展操作码编码这三种方式的操作码的平均码长及各自的信息冗余。

7. 某计算机指令字长 16 位，设有单地址指令和双地址指令两类，如果每个地址字段均为 6 位，且双地址指令有 x 条，求单地址指令的最多条数?

8. 考虑包含以下成员的 C 语言结构体

```
Struct e00
{
  Char a;
  Bool b;
  Int c;
  Double d;
```

```
    Short e;
    Float f;
    Double g;
    Char *cptr;
    Float *fptr;
    Int x;
}
```

对于32位计算机,e00结构的大小为多少?假设可以任意安排结构成员的顺序,该结构最小为多少?如果采用64位计算机,结果是怎样?

第 7 章　单周期与多周期 CPU

本书前 6 章内容介绍了设计计算机系统的基本理论与方法，本章将重点介绍单周期和多周期 CPU 的实现方法。

7.1　CPU 的功能与组成

7.1.1　CPU 的功能

CPU 作为运行指令的部件，从满足程序正确运行的角度，应具备如下功能：

(1) 指令执行顺序的控制。使指令按照事先规定的顺序自动执行，从而确保程序执行过程中，指令在逻辑上的相互关系不发生改变。

(2) 指令的操作控制。即发出指令执行过程中所需要的信号来控制执行部件按照指令规定的操作运行。

(3) 时间控制。通过对每个控制信号定时，并按规定的时间顺序来启动各操作。如果某条指令的操作控制信号的时间不正确，就不能完整正确地实现该指令的功能。

(4) 数据加工。进行算术和逻辑运算，或将数据在相关的部件之间传输，实现数据加工与信息传递。

(5) 异常和中断处理。处理运算时发生的异常或响应外部设备的中断服务请求。

7.1.2　CPU 的组成

CPU 主要由控制器和运算器两部分组成。控制器的主要作用为取指令、计算下一条指令的地址、指令的译码、产生指令指定操作的控制信号、控制指令执行的步骤和数据流动的方向等。运算器是执行部件，由算术运算与逻辑运算单元和各种寄存器组成。现代计算机的 CPU 一般都有多个运算功能单元，它们能实现并行运算。

1. CPU 内常设的寄存器

CPU 内常设的寄存器主要有如下六种：

(1) 指令寄存器(IR)。指令寄存器用来保存指令。从主存储器取出的指令被存放在指令寄存器中，直到新的指令从主存中取出为止。指令寄存器将指令操作码输送到指令译码器。指令的操作码字段码经指令译码器译码，发出微操作信号给部件；指令的地址码字段根据寻址方式的不同可能送入程序计数器、地址寄存器或运算部件。若机器指令操作码中包含了寻址方式，则不单独设计寻址方式字段；有的机器指令将寻址方式字段和操作码字段送入译码器；还有的机器将操作码字段与地址码字段一起送入地址形成部件，以决定地址码的作用。

(2) 程序计数器(PC)。程序计数器保存即将要执行的指令地址，也称为指令地址寄存器。CPU 取指令时，将程序计数器的内容送给主存地址寄存器，再修改程序计数器的值为下一条将要执行的指令地址。修改程序计数器的值有两种方法：①程序顺序执行时，可利用程序计数器本身的递增功能来实现，如果其本身无此项功能，则利用加法器来实现；②转移指令运行时，用转移指令提供的地址来修改程序计数器的值。

(3) 地址寄存器(AR)。地址寄存器保存的是当前 CPU 所要访问的主存储器单元的地址，无论 CPU 执行取指令还是执行存或取数据，都必须先把要访问的主存储器单元的地址送到地址寄存器，一直保存到读写操作完成。

(4) 通用寄存器组(GR)。通用寄存器有多种功能用途，可以作为 ALU 的累计器、变址寄存器、地址指针、指令计数器、数据缓冲器，用来存放操作数(源操作数、目的操作数与中间结果)和各种地址信息等。充分利用通用寄存器，能有效减少对主存储器的访问次数，并大大缩短数据访问的地址码长，提高了 CPU 的处理效率。

(5) 数据缓冲寄存器(DR)。数据缓冲寄存器用于存放 CPU 和主存储器之间取或存的操作数、运算结果或中间结果，目的是减少访问主存储器的次数。

(6) 程序状态字寄存器(PSW)。程序状态字寄存器用来保存执行算术运算指令、逻辑运算指令、测试结果等需要建立的各种条件标志。如进位标志(C)、溢出标志(V)、结果为负标志(S)与结果为零标志(Z)等。

当然，为了使计算机正常运行，程序状态字寄存器还须保存系统工作和中断的状态信息，使 CPU 能及时了解机器的运行状态，便于程序控制。寄存器的设置方式因机型不同而有差异。

2. CPU 的驱动部件

把 CPU 的指令译码器、地址形成部件和微操作产生部件统称为驱动部件。指令译码器对指令的操作码进行译码，把输出送给微操作部件。地址形成部件对指令的寻址方式字段、地址字段进行译码，得出操作数的地址信息。微操作产生部件接受指令译码器送来的信息，与时序信号、条件及状态信息进行组合，形成各种具有时序标志的控制信号(称为微操作序列)并发送给计算机的各个部件。

微操作产生部件是控制的决策机构。信息流的控制就是把微操作产生部件产生的微操作控制信号的序列，送到各个部件的控制门、触发器或锁存器，使某些特定的门电路打开或关闭，使数据和信息按完成指令功能所需的路径，从一个功能部件输送到另一个功能部件，实施对数据加工过程的控制。微操作产生部件有三种不同的类型，分别是由组合逻辑设计实现、存储逻辑设计实现以及综合利用组合逻辑与存储逻辑设计实现，这三种类型分别对应三种不同的控制器组成方式，即组合逻辑控制器、微程序控制器和组合逻辑与存储逻辑混合控制器。

3. CPU 的时序控制部件

指令执行过程中所有操作的顺序都由时序控制部件来控制。对每个操作既要规定何时执行、执行多长时间，还要规定何时送操作数、何时执行加法操作、何时送出结果，每个控制指令都必须严格遵守时序规定。时序控制部件用来产生一组时序信号，既包括脉冲信号，又包括电位信号，并送给微操作部件，从而对各种微操作的控制信号实现时序控制。

7.2 单周期 CPU

通常把一条指令从取出到执行完成所需的时间称为一个指令周期。所谓单周期 CPU 就是所有指令的全过程在一个指令周期内，能够处理完毕的处理器。

一条指令的执行过程可以分为多个阶段，不同处理器划分的方式可能不同。如图 7-1 所示，把一条指令的完整过程分成三个阶段，分别是取指令、分析指令和执行指令。

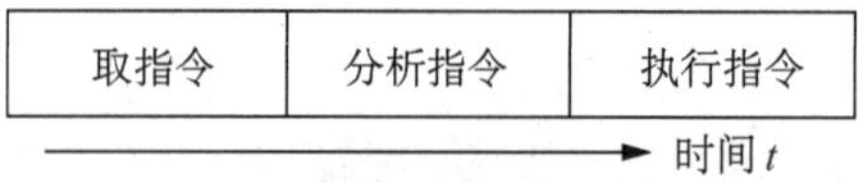

图 7-1 一条指令的执行过程

取指令：按照指令计数器 PC 的内容访问主存，取出一条指令送到指令寄存器。

分析指令：对指令的操作码进行译码，按照给定的寻址方式和地址字段形成操作数的地址，并用这个地址读取操作数。

执行指令：按照操作码的要求，完成指令规定的功能。该阶段，需要对寄存器或主存储器进行访存操作。

在指令的执行过程中还要更新 PC 值，为读取下一条指令做好准备。

要实现一个 CPU 的设计，需完成两项主要任务：①根据所要设计的汇编指令的功能及指令格式，设计出 CPU 的数据通路；②依据指令功能和数据通路设计出控制部件。

7.2.1 数据通路

在 CPU 中，ALU 与寄存器之间以及寄存器与寄存器之间的数据传输都是通过数据通路完成的。有了数据通路，数据的传输就不会发生冲突，控制也更加简单方便，寄存器之间的数据传输可以实现并行化。数据通路的设计步骤为：

(1) 根据指令的功能，确定每条指令的整个执行过程中所需的部件。

(2) 把所有用到的部件用表格列出，并在表格中标明每个部件的输入数据的来源。

(3) 依据表格里所有相关的部件及其输入数据的来源，画出每条指令的数据通路。

(4) 最后把所有指令的数据通路汇总组合成一个总的数据通路。

1. 数据通路的基本功能部件

数据通路的基本功能部件包括：

(1) 数据选择器(MUX)。前文已介绍过该部件，在选择控制输入端的控制下，数据选择器能从多路输入中选择一路输出。使用数据选择器可以避免多个不同指令共享数据通路单元时产生争用同一功能单元输入端口的冲突问题，且保证了数据通路的正确性。

(2) 寄存器堆。寄存器堆是寄存器的集合，每个寄存器的内容可通过指定的寄存器编号进行访问。其功能相当于一个具有多个地址端口和数据端口的高速存储器。

(3) 数据存储器和指令存储器。数据和指令采用分立的存储器，可以并行地访问指令和数据，避免同时对同一存储器访问指令和数据，产生冲突问题，提高了计算机的访问效率。

(4) 符号扩展单元。该单元用于偏移地址的计算，就是将 16 位偏移量用 0 扩展地址的高 16 位为符号位，转换成一个 32 位的有符号的数。

(5) 加法器和 ALU。加法器仅进行与地址有关的加法运算。ALU 用于进行指令的算术逻辑运算。如果没有设计单独的加法器，也可利用 ALU 进行地址的加法运算，该功能必须在其输入前端加一个数据选择器来实现输入数据的选择。

2. 定时功能部件

数据通路中有数据处理和存储状态两类基本功能部件，分别对应如下两种不同逻辑单元：

(1) 数据处理单元。数据处理单元由组合逻辑电路构成，其输入只与当前的输入变量有关，例如，ALU、数据选择器、译码器等。

(2) 存储状态单元。存储状态单元，具有存储功能，能向外输出在前一时钟周期写入并保存的数据。一个存储状态单元应提供输入端、写控制端、时钟控制端和输出端。只有当写控制端和时钟控制端都有效时，输入端的数据才能写入并保存在存储状态单元中。其输出一般不受时钟信号的控制。例如，存储器和寄存器都是存储状态单元。

有的存储状态单元采用时钟脉冲边沿触发，这就要求数据输入端的数据在时钟脉冲边沿之前已稳定就绪。所有组合逻辑的输入和输出都分别与存储状态单元相连，以实现数据的存储。

3. 单周期 CPU 的数据通路设计

单周期 CPU 实现 MIPS 指令结构中的 8 条指令：ADDU，SUBU，ORI，SLL，LW，SW，BEQ，J。8 条指令格式如下：

(1) ADDU Rd,Rs,Rt

指令功能:Rd←Rs+Rt,将通用寄存器中的32位数据Rs与Rt相加产生一个32位数据并存入目标寄存器Rd。指令格式如图7-2所示。

31 26	25 21	20 16	15 11	10 6	5 0
ADDU(000000)	Rs	Rt	Rd	00000	100001

图7-2 ADDU指令格式

该指令功能所需的操作有IMEM←PC(取指令)、Rd←Rs+Rt(执行指令)、PC←NPC(NPC的功能完成PC+4增值)。完成整个操作过程,所需的部件包括PC寄存器、NPC(完成PC+4增值)、指令存储器(IMEM, Instruction Memory,用来存放程序代码)、寄存器堆Rs、Rt、Rd(RegFile)和ALU(Rs、Rt连接ALU的两个输入A、B)。

ADDU指令所规定的操作确定了每个部件数据的输入输出关系。根据PC的内容到IMEM取指令,因此IMEM的地址输入来自PC。取完指令,PC要通过NPC增值,因此PC要送入NPC。NPC加完4后要送回PC,所以PC的数据来自NPC。ALU的两个输入来自寄存器堆的Rs和Rt,完成两个寄存器的相加。运算结果送回寄存器Rd,所以Rd的输入来自ALU。

(2) SUBU Rd,Rs,Rt

指令功能:Rd←Rs−Rt,将寄存器中存储的32位数据Rs与Rt相减产生一个32位数据存入目标寄存器Rd。指令格式如图7-3所示。

31 26	25 21	20 16	15 11	10 6	5 0
SUBU(000000)	Rs	Rt	Rd	00000	100011

图7-3 SUBU指令格式

SUBU指令所需的操作有IMEM←PC(取指令)、Rd←Rs−Rt(执行指令)、PC←NPC。执行规定的完整操作过程,所需的部件包括PC寄存器、NPC、指令存储器、寄存器堆Rs、Rt、Rd以及ALU。

SUBU指令所规定的操作,确定了每个部件数据的输入输出关系。根据PC的内容到IMEM取指令,因此IMEM的地址输入来自PC。取完指令后,PC要通NPC增值,所以PC要送入NPC。NPC加完4后要送回PC,故PC的数据来自NPC。ALU的两个输入来自寄存器堆的Rs和Rt,完成两个寄存器的相加。运算结果送回寄存器Rd,所以Rd的输入来自ALU。

(3) SLL Rd,Rt,Sa

指令功能:Rd←Rt<<Sa,将通用寄存器Rt的内容左移Sa位,空余出来的位置用0来填充,把结果存入Rd寄存器。指令格式如图7-4所示。

31 26	25 21	20 16	15 11	10 6	5 0
SLL(000000)	00000	Rt	Rd	Sa	000000

图 7-4 SLL 指令格式

SLL 指令所需的操作有 IMEM←PC(取指令)、Rd←Rt 左移 Sa 位(执行指令)、PC←NPC。执行规定的完整操作过程,所需的部件包括 PC 寄存器、NPC、指令存储器、寄存器堆 Rt、Rd、ALU(用于完成移位)。为了将 5 位的 Sa 扩展成 32 位,还需要符号扩展模块 Ext5,将扩展后的 32 位的移位数据送入 ALU,运算得出移位后,结果输送给 Rd。

SLL 指令所规定的操作,确定了每个部件数据的输入输出关系。根据 PC 的内容到 IMEM 取指令,因此 IMEM 的地址输入来自 PC。取完指令 PC 要通过 NPC 增值,所以 PC 要送入 NPC。NPC 加完 4 后要送回 PC,所以 PC 的数据来自 NPC。ALU 的两个输入来自寄存器堆的 Ext5 和 Rt,完成二者的相加。运算结果送回寄存器 Rd,所以 Rd 的输入来自 ALU。

(4) ORI Rt,Rs,Imm16

指令功能:Rt←Rs or Immediate,将通用寄存器 Rs 和经过 0 扩展的立即数 Imm16(扩展为 32 位),按位作**或**操作,将结果存入目标寄存器 Rd 中。指令格式如图 7-5 所示。

31 26	25 21	20 16	15 0
ORI(001101)	Rs	Rt	Imm16

图 7-5 ORI 指令格式

ORI 指令所需的操作有 IMEM←PC(取指令)、Rt←Rs or Ext_Imm16(执行指令)、PC←NPC。执行规定的完整操作过程所需的部件包括 PC 寄存器、NPC、指令存储器、寄存器堆、ALU、扩展模块 Ext16。

ORI 指令所规定的操作,确定了每个部件数据的输入输出关系。根据 PC 的内容到 IMEM 取指令,因此 IMEM 的地址输入来自 PC。取完指令 PC 要通过 NPC 增值,所以 PC 要送入 NPC。NPC 加完 4 后要送回 PC,所以 PC 的数据来自 NPC。ALU 的两个输入来自寄存器堆的 Rs 和 Ext16,完成二者的相加。运算结果送到数据存储器(DMEM)作为所要存储数据的单元地址。

(5) LW Rt,offset(base)

指令功能:Rt←Memory[base+offset],将基地址(base)加偏移量(offset)所得到的有效数据存储器地址中的内容加载到通用寄存器 Rt。指令格式如图 7-6 所示。

31 26	25 21	20 16	15 0
LW(100011)	base	Rt	offset

图 7-6 LW 指令格式

LW 指令所需的操作有 IMEM←PC(取指令)、Rt←[base+Sign_ Ext_offset](执行指令)、PC←NPC。执行规定的完整操作过程所需的部件包括 PC 寄存器、NPC、指令存储器、寄存器堆 Rt、base、ALU(完成操作数地址计算 base+offset，将有效地址送到数据存储器的地址线上，以便读取操作数)、符号扩展模块 S_Ext16(将 offset 按符号位进行扩展到 32 位，送 ALU 计算操作数地址)和 DMEM(从中取操作数)。

LW 指令所规定的操作确定了每个部件数据的输入输出关系。根据 PC 的内容到 IMEM 取指令，因此 IMEM 的地址输入来自 PC。取完指令 PC 要通过 NPC 增值，所以 PC 要送入 NPC。NPC 加完 4 后要送回 PC，所以 PC 的数据来自 NPC。ALU 的两个输入来自寄存器堆的 Rs 和 S_Ext16，完成二者的相加。运算结果送回寄存器 Rd，所以 Rd 的输入来自 ALU。

(6) SW Rt，offset(base)

指令功能：Memory[base+offset]←Rt，将通用寄存器 Rt 中的 32 位数据存入数据存储器中的有效地址，有效地址由基地址(base)和 16 位偏移量(offset)相加所得。指令格式如图 7-7 所示。

31　　26	25　　21	20　　16	15　　0
SW(101011)	base	Rt	offset

图 7-7　SW 指令格式

SW 指令所需的操作有 IMEM←PC(取指令)、[base+Sign_Ext_offset]←Rt(执行指令)、PC←NPC。执行规定的完整操作过程所需的部件包括 PC 寄存器、NPC、指令存储器、寄存器堆、ALU 以及符号扩展模块 S_Ext16，DMEM。

SW 指令所规定的操作，确定了每个部件数据的输入输出关系。根据 PC 的内容到 IMEM 取指令，因此 IMEM 的地址输入来自 PC。取完指令，PC 要通过 NPC 增值，所以 PC 要送入 NPC。NPC 加完 4 后要送回 PC，所以 PC 的数据来自 NPC。ALU 二个输入来自寄存器堆的 Rs 和 S_Ext16，完成二者的相加。运算结果送到 DMEM，作为所要存储数据的单元地址。

(7) BEQ Rs，Rt，offset

指令功能：比较通用寄存器的值，然后做 pc 相关的分支跳转。如果 Rs=Rt，那么将 offset 左移 2 位，再进行符号扩展到 32 位与当前 PC 相加，形成有效转移地址，转到该地址；如果 Rs!=Rt，则继续执行下条指令。指令格式如图 7-8 所示。

31　　26	25　　21	20　　16	15　　0
BEQ(000100)	Rs	Rt	offset

图 7-8　REQ 指令格式

BEQ 指令所需的操作有 IMEM←PC(取指令)、if Rs＝Rt，PC←NPC＋Sign_Ext(offset ‖ O2)(执行指令)，then PC←NPC。(注：offset ‖ O2 表示将 offset 左移 2 位)。执行规定的完整操作过程，所需的部件包括 PC 寄存器、NPC、指令存储器、寄存器堆、ALU、扩展模块 Ext18 和加法器 ADD。

BEQ 指令所规定的操作，确定了每个部件数据的输入输出关系。根据 PC 的内容到 IMEM 取指令，因此 IMEM 的地址输入来自 PC。取完指令，PC 要通过 NPC 增值，所以 PC 要送入 NPC。NPC 加完 4 后要送回 PC，所以 PC 的数据来自 NPC。IMEM 同时把地址值传送给 Ext18 进行 32 位符号位扩展，形成带符号位的偏移地址，送到加法器 ADD 输入端，与其另一个从 NPC 送来的基地址的输入端相加，相加的结果送给 PC 前的数据选择器 MUX，用于指向跳转的目标指令地址。ALU 的两个输入来自寄存器堆的 Rs 和 Rt，二者进行减法运算，判断运算结果是否为“0”，实现比较操作。

(8) J target

指令功能：该指令无条件跳转到一个绝对地址，instr_index 长度 26 位，在左移 2 位后为 28 位，再与 PC 的最高四位(PC31-28)并接成 32 位转移地址。指令格式如图 7-9 所示。

31　　　　26	25　　　　　　　　　　　　　　　　　　　　0
J(000010)	instr_index

图 7-9　J 指令格式

J 指令所需的操作有 IMEM←PC(取指令)、PC←PC31-28 ‖ instr_index ‖ O2(执行指令)，PC←NPC。(注：PC31-28 ‖ instr_index ‖ O2 表示将 instr_index 左移 2 位后与 PC31-28 并接成 32 位)。执行规定的完整操作过程所需的部件包括 PC 寄存器、NPC、指令存储器、寄存器堆、ALU 和并接模块。

J 指令所规定的操作确定了每个部件数据的输入输出关系。根据 PC 的内容到 IMEM 取指令，因此 IMEM 的地址输入来自 PC。取完指令，PC 要通过 NPC 增值，所以 PC 要送入 NPC。NPC 加完 4 后要送回 PC，所以 PC 的数据来自 NPC。IMEM 同时把地址值传送给 Ext18 进行 32 位符号位扩展，形成带符号位的偏移地址，送到加法器 ADD 输入端，与其另一个从 NPC 送来的基地址的输入端相加，相加的结果送给 PC 前的数据选择器 MUX，用于指向跳转的目标指令地址。

上述 8 条指令组合形成各个部件间的输入输出关系如表 7-1 所示，组合形成的数据通路如图 7-10 所示。

表 7-1　8 条指令各部件输入输出关系

指令	PC	NPC	IMEM	RegFile	ALU		Ext5	Ext6	DMEM		S_Ext16	Ext18	ADD		||	
				Rd	A	B			ADDR	Data			A	B	A	B
ADDU	NPC	PC	PC	ALU	Rs	Rt										
SUBU	NPC	PC	PC	ALU	Rs	Rt										
SLL	NPC	PC	PC	ALU	Ext5	Rt	Sa									
ORI	NPC	PC	PC	ALU	Rs	Ext16		Imm16								
LW	NPC	PC	PC	Data	Rs	S_Ext16			ALU		offset					
SW	NPC	PC	PC		Rs	S_Ext16			ALU	Rt	offset					
BEQ	ADD	PC	PC		Rs	Rt						offset	NPC	Ext18		
J	||	PC	PC												PC31-28	IMEM25-0

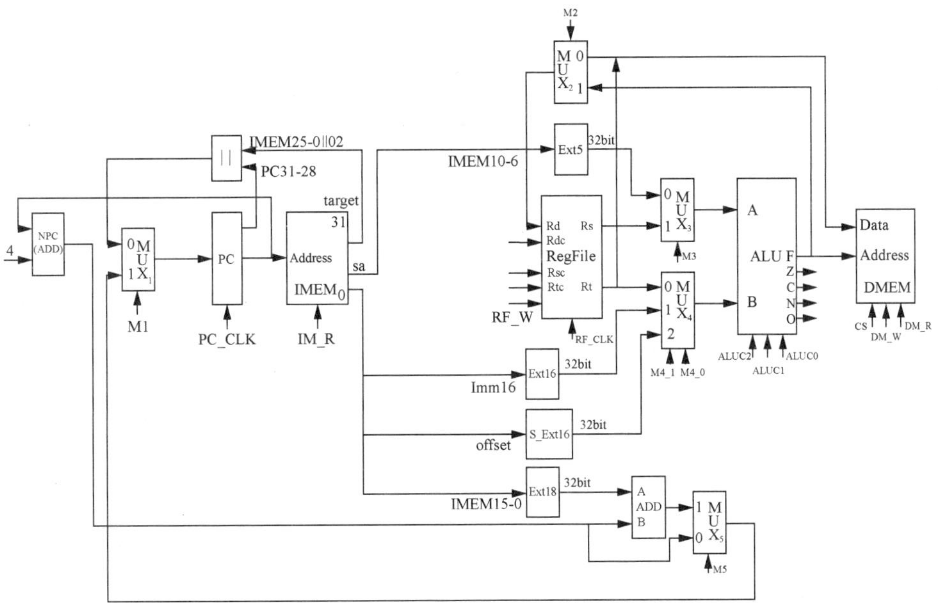

图 7-10 8 条指令数据通路

7.2.2 控制器设计

控制器的作用是根据指令的操作码和运算符计算每条指令在执行时控制信号应该取什么值。首先分析每条指令功能与数据通路中的数据流路径，编排指令取指到执行的操作时间表；再根据指令操作时间表，写出每个控制信号的逻辑表达式；最后根据逻辑表达式，用门电路实现，完成控制部件设计。

(1) 指令：ADDU Rd,Rs,Rt。

数据流路径如下：

① 取指令：要完成取指令，先要将 PC 的地址送到指令存储器 IMEM，然后对 IMEM 发一个读信号(IM_R)，将指令从 IMEM 取出。取出指令后，PC 送 NPC 完成加 4 增值。

② 执行指令：将 Rs 和 Rt 的内容送入 ALU，完成“+”运算后，写回 Rd，RF_W 有效(RegFile 的写信号)。

③ 将 NPC 中完成加 4 的值送回 PC。

④ ADDU 指令数据流路径结束。

(2) 指令：SUBU Rd,Rs,Rt。

数据流路径如下：

① 取指令：要完成取指令，先要将 PC 的地址送到指令存储器 IMEM，然后对 IMEM 发一个读信号(IM_R)，将指令从 IMEM 取出。取出指令后，PC 送 NPC 完

成加 4 增值。

② 执行指令：先将 Rs 和 Rt 的内容送 ALU，完成"－"运算后，写回 Rd，RF_W 有效。

③ 将 NPC 中完成加 4 的值送回 PC。

④ SUBU 指令数据流路径结束。

(3) 指令：SLL Rd，Rt，Sa。

数据流路径如下：

① 取指令：要完成取指令，先要将 PC 的地址送到指令存储器 IMEM，然后对 IMEM 发一个读信号(IM_R)，将指令从 IMEM 取出。取出指令后，PC 送入 NPC 完成加 4 增值。

② 执行指令：先将 Rt 的内容送 ALU，再将 Sa 的内容(左移的位数)经 Ext5 扩展成 32 位后送 ALU，完成移位后，写回 Rd，RF_W 有效。

③ 将 NPC 中完成加 4 的值送回 PC。

④ SLL 指令数据流路径结束。

(4) 指令：ORI Rt，Rs，Imm16。

数据流路径如下：

① 取指令：要完成取指令，先要将 PC 的地址送到指令存储器 IMEM，然后对 IMEM 发一个读信号(IM_R)，将指令从 IMEM 取出。取出指令后，PC 送 NPC 完成加 4 增值。

② 执行指令：先将 Rs 的内容送 ALU，再将 Imm16 经 Ext16 扩展成 32 位后送 ALU，完成"或"运算后，写回 Rd，RF_W 有效。

③ 将 NPC 中完成加 4 的值送回 PC。

④ ORI 指令数据流路径结束。

(5) 指令：LW Rt，offset(base)。

数据流路径如下：

① 取指令：要完成取指令，先要将 PC 的地址送到指令存储器 IMEM，然后对 IMEM 发一个读信号(IM_R)，将指令从 IMEM 取出。取出指令后，PC 送入 NPC 完成加 4 增值。

② 执行指令：先将 base 的内容送 ALU，再将 offset 经过符号扩展 S_Ext16 扩展成 32 位后送 ALU，完成"＋"运算后，形成有效的操作数地址送 DMEM_Address，然后对 DMEM 发一个读信号(DM_R)，将操作数从 DMEM 取出，写回 Rt，RF_W 有效。

③ 将 NPC 中完成加 4 的值送回 PC。

④ LW 指令数据流路径结束。

(6) 指令：SW Rt，offset(base)。

数据流路径如下：

① 取指令：要完成取指令，先要将 PC 的地址送到指令存储器 IMEM，然后对

IMEM 发一个读信号(IM_R),将指令从 IMEM 取出。取出指令后,PC 送入 NPC 完成加 4 增值。

② 执行指令:先将 base 的内容送 ALU,再将 offset 经过符号扩展 S_Ext16 扩展成 32 位后送 ALU,完成“+”运算后,形成有效的操作数地址送 DMEM_Address,然后将 Rt 内容送 DMEM_Data,发一个写信号(DM_W),将操作数写入 DMEM。

③ 将 NPC 中完成加 4 的值送回 PC。

④ SW 指令数据流路径结束。

(7) 指令:BEQ Rs,Rt,offset。

数据流路径如下:

① 取指令:要完成取指令,先要将 PC 的地址送到指令存储器 IMEM,然后对 IMEM 发一个读信号(IM_R), 将指令从 IMEM 取出。取出指令后,PC 送入 NPC 完成加 4 增值。

② 执行指令:先判断 Rs 与 Rt 相等否,如相等,先将 NPC 的内容送加法器(ADD),再将 offset 经 Ext18 符号扩展成 32 位后送 ADD,完成“+”运算后,形成有效的转移地址送回 PC,否则,将 NPC 中完成加 4 的值送回 PC。

③ BEQ 指令数据流路径结束。

(8) 指令:J target。

数据流路径如下:

① 取指令:要完成取指,先要将 PC 的地址送到指令存储器 IMEM,然后对 IMEM 发一个读信号(IM_R),将指令从 IMEM 取出。取出指令后,PC 送入 NPC 完成加 4 增值。

② 执行指令:先将 instr_index 左移 2 位形成 28 位,送拼接部件(‖),然后,将 PC 的 31-28 位送拼接部件,形成 32 转移地址送回 PC。

③ J 指令数据流路径结束。

根据上述 8 条指令的数据流路径分析,实施 ALU 的运算控制功能的指令如表 7-2所示。

表 7-2　ALU 运算控制

指令	ALUC2	ALUC1	ALUC0	备注
ADD	0	0	0	ALU 完成“加”
SUB	0	0	1	ALU 完成“减”
ORI	0	1	0	ALU 完成“或”
SLL	0	1	1	ALU 完成“左移”

8 条指令数据通路中所需所有部件的控制信号如表 7-3 所示。

表 7-3　部件控制信号

控制信号(微操作)	控制信号说明
PC_CLK	CPU 工作主频
IM_R	代码存储器读信号
Rsc4-0	Rs 寄存器选择输入控制端
Rtc4-0	Rt 寄存器选择输入控制端
M3	MUX_3 选择器控制器
M4_1	MUX_4 选择器控制端 1
M4_0	MUX_4 选择器控制端 0
ALUC2	ALU 控制端 2
ALUC1	ALU 控制端 1
ALUC0	ALU 控制端 0
M2	MUX_2 选择器控制端
Rdc4-0	Rd 寄存器选择输入控制端
RF_W	RegFile 写信号
RF_CLK	RegFile 时钟
M5	MUX_5 选择器控制端
M1	MUX_1 选择器控制端
DM_CS	数据存储器片选信号
DM_R	数据存储器读信号
DM_W	数据存储器写信号

ADDU 指令控制信号如图 7-11 和表 7-4 所示，与其指令字中相应的字段对应，同时要把该指令执行(包括取指令)所需的控制信号加到图 7-10 的数据通路的对应部件上。

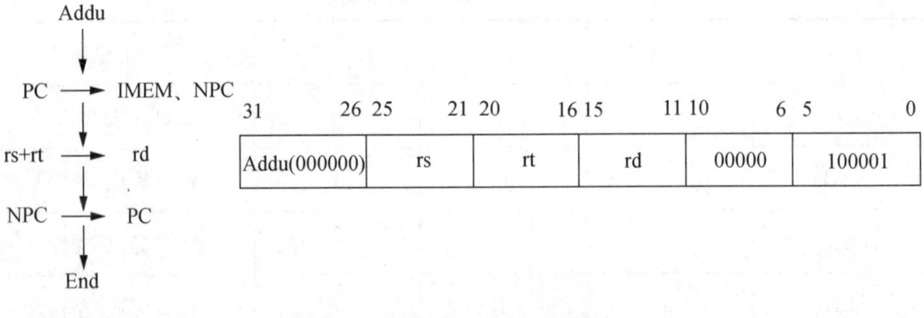

图 7-11　ADDU 指令控制信号

表 7-4　ADDU 指令控制信号

控制信号（微操作）	PC_CLK	IM_R	Rsc4-0	Rtc4-0	M3	M4_1	M4_0	ALUC2	ALUC1	ALUC0
ADDU	1	1	IM25-21	IM20-16	1	0	0	0	0	0
控制信号（微操作）	M2	Rdc4-0	RF_W	RF_CLK	M5	M1	CS	DM_R	DM_W	
ADDU	1	IM15-11	1	1	0	1	0	0	0	

实现 ADDU 指令的每一步所需的控制信号步骤如下：

（1）取指令（PC→NPC，IMEM，IM_R）：数据通路图中，PC 的内容已送到 IMEM 了，IM_R 信号有效，就可以将指令读出来。所以，IM_R 填“1”（假设控制信号都是高电平有效）。

（2）执行指令功能（Rs＋Rt→Rd，RF_W）：要完成运算功能，首先要将两个操作数送至 ALU，操作数在 Rs 和 Rt 中，而 Rs 和 Rt 是由指令地址段指出，（即 IM25-21 指出 Rs，IM20-16 指出 Rt，IM15-11 指出 Rd，参见指令格式）。所以，在表 7-4 中的 Rsc，Rtc，Rdc 分别填入 IM25－21，IM20－16，IM15－11。Rs 通过 MUX_3(1)端送 ALU(A)，所以 M3 填“1”。Rt 通过 MUX_4(0)端送 ALU(B)，所以 M4_1、M4_0＝00。要完成“＋”操作，ALU_2、ALU_1、ALU_0 按表 7-2 所示，应填“000”。结果要送回寄存器堆的 Rd 端，从 ALU 输出 F 到 Rd，要经过 MUX_2(1)端，所以，MUX_2控制端 M2＝1。要写入寄存器堆，RF_W 和 RF_CLK 都必须有效，表中填入“1”。

（3）PC 完成增值（NPC→PC）：从数据通路图中，NPC 送到 PC 要经 MUX_5(0)端和 MUX_1(1)端，所以，M5 控制端 M5＝0，MUX_1 控制端 M1＝1，要写入 PC，PC_CLK 必须有效，表中填入“1”。

（4）其他的控制信号没有用到都填“0”。

上述过程，完成了 ADDU 指令的时间表构建。

SUBU 指令控制信号如图 7-12 和表 7-5 所示，与其指令字中相应的字段对应，同时要把该指令执行（包括取指）所需的控制信号加到如图 7-10 所示数据通路的对应部件上。

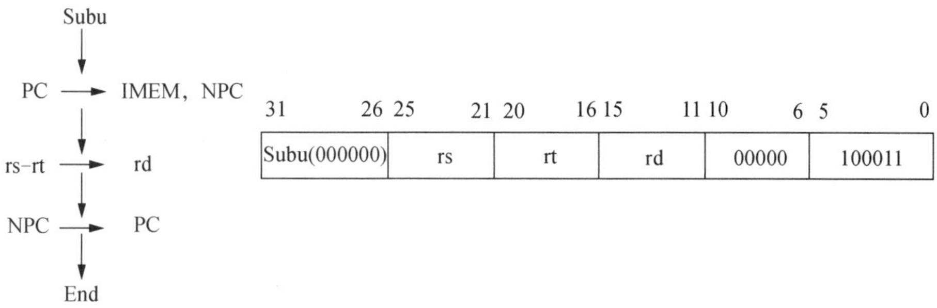

图 7-12　SUBU 指令控制信号

表 7-5　SUBU 指令控制信号

控制信号(微操作)	PC_CLK	IM_R	Rsc4-0	Rtc4-0	M3	M4_1	M4_0	ALUC2	ALUC1	ALUC0
SUBU	1	1	IM25-21	IM20-16	1	0	0	0	0	1
控制信号(微操作)	M2	Rdc4-0	RF_W	RF_CLK	M5	M1	CS	DM_R	DM_W	
SUBU	1	IM15-11	1	1	0	1	0	0	0	

实现 SUBU 指令的每一步所需的控制信号步骤如下：

(1) 取指令(PC→NPC，IMEM，IM_R)：数据通路图中，PC 的内容已送到 IMEM 了，IM_R 信号有效，就可以将指令读出来。因此，IM_R 填“1”(假设控制信号都是高电平有效)。

(2) 执行指令功能(Rs＋Rt→Rd，RF_W)：要完成运算功能，首先要将两个操作数送 ALU，操作数在 Rs 和 Rt 中，而 Rs 和 Rt 是由指令地址段指出，(即 IM25-21 指出 Rs，IM20-16 指出 Rt，IM15-11 指出 Rd，参见指令格式)。所以，在表 7-5 中的 Rsc，Rtc，Rdc 分别填入 IM25-21、IM20-16、IM15-11。Rs 通过 MUX_3(1)端送至 ALU(A)，所以 M3 填“1”。Rt 通过 MUX_4(0)端送 ALU(B)，所以 M4_1＝M4_0＝00。要完成“－”操作，ALU_2，ALU_1，ALU_0 按表 7-2 所示，应填“001”。结果要送回寄存器堆的 Rd 端，从 ALU 输出 F 到 Rd，要经过 MUX_2(1)端，所以，MUX_2控制端 M2＝1。要写入寄存器堆，RF_W 和 RF_CLK 都必须有效，表中填入“1”。

(3) PC 完成增值(NPC→PC)：数据通路图中，NPC 送到 PC 要经 MUX_5(0)端和 MUX_1(1)端，因此，MUX_5 控制端 M5＝0，MUX_1 控制端 M1＝1，要写入 PC，PC_CLK 必须有效，表中填入“1”。

(4) 其他的控制信号没有用到都填“0”。

上述过程，完成了 SUBU 指令的时间表构建。

ORI 指令控制信号如图 7-13 和表 7-6 所示，与其指令字中相应的字段对应，同时要把该指令执行(包括取指令)所需的控制信号加到图 7-10 数据通路的对应部件上。

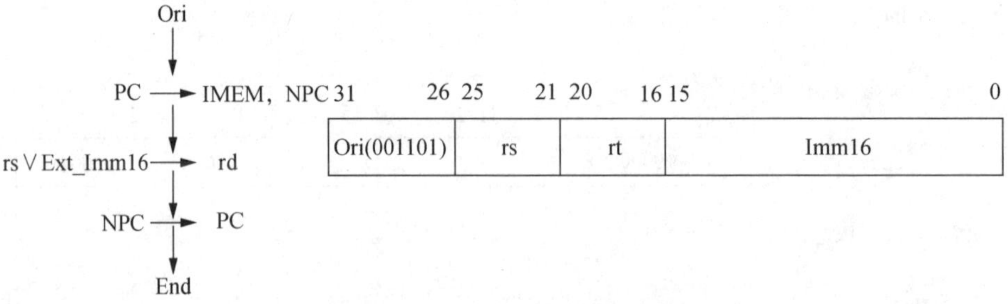

图 7-13　ORI 指令控制信号

表 7-6　ORI 指令控制信号

控制信号（微操作）	PC_CLK	IM_R	Rsc4-0	Rtc4-0	M3	M4_1	M4_0	ALUC2	ALUC1	ALUC0
ORI	1	1	IM25-21		1	0	1	0	1	0
控制信号（微操作）	M2	Rdc4-0	RF_W	RF_CLK	M5	M1	CS	DM_R	DM_W	
ORI	1	IM20-16	1	1	0	1	0	0	0	

实现 ORI 指令的每一步所需的控制信号步骤如下：

（1）取指令（PC→NPC，IMEM，IM_R）：数据通路图中，PC 的内容已送到 IMEM 了，IM_R 信号有效，就可以将指令读出来。所以，IM_R 填“1”（假设控制信号都是高电平有效）。

（2）执行指令功能（Rs∪Ext_Imm16→Rd，RF_W）：要完成或运算功能，首先要将两个操作数送 ALU，操作数在 Rs 和 Ext_Imm16 中，结果送到 Rd，Rs 和 Rd 是由指令地址段指出，（即 IM25-21 指出 Rs，IM20-16 指出 Rd，参见指令格式）。所以，表 7-6 中的 Rsc，Rdc 分别填入 IM25-21，IM20-16。Rs 通过 MUX_3(1)端送 ALU(A)，所以 M3 填“1”。Ext_Imm16 通过 MUX_4(1)端送 ALU(B)，所以 M4_1=M4_0=01。要完成**或**操作，ALU_2、ALU_1、ALU_0 按表 7-2 所示，应填“010”。结果要送回寄存器堆的 Rd 端，从 ALU 输出 F 到 Rd，要经过 MUX_2(1)端，所以，MUX_2控制端 M2=1。要写入寄存器堆，RF_W 和 RF_CLK 都必须有效，表中填入“1”。

（3）PC 完成增值（NPC→PC）：数据通路图中，NPC 送到 PC 要经 MUX_5(0)端和 MUX_1(1)端，所以，MUX_5 控制端 M5=0，MUX_1 控制端 M1=1，要写入 PC，PC_CLK 必须有效，表中填入“1”。

（4）其他的控制信号没有用到都填“0”。

上述过程，完成了 ORI 指令的时间表构建。

SLL 指令控制信号如图 7-14 和表 7-7 所示，与其指令字中相应的字段对应，同时要把该指令执行（包括取指令）所需的控制信号加到图 7-11 的数据通路的对应部件上。

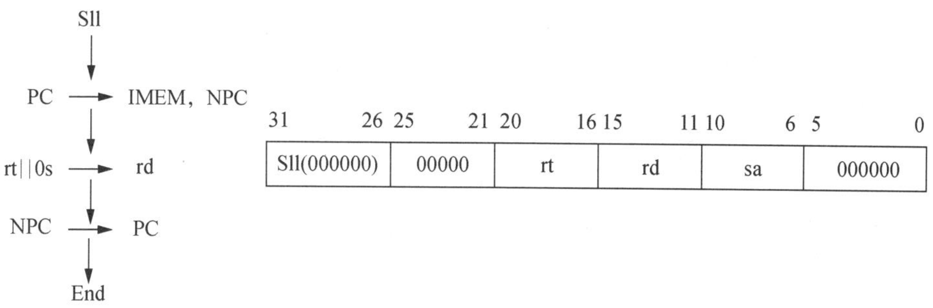

图 7-14　SLL 指令控制信号

表 7-7　SLL 指令控制信号

控制信号（微操作）	PC_CLK	IM_R	Rsc4-0	Rtc4-0	M3	M4_1	M4_0	ALUC2	ALUC1	ALUC0
SLL	1	1		IM20-16	0	0	0	0	1	1
控制信号（微操作）	M2	Rdc4-0	RF_W	RF_CLK	M5	M1	CS	DM_R	DM_W	
SLL	1	IM15-11	1	1	0	1	0	0	0	

实现 SLL 指令的每一步所需的控制信号步骤如下：

(1) 取指令（PC→NPC，IMEM，IM_R）：数据通路图中，PC 的内容已送到 IMEM 了，IM_R 信号有效，就可以将指令读出来。所以，IM_R 填"1"（假设控制信号都是高电平有效）。

(2) 执行指令功能（$Rt_{(31-s)\ldots0}||0^s$→Rd，RF_W）：要完成寄存器 Rt 的数据左移 Sa 位运算功能，空余位填充"0"，结果送给寄存器 Rd。首先要将两个操作数送 ALU，左移位数 Sa 经过符号位扩展为 32 位，送给 ALU 的 A 端口，操作数在 Rt 中，左移完成的结果送到 Rd，Rt 和 Rd 是由指令地址段指出，（即 IM20-16 指出 Rt，IM15-11 指出 Rd，参见指令格式）。所以，表 7-7 中的 Rtc、Rdc 分别填入 IM20-16、IM15-11。Sa 符号位扩展后通过 MUX_3(0)端送 ALU(A)，所以 M3 填"0"。Rt 通过 MUX_4(0)端送 ALU(B)，所以 M4_1＝M4_0＝00。要完成左移操作，ALU_2，ALU_1，ALU_0 按表 7-2 所示，应填"011"。结果要送回寄存器堆的 Rd 端，从 ALU 输出 F 到 Rd，要经过 MUX_2(1)端，所以，MUX_2 控制端 M2＝1。要写入寄存器堆，RF_W 和 RF_CLK 都必须有效，表中填入"1"。

(3) PC 完成增值（NPC→PC）：数据通路图中，NPC 送到 PC 要经 MUX_5(0)端和 MUX_1(1)端，所以，MUX_5 控制端 M5＝0，MUX_1 控制端 M1＝1，要写入 PC，PC_CLK 必须有效，表中填入"1"。

(4) 其他的控制信号没有用到都填"0"。

上述过程，完成了 SLL 指令的时间表构建。

BEQ 指令控制信号如图 7-15 和表 7-8 所示，与其指令字中相应的字段对应，同时要把该指令执行（包括取指令）所需的控制信号加到图 7-10 的数据通路的对应部件上。

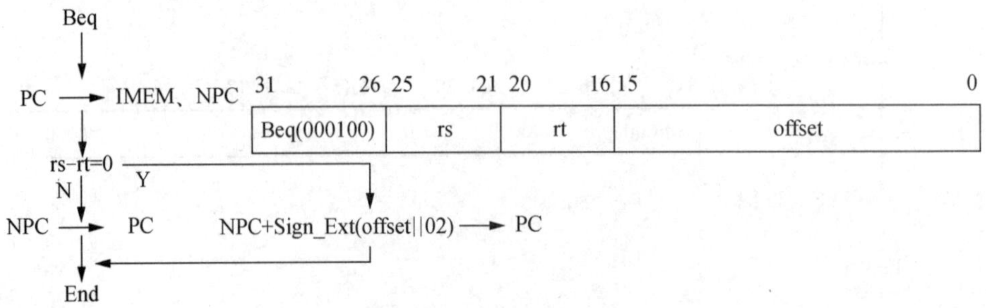

图 7-15　BEQ 指令控制信号

表 7-8　BEQ 指令控制信号

控制信号（微操作）	PC_CLK	IM_R	Rsc4-0	Rtc4-0	M3	M4_1	M4_0	ALUC2	ALUC1	ALUC0
BEQ	1	1	IM25-21	IM20-16	1	0	0	0	0	1
控制信号（微操作）	M2	Rdc4-0	RF_W	RF_CLK	M5	M1	CS	DM_R	DM_W	
BEQ	1	IM15-11	0	0	1	1	0	0	0	

实现 BEQ 指令的每一步所需的控制信号步骤如下：

(1) 取指令(PC→NPC，IMEM，IM_R)：数据通路图中，PC 的内容已送到 IMEM 了，IM_R 信号有效，就可以将指令读出来。所以，IM_R 填“1”(假设控制信号都是高电平有效)。

(2) 执行指令功能(Rs-Rt=0)：要判断两个寄存器 Rs、Rt 的数据是否相等，如不等则执行该指令的后继指令；如相等则执行偏移地址指向的目标指令。首先要将两个操作数送 ALU，操作数在 Rs 和 Rt 中，而 Rs 和 Rt 是由指令地址段指出，(即 IM25-21 指出 Rs，IM20-16 指出 Rt，IM15-11 指出 Rd，参见指令格式)。所以，表 7-8 中的 Rsc，Rtc，Rdc 分别填入 IM25-21，IM20-16，IM15-11。Rs 通过 MUX_3(1)端送 ALU(A)，所以 M3 填“1”。Rt 通过 MUX_4(0)端送 ALU(B)，所以 M4_1=M4_0=00。要完成“—”操作，ALU_2，ALU_1，ALU_0 按表 7-2 所示，应填“001”。结果要送回寄存器堆的 Rd 端，从 ALU 输出 F 到 Rd，要经过 MUX_2(1)端，所以，MUX_2控制端 M2=1。

(3) PC 完成增值(NPC→PC)：如果 ALU 运算结果不为“0”，数据通路图中，NPC 送到 PC 要经 MUX_5(1)端和 MUX_1(1)端，所以，MUX_5 控制端 M5=1，MUX_1 控制端 M1=1，要写入 PC，PC_CLK 必须有效，表中填入“1”。如果 ALU 运算结果为“0”，数据通路图中，NPC+offset||O2 送到 PC 要经 ADD 加法器和 MUX_5(0)端、MUX_1(0)端，所以，MUX_5(0)和 MUX_1 控制端 M5=0=M1=0，要写入 PC，PC_CLK 必须有效，表中填入“1”。

(4) 其他的控制信号没有用到都填“0”。

上述过程，完成了 SLL 指令的时间表构建。

LW 指令控制信号如图 7-16 和表 7-9 所示，与其指令字中相应的字段对应，同时要把该指令执行(包括取指令)所需的控制信号加到图 7-10 的数据通路的对应部件上。

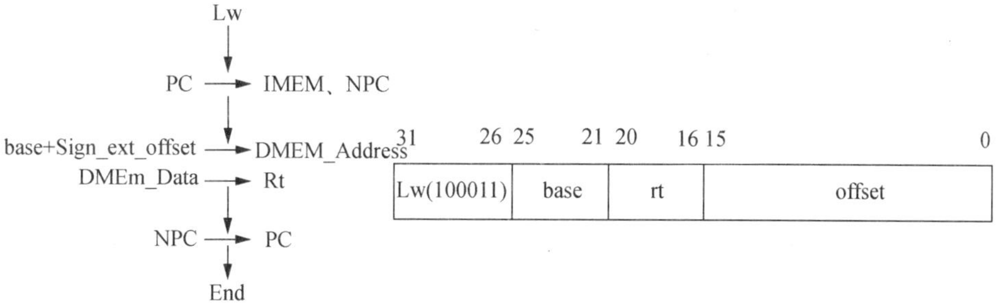

图 7-16　LW 指令控制信号

表 7-9　LW 指令控制信号

控制信号（微操作）	PC_CLK	IM_R	Rsc4-0	Rtc4-0	M3	M4_1	M4_0	ALUC2	ALUC1	ALUC0
LW	1	1	IM25-21		1	1	0	0	0	0
控制信号（微操作）	M2	Rdc4-0	RF_W	RF_CLK	M5	M1	CS	DM_R	DM_W	
LW	0	IM20-16	1	1	0	1	1	1	0	

实现 LW 指令的每一步所需的控制信号步骤如下：

(1) 取指令（PC→NPC，IMEM，IM_R）：数据通路图中，PC 的内容已送到 IMEM，IM_R 信号有效，就可以将指令读出来。所以，IM_R 填"1"(假设控制信号都是高电平有效)。

(2) 执行指令功能(base+offset→DMEM_Address，DMEM_Data→Rt)：通过基地址和偏移地址确定要取的数据的物理地址，从存储器的物理地址存储单元取出数据送给寄存器 Rt。首先要将两个基地址和偏移地址操作数送 ALU，基地址经 MUX_3(1)端送到段指出 ALU(A)，所以 M3 填"1"；偏移地址经符号位扩展由 MUX_4(2)端送到段指出 ALU(B)，所以 M4_1＝M4_0＝10。要完成物理地址"＋"操作，ALU_2，ALU_1，ALU_0 按表 7-2 所示，应填"000"。物理地址结果送入寄存器 Rd，再以此地址访问数据存储器，读取的数据送给 Rt 寄存器，(即 IM25-21 指出 Rt，IM20-16 指出 Rd，参见指令格式)。所以，表 7-9 中的 Rsc，Rdc 分别填入 IM25-21，IM20-16。结果要送回寄存器堆的 Rd 端，从 ALU 输出 F 到 Rd，要经过 MUX_2(0)端，所以，MUX_2 控制端 M2＝0。

(3) PC 完成增值(NPC→PC)：数据通路图中，NPC 送到 PC 要经 MUX_5(0)端和 MUX_1(1)端，所以，MUX_5 控制端 M5＝0，MUX_1 控制端 M1＝1，要写入 PC，PC_CLK 必须有效，表中填入"1"。同时存储器的片选 CS＝1 和读操作信号DM_R＝1 有效。

(4) 其他的控制信号没有用到都填"0"。

上述过程，完成了 SLL 指令的时间表构建。

SW 指令控制信号如图 7-17 和表 7-10 所示，与其指令字中相应的字段对应，同时要把该指令执行(包括取指令)所需的控制信号加到图 7-10 的数据通路的对应部件上。

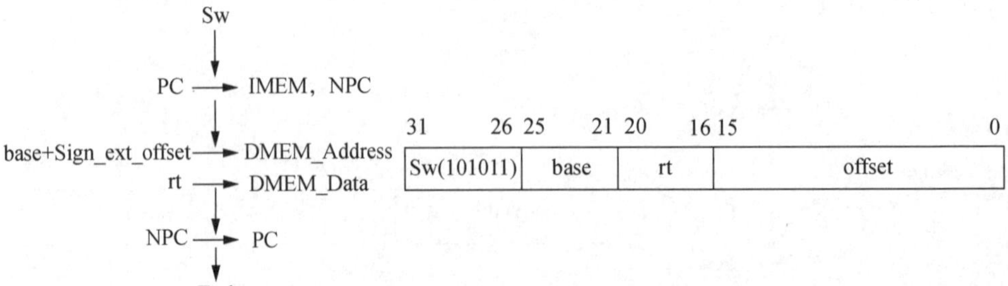

图 7-17　SW 指令控制信号

表 7-10　SW 指令控制信号

控制信号（微操作）	PC_CLK	IM_R	Rsc4-0	Rtc4-0	M3	M4_1	M4_0	ALUC2	ALUC1	ALUC0
SW	1	1	IM25-21	IM20-16	1	1	0	0	0	0
控制信号（微操作）	M2	Rdc4-0	RF_W	RF_CLK	M5	M1	CS	DM_R	DM_W	
SW	1	0	0	0	0	1	1	0	1	

实现 SW 指令的每一步所需的控制信号步骤如下：

（1）取指令（PC→NPC，IMEM，IM_R）：数据通路图中，PC 的内容已送到 IMEM，IM_R 信号有效，就可以将指令读出来。所以，IM_R 填“1”(假设控制信号都是高电平有效）。

（2）执行指令功能（base＋offset→DMEM_Address，Rt→DMEM_Data）：通过基地址和偏移地址确定要写入数据的物理地址，把寄存器 Rt 的数据送给存储器的物理地址存储单元。首先要将两个基地址和偏移地址操作数送 ALU，基地址经 MUX_3(1)端送到段指出 ALU(A)，所以 M3 填“1”；偏移地址经符号位扩展由 MUX_4(2)端送到段指出 ALU(B)，所以 M4_1＝M4_0＝10。要完成物理地址“＋”操作，ALU_2，ALU_1，ALU_0 按表 7-2 所示，应填“000”。物理地址结果送入寄存器 Rs，再把寄存器 Rt 的数据写入此地址存储单元，(即 IM25-21 指出 Rs，IM20-16 指出 Rt，参见指令格式)。所以，表 7-10 中的 Rsc、Rtc 分别填入 IM25-21、IM20-16。结果要送回寄存器堆的 Rd 端，从 ALU 输出 F 到 Rd，要经过 MUX_2(1)端，所以，MUX_2控制端 M2＝1。

（3）PC 完成增值（NPC→PC)：数据通路图中，NPC 送到 PC 要经 MUX_5(0)端和 MUX_1(1)端，所以，MUX_5 控制端 M5＝0，MUX_1 控制端 M1＝1，要写入 PC，PC_CLK 必须有效，表中填入“1”。同时存储器的片选 CS＝1 和写操作信号 DM_W＝1 有效。

（4）其他的控制信号没有用到都填“0”。

上述过程，完成了 SW 指令的时间表构建。

J 指令控制信号如图 7-18 和表 7-11 所示，与其指令字中相应的字段对应，同时要把该指令执行(包括取指令)所需的控制信号加到图 7-10 所示数据通路的对应部件上。

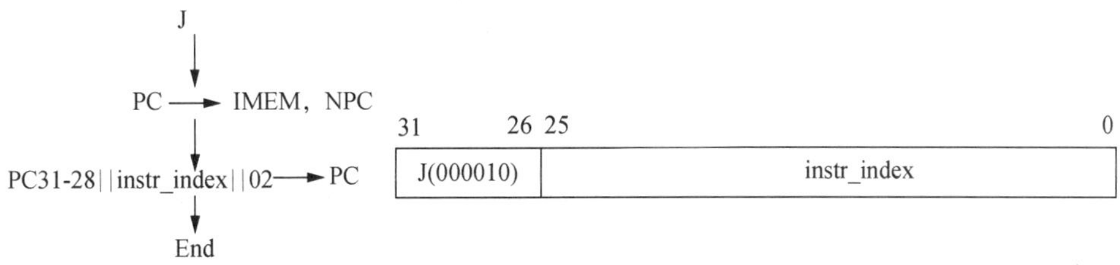

图 7-18　J 指令控制信号

表 7-11　J 指令控制信号

控制信号（微操作）	PC_CLK	IM_R	Rsc4-0	Rtc4-0	M3	M4_1	M4_0	ALUC2	ALUC1	ALUC0
J	1	1	0	0	1	0	0	0	0	0
控制信号（微操作）	M2	Rdc4-0	RF_W	RF_CLK	M5	M1	CS	DM_R	DM_W	
J	1	0	0	0	0	0	0	0	0	

实现 J 指令的每一步所需的控制信号步骤如下：

（1）取指令（PC→NPC，IMEM，IM_R）：数据通路图中，PC 的内容已送到 IMEM，IM_R 信号有效，就可以将指令读出来。所以，IM_R 填“1”（假设控制信号都是高电平有效）。

（2）执行指令功能（PC31-28||instr_index||O2→PC）：把长度 26 位的 instr_index 左移 2 位，变成 28 位，再和 PC 的高 4 位（31～28）拼接称为 32 位的跳转地址。把当期执行指令的地址送回寄存器堆的 Rd 端，从 ALU 输出 F 到 Rd，要经过 MUX_2（1）端，所以，MUX_2控制端 M2＝1。

（3）PC 完成增值（NPC→PC）：数据通路图中，NPC 送到 PC 要经 MUX_5（0）端和 MUX_1（0）端，所以，MUX_5 控制端 M5＝0，MUX_1 控制端 M1＝0，要写入 PC，PC_CLK 必须有效，表中填入“1”。

（4）其他的控制信号没有用到都填“0”。

上述过程，完成了 J 指令的时间表构建。

依此类推，将 8 条指令填完，形成如表 7-12 所示的 8 条指令控制时间表。

从表 7-12 中可以看出 Rdc 的输入源有两个源 IM20-16 和 IM15-11，在 Rdc 输入端加上一个数据选择器 MUX_6 以选择不同的输入源，其数据通路如图 7-19 所示。

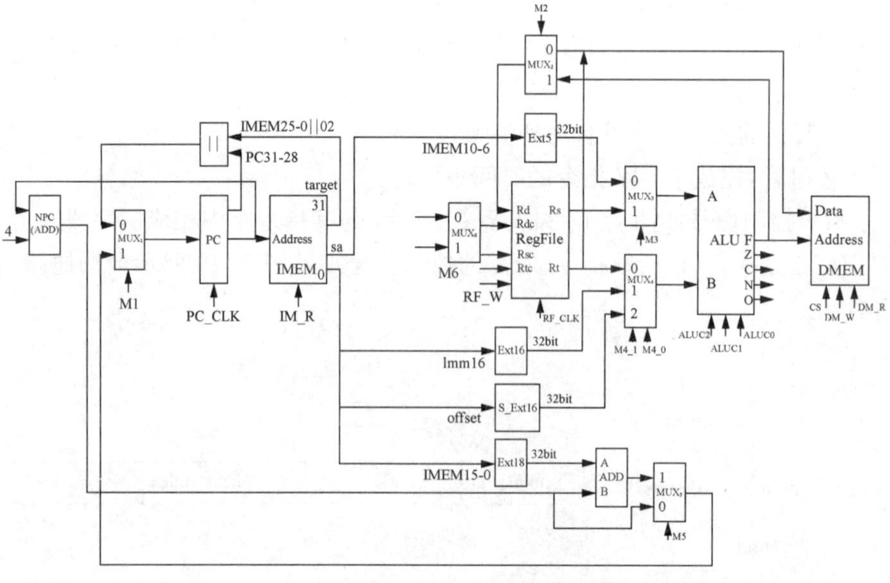

图 7-19　加入 MUX_6 的数据通路

表 7-12　8 条指令控制时间表

控制信号（微操作）	PC_CLK	IM_R	Rsc4-0	Rtc4-0	M3	M4_1	M4_0	ALUC2	ALUC1	ALUC0	M2	Rdc4-0	RF_W	RF_CLK	M5	M1	CS	DM_R	DM_W
ADDU	1	1	IM25-21	IM20-16	1	0	0	0	0	0	1	IM15-11	1	1	0	1	0	0	0
SUBU	1	1	IM25-21	IM20-16	1	0	0	0	0	1	1	IM15-11	1	1	0	1	0	0	0
ORI	1	1	IM25-21		1	0	1	0	1	0	1	IM20-16	1	1	0	1	0	0	0
SLL	1	1		IM20-16	0	0	0	0	1	1	1	IM15-11	1	1	0	1	0	0	0
BEQ	1	1	IM25-21	IM20-16	1	0	0	0	0	1	1	IM15-11	0	0	1	1	0	0	0
LW	1	1	IM25-21		1	1	0	0	0	0	0	IM20-16	1	1	0	1	1	1	0
SW	1	1	IM25-21	IM20-16	1	1	0	0	0	0	1		0	0	0	1	1	0	1
J	1	1			1	0	0	0	0	0	1		0	0	0	0	0	0	0

加入 MUX_6 到数据通路后，控制时间更新如表 7-13 所示。

把微操作序列形成部件进行逻辑组合，8 条指令的控制信号综合后得到如下逻辑表达式，其逻辑电路如图 7-20 所示。

PC_CLK=CLK(上升沿)//CLK-CPU 工作主频

IM_R=1

Rsc=IM25-21

Rtc=IM20-16

M3=ADDU+SUBU+ORI+BEQ+J+LW+SW

M4_1=LW+SW

M4_0=ORI

ALUC2=0

ALUC1=ORI+SLL

ALUC0=SUBU+SLL+BEQ

M2=ADDU+SUBU+ORI+SLL+BEQ+J+SW

Rdc4-0=IM15-11(ADDU+SUBU+SLL+BEQ)+IM20-16(ORI+LW)

RF_W=ADDU+SUBU+ORI+SLL+LW

RF_CLK=(ADDU+SUBU+ORI+SLL+LW)CLK(上升沿)

M5=BEQZ

M1=ADDU+SUBU+ORI+SLL+BEQ+LW+SW

DM_CS=LW+SW

DM_R=LW

DM_W=SW

M6=ORI+LW

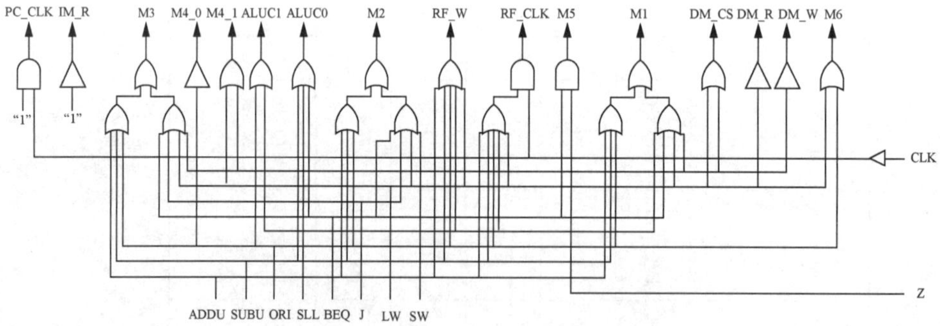

图 7-20　微操作信号产生逻辑电路

将微操作的逻辑电路与数据通路组合，形成如图 7-21 所示的 8 条 MPIS 指令集的单周期 CPU 的逻辑结构。

表 7-13 加入 MUX_6 控制时间表

控制信号（微操作）	PC_CLK	IM_R	Rsc4-0	Rtc4-0	M3	M4_1	M4_0	ALUC2	ALUC1	ALUC0	M2	Rdc4-0	RF_W	RF_CLK	M5	M1	CS	DM_R	DM_W	M6
ADDU	1	1	IM25-21	IM20-16	1	0	0	0	0	0	1	IM15-11	1	1	0	1	0	0	0	0
SUBU	1	1	IM25-21	IM20-16	1	0	0	0	0	1	1	IM15-11	1	1	0	1	0	0	0	0
ORI	1	1	IM25-21		1	0	1	0	1	0	1	IM20-16	1	1	0	1	0	0	0	1
SLL	1	1		IM20-16	0	0	0	0	1	1	1	IM15-11	1	1	0	1	0	0	0	0
BEQ	1	1	IM25-21	IM20-16	1	0	0	0	0	1	1	IM15-11	0	0	1	1	0	0	0	0
LW	1	1	IM25-21		1	1	0	0	0	0	0	IM20-16	1	1	0	1	1	1	0	1
SW	1	1	IM25-21	IM20-16	1	1	0	0	0	0	1		0	0	0	1	1	0	1	0
J	1	1			1	0	0	0	0	0	1		0	0	0	0	0	0	0	0

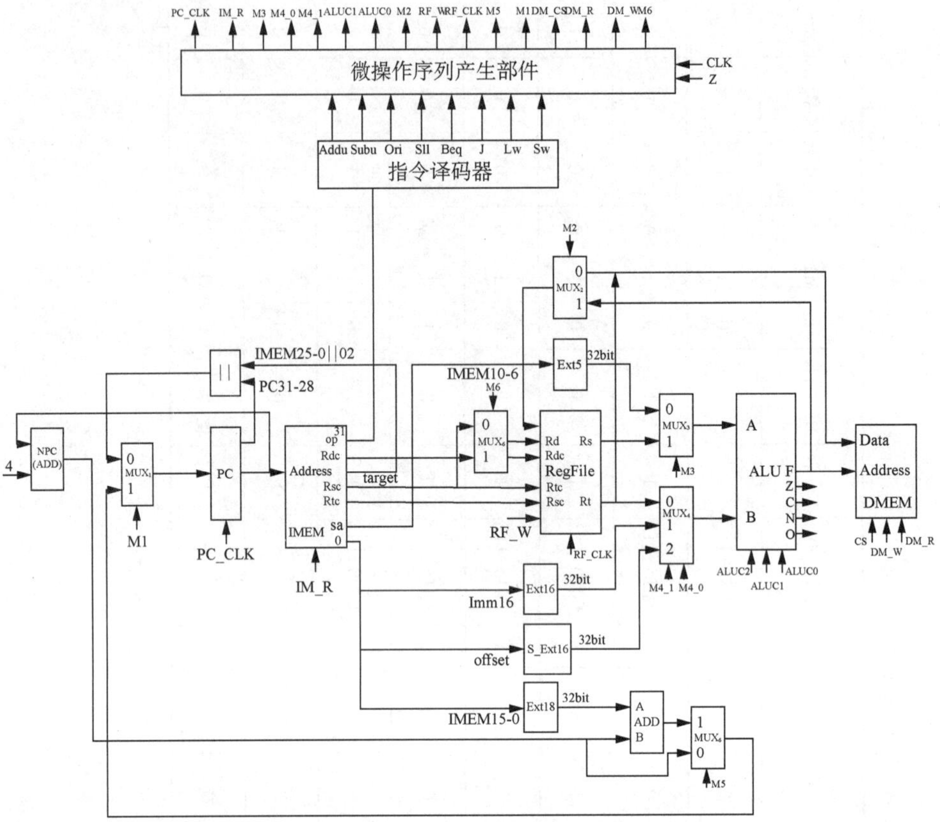

图 7-21　8 条 MPIS 指令集的单周期 CPU 的逻辑结构

7.3 多周期 CPU

把一条指令的执行分成若干个小周期，根据每条指令的复杂程度，使用不同数量的小周期去执行，许多个小周期加在一起相当于单周期 CPU 中的一个周期。采用这种工作方式的 CPU 称为多周期 CPU。

7.3.1 指令周期分析

同样以 ADDU，SUBU，SLL，LW，SW，ORI，BEQ，J 8 条指令为例实现一个多周期 CPU，其中，指令 BEQ Rs，Rt，offset 是执行过程最复杂的指令，需要 5 个周期，其执行步骤为：

（1）根据 PC 取指令。

（2）取指完成后，PC＋4。

（3）读出 Rs 和 Rt 两个寄存器的数据并锁存，比较二者是否相等。

（4）如果相等，ALU 就算出转移地址并锁存；否则就结束该指令。

指令 J target 需要 3 个周期，其执行步骤为：

(1) 根据 PC 取指令。

(2) 取指完成后，PC+4。

(3) 指令中的 target 左移 2 位与 PC 的高四位拼接成 32 位地址写入 PC。

ALU 计算类型的指令需要 4 个周期，执行步骤为：

(1) 根据 PC 取指令。

(2) 取指完成后，PC+4。

(3) 读出 Rs 和 Rt 两个寄存器的内容再进行运算。

(4) 把运算结果写入寄存器堆中的 Rd(或 Rt)寄存器。

访内存类型的指令，需要 4 个周期，它们的执行步骤为：

(1) 根据 PC 取指令。

(2) 取指完成后，PC+4。

(3) 将 Rs 寄存器的内容与指令中的偏移量 offset 相加，计算得到存储器地址。

(4) 使用计算好的地址访问存储器，从中读写出一个 32 位的数据。

7.3.2　多周期数据通路建模

多周期 CPU 设计的基本原则是：首先，在多周期 CPU 中的某些资源可以复用，比如 ALU，既可以完成算术和逻辑运算，还可以用于 PC 的增值运算，由于它们的操作是在不同的周期中，因此，这两种操作都可以用 ALU 完成。建模时可以使用一个指令和数据公用的存储器，而不需分为两个独立的指令和数据存储器，因为读取指令和读取操作数的操作是在不同的周期中。其次，每个周期结束时要把本周期的结果保存到某个寄存器中，以便下个周期可使用。所以，我们增加了一个指令寄存器 IR 和一个暂存器 Y。IR 作用是存放读出的指令，供以后的周期使用。Y 作用是存放 ALU 运算的结果，供以后的周期使用。8 条指令的多周期数据通路如图 7-22 所示。

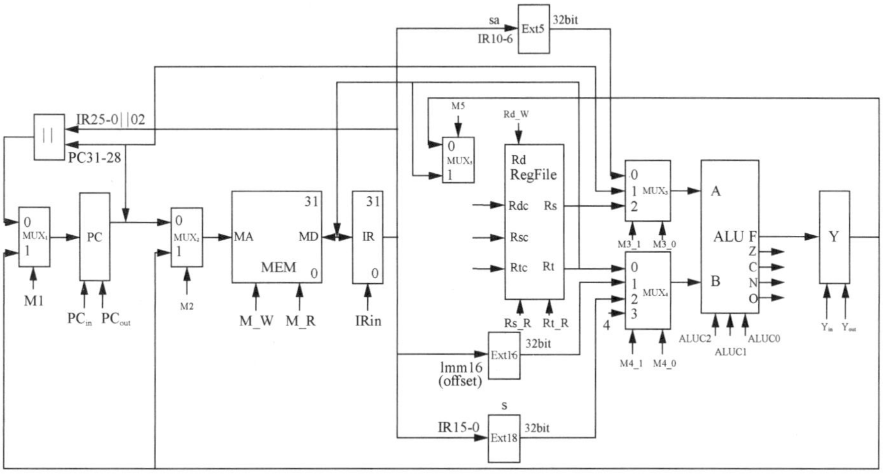

图 7-22　8 条 MPIS 指令集多周期 CPU 的数据通路

7.3.3 多周期控制器建模

利用时序电路来实现多周期 CPU 的控制部件,主要工作是确定状态转移图及输出逻辑。用有限状态机实现多周期 CPU 的控制部件时,状态转移图不是唯一的,只要能保证各条指令所经过的周期就能满足根本要求。多周期控制器的逻辑框架如图 7-23 所示。

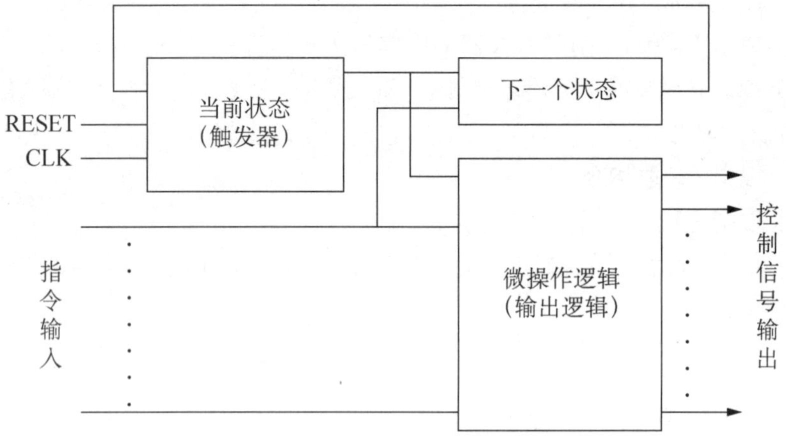

图 7-23 多周期控制器的逻辑框架

根据数据通路和指令功能,将完成指令功能的操作顺序,从取指令到执行指令整个过程 分解开,按完成指令功能的次序分解成每一步,每一步的划分以操作时资源不冲突为原则,每执行一步花费一个周期的时间。

1. 指令:ADDU Rd,Rs,Rt

执行时的数据流路径如下。

取指令阶段:

① 先要将 PC 的地址送到存储器 MEM 的地址 MA 上,然后对 MEM 发一个读信号(M_R),将指令从 MEM 读出(MD)送入 IR。同时,PC 送 ALU 完成加 4 增值后送入暂存器 Y。

② 暂存器 Y 的内容送回 PC,完成 PC 增值。

执行阶段:

③ 先将 Rs 和 Rt 的内容送 ALU,完成"+"运算后,送入 Y。

④ 将 Y 中内容写回 Rd。

该指令的数据流路径结束。

将所有指令的数据流路径中的所有控制信号列出形成一张表,再将每条指令执行时所需的控制信号填入表中。数据通路中,将完成每条指令的执行(包括取指令)所需的控制信号填入表中时,必须遵循指令执行过程中的每一步花费一个周期,用 T 来表示单位时钟周期,如 ADDU 指令共花费 4 个周期,就表示为 T_1,T_2,

T_3，T_4。ADDU 指令的控制信号如图 7-24 和表 7-14 所示。

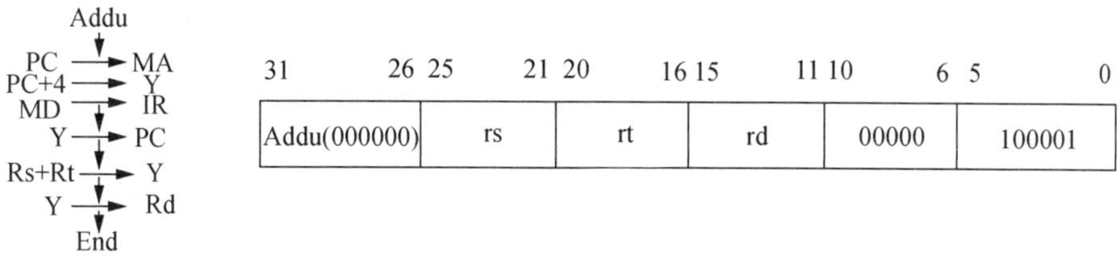

图 7-24　ADDU 指令的控制信号

实现 ADDU 指令的每一步所需的控制信号如下。

(1) 取指令(PC→MA，PC＋4→Y，MD→IR)：从数据通路图中，PC 的内容通过数据选择器 MUX_2(0)送到 MEM 的 MA 上，PC_{out}有效，填"1"。M_R 信号有效，就可以将指令读出来，所以，M_R 填"1"。读出的指令送入指令寄存器 IR，IR_{in}有效，填"1"。PC 完成加 4，PC 的内容通过 MUX_3(1)送到 ALU(A)，所以 M3_1＝M3_0＝01。MUX_4(3)送"4"到 ALU(B)，所以 M4_1＝M4_0＝11。要 ALU 完成加法，ALUC2～ALUC0 按图 7-24 所示，应填"000"，完成 PC 加 4 操作，结果送入暂存器 Y ，所以 Y_{in}有效，填入"1"。

(2) PC 完成增值(Y→PC)：从数据通路图中，Y 经 MUX_1(1)送到 PC，所以，Y_{out}和 PC_{in}有效，都填入"1"。

(3) 执行指令功能(Rs＋Rt→Y)：要完成运算功能，首先要将两个操作数送 ALU，操作数在 Rs 和 Rt 中，而 Rs 和 Rt 是由指令地址段指出(即 IR25-21 指出 Rs，IR20-16 指出 Rt 见图 7-24 中的指令格式)。所以，在图中的 Rsc，Rtc 分别填入 IR25-21，IR20-16。要完成"＋"操作，ALUC2～ALUC0 按表 7-2 所示，应填"000"。结果要送入 Y，所以 Y_{in}有效，填入"1"。

(4) 结果送回 Rd：Y 内容通过 MUX_5(0)送到 RegFile 的 Rd 端，所以，Y_{out}有效，填"1"。而 IR15-11 指出 Rd，所以将 IR15-11 连接到 RegFile 的 Rdc 上。要将数据写入 RegFile 中的 Rd 寄存器，Rd_W 必须有效，填入"1"。

(5) 其他的控制信号没有用到都填"0"，注意，这里假设控制信号都是高电平有效。

这样，ADDU 指令的时间表就填完了。由于所有指令的取指令过程都一样，与 ADDU 指令的 T_1 和 T_2 一样，只要填指令的执行部分(T_3，T_4，T_5)即可。

2. 指令：SUBU Rd，Rs，Rt

执行时的数据流路径如下。

取指令阶段：

① 先要将 PC 的地址送到存储器 MEM 的地址 MA 上，然后对 MEM 发一个读信号(M_R)，将指令从 MEM 读出(MD)送入 IR。同时，PC 送 ALU 完成加 4 增值后送入暂存器 Y。

② 暂存器 Y 的内容送回 PC，完成 PC 增值。

执行阶段：

表 7-14　ADDU 指令控制信号

控制信号（微操作）		PC_{out}	M2	M_R	IR_{in}	PC_{in}	Rsc4-0	Rtc4-0	Rs_R	Rt_R	M3_1	M3_0	M4_1	M4_0	ALUC2	ALUC1	ALUC0	Y_{in}	Y_{out}	M5	Rdc4-0	Rd_W	M_W	M1	S
ADDU	T_4	0	0	0	0	0			0	0	0	0	0	0	0	0	0	0	1	0	IR15-11	1	0	0	0
	T_3	0	0	0	0	0	IR25-21	IR21-16	1	1	1	0	0	0	0	0	1	0	0		0	0	0	0	
	T_2	0	0	0	0	1			0	0	0	0	0	0	0	0	0	0	1	0		0	0	1	0
	T_1	1	0	1	1	0			0	0	0	1	1	1	0	0	0	1	0	0	0	0	0	0	0

表 7-15　SUBU 指令控制信号

控制信号（微操作）		PC_{out}	M2	M_R	IR_{in}	PC_{in}	Rsc4-0	Rtc4-0	Rs_R	Rt_R	M3_1	M3_0	M4_1	M4_0	ALUC2	ALUC1	ALUC0	Y_{in}	Y_{out}	M5	Rdc4-0	Rd_W	M_W	M1	S
SUBU	T_4	0	0	0	0	0			0	0	0	0	0	0	0	0	0	0	1	0	IR15-11	1	0	0	0
	T_3	0	0	0	0	0	IR25-21	IR21-16	1	1	1	0	0	0	0	0	1	1	0	0		0	0	0	0
	T_2	0	0	0	0	1			0	0	0	0	0	0	0	0	0	0	1	0		0	0	1	0
	T_1	1	0	1	1	0			0	0	0	1	1	1	0	0	0	1	0	0	0	0	0	0	0

③ 先将 Rs 和 Rt 的内容送 ALU,完成"减"运算后,送入 Y。

④ 将 Y 中内容写回 Rd。

SUBU 指令数据流路径结束。

SUBU 指令共花费 4 个周期,分别表示为 T_1,T_2,T_3,T_4。SUBU 指令的控制信号如图 7-25 和表 7-15 所示。

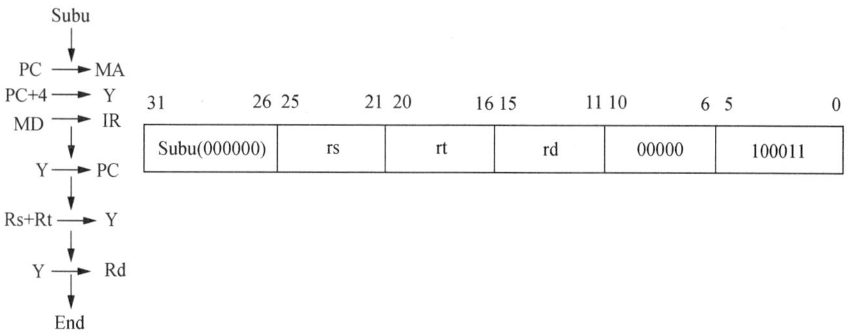

图 7-25　SUBU 指令的控制信号

表 7-14 和表 7-15 中部分控制信号的意义如下:

- PC_{out}:PC 输出控制信号;
- PC_{in}:PC 打入信号;
- M_R:主存储器读信号;
- IR_{in}:指令存储器打入信号;
- Rs_R:Rs 读信号;
- Rt_R:Rt 读信号;
- Y_{in}:Y 暂存器打入信号;
- Y_{out}:Y 暂存器输出信号;
- Rd_W:Rd 写信号;
- M_W:主存储器写信号;
- S:S=1 符号扩展;S=0 高位扩展"0"。

3. 指令:SLL Rd,Rt,Sa

执行时的数据流路径如下。

取指令阶段:

① 先要将 PC 的地址送到存储器 MEM 的地址 MA 上,然后对 MEM 发一个读信号(M_R),将指令从 MEM 读出(MD)送入 IR。同时,PC 送 ALU 完成加 4 增值后送入暂存器 Y。

② 暂存器 Y 的内容送回 PC,完成 PC 增值。

执行阶段:

③ 先将 Rt 的内容送 ALU,再将 Sa 的内容(左移的位数)经 Ext5 扩展成 32 位后送 ALU,完成移位后,送入 Y。

④ 将 Y 中内容写回 Rd。

SLL 指令数据流路径结束。

SLL 指令共花费 4 个周期，分别表示为 T_1，T_2，T_3，T_4。SLL 指令的控制信号如图 7-26 和表 7-16 所示。

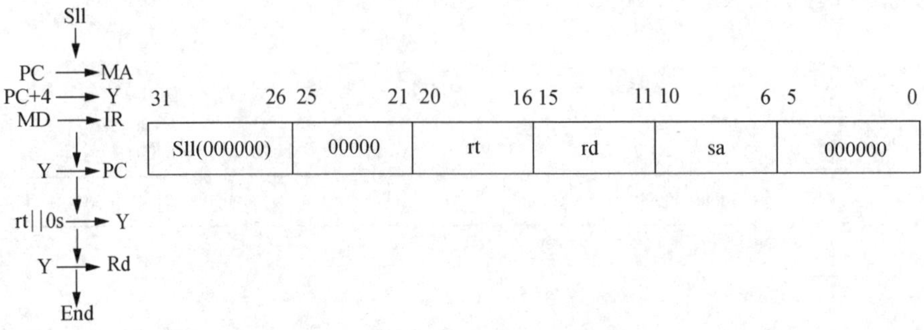

图 7-26　SLL 指令的控制信号

4. 指令：ORI Rt，Rs，Imm16

执行时的数据流路径如下。

取指令阶段：

① 先要将 PC 的地址送到存储器 MEM 的地址 MA 上，然后对 MEM 发一个读信号(M_R)，将指令从 MEM 读出(MD)送入 IR。同时，PC 送 ALU 完成加 4 增值后送入暂存器 Y。

② 暂存器 Y 的内容送回 PC，完成 PC 增值。

执行阶段：

③ 先将 Rs 的内容送 ALU，再将 Imm16 经 Ext16(S=0)扩展成高位为“0”的 32 位数后送 ALU，完成或运算后，送入 Y。

④ 将 Y 中内容写回 Rd。

ORI 指令数据流路径结束。

ORI 指令共花费 4 个周期，分别表示为 T_1，T_2，T_3，T_4。ORI 指令的控制信号如图 7-27 和表 7-17 所示。

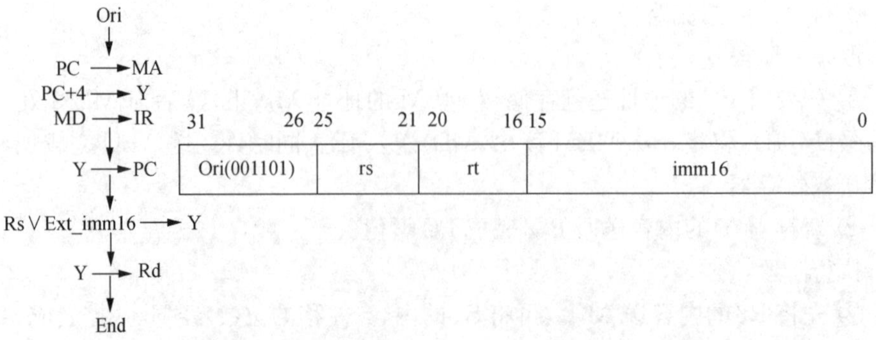

图 7-27　ORI 指令的控制信号

表 7-16　SLL 指令控制信号

控制信号（微操作）		PC_{out}	M2	M_R	IR_{in}	PC_{in}	Rsc4-0	Rtc4-0	Rs_R	Rt_R	M3_1	M3_0	M4_1	M4_0	ALUC2	ALUC1	ALUC0	Y_{in}	Y_{out}	M5	Rdc4-0	Rd_W	M_W	M1	S
SLL	T_4	0	0	0	0	0			0	0	0	0	0	0	0	0	0	0	1	0	IR15-11	1	0	0	0
	T_3	0	0	0	0	0		IR21-16	0	1	0	0	0	0	0	1	1	1	0	0		0	0	0	0
	T_2	0	0	0	0	1			0	0	0	0	0	0	0	0	0	0	1	0		0	0	1	0
	T_1	1	0	1	1	0			0	0	0	1	1	1	0	0	0	1	0	0	0	0	0	0	0

表 7-17　ORI 指令控制信号

控制信号（微操作）		PC_{out}	M2	M_R	IR_{in}	PC_{in}	Rsc4-0	Rtc4-0	Rs_R	Rt_R	M3_1	M3_0	M4_1	M4_0	ALUC2	ALUC1	ALUC0	Y_{in}	Y_{out}	M5	Rdc4-0	Rd_W	M_W	M1	S
ORI	T_4	0	0	0	0	0			0	0	0	0	0	0	0	0	0	0	1	0	IR15-11	1	0	0	0
	T_3	0	0	0	0	0	IR25-21		1	0	1	0	0	1	0	1	0	1	0	0		0	0	0	0
	T_2	0	0	0	0	1			0	0	0	0	0	0	0	0	0	0	1	0		0	0	1	0
	T_1	1	0	1	1	0			0	0	0	1	1	1	0	0	0	1	0	0	0	0	0	0	0

5. 指令:LW Rt,offset(base)

执行时的数据流路径如下。

取指令阶段:

① 先要将 PC 的地址送到存储器 MEM 的地址 MA 上,然后对 MEM 发一个读信号(M_R),将指令从 MEM 读出(MD)送入 IR。同时,PC 送 ALU 完成加 4 增值后送入暂存器 Y。

② 暂存器 Y 的内容送回 PC,完成 PC 增值。

执行阶段:

③ 先将 base 的内容送 ALU,再将 offset 经 Ext16(S=1)符号扩展成 32 位符号数后送 ALU,完成"加"地址运算后,形成有效的操作数地址送 Y。

④ 将 Y 中内容送 MEM 的地址 MA 上,然后对 MEM 发一个读信号(M_R),将操作数从 MEM 读出(MD)送入 Rd。

LW 指令数据流路径结束。

LW 指令共花费 4 个周期,分别表示为 T_1,T_2,T_3,T_4。LW 指令的控制信号如图 7-28 和表 7-18 所示。

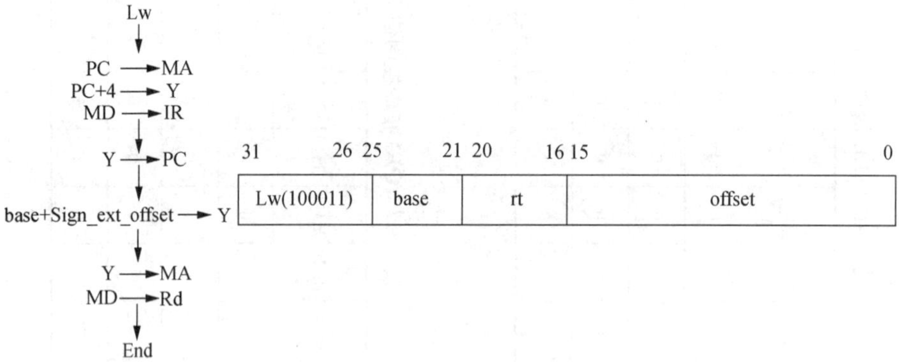

图 7-28 LW 指令的控制信号

6. 指令:SW Rt,offset(base)

执行时的数据流路径如下。

取指令阶段:

① 先要将 PC 的地址送到存储器 MEM 的地址 MA 上,然后对 MEM 发一个读信号(M_R),将指令从 MEM 读出(MD)送入 IR。同时,PC 送 ALU 完成加 4 增值后送入暂存器 Y。

② 暂存器 Y 的内容送回 PC,完成 PC 增值。

执行阶段:

③ 先将 base 的内容送 ALU,再将 offset 经 Ext16(S=1)符号扩展成 32 位符号数后送 ALU,完成"加"地址运算后,形成有效的操作数地址送 Y。

④ 将 Y 中内容送 MEM 的地址 MA 上,然后将 Rt 内容送 MEM 数据(MD)上,发一个 写信号(M_W),将操作数写入 MEM。

表 7-18　LW 指令控制信号

控制信号（微操作）		PC_{out}	M2	M_R	IR_{in}	PC_{in}	Rsc4-0	Rtc4-0	Rs_R	Rt_R	M3_1	M3_0	M4_1	M4_0	ALUC2	ALUC1	ALUC0	Y_{in}	Y_{out}	M5	Rdc4-0	Rd_W	M_W	M1	S
LW	T_4	0	1	1	0	0			0	0	0	0	0	0	0	0	0	0	1	1	IR15-11	1	0	0	0
	T_3	0	0	0	0	0	IR25-21		1	0	1	0	0	1	0	0	0	1	0	0		0	0	0	1
	T_2	0	0	0	0	1			0	0	0	0	0	0	0	0	0	0	1	0		0	0	1	0
	T_1	1	0	1	1	0			0	0	0	1	1	1	0	0	0	1	0	0	0	0	0	0	0

表 7-19　SW 指令控制信号

控制信号（微操作）		PC_{out}	M2	M_R	IR_{in}	PC_{in}	Rsc4-0	Rtc4-0	Rs_R	Rt_R	M3_1	M3_0	M4_1	M4_0	ALUC2	ALUC1	ALUC0	Y_{in}	Y_{out}	M5	Rdc4-0	Rd_W	M_W	M1	S
SW	T_4	0	1	1	0	0		IR21-16	0	1	0	0	0	0	0	0	0	0	1	0		0	1	0	0
	T_3	0	0	0	0	0	IR25-21		1	0	1	0	0	1	0	0	0	1	0	0		0	0	0	1
	T_2	0	0	0	0	1			0	0	0	0	0	0	0	0	0	0	1	0		0	0	1	0
	T_1	1	0	1	1	0			0	0	0	1	1	1	0	0	0	1	0	0	0	0	0	0	0

SW 指令数据流路径结束。

SW 指令共花费 4 个周期，分别表示为 T_1，T_2，T_3，T_4。SW 指令的控制信号如图 7-29 和表 7-19 所示。

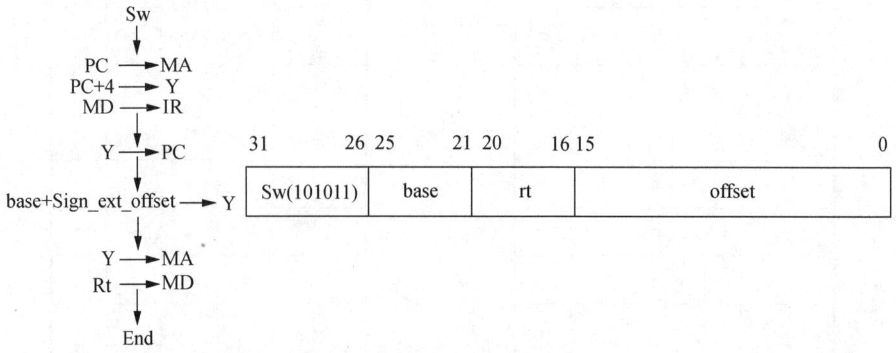

图 7-29　SW 指令的控制信号

7. 指令：BEQ Rs，Rt，offset

执行时的数据流路径如下。

取指令阶段：

① 先要将 PC 的地址送到存储器 MEM 的地址 MA 上，然后对 MEM 发一个读信号(M_R)，将指令从 MEM 读出(MD)送入 IR。同时，PC 送 ALU 完成加 4 增值后送入暂存器 Y。

② 暂存器 Y 的内容送回 PC，完成 PC 增值。

执行阶段：

③ 判断 Rs 与 Rt 相等否，如相等，执行④和⑤步。如不相等，指令结束。

④ 先将 PC 的内容送 ALU，再将 offset 经 Ext18 符号扩展成 32 位符号数后送 ALU，完成“加”地址运算后，形成有效的转移地址送 Y。

⑤ 将 Y 中内容送回 PC。

BEQ 指令数据流路径结束。

BEQ 指令共花费 5 个周期，分别表示为 T_1，T_2，T_3，T_4，T_5。BEQ 指令的控制信号如图 7-30 和表 7-20 所示。

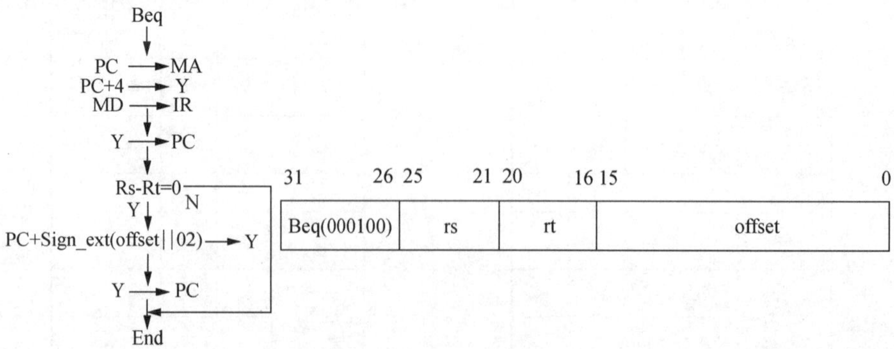

图 7-30　BEQ 指令的控制信号

表 7-20　BEQ 指令控制信号

控制信号（微操作）		PC_{out}	M2	M_R	IR_{in}	PC_{in}	Rsc4-0	Rtc4-0	Rs_R	Rt_R	M3_1	M3_0	M4_1	M4_0	ALUC2	ALUC1	ALUC0	Y_{in}	Y_{out}	M5	Rdc4-0	Rd_W	M_W	M1	S
	T_5	0	0	0	0	1			0	0	0	0	0	0	0	0	0	0	0	0		0	0	0	0
	T_4	1	0	0	0	0			0	0	0	1	1	0	0	0	0	1	0	0		0	0	0	0
BEQ	T_3	0	0	0	0	0	IR25-21	IR21-16	1	1	1	0	0	0	0	0	1	0	0	0		0	0	0	1
	T_2	0	0	0	0	1			0	0	0	0	0	0	0	0	0	0	1	0		0	0	1	0
	T_1	1	0	1	1	0			0	0	0	1	1	1	0	0	0	1	0	0	0	0	0	0	0

表 7-21　J 指令控制信号

控制信号（微操作）		PC_{out}	M2	M_R	IR_{in}	PC_{in}	Rsc4-0	Rtc4-0	Rs_R	Rt_R	M3_1	M3_0	M4_1	M4_0	ALUC2	ALUC1	ALUC0	Y_{in}	Y_{out}	M5	Rdc4-0	Rd_W	M_W	M1	S
	T_3	1	0	0	0	1			0	0	0	0	0	0	0	0	0	0	0	0		0	0	0	0
J	T_2	0	0	0	0	1			0	0	0	0	0	0	0	0	0	0	1	0		0	0	1	0
	T_1	1	0	1	1	0			0	0	0	1	1	1	0	0	0	1	0	0	0	0	0	0	0

8. 指令:J target

执行时的数据流路径如下。

取指令阶段:

① 先要将 PC 的地址送到存储器 MEM 的地址 MA 上,然后对 MEM 发一个读信号(M_R),将指令从 MEM 读出(MD)送入 IR。同时,PC 送 ALU 完成加 4 增值后送入暂存器 Y。

② 暂存器 Y 的内容送回 PC,完成 PC 增值。

执行阶段:

③ 先将 instr_index 左移 2 位成 28 位拼接部件(‖),然后,将 PC 的 31~28 位送拼接部件,形成 32 转移地址送回 PC。

J 指令数据流路径结束。

J 指令共花费 3 个周期,分别表示为 T_1,T_2,T_3。J 指令的控制信号如图 7-31和表 7-21 所示。

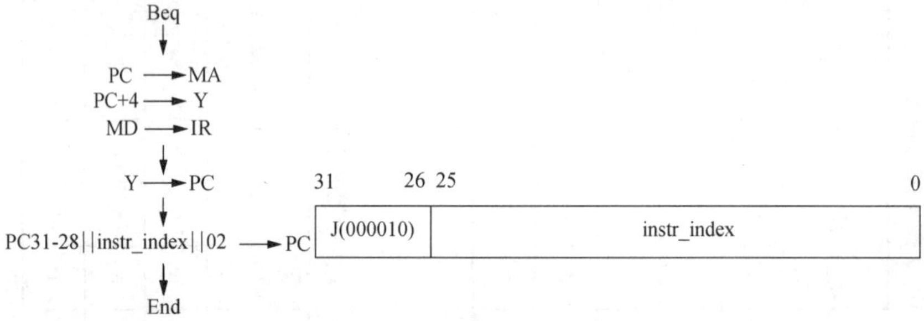

图 7-31　J 指令的控制信号

8 条指令执行所需的控制信号如表 7-22 所示。由于 Rdc 的输入有两个来源,IR15-11 和 IR20-16,所以,在 Rdc 的输入端要加一个 MUX_6,8 条指令的数据通路如图 7-32 所示。加入 MUX_6 后,8 条指令的控制信号如表 7-23 所示。

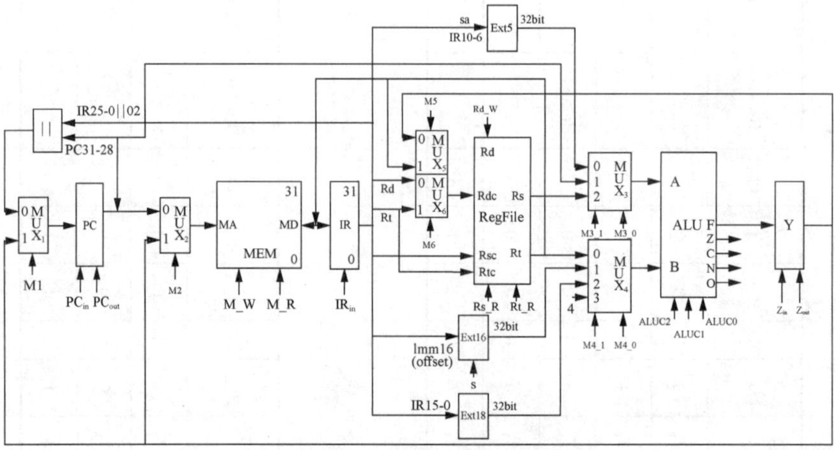

图 7-32　8 条指令的数据通路

表 7-22　8 条指令控制信号

控制信号（微操作）		PC_{out}	M2	M_R	IR_{in}	PC_{in}	Rsc4-0	Rtc4-0	Rs_R	Rt_R	M3_1	M3_0	M4_1	M4_0	ALUC2	ALUC1	ALUC0	Y_{in}	Y_{out}	M5	Rdc4-0	Rd_W	M_W	M1	S
ADDU	T_4	0	0	0	0	0			0	0	0	0	0	0	0	0	0	0	1	0	IR15-11	1	0	0	0
	T_3	0	0	0	0	0	IR25-21	IR21-16	1	1	1	0	0	0	0	0	0	1	0	0		0	0	0	0
	T_2	0	0	0	0	1			0	0	0	0	0	0	0	0	0	0	1	0		0	0	1	0
	T_1	1	0	1	1	0			0	0	0	1	1	1	0	0	0	1	0	0	0	0	0	0	0
SUBU	T_4	0	0	0	0	0			0	0	0	0	0	0	0	0	0	0	1	0	IR15-11	1	0	0	0
	T_3	0	0	0	0	0	IR25-21	IR21-16	1	1	1	0	0	0	0	0	1	1	0	0		0	0	0	0
	T_2	0	0	0	0	1			0	0	0	0	0	0	0	0	0	0	1	0		0	0	1	0
	T_1	1	0	1	1	0			0	0	0	1	1	1	0	0	0	1	0	0	0	0	0	0	0
SLL	T_4	0	0	0	0	0			0	0	0	0	0	0	0	0	0	0	1	0	IR15-11	1	0	0	0
	T_3	0	0	0	0	0		IR21-16	0	1	0	0	0	0	0	1	1	1	0	0		0	0	0	0
	T_2	0	0	0	0	1			0	0	0	0	0	0	0	0	0	0	1	0		0	0	1	0
	T_1	1	0	1	1	0			0	0	0	1	1	1	0	0	0	1	0	0	0	0	0	0	0
ORI	T_4	0	0	0	0	0			0	0	0	0	0	0	0	0	0	0	1	0	IR15-11	1	0	0	0
	T_3	0	0	0	0	0	IR25-21		1	0	1	0	0	1	0	1	0	1	0	0		0	0	0	0
	T_2	0	0	0	0	1			0	0	0	0	0	0	0	0	0	0	1	0		0	0	1	0
	T_1	1	0	1	1	0			0	0	0	1	1	1	0	0	0	1	0	0	0	0	0	0	0

（续表）

控制信号（微操作）		PC_{out}	M2	M_R	IR_{in}	PC_{in}	Rsc4−0	Rtc4−0	Rs_R	Rt_R	M3_1	M3_0	M4_1	M4_0	ALUC2	ALUC1	ALUC0	Y_{in}	Y_{out}	M5	Rdc4−0	Rd_W	M_W	M1	S
LW	T_4	0	1	1	0	0			0	0	0	0	0	0	0	0	0	0	1	1	IR15−11	1	0	0	0
	T_3	0	0	0	0	0	IR25−21		1	0	1	0	0	1	0	0	0	1	0	0		0	0	0	1
	T_2	0	0	0	0	1			0	0	0	0	0	0	0	0	0	0	1	0		0	0	1	0
	T_1	1	0	1	1	0			0	0	0	1	1	1	0	0	0	1	0	0	0	0	0	0	0
SW	T_4	0	1	1	0	0		IR21−16	0	1	0	0	0	0	0	0	0	0	1	0		0	1	0	0
	T_3	0	0	0	0	0	IR25−21		1	0	1	0	0	1	0	0	0	1	0	0		0	0	0	1
	T_2	0	0	0	0	1			0	0	0	0	0	0	0	0	0	0	1	0		0	0	1	0
	T_1	1	0	1	1	0			0	0	0	1	1	1	0	0	0	1	0	0	0	0	0	0	0
BEQ	T_5	0	0	0	0	1			0	0	0	0	0	0	0	0	0	0	0	0		0	0	0	0
	T_4	1	0	0	0	0			0	0	0	1	1	0	0	0	0	1	0	0		0	0	0	0
	T_3	0	0	0	0	0	IR25−21	IR21−16	1	1	1	0	0	0	0	0	1	0	0	0		0	0	0	1
	T_2	0	0	0	0	1			0	0	0	0	0	0	0	0	0	0	1	0		0	0	1	0
	T_1	1	0	1	1	0			0	0	0	1	1	1	0	0	0	1	0	0	0	0	0	0	0
J	T_3	1	0	0	0	1			0	0	0	0	0	0	0	0	0	0	0	0		0	0	0	0
	T_2	0	0	0	0	1			0	0	0	0	0	0	0	0	0	0	1	0		0	0	1	0
	T_1	1	0	1	1	0			0	0	0	1	1	1	0	0	0	1	0	0	0	0	0	0	0

表 7-23　8 条指令加入 MUX_6 的控制信号

控制信号（微操作）		PC_{out}	M2	M_R	IR_{in}	PC_{in}	Rsc4-0	Rtc4-0	Rs_R	Rt_R	M3_1	M3_0	M4_1	M4_0	ALUC2	ALUC1	ALUC0	Y_{in}	Y_{out}	M5	Rdc4-0	Rd_W	M_W	M1	S	M6
ADDU	T_4	0	0	0	0	0			0	0	0	0	0	0	0	0	0	0	1	0	IR15-11	1	0	0	0	0
	T_3	0	0	0	0	0	IR25-21	IR21-16	1	1	1	0	0	0	0	0	0	1	0	0		0	0	0	0	0
	T_2	0	0	0	0	1			0	0	0	0	0	0	0	0	0	0	1	0		0	0	1	0	0
	T_1	1	0	1	1	0			0	0	0	1	1	1	0	0	0	1	0	0	0	0	0	0	0	0
SUBU	T_4	0	0	0	0	0			0	0	0	0	0	0	0	0	0	0	1	0	IR15-11	1	0	0	0	0
	T_3	0	0	0	0	0	IR25-21	IR21-16	1	1	1	0	0	0	0	0	1	1	0	0		0	0	0	0	0
	T_2	0	0	0	0	1			0	0	0	0	0	0	0	0	0	0	1	0		0	0	1	0	0
	T_1	1	0	1	1	0			0	0	0	1	1	1	0	0	0	1	0	0	0	0	0	0	0	0
SLL	T_4	0	0	0	0	0			0	0	0	0	0	0	0	0	0	0	1	0	IR15-11	1	0	0	0	0
	T_3	0	0	0	0	0		IR21-16	0	1	0	0	0	0	0	1	1	1	0	0		0	0	0	0	0
	T_2	0	0	0	0	1			0	0	0	0	0	0	0	0	0	0	1	0		0	0	1	0	0
	T_1	1	0	1	1	0			0	0	0	1	1	1	0	0	0	1	0	0	0	0	0	0	0	0
ORI	T_4	0	0	0	0	0			0	0	0	0	0	0	0	0	0	0	1	0	IR15-11	1	0	0	0	1
	T_3	0	0	0	0	0	IR25-21		1	0	1	0	0	1	0	1	0	1	0	0		0	0	0	0	0
	T_2	0	0	0	0	1			0	0	0	0	0	0	0	0	0	0	1	0		0	0	1	0	0
	T_1	1	0	1	1	0			0	0	0	1	1	1	0	0	0	1	0	0	0	0	0	0	0	0

（续表）

控制信号（微操作）		PC_{out}	M2	M_R	IR_{in}	PC_{in}	Rsc4−0	Rtc4−0	Rs_R	Rt_R	M3_1	M3_0	M4_1	M4_0	ALUC2	ALUC1	ALUC0	Y_{in}	Y_{out}	M5	Rdc4−0	Rd_W	M_W	M1	S	M6
LW	T_4	0	1	1	0	0			0	0	0	0	0	0	0	0	0	0	1	1	IR15−11	1	0	0	0	1
	T_3	0	0	0	0	0	IR25−21		1	0	1	0	0	1	0	0	0	1	0	0		0	0	0	1	0
	T_2	0	0	0	0	1			0	0	0	0	0	0	0	0	0	0	1	0		0	0	1	0	0
	T_1	1	0	1	1	0			0	0	0	1	1	1	0	0	0	1	0	0	0	0	0	0	0	0
SW	T_4	0	1	1	0	0		IR21−16	0	1	0	0	0	0	0	0	0	0	1	0		0	1	0	0	0
	T_3	0	0	0	0	0	IR25−21		1	0	1	0	0	1	0	0	0	1	0	0		0	0	0	1	0
	T_2	0	0	0	0	1			0	0	0	0	0	0	0	0	0	0	1	0		0	0	1	0	0
	T_1	1	0	1	1	0			0	0	0	1	1	1	0	0	0	1	0	0	0	0	0	0	0	0
BEQ	T_5	0	0	0	0	1			0	0	0	0	0	0	0	0	0	0	0	0		0	0	0	0	0
	T_4	1	0	0	0	0			0	0	0	1	1	0	0	0	0	1	0	0		0	0	0	0	0
	T_3	0	0	0	0	0	IR25−21	IR21−16	1	1	1	0	0	0	0	0	1	0	0	0		0	0	0	1	0
	T_2	0	0	0	0	1			0	0	0	0	0	0	0	0	0	0	1	0		0	0	1	0	0
	T_1	1	0	1	1	0			0	0	0	1	1	1	0	0	0	1	0	0	0	0	0	0	0	0
J	T_3	1	0	0	0	1			0	0	0	0	0	0	0	0	0	0	0	0		0	0	0	0	0
	T_2	0	0	0	0	1			0	0	0	0	0	0	0	0	0	0	1	0		0	0	1	0	0
	T_1	1	0	1	1	0			0	0	0	1	1	1	0	0	0	1	0	0	0	0	0	0	0	0

7.3.4 微操作建模

按照 8 条指令的操作控制信号表，把相同的微操作综合起来，得到每个微操作的逻辑表达式。8 条指令共有 24 个控制信号。

$PC_{out}=T_1+T_3J+T_4BEQ$

$M2=T_4(LW+SW)$

$M\_R=T_1+T_4LW$

$IR_{in}=T_1$

Rsc4-0=IR25-21

Rtc4-0=IR20-16

$Rs\_R=T_3(ADDU+SUBU+ORI+BEQ+J)$

$Rt\_R=T_3(ADDU+SUBU+SLL+BEQ)+T_4SW$

$M3\_1=T_3(ADDU+SUBU+ORI+BEQ+LW+SW)$

$M3\_0=T_1+T_4BEQ$

$M4\_1=T_1+T_4BEQ$

$M4\_0=T_1+T_3(ORI+LW+SW)$

ALUC2=0

$ALUC1=T_3(ORI+SLL)$

$ALUC0=T_3(SUBU+SLL+BEQ)$

$Y_{in}=T_1+T_3(ADDU+SUBU+ORI+SLL+LW+SW)+T_4BEQ$

$Y_{out}=T_2+T_4(ADDU+SUBU+ORI+SLL+LW+SW)+T_5BEQ$

$M5=T_4LW$

Rdc4-0=IR15-11(ADDU+SUBU+SLL)+IR20-16(ORI+LW)

$Rd\_W=T_4(ADDU+SUBU+ORI+SLL+LW)$

$M\_W=T_4SW$

$M1=T_2+T_5BEQZ$

$S=T_3(LW+SW)$

$M6=T_4(ORI+LW)$

所有的输出逻辑表达式已确定，就可以形成 8 条指令集的微操作逻辑(输出逻辑)部件。下面设计时序 T_1，T_2，T_3，T_4，T_5 的逻辑电路。

7.3.5 控制部件状态图

8 条指令集中，跳转指令 J 用 3 个周期，条件转移指令 BEQ 用 5 个周期，其余指令 ADDU、SUBU、ORI、SLL、LW、SW 用 4 个周期。五个状态分别用 T_1，T_2，T_3，T_4，T_5 表示，有限状态转移图如图 7-33 所示。

T_1，T_2 2 个周期完成取指令，所有指令的取指令过程都一样。T_3，T_4，T_5 3 个周期完成指令的执行，如 J 指令在 T_3 周期结束，BEQ($Z=0$)指令在 T_5 周期结束。

指令结束后，状态转入 T_1，取下一条指令。其他指令状态转移到 T_4，除了 BEQ 指令外，T_4 周期结束转 T_1，而 BEQ 指令转 T_5 状态，T_5 结束转 T_1。根据状态转移图列出如表 7-24 所示的状态转换表(X 为无关项)。

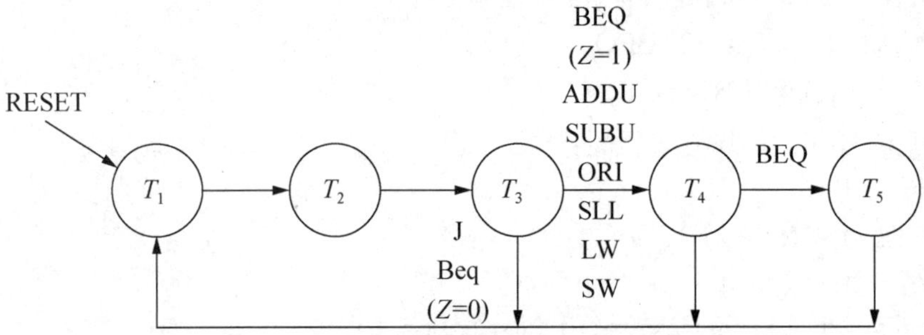

图 7-33　8 条指令集的有限状态转移图

表 7-24　8 条指令集有限状态机状态转换表

当前状态	输入				下个状态
T	ADDU、SUBU、ORI、SLL、LW、SW	J	BEQ	Z	T'
T_1	×	×	×	×	T_2
T_2	×	×	×	×	T_3
T_3	0	0	1	0	T_1
T_3	0	0	1	1	T_4
T_3	0	1	0	0	T_1
T_3	1	0	0	0	T_4
T_4	1	×	0	×	T_1
T_4	0	×	1	×	T_5
T_5	×	×	×	×	T_1

为每个状态分别指定了一个唯一的 3 位二进制数，如表 7-25 所示。

表 7-25　二进制编码 8 条指令集有限状态机状态转换表

当前状态			输入				下个状态		
t_2	t_1	t_0	ADDU,SUBU,ORI,SLL,LW,SW	J	BEQ	Z	t_2'	t_1'	t_0'
0	0	0	×	×	×	×	0	0	1
0	0	1	×	×	×	×	0	1	0
0	1	0	0	0	1	0	0	0	0

（续表）

当前状态	输入				下个状态
t_2　t_1　t_0	ADDU,SUBU,ORI,SLL,LW,SW	J	BEQ	Z	t_2'　t_1'　t_0'
0　1　0	0	0	1	1	0　1　1
0　1　0	1	1	0	0	0　0　0
0　1　0	1	0	0	0	0　1　1
0　1　1	1	×	0	×	0　0　0
0　1　1	0	×	1	×	1　0　0
1　0　0	×	×	×	×	0　0　0

状态转换的逻辑表达式为

$$t_0' = \bar{t}_2\,\bar{t}_1\,\bar{t}_0 + \bar{t}_2 t_1\,\bar{t}_0\mathrm{BEQZ} + \bar{t}_2 t_1\,\bar{t}_0(\mathrm{ADDU} + \mathrm{SUBU} + \mathrm{ORI} + \mathrm{SLL} + \mathrm{LW} + \mathrm{SW})$$

$$t_1' = \bar{t}_2\,\bar{t}_1 t_0 + \bar{t}_2 t_1\,\bar{t}_0\mathrm{BEQZ} + \bar{t}_2 t_1\,\bar{t}_0(\mathrm{ADDU} + \mathrm{SUBU} + \mathrm{ORI} + \mathrm{SLL} + \mathrm{LW} + \mathrm{SW})$$

$$t_2' = \bar{t}_2 t_1 t_0\mathrm{BEQ}$$

上面三个逻辑表达式就可以形成如图 7-34 所示的“下一个状态”逻辑部件。其“当前状态”部件由 D 触发器构成，用于保存当前状态。

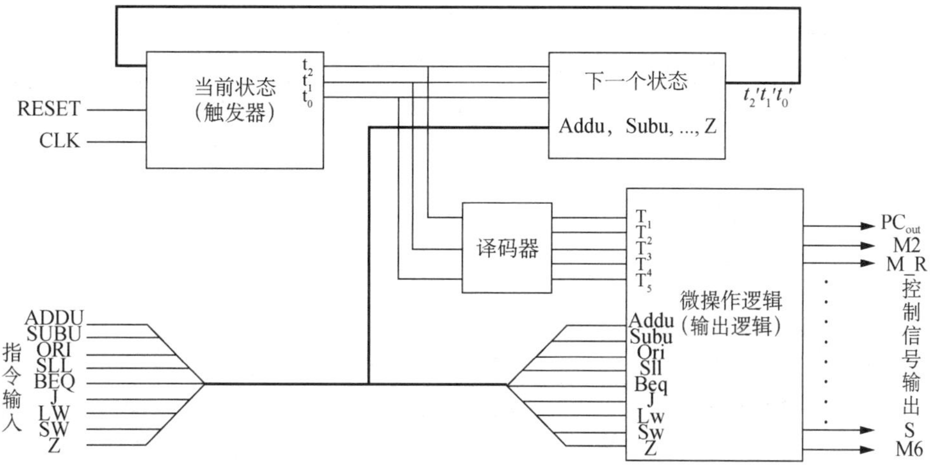

图 7-34　8 条指令集多周期 CPU 控制部件

综合数据通路和控制部件，形成如图 7-35 所示的 8 条指令集多周期 CPU 的逻辑设计。

以 8 条指令集多周期 CPU 的设计为基础，进一步扩展指令集，达到如表7-26 所示 54 条指令集的规模，以及如图 7-36 所示的 54 条指令集多周期 CPU 的逻辑设计。

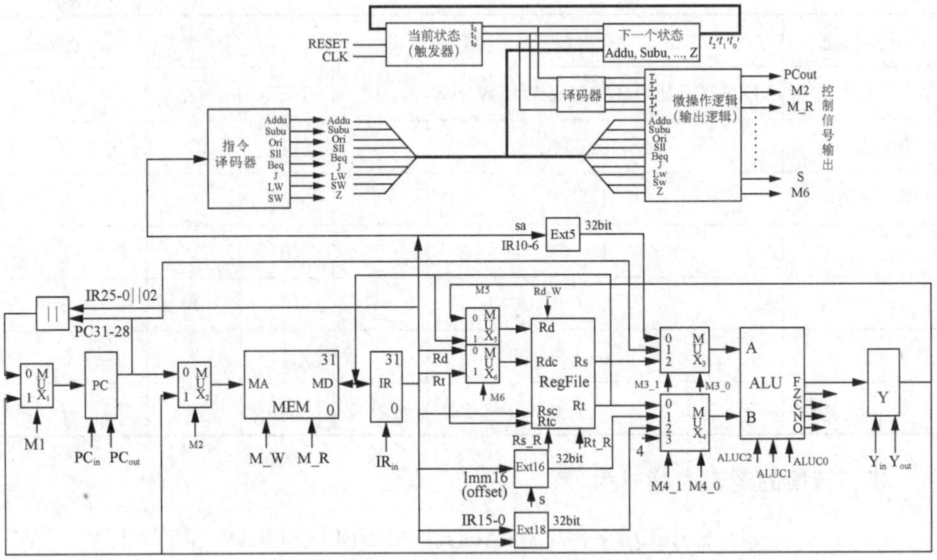

图 7-35　8 条指令集多周期 CPU 的逻辑设计

表 7-26　54 条指令格式表

指令	指令说明	指令格式	OP 31-26	FUNCT 5-0	指令码 16 进制
ADDI	加立即数	ADDI Rt,Rs,Immediate	001000		20000000
ADDIU	加立即数(无符号)	ADDIU Rd,Rs,Immediate	001001		24000000
ANDI	立即数与	ANDI Rt,Rs,Immediate	001100		30000000
ORI	或立即数	ORI Rt,Rs,Immediate	001101		34000000
SLTIU	小于立即数置 1(无符号)	SLTIU Rt,Rs,Immediate	001011		2C000000
LUI	立即数加载高位	LUI Rt, Immediate	01111		3C000000
XORI	异或(立即数)	XORI Rt,Rs,Immediate	001110		38000000
SLTI	小于置 1(立即数)	SLTI Rt,Rs,Immediate	001010		28000000
ADDU	加(无符号)	ADDU Rd,Rs,Rt	000000	100001	00000021
AND	与	AND Rd,Rs,Rt	000000	100100	00000024
BEQ	相等时分支	BEQ Rs,Rt,offset	000100		10000000
BNE	不等时分支	BNE Rs,Rt,offset	000101		14000000
J	跳转	J target	00010		08000000
JAL	跳转并链接	JAL target	00011		0c000000
JR	跳转至寄存器所指地址	JR Rs	000000	001000	00000009

（续表）

指令	指令说明	指令格式	OP 31-26	FUNCT 5-0	指令码 16 进制
LW	取字	LW Rt,offset(base)	100011		8C000000
XOR	异或	XOR Rd,Rs,Rt	000000	100110	00000026
NOR	或非	NOR Rd,Rs,Rt	000000	100111	00000027
OR	或	OR Rd,Rs,Rt	000000	100101	00000025
SLL	逻辑左移	SLL Rd,Rt,Sa	000000	000000	00000000
SLLV	逻辑左移(位数可变)	SLLV Rd,Rt,Rs	000000	000100	00000004
SLTU	小于置 1(无符号)	SLTU Rd,Rt,Rs	000000	101011	0000002B
SRA	算数右移	SRA Rd,Rt,Sa	000000	000011	00000003
SRI	逻辑右移	SRI Rd,Rt,Sa	000000	000010	00000002
SUBU	减(无符号)	SUBU Rd,Rs,Rt	000000	100010	00000022
SW	存字	SW Rt,offset(base)	101011		AC000000
ADD	加	ADD Rd, Rs,Rt	000000	100000	00000020
SUB	减	SUB Rd, Rs,Rt	000000	100010	00000022
SLT	小于置 1	SLT Rd, Rs,Rt	000000	101010	0000002A
SRLV	逻辑右移(位数可变)	SRLV Rd, Rs,Rt	000000	000110	00000006
SRAV	算数右移(位数可变)	SRAV Rd, Rs,Rt	000000	000111	00000007
CLZ	前导零计数	CLZ Rd, Rs	011100	100000	70000020
DIVU	除(无符号)	DIVU Rs, Rt	000000	011011	0000001B
ERET	异常返回	ERET	010000	011000	42000018
JALR	跳转至寄存器所指地址，返回地址保存在寄存器	JALR Rs	000000	001001	00000008
LB	取字节	LB Rt, offset(base)	100000		80000000
LBU	取字节(无符号)	LBU Rt, offset(base)	100100		90000000
LHU	取半字(无符号)	LHU Rt, offset(base)	100101		94000000
SB	存字节	SB Rt, offset(base)	101000		A0000000
SH	存半字	SH Rt, offset(base)	101001		A4000000
LH	取半字	LH Rt, offset(base)	100001		84000000
MFC0	读 CPO 寄存器	MFC0 Rt, Rd	010000	000000	40000000
MFHi	读 Hi 寄存器	MFHi Rd	000000	010000	00000010

（续表）

指令	指令说明	指令格式	OP 31-26	FUNCT 5-0	指令码 16 进制
MFLo	读 Lo 寄存器	MFLo Rd	000000	010010	00000012
MTC0	写 CPO 寄存器	MTC0 Rt，Rd	010000	000000	40800000
MTHi	写 Hi 寄存器	MTHi Rd	000000	010001	00000011
MTLo	写 Lo 寄存器	MTLo Rd	000000	010011	00000013
MUL	乘	MUL Rd，Rs，Rt	011100	000010	70000002
MULTU	乘(无符号)	MULTU Rs，Rt	000000	011001	00000019
SYSCALL	系统调用	SYSCALL	000000	001100	0000000C
TEQ	相等异常	TEQ Rs，Rt	000000	110100	00000034
BGEZ	大于等于 0 时分支	BGEZ Rs，offset	000001		04010000
BREAK	断点	BREAK	000000	001101	0000000D
DIV	除	DIV Rs，Rt	000000	011010	0000001A

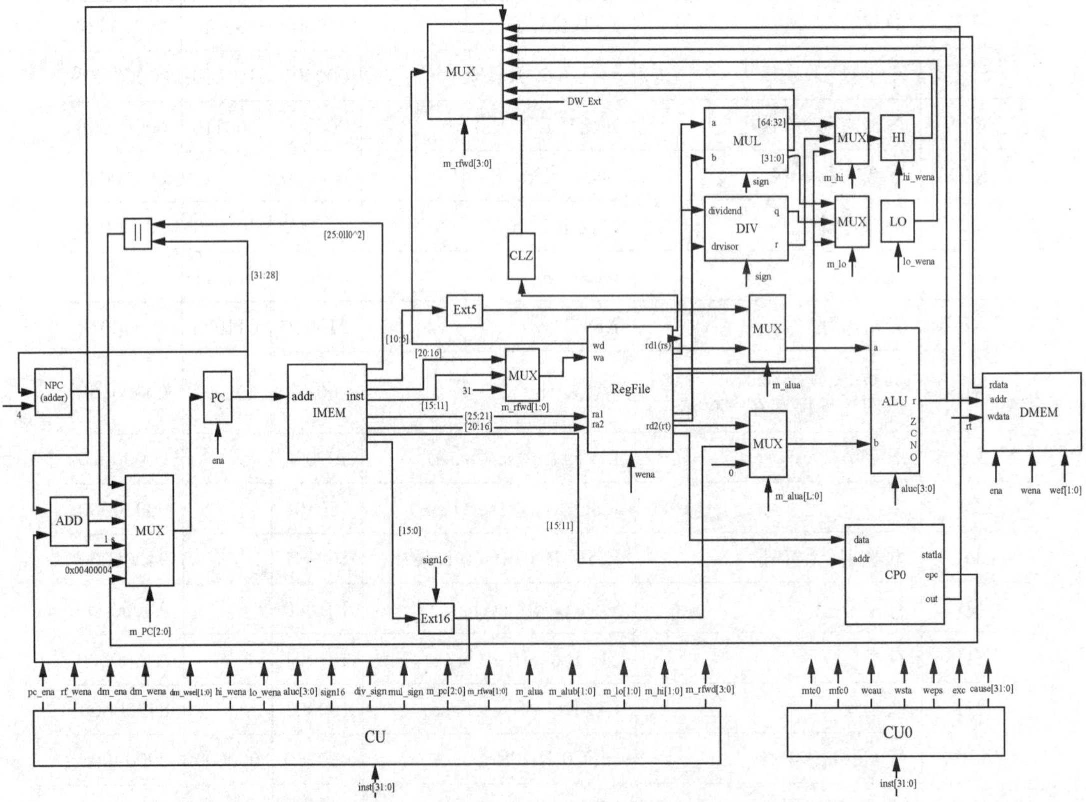

图 7-36　54 条指令集多周期 CPU 的逻辑设计

本章小结

本章重点讲述了单周期 CPU 和多周期 CPU 的设计理论与方法，涵盖知识点包括数据通路、指令编码与微操作控制信号编码，并以微操作控制信号编码表建立控制器输出的组合逻辑，从而驱动和控制 CPU 各部件的正常工作，同时以 8 条 MIPS 指令 ADDU、SUBU、ORI、SLL、LW、SW、BEQ、J 为例，实现了简单的单周期和多周期 CPU 设计，以此为基础，进一步扩展设计完成 54 条 MIPS 指令的单周期 CPU 的设计。

练习

1. 解析下列名词术语含义。

时钟周期；指令周期；机器周期；单周期 CPU；多周期 CPU；微指令；微程序；微程序控制；控制器

2. 分析 C 代码

Loop：g = g + C[i]；

i = i + j；

if (i ! = h) goto Loop；

要求：

(1) 分析其时间的复杂度和空间的复杂度；

(2) 写出该段代码编译生成的 MIPS 代码。

3. 如题图 7-1 所示总线 CPU，采用单周期同步、水平型微指令编码方式，执行下面四条指令：LD R_0 6(R_0)；LD R_1，20(R_0)；DADD R_2，R_0，R_1；SD R_2，32(R_0)，

要求：

(1) 分析各机器周期的数据通路和控制信号；

(2) 进行状态分析，列出各状态的微指令编码。

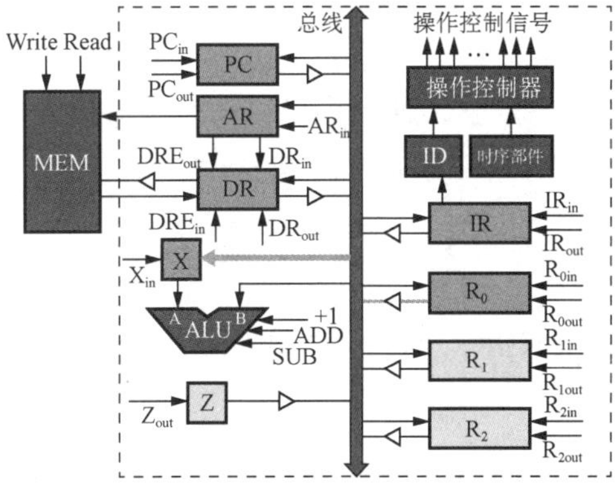

题图 7-1

第 8 章　流水线 CPU

提高 CPU 处理速度的基本方法有三个方面：(1)通过改善部件的特性，提高处理能力；(2)采用更好的运算方法，提高指令的微操作并行度，减少解释过程中所需要的周期数等措施以加快机器指令的解释；(3)采用流水或多操作部件来同时解释多条指令，从而提高指令的执行速度。

8.1　流水线技术基本概念

8.1.1　指令的顺序执行与重叠执行

1. 指令的顺序执行

把一条指令的执行过程分成几个阶段，阶段的多少因处理机结构差异而不同。图 8-1 所示把一条指令的执行过程分为 3 个阶段，顺序执行就是前一条指令执行完 3 个阶段，下一条指令接着按 3 个阶段执行，依此类推，执行完所有指令。3 个阶段分别为取执令阶段、分析指令阶段和执行指令阶段。

在指令执行的 3 个阶段，都可能存在处理机要访问主存储器的情况。

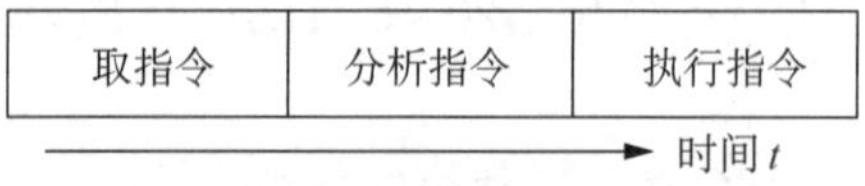

图 8-1　指令的执行过程

随处理器结构的不同，可以把指令的执行分成 4 个、5 个或更多个阶段，其根本目的是消除指令执行过程中的瓶颈，提高处理机的效率。

如果一段程序有 n 条指令，采用顺序执行方式，即前一条指令执行完毕，接着再执行下一条指令，则执行这 n 条指令所花的时间为

$$T=\sum_{i=1}^{n}(t_{\text{取指令}i}+t_{\text{分析}i}+t_{\text{执行}i})$$

为了简化问题，假设取指令、分析指令和执行指令的时间相等，都是 t，则

$$T=3nt$$

第 7 章中的单周期 CPU 和多周期 CPU 处理机都采用顺序执行的方式来运行程序，这种方式需要的部件少，控制简单，成本低。但因在任何时刻只有 1 个阶段

的部件工作，其他 2 个阶段的部件空闲，所以处理机执行指令的速度慢，功能部件的利用率很低。

2. 指令的一次重叠执行

一段程序的 n 条指令中，第 k 条指令的执行阶段与第 $k+1$ 条指令的取指令阶段重叠并同时进行，即为一次重叠，如图 8-2 所示。

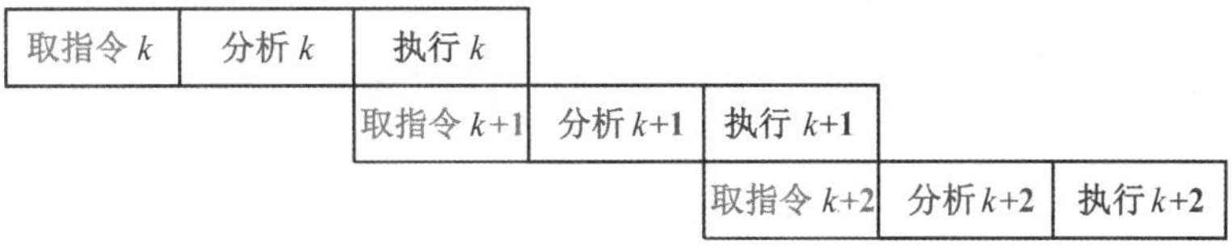

图 8-2　指令的一次重叠执行方式

指令执行的 3 个阶段采用一次重叠方式，为简化问题，假设执行一条指令的 3 个阶段的时间相等，都是 t，则执行 n 条指令所花的时间为

$$T = (1 + 2n)t$$

一次重叠方式使 2 个阶段(执行阶段和取指令阶段)的部件比顺序执行时更忙碌一些，因此，程序的执行时间减少了近 1/3，功能部件的利用率明显提高，但因需要增加一些硬件，所以控制过程变复杂了。需要增加一个指令寄存器，使原来的指令寄存器存储当前正执行的第 k 条指令，新增的用来存储取出的第 $k+1$ 条指令。

3. 指令的全重叠执行

仍以指令执行分 3 个阶段为例，一段程序的 n 条指令中，第 k 条指令的分析阶段与第 $k+1$ 条指令的取指令阶段重叠同时进行，第 k 条指令的执行阶段与第 $k+1$ 条指令的分析阶段重叠同时进行，第 $k+1$ 条指令的分析阶段与第 $k+2$ 条指令的取指令阶段重叠同时进行，第 $k+1$ 条指令的执行阶段与第 $k+2$ 条指令的分析阶段重叠同时进行，只有开始的两个时钟周期和结束的两个时钟周期没有完全重叠外，其他的每个时钟周期，每个阶段的所有处理部件都处在工作忙碌状态。4 阶段、5 阶段等多阶段也可采用该方式重叠执行，即全重叠执行方式。如图 8-3 所示。

图 8-3　指令的全重叠执行方式

如果指令执行的 3 个阶段采用全重叠方式，为简化问题，假设执行一条指令的 3 个阶段的时间相等，都是 t，则执行 n 条指令所花的时间为

$$T=(2+n)t$$

全重叠方式使每个阶段的部件在每一个时刻都处于忙碌的工作状态，与顺序执行方式相比，执行时间缩短了近 2/3，部件的利用率有了进一步的提高。但所有部件同时在工作，因此，需要增加更多的硬件，需要设置独立的取指令部件、指令分析部件和指令执行部件。其原因是取指令要访问主存，分析指令时可能从主存取操作数，执行指令时可能要写结果到主存。

为避免全重叠方式下多条指令可能同时访问主存而产生的冲突问题，采用如下四种解决方法：

(1) 设置两个独立编址的存储器。可使指令存放在指令存储器中、数据存放在数据存储器中，且两个存储器能同时独立接受访问。同时，现代计算机都规定要求指令执行阶段产生的结果只能写到通用寄存器中，而不能写入主存，从而保证了三个阶段对存储器的访问能同时并行进行。

(2) 混合主存、独立 Cache。指令和数据仍然混合存放在同一个主存中，但设置两个 Cache，分别是指令 Cache 和数据 Cache。通过独立的指令总线和数据总线，形成程序空间和数据空间相互独立的系统结构，该结构被称为哈佛结构，为处理机普遍采用的结构。

(3) 混合主存、多体交叉。指令和数据仍然混合存放在同一个主存中，但主存采用多体交叉结构。取指令和读操作数访问不同的存储体，可以实现指令重叠执行，且在同一个存储周期访问不同的存储体。但该方法不能同时访问同一存储体的不同存储单元，有一定的局限性。

(4) 增设指令缓冲站。在主存和指令分析部件之间增设指令缓冲站，又被称为先行指令缓冲站。如果有些指令将结果存在通用寄存器，则在执行阶段不访问主存，因此主存不是满负荷工作的。可以插空从主存中预先把后面将要执行的指令取出来，存放到指令缓冲站中。从而，在"取指令"阶段从指令缓冲站读取指令(如果指令缓冲站不为空)，而不用去访问主存。先行指令缓冲站如图 8-4 所示。

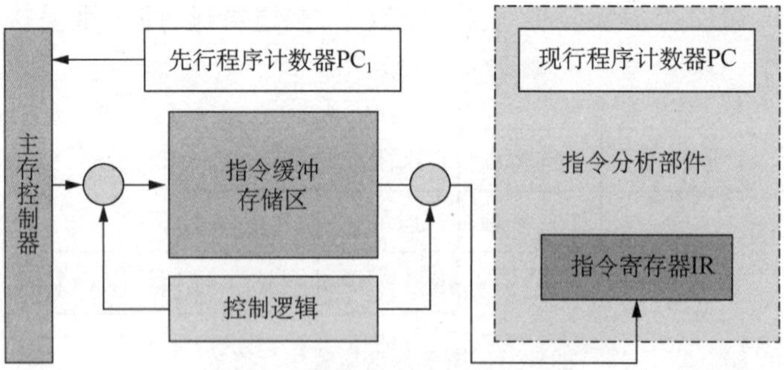

图 8-4 先行指令缓冲站的结构

先行指令缓冲站(包含一个指令缓冲存储区和控制逻辑，按队列方式保证原来指令顺序。只要指令缓冲存储区不满，就发出请求预取指令。指令分析部件每分析完一条，就向指令缓冲存储区发出取下一条指令的请求，取出后在指令缓冲存储区的该指令作废。先行指令缓冲站存放的指令条数动态变化。两个程序计数器为先行程序计数器 PC_1 和现行程序计数器 PC。先行程序计数器 PC_1 用于从主存预取指令；现行程序计数器 PC 用来记录指令分析部件当前正在分析的指令地址。

指令分析部件和指令执行部件所需要的时间不完全相等，存在相互等待的时候，会出现部件空闲的情况。为充分发挥这两套部件的作用，采用多种缓冲技术，可以提高处理机的速度和效率。

4. 先行控制技术

先行控制技术是缓冲技术和预处理技术相结合的技术。缓冲技术是在工作速度不固定的两个功能部件之间设置缓冲器，用以平滑它们的工作。预处理技术是指预取指令、对指令进行加工以及预取操作数等。采用先行控制技术的处理机结构如图 8-5 所示。

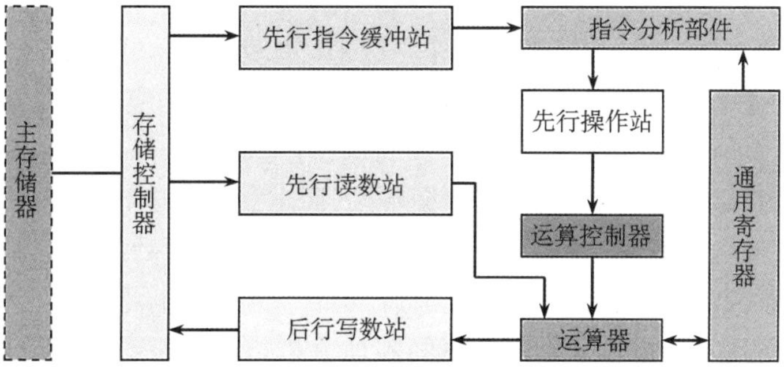

图 8-5　采用先行控制技术的处理机结构

先行控制的处理机中设置了 4 个缓冲站，分别是先行指令缓冲站、先行操作站、先行读数站、后行写数站，以平滑主存、指令分析部件、运算器三者之间的工作，消除彼此之间的空闲等待时间，使三者保持各自独立且忙碌的工作状态。它们的共同特点是按先进先出的方式工作，而且都是由一组若干个能快速访问的存储单元和相关的控制逻辑组成，独立工作，互不等待，提高了指令执行速度和部件效率。

先行操作站的作用是在指令分析部件和运算器之间提供缓冲。“先行”的原因是该站中存放的指令对于运算器正在执行的指令来说是后行的，却被先行提前取出并预处理。指令分析部件的作用是，从先行指令缓冲站取指令，并进行预处理，加工成统一格式的 RR 型操作命令，然后送入先行操作站。对不同指令应作出不同的处理，对于寄存器-寄存器型(RR 型)指令，可以不作任何处理，直接送入；对于操作数来自主存的运算指令，应计算出操作数的有效地址，并将该地址送入先行读数站的某个存储单元(设其地址为 i)，同时用 i 替换原来指令中的操作数地址码字段；对于向主存“写数”的指令，应把形成的有效地址送入后行写数站的某个存储单元(设其地址为 j),同时用 j 替换原来指令中的目标地址码字段;对于立即数型指令,应把指令中的立即数送入先行读数站(设为第 l 个存储单元),同样也用 l 替换原来指令中的立即数字段。

运算器的作用是,从先行操作站取出 RR 型操作命令并执行,每执行完一条,将运算结果写入通用寄存器组或者后行写数站,再继续执行先行操作站中的后续命令。先行读数站的作用是,接收指令分析部件送来的访问主存的有效地址,按顺序依次从主存读取操作数,提供给运算器使用。所谓先行,是指对于正在执行的指令来说,先行读数站中的操作数是先行取出的。

先行读数站的每个存储单元由三部分组成,分别是先行地址字段、先行操作数字段、标志字段。每当从指令分析部件接收有效地址时,将之放入先行地址字段,并将地址有效标志置位;等到该单元成为队列的第一项时,先行读数站会用该地址向主存发出读请求,把取出来的操作数放入该单元的先行操作数字段,同时将数据有效标志置位;当运算器需要该操作数时,就可以直接从先行读数站取得,而不必去访问主存。

后行写数站的作用是,接收从运算器送来的结果数据,并负责将之写入主存。所谓后行,是指站在运算器的角度来看,结果数据不是在相应的指令运算完后立即写入主存,而是由后行写数站滞后写入的。后行写数站的每一个存储单元由三部分组成,分别是后行地址字段、后行数据字段、标志字段。运算器接收数据,将之放入后行数据字段,并把相应的数据有效标志置位。后行写数站的控制逻辑自动向主存发出写数请求。当写数据操作完成后,也要置位有关标志。

先行控制技术使指令分析部件不间断地分析指令,指令执行部件不间断地执行指令,始终处于忙碌状态;并使指令分析部件和执行部件能同时处理不相邻的两条指令,实现了多条指令的并行重叠执行。因此,大大提升了处理机的效率,现代计算机系统普遍采用该项技术。

8.1.2 流水线技术的概念

1. 流水线技术的产生

流水线来源于现代工业化生产技术。流水线技术把一个重复的过程分解为若干个子过程,每个子过程由专门的功能部件来实现。其把多个处理过程在时间上错开,依次通过各功能段,使得每个子过程可以与其他的子过程并行进行。

流水线中的每个子过程及其功能部件称为流水线的级或段,段与段相互连接形成流水线。流水线的段数称为流水线的深度。

指令流水线把流水线技术运用于指令的解释执行过程,将指令的整个过程分成若干子过程(或称段),例如,把指令的解释过程分解为分析和执行两个子过程,并让这两个子过程分别用独立的分析部件和执行部件来并行重叠运行。这样分段处理在理想情况下可以使速度提高 1 倍。图 8-6 所示为 4 段指令流水线,依次由取指令、译码、执行、存结果 4 个段组成。

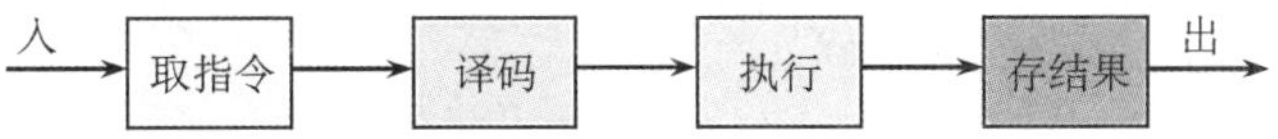

图 8-6　4 段指令流水线

把流水线技术应用于运算的执行过程，就形成了运算操作流水线，也称为部件级流水线。例如，浮点加法的全过程分解为求阶差、对阶、尾数相加、规格化四个子过程，如图 8-7 所示。在理想情况下，4 段浮点加法流水线的处理速度能提高 3 倍。

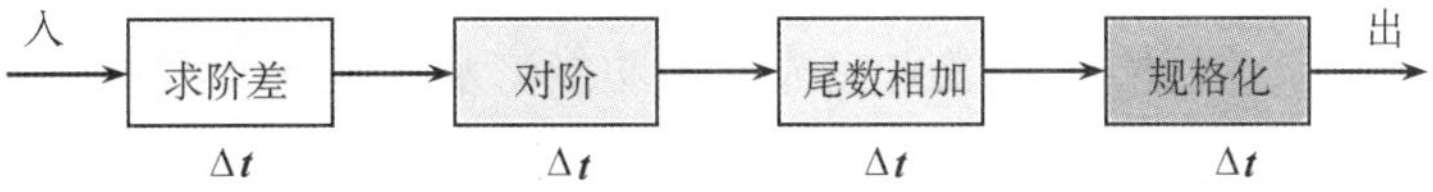

图 8-7　4 段浮点加法流水线

时空图从时间和空间两个方面描述了流水线的工作过程。时空图中，横坐标代表时间，纵坐标代表流水线的各个段。图 8-8 所示为四段指令流水线的时空图，流水线各段花费一个单位时钟周期 Δt，但有的流水线存在各段的时钟周期数不等的情况。

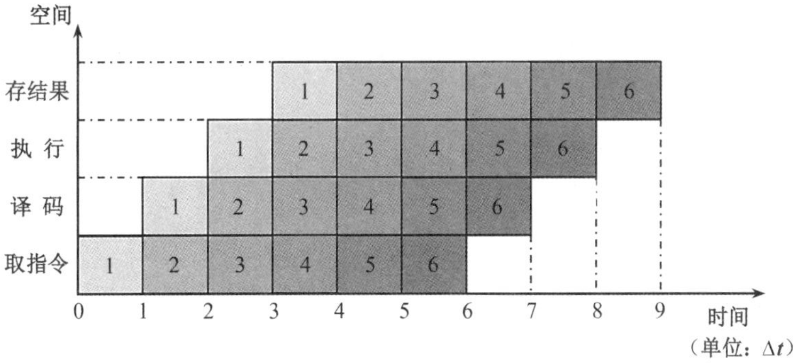

图 8-8　4 段指令流水线的时空图

4 段指令流水线的指令之间实现 3 次重叠，运行一段程序时，除了开始后的 3 个周期和结束前的 3 个周期外，其他的时刻中，流水线各个段的部件都处于工作忙碌状态，实现了全重叠并行执行。流水线具有如下的技术特点：

(1) 流水线把一个处理过程分解为若干个子过程（段），每个子过程由一个专门的功能部件来实现。

(2) 流水线中各段的时间应尽可能相等，否则将引起流水线堵塞、断流。时间长的段将成为流水线的瓶颈。

(3) 流水线每一个功能部件的后面都要有一个缓冲寄存器（锁存器），称为流水寄存器。它们的作用是在相邻的两段之间传送数据，以提供后面要用到的数据，并把各段的处理工作相互隔离。

(4) 流水线技术适合于大量重复的时序过程，只有在输入端不断地提供任务，才能充分发挥流水线的效率。

(5) 流水线需要有通过时间和排空时间。通过时间是指第一个任务从进入流水线到流出结果所需的时间。排空时间是指最后一个任务从进入流水线到流出结果所需的时间。

2. 流水线的分类

从不同的角度和观点，把流水线分成多种不同的种类。

(1) 从完成的功能上划分，可分为单功能流水线与多功能流水线。单功能流水线是只能完成一种固定功能的流水线，如浮点加法流水线。如果要完成多种功能，需要采用多条单功能流水线来完成。多功能流水线是流水线的各段可以进行不同的连接，以实现不同的功能。例如，ASC 处理机的多功能流水线由八个功能段组成，通过组合不同的功能段来实现浮点加减法和定点乘法运算，如图 8-9 所示。

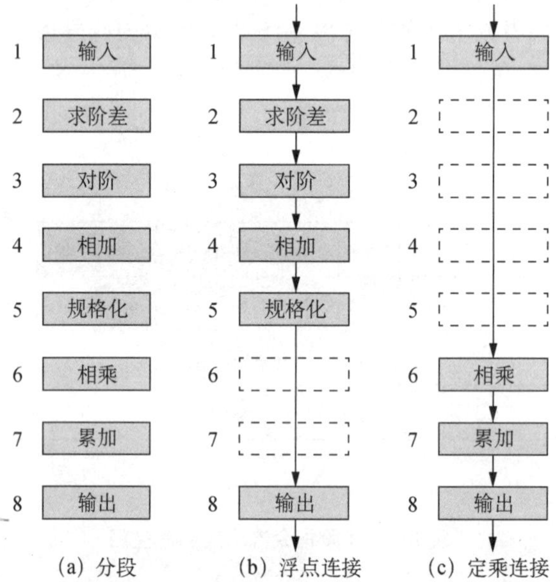

图 8-9　ASC 处理机的多功能流水线

(2) 按照同一时间内各段之间的连接方式对多功能流水线作进一步划分，可分类为静态流水线与动态流水线。静态流水线是指在同一时间内，多功能流水线中的各段只能按同一种功能的连接方式工作。对于静态流水线来说，只有当输入的是一串相同的运算任务时，流水的效率才能得到充分的发挥。例如，ASC 的八段流水线要么按照浮点连接方式工作，要么按照定乘连接方式工作。必须等按原来连接方式处理的所有任务都结束，且结果都流出流水线后，才能改变连接，转变成另一种运算连接方式，继续处理另一类任务。图 8-10(a)所示的静态流水线时空图中，只有当 n 个浮点加法任务都已完成，且流水线排空之后，才可以改变连接，转变成定乘连接，开始定点乘法运算。动态流水线是指在同一时间内，多功能流水线中的各段可以按照不同的方式连接，同时执行多种功能。动态流水线的优点是，处理不同类型任务更加灵活，能够提高流水线各段的使用率，从而提高处理速度。其后一种类型的任务同静态流水线相比可以提前开始，不需等到前一种任务处理完毕，结果全部流出流水线之后，但要保证共用段不发生冲突，因此控制过程更加复杂。静、动态流水线时空图的对比如图 8-10 所示。

为了发挥静态流水线的效率，处理机应尽可能把同种类型的任务放在，如果不同类型的任务交替处理，其效率将降至与顺序处理方式一样。动态流水线允许多种任务在同一条流水线中交替执行，其效率较静态流水线高，当然，控制也要复杂得多，因此，目前绝大多数的处理机采用静态流水线技术。

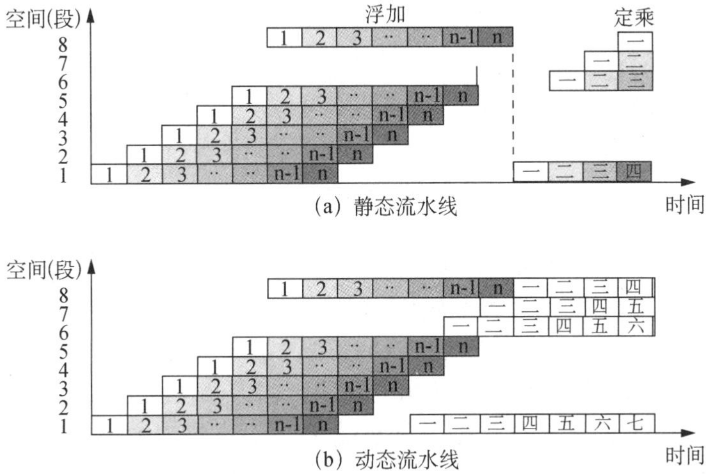

图 8-10　静态与动态流水线时空图的对比

(3) 按照流水的级别来进行划分，可分类为部件级、处理机级及处理机间的流水线。部件级流水线(运算操作流水线)是指把处理机的算术逻辑运算部件分段，使得各种类型的运算操作能够按流水方式进行。处理机级流水线(指令流水线)是指把指令的解释执行过程按照流水方式处理，把一条指令的执行过程分解为若干个子过程，每个子过程在独立的功能部件中执行。例如，前文所述的四段指令流水线就是处理机级流水线。处理机间流水线(宏流水线)是指由两个或者两个以上的处理机串行连接起来，对同一数据流进行处理，每个处理机完成整个任务中的一部分。处理机间流水线如图 8-11 所示。

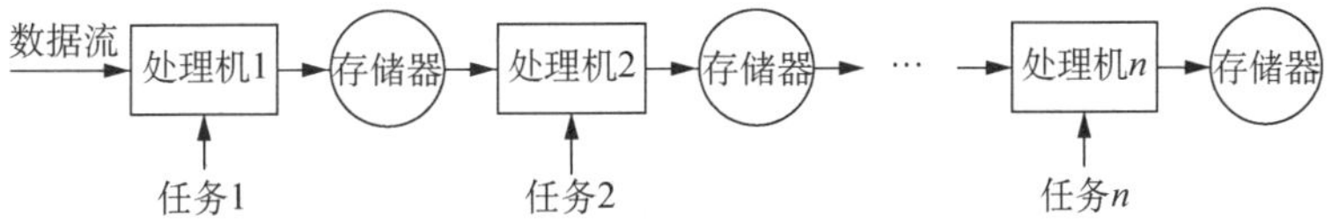

图 8-11　处理机间流水线

(4) 按照流水线中是否有反馈回路来进行划分，可分类为线性流水线与非线性流水线。线性流水线是指流水线的各段串行连接，没有反馈回路。数据通过流水线中的各段时，每一个段最多只流过一次。非线性流水线是指流水线中除了有串行的连接外，还有反馈回路。图 8-12 所示为非线性流水线，存在多条反馈回路，需要确定什么时候向流水线引进新的任务，才能使该任务不会与先前进入流水线的任务发生冲突，即解决争用流水段的问题，这需要采用非线性流水线的调度技术解决该问题。

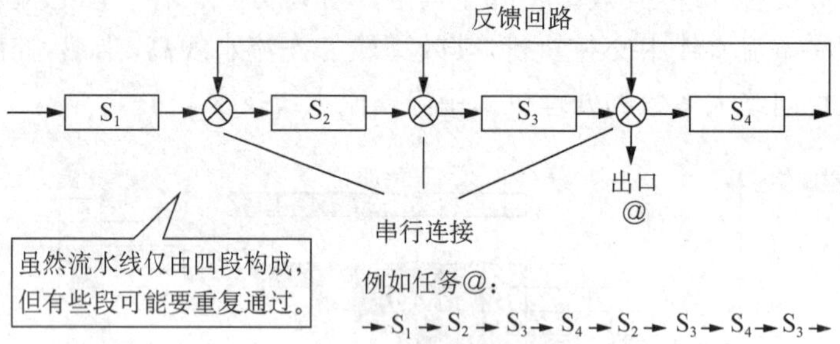

图 8-12　非线性流水线

(5) 根据任务流入和流出的顺序是否相同来进行划分，可分类为顺序流水线与乱序流水线。顺序流水线是指流水线输出端任务流出的顺序与输入端任务流入的顺序完全相同，每一个任务在流水线的各段中是一个跟着一个顺序流动的。乱序流水线是指流水线输出端任务流出的顺序与输入端任务流入的顺序可以不同，允许后进入流水线的任务先完成(从输出端流出)。乱序流水线也被称为无序流水线、错序流水线或异步流水线。

(6) 按处理数据的类型是标量或向量进行划分，可分类为标量处理机与向量流水处理机。把指令执行部件中采用了流水线的处理机称为流水线处理机。标量处理机是指处理机不具有向量数据表示和向量指令，仅对标量数据进行流水处理。向量流水处理机是指具有向量数据表示和向量指令的处理机，它把向量数据表示和流水线技术进行了结合。

8.2　流水线的性能分析指标

流水线的吞吐率、加速比和效率是衡量流水线性能的三个重要指标。

8.2.1　吞吐率

吞吐率是指在单位时间内流水线所完成的任务数量或输出结果的数量。其计算公式为

$$TP = \frac{n}{T_k}$$

式中，n 为任务数，T_k 为处理完成 n 个任务所用的时间。

1. 等时段的流水线

如果各段时间均相等，则称其为等时段的流水线，如图 8-13 所示为四段等时的流水线。

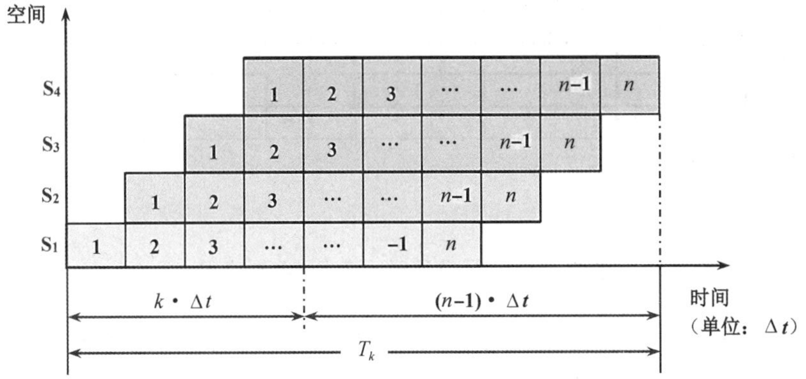

图 8-13　4 段等时的流水线

假设一条 k 段等时的流水线，完成 n 个连续任务，则所需要的总时间为

$$T_k = k\Delta t + (n-1)\Delta t = (k+n-1)\Delta t$$

该流水线的实际吞吐率为

$$TP = \frac{n}{(k+n-1)\Delta t}$$

最大吞吐率为

$$TP_{\max} = \lim_{n\to\infty} \frac{n}{(k+n-1)\Delta t} \frac{1}{\Delta t_{\max}}$$

最大吞吐率与实际吞吐率的关系为

$$TP = \frac{n}{k+n-1} TP_{\max}$$

因此，流水线的实际吞吐率小于最大吞吐率，它除了与每个段的时间有关外，还与流水线的段数 k 以及输入流水线中的任务数 n 等有关。只有当 $n \gg k$ 时，才有 $TP \approx TP_{\max}$。

2. 非等时段的流水线

把各段时间不等的流水线称为非等时段流水线。图 8-14 所示为一条四段非等时的流水线及其时空图。

这条 4 段非等时的流水线，其 S_1，S_3，S_4 各段的时间为单位时钟周期 Δt_0，S_2 段需要的时间为 $3\Delta t_0$，这种流水线中，需要时间最长的段称为流水线的瓶颈段。如，S_2 段就是瓶颈段。

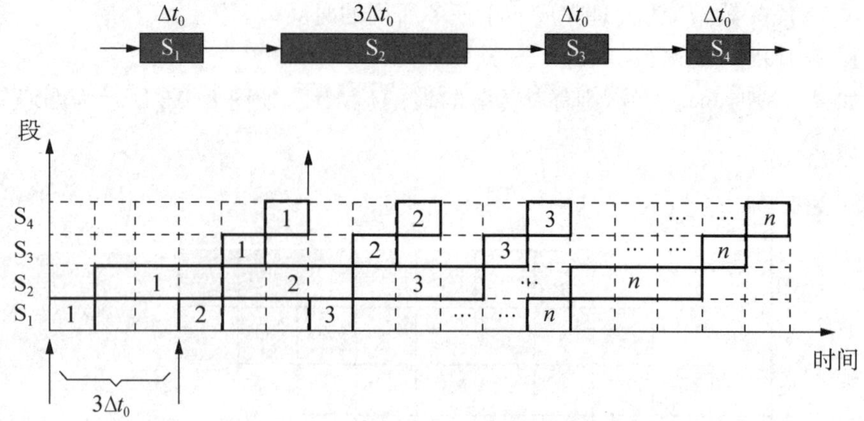

图 8-14　四段非等时的流水线与时空图

假设一条有 k 个段，各段时间不等的流水线，Δt_i 为第 i 段的时间，则这种非等时段流水线的实际吞吐率为

$$TP = \frac{n}{\sum_{i=1}^{k} \Delta t_i + (n-1)\max(\Delta t_1,\ \Delta t_2,\ \cdots,\ \Delta t_k)}$$

流水线的最大吞吐率为

$$TP_{\max} = \frac{1}{\max(\Delta t_1,\ \Delta t_2,\ \cdots,\ \Delta t_k)}$$

对于非等时段流水线，由于瓶颈段的存在，其最大的吞吐率受限于瓶颈段的处理时间，使得其他段出现空闲与等待情况。为了消除瓶颈段产生的效率低的问题，采用细分瓶颈段和重复设置瓶颈段两种方法来解决。

例如，一条非等时的四段流水线中，S_1，S_2，S_4 各段的时间都是 Δt，唯有 S_3 的时间是 $3\Delta t$，如图 8-15 所示。由于瓶颈段 S_3 的限制，最大吞吐率为 $TP_{\max} = \frac{1}{3\Delta t}$。

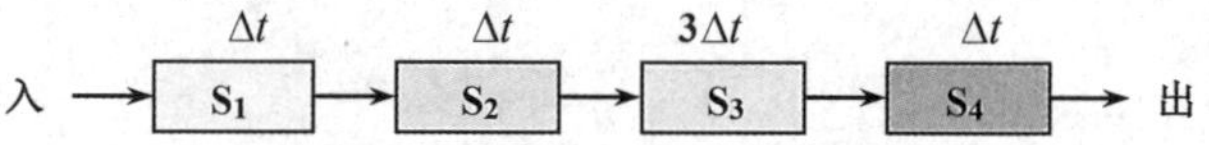

图 8-15　一条非等时的四段流水线

利用细分瓶颈段方法，对这条非等时四段流水线的瓶颈段 S_3 细分，分为 3 个子流水线段 S_{3a}，S_{3b} 和 S_{3c}，如图 8-16 所示，则改进后的流水线的吞吐率为 $TP_{\max} = \frac{1}{\Delta t}$，提高了其吞吐率。

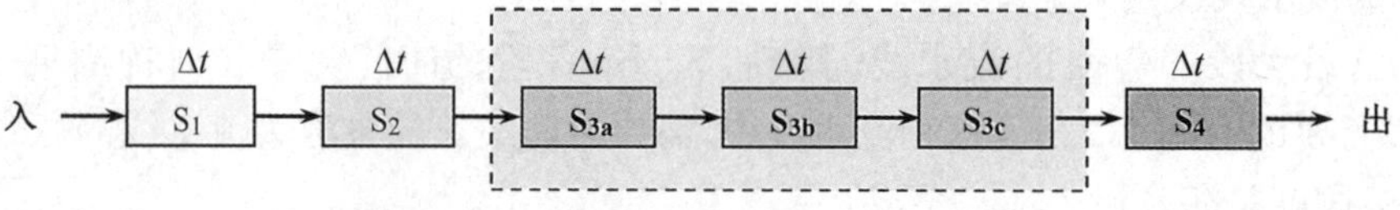

图 8-16　非等时四段流水线的瓶颈段 S_3 细分

利用重复设置瓶颈段方法，对这条非等时四段流水线的瓶颈段 S_3 进行重复设置，设置为 S_{3a}、S_{3b}、S_{3c} 并联，如图 8-17 所示。则重复设置后的流水线的吞吐率也为 $TP_{max}=\frac{1}{\Delta t}$，同样达到提高其吞吐率的目的。但重复设置瓶颈段方法存在控制逻辑比较复杂、需要增加硬件的缺点。

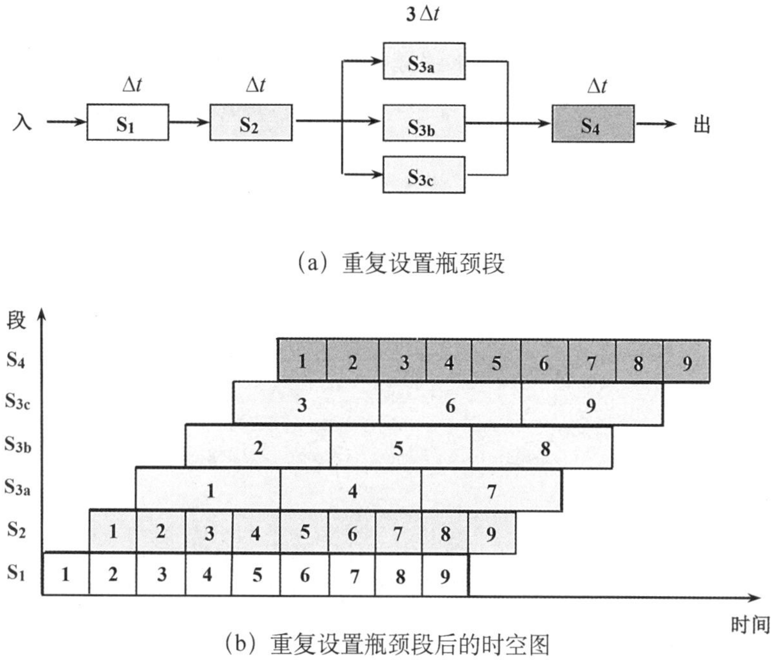

图 8-17　4 段非等时流水线重复设置瓶颈段与时空图

8.2.2　加速比

加速比就是完成同样一批任务，不使用流水线所用的时间与使用流水线所用的时间之比。

假设，不使用流水线（即顺序执行）所用的时间为 T_s，使用流水线后所用的时间为 T_k，则该流水线的加速比为

$$S=\frac{T_s}{T_k}$$

1. 等时段流水线（各段时间都是 Δt）的加速比

一条 k 段等时流水线完成 n 个连续任务所需要的时间为

$$T_k=(k+n-1)\Delta t$$

顺序执行 n 个任务，每个任务串行执行所需时间 $k\Delta t$，则 n 个任务所需要的时间为 $T_s=nk\Delta t$。

因此，k 段等时流水线的实际加速比为

$$S=\frac{nk}{k+n-1}$$

最大加速比为

$$S_{\max}=\lim_{n\to\infty}\frac{nk}{k+n-1}$$

因此，当任务数 n 远远大于流水线级数 k 时，$S\approx k$。但并不是说流水线的段数愈多愈好，因为段数越多，控制越复杂，对主存的访问次数越多，需要的时间就越多，效率和加速比都会降低。

2. 非等时段流水线(瓶颈段时间更长)的加速比

一条 k 段不等时流水线完成 n 个连续任务，其实际加速比为

$$S=\frac{n\sum_{i=1}^{k}\Delta t_i}{\sum_{i=1}^{k}\Delta t_i+(n-1)\max(\Delta t_1,\ \Delta t_2,\ \cdots,\ \Delta t_k)}$$

8.2.3 效率

效率是指流水线中的设备实际使用时间与整个运行时间的比值，即流水线设备的利用率。由于流水线有通过时间和排空时间，所以在连续完成 n 个任务的时间内，各段并不是满负荷地工作。

1. 等时段流水线的效率

等时段流水线各段的效率 e_i 相同，为

$$e_1=e_2=\cdots=e_k=\frac{n\Delta t}{T_k}=\frac{n}{k+n-1}$$

整条流水线的效率为

$$E=\frac{e_1+e_2+\cdots+e_k}{k}=\frac{ke_1}{k}=\frac{kn\Delta t}{kT_k}$$

也可以写成

$$E=\frac{n}{k+n-1}$$

最高效率为

$$E_{\max}=\lim_{n\to\infty}\frac{n}{k+n-1}$$

当任务数 $n\gg k$ 时，$E\approx 1$。

因此，当流水线各段时间相等时，流水线的效率与吞吐率成正比，为

$$E=TP\Delta t$$

流水线的效率是流水线的实际加速比 S 与其最大加速比 k 的比值。

$$E=\frac{S}{k}$$

当 $E=1$ 时，$S=k$，实际加速比达到最大。

所以，从时空图上看，效率就是 n 个任务占用的时空面积和 k 个段总的时空面积之比

$$E=\frac{n\text{ 个任务实际占用的时空面积}}{k\text{ 个段总的时空面积}}$$

2. 非等时段流水线的效率

当流水线的各段时间不相等时，则其效率为

$$E=\frac{n\cdot\sum_{i=1}^{k}\Delta t_i}{k\left[\sum_{i=1}^{k}\Delta t_i+(n-1)\cdot\max(\Delta t_1,\ \Delta t_2,\ \cdots,\ \Delta t_k)\right]}$$

8.2.4　流水线性能分析

【例 8-1】　设在如图 8-18 所示的静态流水线上运算 $\prod_{i=1}^{4}(A_i+B_i)$，每段的时间都为 Δt，且流水线的输出可以直接返回输入端或暂存于相应的流水寄存器中，请分析该流水线吞吐率、加速比和效率。

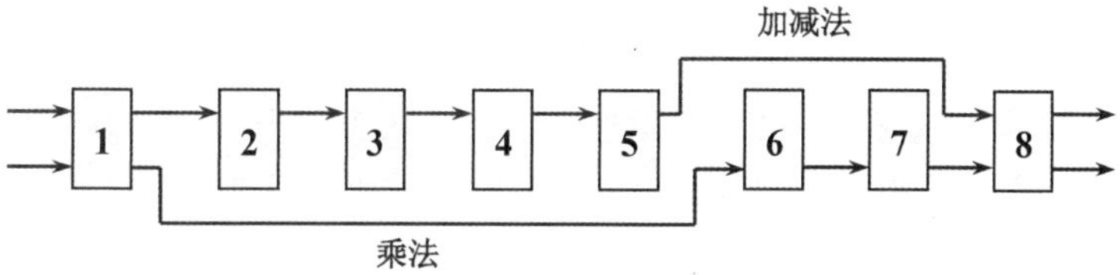

图 8-18　例 8-1 的静态流水线

解：

(1) 设计适合于流水线运算的方法。具体步骤为，先计算 A_1+B_1，A_2+B_2，A_3+B_3 和 A_4+B_4，再计算 $(A_1+B_1)\times(A_2+B_2)$ 和 $(A_3+B_3)\times(A_4+B_4)$，然后求总的乘积结果。

(2) 画出时空图。该静态流水线的时空图如图 8-19 所示。

(3) 计算性能。该静态流水线在 18 个 Δt 时间中，给出了 7 个结果，故吞吐率为

$$TP=\frac{7}{18\Delta t}$$

不用流水线，采用顺序执行方式，共有 4 次求和、3 次求积，由于一次求和需

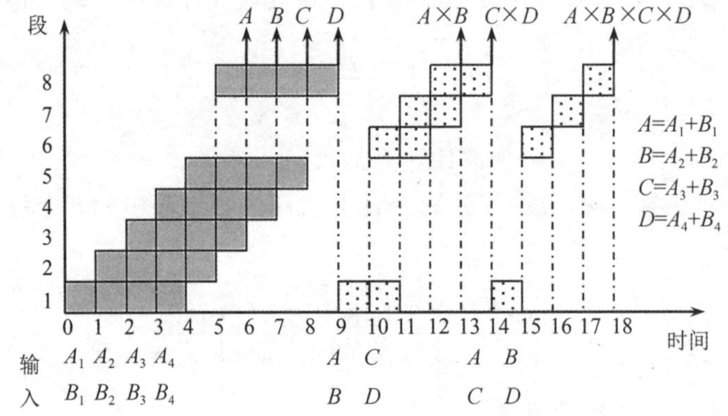

图 8-19　静态流水线的时空图

$6\Delta t$，一次求积需 $4\Delta t$，则产生上述 7 个结果共需 $(4\times6+3\times4)\Delta t=36\Delta t$，因此加速比为

$$S=\frac{36\Delta t}{18\Delta t}=2$$

流水线的效率为

$$E=\frac{4\times6+3\times4}{8\times18}=0.25$$

可以看出，在求解此问题时，该流水线的效率不高。根本原因是：①多功能流水线在做某一运算时，总有一些段空闲；②静态流水线功能切换时，要等前一种运算结果流出后才进行后一种运算；③运算之间存在数据相关，后面有些运算要用到前面运算的结果；④流水线存在建立与排空过程。

【例 8-2】　一条动态多功能流水线由五段组成，加法用 1,3,4,5 段，乘法用 1、2、5 段，第 2 段的时间为 $2\Delta t$，其余各段时间均为 Δt，如图 8-20 所示，而且流水线的输出可以直接返回输入端或暂存于相应的流水寄存器中。若在该流水线上计算：$\sum_{i=1}^{4}(A_i\times B_i)$，请分析该流水线的吞吐率、加速比和效率。

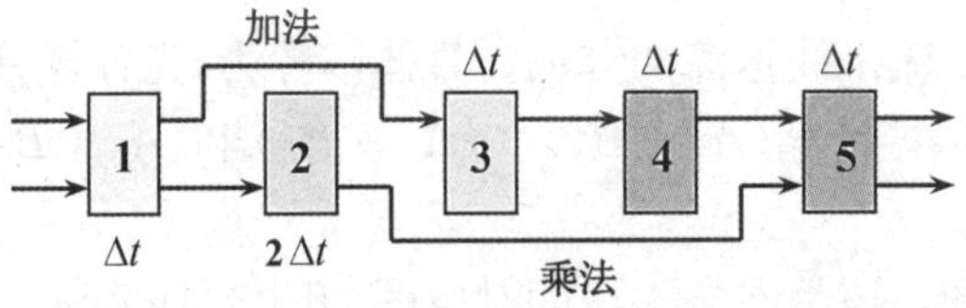

图 8-20　例 8-2 的动态多功能流水线

解：

(1) 设计适合于流水线运算的方法。具体步骤为，先计算 $A_1\times B_1$，$A_2\times B_2$，$A_3\times B_3$ 和 $A_4\times B_4$，再计算 $(A_1\times B_1)+(A_2\times B_2)$，$(A_3\times B_3)+(A_4\times B_4)$，最后

求总的累加结果。

(2) 画出时空图。该多功能动态流水线的时空图如图 8-21 所示。

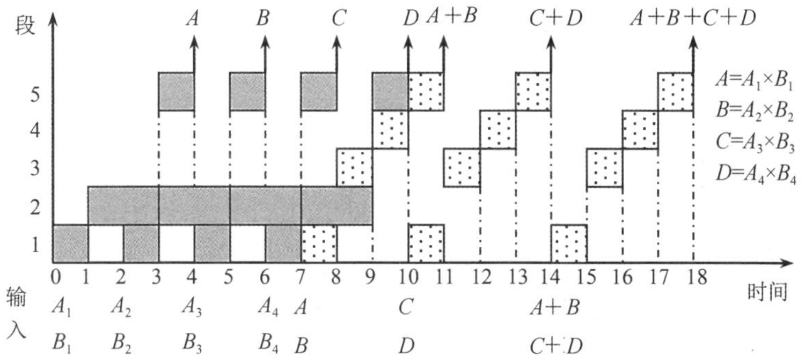

图 8-21　多功能动态流水线的时空图

(3) 计算性能。该动态流水线在 18 个 Δt 时间中，给出了 7 个结果，故吞吐率为

$$TP=\frac{7}{18\Delta t}$$

不用流水线，采用顺序执行方式，共有 3 次求和、4 次求积，由于一次求和积需 $4\Delta t$，一次求和需 $4\Delta t$，则产生上述 7 个结果共需 $(4\times4+3\times4)\Delta t=28\Delta t$，因此加速比为

$$S=\frac{28\Delta t}{18\Delta t}\approx1.56$$

流水线的效率为

$$E=\frac{4\times4+3\times4}{5\times18}\approx0.31$$

如采用多功能静态流水线来计算 $\sum_{i=1}^{4}(A_i\times B_i)$，流水线的吞吐率、加速比、效率又如何呢?

解:

(1) 设计适合于流水线运算的方法。具体步骤为，先计算 $A_1\times B_1$，$A_2\times B_2$，$A_3\times B_3$ 和 $A_4\times B_4$，再计算 $(A_1\times B_1)+(A_2\times B_2)$，$(A_3\times B_3)+(A_4\times B_4)$，最后求总的累加结果。

(2) 画时空图。图 8-22 所示为多功能静态流水线时空图。

(3) 性能计算。该静态流水线在 19 个 Δt 时间中，给出了 7 个结果，故吞吐率为

$$TP=\frac{7}{19\Delta t}$$

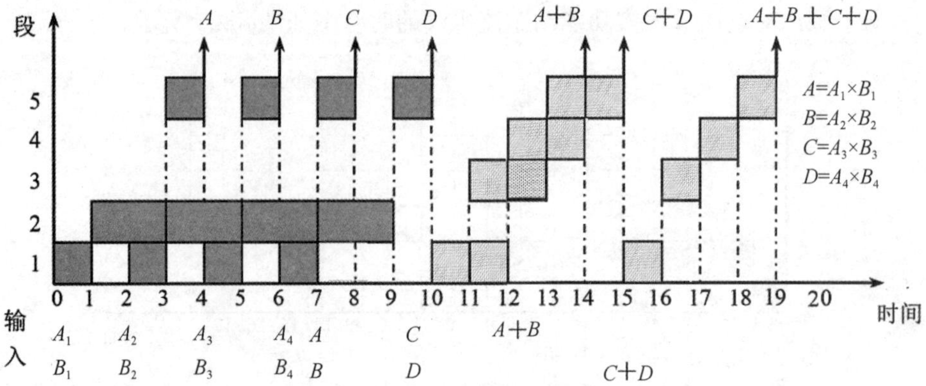

图 8-22　多功能静态流水线时空图

不用流水线，采用顺序执行方式，共有 4 次求积、3 次求和，由于一次求积需 $4\Delta t$，一次求需 $4\Delta t$，则产生上述 7 个结果共需 $(4\times4+3\times4)\Delta t=28\Delta t$，因此加速比为

$$S=\frac{28\Delta t}{19\Delta t}=1.474$$

流水线的效率为

$$E=\frac{4\times4+3\times4}{5\times19}=0.295$$

综上所述，动态流水线在吞吐率、加速比、效率方面的性能比静态流水线的性能要高，但控制复杂，造价更贵。

8.2.5　流水线存在的问题

1. 瓶颈问题

理想情况下，流水线在工作时，其中的所有任务在每一个时钟周期均同步地往前流动一段。当流水线各段不均匀时，机器的时钟周期取决于瓶颈段的延迟时间。因此，在设计流水线时，要尽可能使各段时间相等。

2. 流水线的额外开销

额外开销包括：流水寄存器延迟、时钟偏移开销。流水寄存器进入稳定工作状态需要建立时间和传输延迟。建立时间是指在触发写操作的时钟信号到达之前，寄存器输入必须保持稳定的时间。传输延迟是指时钟信号到达后到寄存器输出可用的时间。时钟偏移开销是指流水线中，时钟到达各流水寄存器的最大差值时间。当然，时钟到达各流水寄存器的时间不是完全相同的。采用流水线技术必须清楚的几个问题：①流水线并不能减少（而且一般是增加）单条指令的执行时间，但能提高吞吐率；②增加流水线的深度（段数）可以提高流水线的性能；③流水线的深度受限于流水线的额外开销；④当时钟周期小到与额外开销相同时，流水线已没有意义，原因是这时在每一个时钟周期中已没有时间来做有用的工作；⑤额外开销对流水线性能影响较大，特别是流水线深度比较大、时钟周期较小时，应选择高性能的锁存器作流水寄存器。

3. 冲突问题

由于流水线中的指令之间的操作数存在前后关联，且相同时刻需要对主存进行访问，因为数据的相关和控制的相关问题，需要指令间互相等待，以消除冲突问题，所以，会造成流水线的停顿，降低流水线的处理速度和工作效率。因此，处理好冲突是流水线设计中要解决的重要问题之一。

8.3 流水线的相关与冲突解决方法

8.3.1 五段流水线

以经典的五段精简指令集 RISC 流水线为例，首先讨论在非流水情况下是如何实现的，再借助流水线技术讲述其实现的方法。一条指令的执行过程分为以下五个周期：

(1) 取指令周期(IF)。IR←Mem[PC]，同时 PC 值加 4，指向顺序排列的下一条指令。这里假设每条指令占 4 个字节。

(2) 指令译码/读寄存器周期(ID)。该周期对指令进行译码。同时，用 IR 中的寄存器编号去访问通用寄存器组，读出所需的操作数。

(3) 执行/有效地址计算周期(EX)。ALU 对已读取的源操作数进行运算，不同指令所进行的操作不同，有这几类指令：对于存储器访问指令，ALU 把所指定的寄存器的内容与偏移量相加，形成用于访存的有效地址；对于寄存器-寄存器 ALU 指令，ALU 按照操作码指定的操作，对从通用寄存器组中读取的数据进行运算；对于寄存器-立即数 ALU 指令，ALU 按照操作码指定的操作，对从通用寄存器组中读取的第一操作数和立即数进行运算；对于分支指令，ALU 把偏移量与 PC 值相加，形成转移目标的地址，同时，对在前一个周期读出的操作数进行判断，确定分支是否成功。

(4) 存储器访问/分支完成周期(MEM)。该周期处理的指令只有 LOAD、STORE 和分支指令。其他类型的指令在此周期不做任何操作。对于 LOAD 指令，用上一个周期计算出的有效地址从存储器中读出相应的数据。对于 STORE 指令，把指定的数据写入这个有效地址所指出的存储器单元。如果是分支指令，分支"成功"，就把转移目标地址送入 PC；分支"不成功"，则 PC 指向下一条后继指令，分支指令执行完成。

(5) 写回周期(WB)。ALU 运算指令和 LOAD 指令在这个周期把结果数据写入通用寄存器组。对于 ALU 运算指令而言，其写回结果数据来自 ALU；对于 LOAD 指令而言，其结果数据来自存储器系统。

在这个五段方案中，分支指令需要 4 个时钟周期（如果把分支指令的执行提前到 ID 周期，则只需要 2 个周期）。STORE 指令需要 4 个周期。其他指令需要 5 个周期才能完成。

利用流水线技术，实现五段的精简指令集方案，把上面的每一个段周期作为一个流水线的段，并在段与段之间增加一个段间锁存器（或段间寄存器），就能使流水线和五段的精简指令集方案很好地结合起来。这些段间锁存器（或段间寄存器）统称为流水线寄存器。五段流水线的结构如图 8-23 所示。

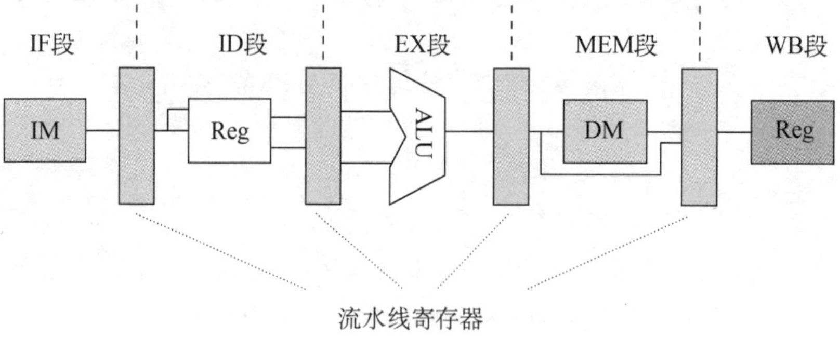

图 8-23　五段流水线的结构

如果在每个时钟周期启动一条指令，在理想情况下，五段流水线的性能可达到非流水线顺序执行的 5 倍。但由于流水线指令间存在冲突问题，实际使用时一般达不到理想性能。为了提高处理机的处理性能，需要用多种技术消除或减少冲突，尽可能提高流水线的性能。图 8-24 所示为五段流水线的另一种时空图，只是把纵轴变成指令集序列。这样能清楚地表示流水线的运行过程，第 i 条指令的 ID 段与第 $i+1$ 条指令的 IF 段重叠，第 i 条指令的 EX 段与第 $i+1$ 条指令的 ID 段重叠，第 i 条指令的 MEM 段与第 $i+1$ 条指令的 EX 段重叠，第 i 条指令的 WB 段与第 $i+1$ 条指令的 MEM 段重叠。依次类推，第 $i+1$ 条指令与其后继指令的段对应实现 4 次重叠。

	时钟周期								
指令编号	1	2	3	4	5	6	7	8	9
指令 i	IF	ID	EX	MEM	WB				
指令 $i+1$		IF	ID	EX	MEM	WB			
指令 $i+2$			IF	ID	EX	MEM	WB		
指令 $i+3$				IF	ID	EX	MEM	WB	
指令 $i+4$					IF	ID	EX	MEM	WB

图 8-24　五段流水线的另一种时空图

把数据通路直观地描述在五段流水线中（图 8-25）形象地展现了部件在流水线上的重叠工作情况。图 8-24 和图 8-25 两种时空图都可以使用。

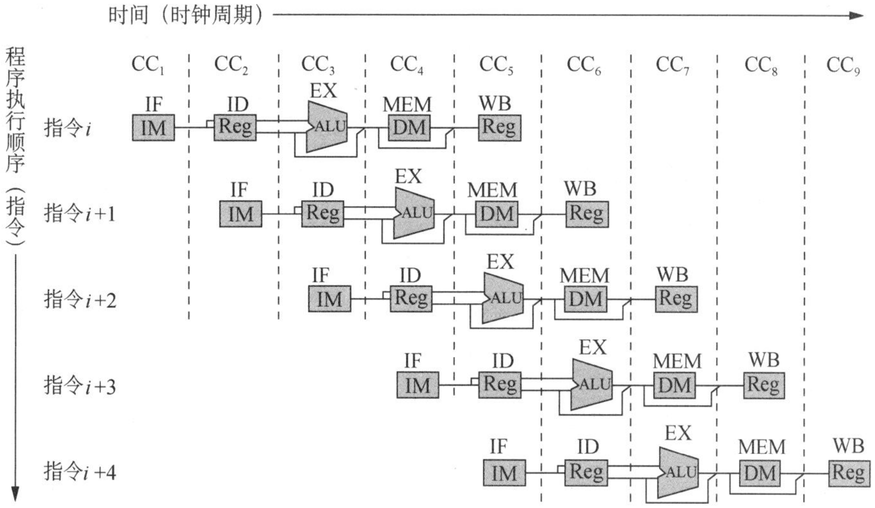

图 8-25　五段流水线的数据通路时空图

采用流水线方式实现时，应解决的问题包括：①要保证不会在同一时钟周期要求同一个功能段做两件不同的工作。例如，不能要求 ALU 同时做有效地址计算和算术运算。②避免 IF 段的访存（取指令）与 MEM 段的访存（读/写数据）发生冲突。如采用分离的指令存储器和数据存储器；采用分离的指令 Cache 和数据 Cache。③解决对同一寄存器的访问冲突。如，ID 段和 WB 段都要访问同一寄存器文件。ID 段进行寄存器读操作，WB 段进行寄存器写操作，采用的方式是把写操作安排在时钟周期的前半拍完成，把读操作安排在后半拍完成。④考虑 PC 的问题。流水线为了能够在每个时钟周期启动一条新的指令，就必须在每个时钟周期进行 PC 值的加 4 操作，并保留新的 PC 值。这种操作必须在 IF 段完成，以便为取下一条指令做好准备。因此，需设置一个专门的加法器。但分支指令也可能改变 PC 的值，而且是在 MEM 段进行，这会导致冲突。处理分支指令将在本书后文介绍。

8.3.2　流水线的相关

相关是指两条指令之间存在某种依赖关系。如果两条指令相关，它们就有可能无法在流水线中重叠执行或者只能部分重叠执行。有 3 种类型的相关，分别是数据相关（也称真数据相关）、名相关与控制相关。

1. 数据相关

数据相关是指对于两条指令 i（在前，下同）和 j（在后，下同），如果下述条件之一成立，则称指令 j 与指令 i 数据相关：①指令 j 使用指令 i 产生的结果；②指令 j 与指令 k 数据相关，而指令 k 又与指令 i 数据相关。

数据相关具有传递性。数据相关反映了数据的流动关系，即如何从其产生者流动到其消费者。

例如，LD指令的目的操作数 F_0 与 ADD.D 指令的源操作 F_0，存在数据相关，代码如下。

```
Loop: L.D       F0, 0 (R1)        // F0 为数组元素
                  ↘
      ADD.D     F4, F0, F2        // 加上 F2 中的值
                ↓
      S.D       F4, 0, (R1)       // 保存结果
      DADDIU    R1, R1, -8        // 数组指针递减 8 个字节
                |
      BNE       R1, R2, Loop      // 如果 R1≠R2，则分支
```

当数据的流动经过寄存器时，相关的检测比较直观和容易；当数据的流动经过存储器时，检测比较复杂。其原因是相同形式的地址，其有效地址未必相同，另外，形式不同的地址其有效地址却可能相同。

2. 名相关

名是指令所访问的寄存器或存储器单元的名称。如果两条指令使用相同的名，但是它们之间并没有数据流动，则称这两条指令存在名相关。指令 j 与指令 i 之间的名相关有两种：(1)反相关。如果指令 j 写的名与指令 i 读的名相同，则称指令 i 和 j 发生了反相关。即，指令 j 写的名＝指令 i 读的名。(2)输出相关。如果指令 j 和指令 i 写相同的名，则称指令 i 和 j 发生了输出相关，即，指令 j 写的名＝指令 i 写的名。名相关的两条指令之间并没有数据的传送。如果一条指令中的名改变了，并不影响另外一条指令的执行。

常采用换名技术消除名相关。换名技术就是通过改变指令中操作数的名来消除名相关。对寄存器操作数进行换名称为寄存器换名。这种方法既可以用编译器静态实现，也可以用硬件动态完成。示例如下。

DIV.DF_2，F_6，F_4

ADD.DF_6，F_0，F_{12}

SUB.DF_8，F_6，F_{14}

DIV.D 和 ADD.D 存在反相关。

进行寄存器换名(F_6 换成 S)后，变成

DIV.DF_2，F_6，F_4

ADD.DS，F_0，F_{12}

SUB.DF_8，S，F_{14}

3. 控制相关

控制相关是指由分支指令引起的相关。为了保证程序应有的执行顺序，必须严格按控制相关确定的顺序执行。典型的程序结构是“if-then”结构。代码如下。

```
if p1{
        S1;
```

```
        };
    S;
    if p2{
            S2;
        };
```

控制相关会带来两个限制:①与一条分支指令控制相关的指令不能被移到该分支之前,否则这些指令就不再受该分支控制。对于上述的例子,then 部分中的指令不能移到 if 语句之前。②如果一条指令与某分支指令不存在控制相关,就不能把该指令移到该分支之后。上述的例子中,不能把 S 移到 if 语句的 then 部分中。

8.3.3 流水线的冲突

流水线冲突是指对于具体的流水线来说,由于相关的存在,使得指令流中的下一条指令不能在指定的时钟周期内执行。

流水线冲突有三种类型:①结构冲突是因硬件资源满足不了指令重叠执行的要求而发生的冲突;②数据冲突是当指令在流水线中重叠执行时,因需要用到前面指令的执行结果而发生的冲突;③控制冲突是流水线遇到分支指令和其他会改变 PC 值的指令所引起的冲突。

流水线冲突会带来以下问题:①导致错误的执行结果;②流水线可能会出现停顿,从而降低流水线的效率和实际的加速比。这里约定当一条指令被暂停时,在该暂停指令之后流出的所有指令都要被暂停,而在该暂停指令之前流出的指令则继续进行(否则就永远无法消除冲突)。同时,约定在暂停期间,流水线不启动新的指令。

1. 结构冲突

在流水线处理机中,为了能够使各种组合的指令都能顺利地重叠执行,需要对功能部件进行流水或重复设置资源。如果某种指令组合因为资源冲突而不能正常执行,则称该处理机有结构冲突。常见的导致结构冲突的原因有功能部件不完全、流水资源份数不够等。

访存冲突是常见的结构冲突。例如,有些流水线处理机只有一个存储器,将数据和指令放在一起,访存指令会导致访存冲突。解决访存冲突有两种方法:①插入暂停周期,也称“流水线气泡”或“气泡”。如图 8-26 所示,在第 4 个周期,指令 LOAD 和指令 $i+3$ 都要访问主存,故产生结构冲突。为消除冲突,在第 $i+3$ 指令取值之前,插入一个暂停周期,使第 $i+3$ 指令及其后指令停顿,其之前指令正常运行,等冲突消除后,暂停的指令恢复正常运行,如图 8-27 所示。插入暂停周期(气泡)后的时空图如图 8-28 所示,其中,Stall 即为插入的暂停周期。②设置相互独立的指令存储器和数据存储器,或设置相互独立的指令 Cache 和数据 Cache,使取指令和取数据访问不同的 Cache 或存储器,从而消除结构冲突问题。

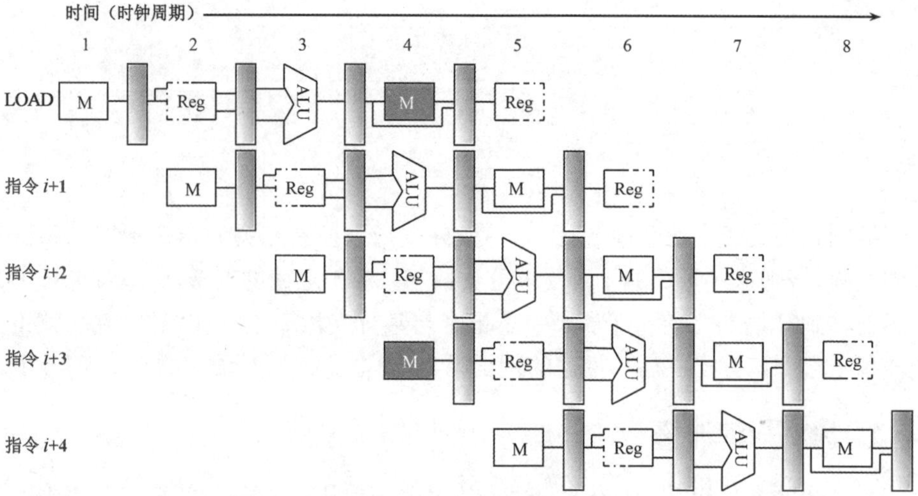

图 8-26　由于访问同一个存储器而引起的结构冲突

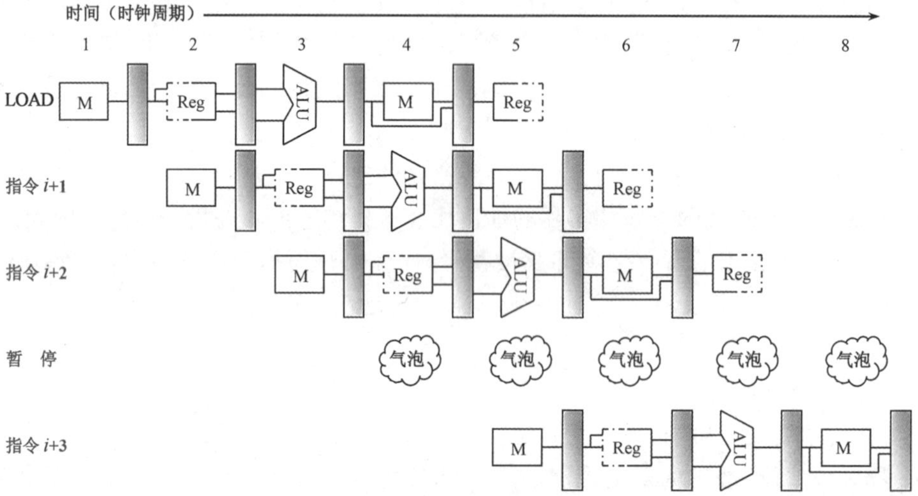

图 8-27　消除结构冲突而插入的流水线气泡

指令编号	时钟周期									
	1	2	3	4	5	6	7	8	9	10
指令 i	IF	ID	EX	MEM	WB					
指令 $i+1$		IF	ID	EX	MEM	WB				
指令 $i+2$			IF	ID	EX	MEM	WB	WB		
指令 $i+3$				stall	IF	ID	EX	MEM	WB	
指令 $i+4$						IF	ID	EX	MEM	WB
指令 $i+5$							IF	ID	EX	MEM

图 8-28　插入暂停(气泡)后的时空图

为了减少硬件成本，有时流水线设计者允许结构冲突的存在。如果把流水线中的所有功能单元完全流水化，或者重复设置足够份数，则成本将大量增加。

2. 数据冲突

当相关的指令靠得足够近时，它们在流水线中的重叠执行或者重新排序会改变指令读/写操作数的顺序，使之不同于它们非流水实现时的顺序，导致发生数据冲突。示例如下。

DADD　R_1，R_2，R_3

DSUB　R_4，R_1，R_5

XOR　R_6，R_1，R_7

AND　R_8，R_1，R_9

OR　R_{10}，R_1　R_{11}

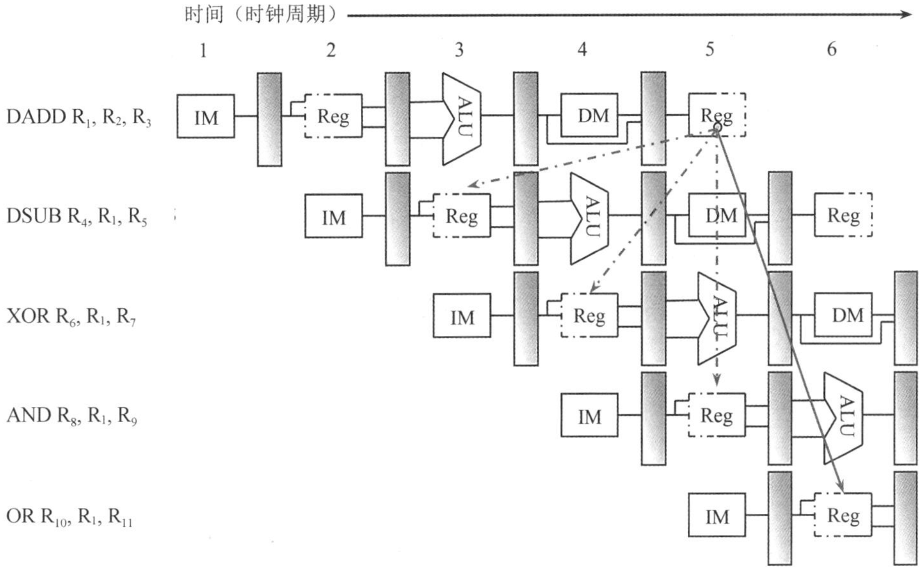

图 8-29　流水线数据冲突

上述指令在五段流水线上运行，指令 DADD 的 R_1 寄存器中目的操作数 R_1 和后面 4 条指令的 R_1 寄存器中的源操作数都存在数据冲突，指令 DSUB、XOR 需要 DADD 指令在第 5 个时钟周期写回正确的目的操作数到寄存器 R_1 之前，访问寄存器 R_1 的数据作为源操作数，因此，数据的正相关引起了数据冲突，所以，指令访问到的是假数据。最后两条指令 AND、OR 在第 5 个周期或之后访问寄存器 R_1，原因是错开消除需停顿的时钟周期，能访问到正确的数据。为了更好地访问寄存器，提高处理效率，寄存器的访问周期可分成前后两个半拍，写寄存器周期放在前半拍完成，读寄存器周期安排后半拍完成。如图 8-29所示。

根据指令读访问和写访问的顺序，可以将数据冲突分为三种类型。假设两条

指令 i 和 j，且 i 在 j 之前进入流水线，可能发生的数据冲突有：①写后读冲突(RAW)，即在 i 写入之前，j 先去读。因而，j 读出的内容是错误的。这是最常见的一种数据冲突，它对应于真数据相关。②写后写冲突(WAW)，即在 i 写入之前，j 先写。由于最后写入的结果是 i 的，因而产生错误。这种冲突对应于输出相关。写后写冲突仅发生在这样的流水线中，如流水线中不止一个段可以进行写操作，或者当先前某条指令停顿时，允许其后续指令继续前进。前文介绍的五段流水线不会发生写后写冲突，原因是其只在 WB 段写寄存器。③读后写冲突(WAR)，即在 i 读之前，j 先写，因而 i 读出的内容是错误的。该类冲突由反相关引起，仅在两种情况下才会发生，一种是有些指令的写结果操作提前了，而且有些指令的读操作滞后了；另一种是指令被重新排序了。读后写冲突在图 8-29 的五段流水线中不会发生，原因是读操作(ID 段)在写结果操作(WB 段)之前。

1) 定向技术减少数据冲突

定向技术也称为旁路或短路，其关键思想是：在某条指令产生计算结果之前，其他指令并不真正立即需要该计算结果，如果能够将该计算结果从其产生的地方直接送到其他指令需要它的地方，就可以避免停顿。

采用定向技术，把流水线上的 DADD 指令的执行段与存储器访问段间寄存器定向到第二条指令 DSUB 的 ALU 的一个源操作数的入口，把 DADD 指令的存储器访问段与写回段间寄存器定向到第三条指令 XOR 的 ALU 的一个源操作数的入口，同时，把 DADD 指令在结果写回段的前半拍写入寄存器 R_1 的数据，定向到第四条指令 AND 的指令译码器后半拍要访问的 R_1 寄存器读取一个源操作数，实现消除数据相关引起的数据冲突问题。如图 8-30 所示。

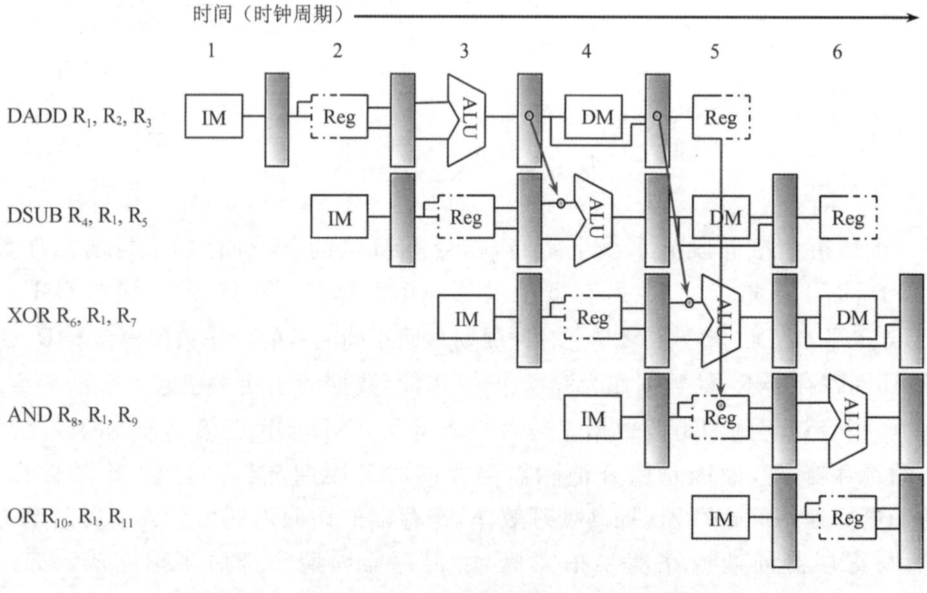

图 8-30　采用定向技术消除数据相关引起的数据冲突

定向技术遵循两条基本规则：①当定向硬件检测到前面某条指令的结果寄存器就是当前指令的源寄存器时，控制逻辑会将前面那条指令的结果直接从其产生的地方定向到当前指令所需的位置。②结果数据不仅可以从某一功能部件的输出定向到其自身的输入，而且还可以定向到其他功能部件的输入。

【例 8-3】　用定向技术消除下列指令的数据冲突。

DSUB　R_1，R_2，R_3

LD　　R_5，0(R_1)

SD　　R_5，12(R_1)

解：采用定向技术，将 DSUB 指令在执行段与存储器访问段间寄存器的数据定向到指令 LD 的 ALU 一个源操作数的入口，将 DSUB 指令在存储器访问段与写回段间寄存器的数据定向到指令 SD 的 ALU 一个源操作数的入口，这样解决了指令 DSUB 与指令 LD、SD 因为数据相关引起的数据冲突问题，从而减少了停顿时钟周期，提高了处理效率。如图 8-31 所示。

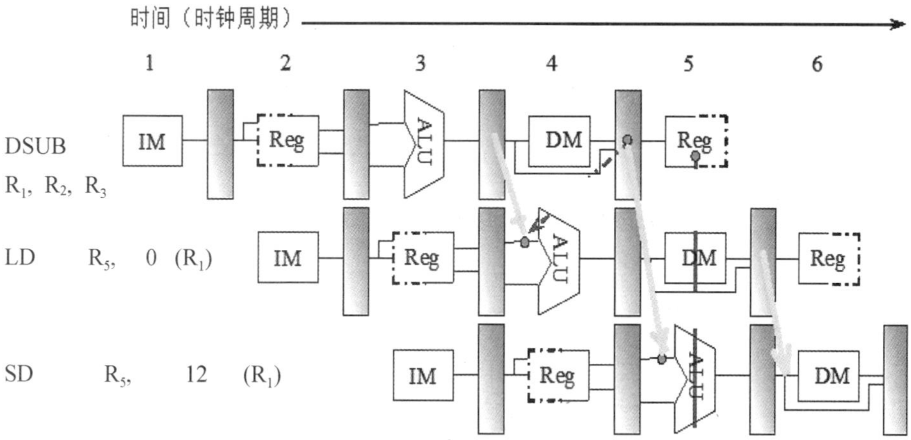

图 8-31　定向技术消除数据冲突

数据的相关性越多，需要定向的路径就越多，实施起来越复杂。但定向技术也不是所有的数据冲突都能解决的，这种情况下，只有采用停顿冒泡的方式，来消除数据冲突

2）停顿冒泡消除数据冲突

并不是所有的数据冲突都可以用定向技术来解决，有些数据冲突仍需采用插入气泡的方式来消除。

【例 8-4】　消除下列指令的数据冲突。

LD　　R_1，0(R_2)

DADD　R_4，R_1，R_5

AND　R_6，R_1，R_7

XOR　R_8，R_1，R_9

解: 第一条指令 LD 是访存指令,只能在存储器访问周期结束后才能获得目的操作数,采用定向技术只能给时钟周期后面的部件进行定向,而第二条指令 DADD 的 ALU 需要的源操作数在前面一个时钟周期,因而定向技术解决不了这类数据冲突问题,如图 8-32 所示。所以需要增加流水线互锁硬件,插入气泡,等待数据冲突消除后,再恢复运行 DADD 指令及其后续指令,这三条指令都停顿推迟一个时钟周期完成执行,如图 8-33 所示。流水线互锁机制的作用是检测发现数据冲突,并使流水线停顿,直至冲突消失。

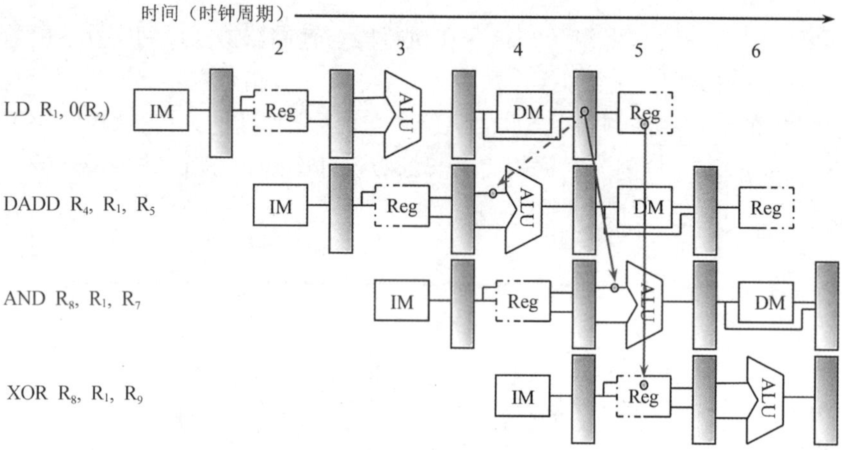

图 8-32　无法将 LD 指令的结果定向到 DADD 指令

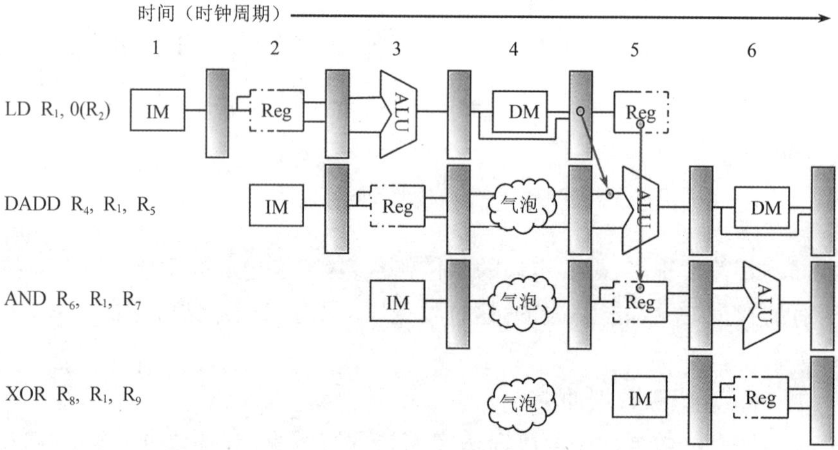

图 8-33　流水线互锁机制插入气泡后的执行过程

插入停顿气泡后,流水线在第 4 个时钟周期没有指令取值,在第 6 时钟周期没有指令执行完毕的输出结果。其时空图如图 8-34 所示。

依靠编译器解决数据冲突。让编译器重新组织指令顺序来消除冲突,这种技术称为指令调度或流水线调度。

LD R_1, 0 (R_2)	IF	ID	EX	MEM	WB			
DADD R_4, R_1, R_5		IF	ID	EX	MEM	WB		
AND R_6, R_1, R_7			IF	ID	EX	MEM	WB	
XOR R_8, R_1, R_9				IF	ID	EX	MEM	WB

(a) 不考虑数据冲突

LD R_1, 0 (R_2)	IF	ID	EX	MEM	WB			
DADD R_4, R_1, R_5		IF	ID	stall	EX	MEM	WB	
AND R_6, R_1, R_7			IF	stall	ID	EX	MEM	WB
XOR R_8, R_1, R_9				stall	IF	ID	EX	MEM

(b) 插入暂停周期

图 8-34　插入暂停周期前后的流水线时空图

【例 8-5】 采用典型的代码生成方法，表达式 $A=B+C$ 的代码如下：

LD　Rb,B

LD　Rc,C

DADD Ra,Rb,Rc

SD　Ra ,A

试消除上述指令冲突。

解：由于第一条和第二条 LD 指令的目的操作数与第三条指令 DADD 的源操作数存在数据真相关(前一条指令的结果是下一条指令的源操作数，二者引起的相关性称为数据真相关)引起的冲突问题，且第二条 LD 指令在存储器访问周期才能获取目的操作数，因此定向技术不能解决该数据冲突，只能插入一个暂停周期，来消除冲突，所以会导致第三条及其后指令暂停。如图 8-35 所示。

LD　Rb, B	IF	ID	EX	MEM	WB				
LD　Rc, C		IF	ID	EX	MEM	WB			
DADD Ra, Rb, Rc			IF	ID	stall	EX	MEM	WB	
SD　Ra , A				IF	stall	ID	EX	MEM	WB

图 8-35　插入一个暂停周期消除冲突

【例 8-6】 请为下列表达式生成没有暂停的指令序列：

$A=B+C$；

$D=E-F$；

假设载入延迟为 1 个时钟周期。

解：没经过编译器调度之前，第三条指令 DADD 与第二条指令 LD 之间用寄存器 Rc 的数据作为目的操作数和源操作数，存在数据真相关产生的数据冲突，第七条指令 DSUB 与第六条指令 LD 之间用寄存器 Rf 的数据作为目的操作数和源操作数，存在数据真相关产生的数据冲突，各需要停顿 1 个时钟周期，因此流水线运行这段代码共需要停顿 2 个时钟周期。经过编译器调度后，合理穿插指令，把指令 LD Re，E 穿插进第一个数据冲突引起停顿的两条指令之间，同样把指令 SD Ra，A 穿插在第一个数据冲突引起停顿的两条指令之间，拉开存在数据相关的两条指令之间的距离，再结合定向技术，就达到了消除数据冲突，减少插入停顿周期，提高处理机的效率。如表 8-1 所示。

表 8-1　经过编译器调度前后代码编排顺序

调度前的代码		调度后的代码	
LD	Rb，B	LD	Rb，B
LD	Rc，C	LD	Rc，C
DADD	Ra，Rb，Rc	LD	Re，E
SD	Ra，A	DADD	Ra，Rb，Rc
LD	Re，E	LD	Rf，F
LD	Rf，F	SD	Ra，A
DSUB	Rd，Re，Rf	DSUB	Rd，Re，Rf
SD	Rd，D	SD	Rd，D

3. 控制冲突

流水线中，执行分支指令的结果有两种：①分支成功，PC 值改变为分支转移的目标地址。在条件判定和转移地址计算都完成后，才改变 PC 值。②分支失败，PC 的值保持正常递增，即 PC 顺序指向下一条指令。

处理分支指令的一种方法是“冻结”或者“排空”流水线。在五段流水线中，当在流水线的译码段 ID 检测到是分支指令，就暂停执行其后的所有指令，直到分支指令到达 MEM 段，确定分支成功与否，并改变 PC 值是在 MEM 段进行的。这种方法最易实现。此时，分支指令给流水线带来 3 个时钟周期的延迟。时空图如图 8-36所示。

分支指令	IF	ID	EX	MEM	WB					
分支目标指令		IF	stall	stall	IF	ID	EX	MEM	WB	
分支目标指令+1						IF	ID	EX	MEM	WB
分支目标指令+2							IF	ID	EX	MEM
分支目标指令+3								IF	ID	EX

图 8-36　简单处理分支指令时空图:分支成功的情况

分支失败的处理过程如图 8-37 所示。分支目标的第一条指令已经成功取指令,但由于分支失败,需要在第 3 个周期后,从分支指令的后继指令重新取指令。

分支指令	IF	ID	EX	MEM	WB					
分支后继指令		IF	stall	stall	IF	ID	EX	MEM	WB	
分支后继指令+1						IF	ID	EX	MEM	WB
分支后继指令+2							IF	ID	EX	MEM
分支后继指令+3								IF	ID	EX

图 8-37　简单处理分支指令时空图:分支失败的情况

把由分支指令引起的延迟称为分支延迟。根据统计分析得到,分支指令在目标代码中出现的频度较高,每 3～4 条指令就有一条是分支指令。假设分支指令出现的频度是 30%,流水线理想 CPI=1,则流水线的实际 CPI=1+0.3×3=1.9,因此减少分支延迟能大大提升处理机的速度和效率。可采取两种措施来减少分支延迟:①在流水线中尽早判断出分支转移是否成功;②尽早计算出分支目标地址。

这里假设这两个减少分支延迟的工作被提前到 ID 段完成,即分支指令在 ID 段的末尾执行完成,所带来的分支延迟为 1 个时钟周期。以下介绍三种通过软件(编译器)来减少分支延迟的方法,它们的共同点就是,对分支的处理方法在程序的执行过程中始终是不变的,是静态的,要么总是预测分支成功,要么总是预测分支失败。

(1) 假设预测分支总是失败。允许分支指令后的指令继续在流水线中流动,就好像什么都没发生。若确定分支失败,将分支指令看作是一条普通指令,流水线正常流动。若确定分支成功,流水线就把在分支指令之后取出的所有指令转化为空操作,并按分支目的重新取指令执行。其时空图如图 8-38 所示。使用该方法要保证分支结果出来之前不会改变处理机的状态,以便一旦猜错时,处理机能够回退到原先的状态。

(2) 假设分支预测总是成功。假设分支转移成功,并从分支目标地址处取指令执行。该方法起作用的前提是先知道分支目标地址,后知道分支是否成功。上述五段流水线中,这种方法没有任何好处,根本原因是不能提前得到分支的目标地址,也就不能减少分支延迟。

分支指令 i (失败)	IF	ID	EX	MEM	WB			
指令 $i+1$		IF	ID	EX	MEM	WB		
指令 $i+2$			IF	ID	EX	MEM	WB	
指令 $i+3$				IF	ID	EX	MEM	WB
指令 $i+4$					IF	ID	EX	MEM	WB

分支指令 i (成功)	IF	ID	EX	MEM	WB				
指令 $i+1$		IF	ID	idle	idle	idle			
分支目标 j			IF	ID	EX	MEM	WB		
分支目标 $j+1$				IF	ID	EX	MEM	WB	
分支目标 $j+2$					IF	ID	EX	MEM	WB

图 8-38　假设分支预测总是失败的流水线的处理过程时空图

(3) 延迟分支的主要思想是从逻辑上“延长”分支指令的执行时间。把分支延迟看成是由原来的分支指令和若干个延迟槽构成,不管分支是否成功,都要按顺序执行延迟槽中的指令。

采用延迟槽的分支指令及执行顺序如下:

分支指令

延迟槽 1(顺序后继指令 1)

…

延迟槽 n(顺序后继指令 n)

对于延迟槽中的指令都采用按序执行的方式。分支成功和分支失败的延迟槽中指令执行顺序如下:

(1) 分支成功

分支指令

延迟槽 1(顺序后继指令 1)

…

延迟槽 m(顺序后继指令 m)

分支目标处的第一条指令

(2) 分支失败

分支指令

延迟槽 1(顺序后继指令 1)

…

延迟槽 m(顺序后继指令 m)

顺序后继指令 $m+1$

实际采用延迟槽的处理机中，一般只设置一个延迟槽。具有一个分支延迟槽的流水线的执行过程时空图如图 8-39 和图 8-40 所示。

分支指令 i	IF	ID	EX	MEM	WB				
延迟槽指令 $i+1$		IF	ID	EX	MEM	WB			
指令 $i+2$			IF	ID	EX	MEM	WB		
指令 $i+3$				IF	ID	EX	MEM	WB	
指令 $i+4$					IF	ID	EX	MEM	WB

图 8-39　分支失败的一个分支延迟槽执行过程

分支指令 i	IF	ID	EX	MEM	WB				
延迟槽指令 $i+1$		IF	ID	EX	MEM	WB			
分支目标指令 j			IF	ID	EX	MEM	WB		
分支目标指令 $j+1$				IF	ID	EX	MEM	WB	
分支目标指令 $j+2$					IF	ID	EX	MEM	WB

图 8-40　分支成功的一个分支延迟槽执行过程

延迟槽中的指令是由编译器选择放入的。分支延迟槽中的指令“掩盖”了流水线原来必须插入的暂停周期。分支延迟指令的调度任务是把有用的指令放入到延迟槽中。该调度过程由编译器完成，能否带来好处取决于编译器能否把有用的指令调度到延迟槽中。共有三种调度方法：从前调度、从目标处调度、从失败处调度，如图 8-41 所示，图中上边的方框中的代码为编译器调度前的代码，下边方框中的代码为编译器调度后的代码。

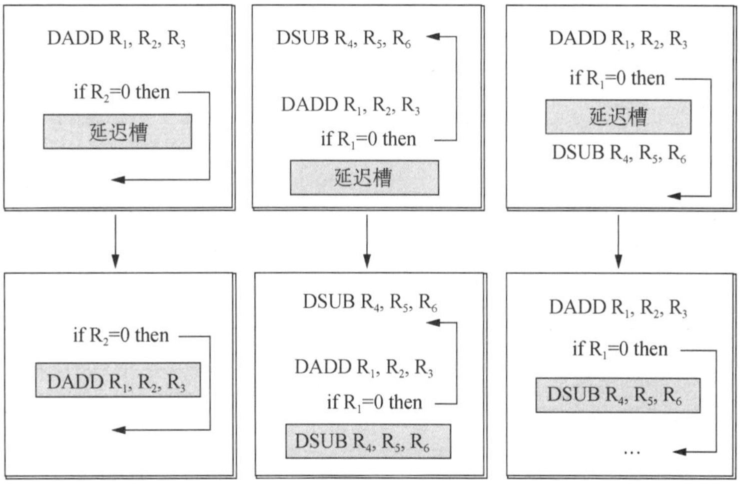

(a) 从前调度　　(b) 从目标处调度　　(c) 从失败处调度

图 8-41　编译器用三种方法调度前和调度后的代码

从前调度如图 8-41(a)所示，把在分支指令之前的一条不相关指令移到延迟槽中。如不满足从前调度条件，则采用图 8-41(b)或图 8-41(c)所示的两种方法进行调度，这两种方法的分支指令由 R_1 来判断，因此不能把产生 R_1 的 DADD 指令直接调度到延迟槽中。从目标处调度，是把目标处的指令复制到延迟槽。复制是指不直接把该条指令移动过去，原因是别的路径也可能要执行该指令。此时要修改分支指令的目标地址，如(b)图中箭头所示。从目标处调度是预判了分支是成功的。当分支成功的概率较高时(如循环转移)，该方法比较有效；当分支成功概率较低时，采用从失败处调度较好。无论哪种方法调度，都要保证预判错误时，调度到延迟槽中的指令的执行不影响程序的正确性，即延迟槽中的指令是无用、无效的。三种调度方法的要求及效果如表 8-2 所示。

表 8-2　三种调度方法的要求及效果

调度策略	对调度的要求	什么情况下起作用
从前调度	被调度的指令必须与分支无关	任何情况
从目标处调度	必须保证在分支失败时执行被调度的指令不会导致错误。有可能需要复制指令	分支成功时(但由于复制指令，有可能会增大程序空间)
从失败处调度	必须保证在分支成功时执行被调度的指令不会导致错误	分支失败时

分支延迟受到两个方面的限制：①可以被放入延迟槽中的指令要满足一定的条件；②编译器预测分支转移方向的能力。进一步改进编译器的调度能力，处理机采用分支取消机制(取消分支)，即，当分支的实际执行方向和事先所预测的一样时，执行分支延迟槽中的指令；否则就将分支延迟槽中的指令转化成一个空操作。假设分支预测总是成功，其执行过程时空图如图 8-42 所示。

分支指令 *i*	IF	ID	EX	MEM	WB				
延迟槽指令 *i*+1		IF	idle	idle	idle	idle			
指令 *i*+2			IF	ID	EX	MEM	WB		
指令 *i*+3				IF	ID	EX	MEM	WB	
指令 *i*+4					IF	ID	EX	MEM	WB

(a) 分支失败

分支指令 *i*	IF	ID	EX	MEM	WB				
延迟槽指令 *i*+1		IF	ID	EX	MEM	WB			
分支目标指令 *j*			IF	ID	EX	MEM	WB		
分支目标指令 *j*+1				IF	ID	EX	MEM	WB	
分支目标指令 *j*+2					IF	ID	EX	MEM	WB

(b) 分支成功

图 8-42　假设分支预测总是成功的情况下，分支取消机制的执行情况时空图

8.4 流水线 CPU 的实现

8.4.1 MIPS 指令子集五段流水线的实现

MIPS 指令子集简单的五段流水线数据通路如图 8-43 所示，该数据通路的操作分成 5 个时钟周期，分别是取指令、指令译码/读寄存器、执行/有效地址计算、存储器访问/分支完成和写回。这里只讨论整数指令的实现，包括：LOAD、STORE，等于 0 转移、整数 ALU 指令等。

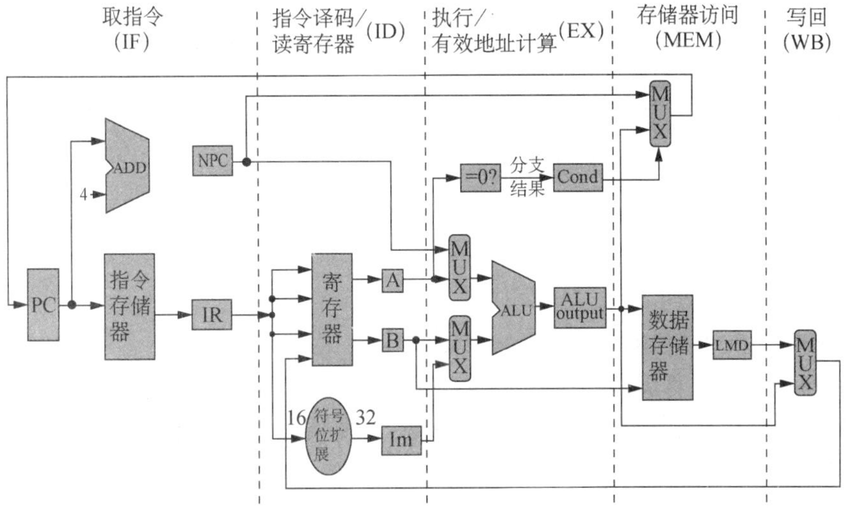

图 8-43　MIPS 指令子集简单的五段流水线数据通路

数据通路中设置了一些临时寄存器，它们起到如下作用和功能。

- NPC：存放下一条指令的地址；
- IR：指令寄存器，存放当前正在处理的指令；
- A：第一个操作数寄存器，存放从通用寄存器组读出来的操作数；
- B：第二个操作数寄存器，存放从通用寄存器组读出来的另一个操作数；
- Imm：存放符号扩展后的立即操作数；
- Cond：存放条件判断的结果。如果为“真”，则分支成功；
- ALUo：存放 ALU 的运算结果；
- LMD：存放 LOAD 指令从存储器读出的数据。

数据通路中，一条 MIPS 指令最多需要以下 5 个时钟周期。

1. 取指令周期(IF)

IR←Mem[PC]；

NPC←PC+4 指向顺序的下一条指令，其地址放入 NPC。

2. 指令译码/读寄存器周期(ID)

A ← Regs[Rs];

B ← Regs[Rt];

Imm ← $((IR_{16})^{16}\#\#IR_{16\ldots31})$。

指令的译码操作和读寄存器操作是并行进行的。原因是在 MIPS 指令格式中,操作码字段以及 Rs、Rt 字段都是在固定的位置。这种技术称为固定字段译码技术。

3. 执行/有效地址计算周期(EX)

不同指令所进行的操作不同:

(1) 存储器访问指令

ALUo←A + Imm 将操作数相加形成有效地址,存入临时寄存器 ALUo。

(2) 寄存器-寄存器 ALU 指令

ALUo←A func B

(3) 寄存器－立即值 ALU 指令

ALUo←A OP Imm

(4) 分支指令

ALUo←NPC+(Imm<<2);

Cond←(A = = 0)

将有效地址计算周期和执行周期合并为一个时钟周期,这是因为 MIPS 指令集采用 LOAD/STORE 结构,没有任何指令需要同时进行数据有效地址的计算、转移目标地址的计算和对数据进行运算。

4. 存储器访问/分支完成周期(MEM)

所有指令都要在该周期对 PC 进行更新。除了分支指令,其他指令都是做 PC←NPC。在该周期内处理的 MIPS 指令仅仅有 LOAD、STORE 和分支三种指令。其中,LOAD 指令把从存储器读出的数据放入临时寄存器 LMD,STORE 指令把 B 中的数据写入存储器。这两种指令都用 ALUo 中的值作为访存地址,但在上一周期已经计算好了。

(1) 存储器访问指令

LMD←Mem[ALUo];

或者 Mem[ALUo]←B。

(2) 分支指令

if (cond) PC ←ALUo　else　PC←NPC。

如 cond 为真,表明转移成功,把 ALU_0 中的转移目标地址送入 PC 中。

5. 写回周期(WB)

不同的指令在写回周期完成的工作也不一样。

(1) 寄存器-寄存器 ALU 指令

Regs[Rd]← ALUo。

(2) 寄存器-立即数 ALU 指令

Regs[Rt]← ALUo。

(3) LOAD 指令

Regs[Rt]← LMD。

上述结果都写入通用寄存器组，可能是 ALU 的计算机结果(ALUo 中)，也可能来自存储器(LMD)中。写入目标寄存器由指令中的 Rd 或 Rt 字段支出，并由操作码决定。不同操作周期间设置存储单元来保存当前指令的执行结果或上周期产生且后面周期需用到的结果。PC、通用寄存器、存储单元保存指令之间的结果。临时寄存器 IR、NPC、A、B、Imm、cond、ALUo、LMD 为单条指令的执行过程保存中间结果。IF 周期内加法器与 EX 周期的 ALU 合并，共享同一个 ALU，并把指令和数据存储器合并，这种方案较经济。

不采用单周期实现方案，主要原因有两个：(1)对于大多数 CPU 来说，单周期实现效率很低，因为不同的指令所需完成的操作差别相当大，因而所需要的时钟周期时间也大不一样；(2)单周期实现时，需要重复设置某些功能部件，而在多周期实现方案中，这些部件是可以共享的。

8.4.2 MIPS 指令子集五段基准流水线的实现

MIPS 指令子集五段基准流水线方案要求，把每一个时钟周期完成的工作看作是流水线的一段，每个时钟周期启动一条新的指令。流水段的所有操作都在一个时钟周期内完成。基准的五段流水线与五段流水线的区别就是在数据通路中，使用了段间流水寄存器(或流水锁存器)，所有用到的寄存器都设置在段间流水寄存器内，如图 8-44 所示。

用流水实现的数据通路如下。

在流水线段与段之间，设置了流水寄存器。流水寄存器的命名，由其相邻的两个段的名称拼合而成。例如，ID 段与 EX 段之间的流水寄存器用 ID/EX 表示。每个流水寄存器是由若干个寄存器构成的。

寄存器的命名形式为：x.y，所包含的字段的命名形式为：x.y[s]。其中，x 为流水寄存器名称；y 为具体寄存器名称；s 为字段名称。

[例]

ID/EX.IR：流水寄存器 ID/EX 中的子寄存器 IR。

IRID/EX.IR[OP]：该寄存器的 OP 字段(即操作码字段)。

流水寄存器起到的作用是将各段的工作隔开，使它们不会互相干扰，保存相应段的处理结果。

[例]

EX/MEM.ALUo：保存 EX 段 ALU 的运算结果。

MEM/WB.LMD：保存 MEM 段从数据存储器读出的数据。

同时，流水寄存器向后传递将要用到的数据或者控制信息，所有有用的数据和控制信息在每个时钟周期内会随着指令在流水线中的流动往后流动一段。只保存后面需要的数据和信息。如果把 PC 看作 IF 段的流水寄存器，则每个段都有一个流水寄存器，位于该流水段的前面，提供指令在该段执行所需的数据和控制信息。

数据通路中，增加了向后传递 IR 和从 MEM/WB.IR 回送到通用寄存器组的连接。其将对 PC 的修改移到了 IF 段，以便 PC 能及时地加，为取下一条指令做好准备。在 IF 和 ID 段，所有指令的操作一样，从 EX 段开始才区分不同的指令。

流水段的操作如表 8-3 所示，每一个流水段进行寄存器的操作，其对应的 IR 寄存器的位数分别是：IR[Rs]＝$IR_{6...10}$，IR[Rt]＝$IR_{11...15}$，IR[Rd]＝$IR_{16...20}$。

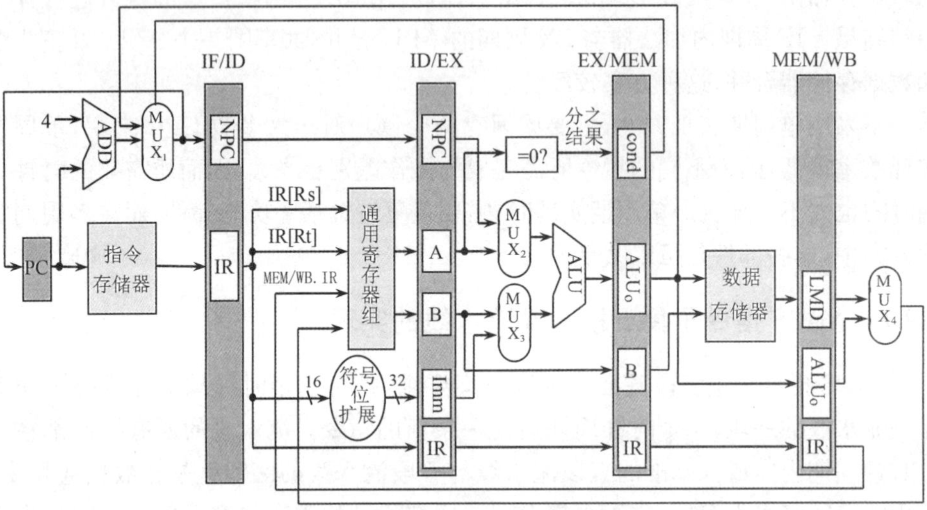

图 8-44　基准五段流水线的数据通路

表 8-3　流水线的每个流水段的操作

流水段	所有指令类型		
IF	IF/ID.IR←Mem[PC] IF/ID.NPC，PC←(if((EX/MEM.IR[OP]＝branch)& EX/MEM.cond){EX/MEM.ALUo} else {PC＋4})		
ID	ID/EX.A←Regs[IF/ID.IR[Rs]]；ID/EX.B←Regs[IF/ID.IR[Rt]]； ID/EX.NPC←IF/ID.NPC；ID/EX.IR←IF/ID.IR； ID/EX.Imm←$(IF/ID.IR_{16})^{16}$ ＃＃IF/ID.$IR_{16...31}$；		
	ALU 指令	LOAD/STORE 指令	分支指令
EX	EX/MEM.IR←ID/EX.IR； EX/MEM.ALUo← ID/EX.A func ID/EX.B 或 EX/MEM.ALUo← ID/EX. A OP ID/ EX.Imm	EX/MEM.IR←ID/EX.IR； EX/MEM.ALUo← ID/EX.A＋ID/EX.Imm； EX/MEM.B←ID/EX.B	EX/MEM. IR ← ID/ EX.IR； EX/MEM.ALUo← ID/EX.NPC＋ ID/EX.Imm＜＜2； EX/MEM.cond← (ID/EX.A＝0)

（续表）

流水段	所有指令类型		
MEM	MEM/WB.IR←EX/MEM.IR； MEM/WB.ALUo←EX/MEM.ALUo	MEM/WB.IR←EX/MEM.IR； MEM/WB.LWD←Mem[EX/MEM.ALUo]； 或 Mem[EX/MEM.ALUo]←EX/MEM.B	
WB	Regs[MEM/WB.IR[Rd]]←MEM/WB.ALUo； 或 Regs[MEM/WB.IR[Rt]]←MEM/WB.ALUo	Regs[MEM/WB.IR[Rt]]←MEM/WB.LMD	

为了控制流水线的工作，就需要控制 4 个数据选择器。数据选择器的数据流控制如下：

（1）MUX_2：若 ID/EX.IR 中的指令是分支指令，则选择 ID/EX.NPC；否则，选 ID/EX.A。

（2）MUX_3：若 ID/EX.IR 中的指令是寄存器-寄存器型 ALU 指令，则选 ID/EX.B；否则，选 ID/EX.Imm。

（3）MUX_1：若 EX/MEM.IR 中的指令是分支指令，而且 EX/MEM.cond 为真，则选 EX/MEM.ALUo，即分支目标地址；否则，选 PC+4。

（4）MUX_4：若 MEM/WB.IR 中的指令是 LOAD 指令，则选 MEM/WB.LMD，否则选 MEM/WB.ALUo。

（5）第 5 个数据选择器：从 MEM/WB 回传至通用寄存器组的写入地址应该是从 MEM/WB.IR[Rd] 和 MEM/WB.IR[Rt]中选一个。如果是寄存器-寄存器型 ALU 指令，则选择 MEM/WB.IR[Rd]；如果是寄存器-立即数型 ALU 指令和 LOAD 指令，则选择 MEM/WB.IR[Rt]。

解决数据冲突的问题的方法是所有的数据冲突均可以在 ID 段检测到。如果存在数据冲突，就在相应的指令流出 ID 段之前将之暂停。完成该工作的硬件称为流水线的互锁机制。

如果采用定向技术，就可以在 ID 段确定需要什么样的定向，并设置相应的控制。这样就不需要在流水过程中将已经改变了机器状态的指令挂起，而导致降低流水线的硬件复杂度。也可以在使用操作数的那个时钟周期的开始检测冲突和确定必需的定向。

检测冲突是通过比较寄存器地址是否相等来实现的。例如，如果要检测后续指令的 ID 段使用 LOAD 指令的结果，就会发生 RAW 冲突，如表 8-4 所示，此时 LOAD 指令在 EX 段。

表 8-4　在 ID 段检测是否存在 RAW 冲突

ID/EX 中的操作码 (ID/EX.IR[OP])	IF/ID 中的操作码 (IF/ID.IR[OP])	比较的操作数字段
LOAD	RR ALU	ID/EX.IR[Rt]=IF/ID.IR[Rs]
LOAD	RR ALU	ID/EX.IR[Rt]=IF/ID.IR[Rs]
LOAD	LOAD、STORE ALU 立即数或分支	ID/EX.IR[Rt]=IF/ID.IR[Rs]

注:RR 是寄存器与寄存器型。

由于使用 load 的结果而引起的流水线互锁称为 load 互锁。若检测到 RAW 冲突,流水线互锁机制必须在流水线中插入气泡,并使当前正处于 IF 段和 ID 段的指令不再前进。要将 ID/EX.IR 中的操作码改为全 0(全 0 表示空操作),并将 IF/ID 寄存器的内容回送到自己的入口。

定向逻辑要考虑的情况更多,需通过比较流水寄存器中的寄存器地址来确定。

若(ID/EX.IR.OP==RR ALU)&(EX/MEM.IR.OP==RR ALU)&(ID/EX.IR[Rt]==EX/MEM.IR[Rd]),EX 和 MEM 段中的指令都是 RR ALU,而且 MEM 段中指令的目标寄存器地址与 EX 段中指令的第二个源操作数地址相同,则 EX/MEM.ALUo 定向到 ALU 的下面一个输入(图 8-45 中(1)的线路)。

若(ID/EX.IR[OP]==RR ALU)&(MEM/WB.IR[OP]==LOAD)&(ID/EX.IR[Rt]==MEM/WB.IR[Rt]),

EX 段中的指令都是 RR ALU,WB 段中指令是 LOAD,且 LOAD 指令的目标寄存器地址与 EX 段中指令的第二个源操作数地址相同,则把 MEM/WB.LMD 定向到 ALU 的下面一个输入,如图 8-45 中(2)所示的线路。

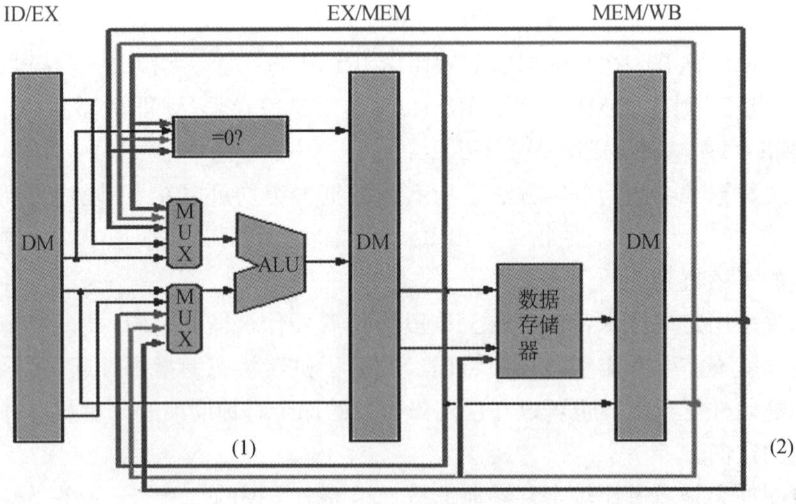

图 8-45　定向路径数据流通路

流水线增设了定向路径，分别把 ALU 的运算结果和访问存储器得到的数据定向到 ALU 的两个输入端。

这种采用 5 个数据选择器的方案消除了控制冲突。流水线中，分支指令的条件测试和分支目标地址计算在 EX 段完成，对 PC 的修改在 MEM 段完成。它所带来的分支延迟是 3 个时钟周期。为了减少分支延迟，做了改进，即把分支指令检测工作提前到 ID 段进行，如果考虑 BEQZ 和 BNEZ，则把分支预测提前到 ID 段进行。在 ID 段增设一个加法器，用于计算分支目标地址。把条件测试"＝0?"的逻辑电路移到 ID 段。这些结果直接回送到 IF 段的 MUX_1。改进后的流水线对分支指令的处理移到 ID 段。分支延迟变为一个时钟周期。改进后流水线的分支操作如表 8-5 所示，改进后流水线的数据通路如图 8-46 所示。

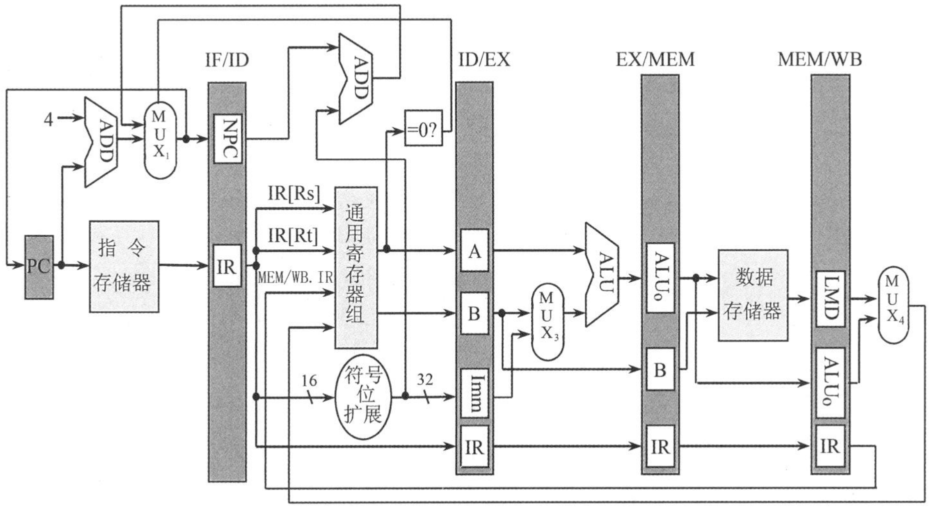

图 8-46 改进后流水线的数据通路

表 8-5 改进后流水线的分支操作

流水段	分支指令操作
IF ID	IF/ID.IR←Mem[RC]; IF/ID.NPC,PC← (if((IF/ID.IR[OP]==branch)&((Regs[IF/ID.IR[Rs]]==0)) {IF/ID.NPC+(IF/ID.IR_{16})^{16} ## (IF/ID.$IR_{16...31}$≪2)} else{PC+4}); ID/EX.A←Regs[IF/ID.IR[Rs]]; ID/EX.B←Regs[IF/ID.IR[Rt]]; ID/EX.IR←IF/ID.IR; ID/EX.Imm←(IF/ID.IR_{16})^{16} ## IF/ID.$IR_{16...31}$
EX	
MEM	
WB	

8.4.3　8 条 MIPS 指令集五段流水线 CPU

一个五段流水线的精简版 CPU，包括 IF(取指令)、ID(解码)、EX(执行)、MEM(内存操作)和 WB(回写)。涉及的结构设计有：

- 指令集：RISC；
- 指令集大小：2^5；
- 数据宽度：16 bit；
- 数据内存：$2^8 \times 16$ bit；
- 指令内存：$2^8 \times 16$ bit；
- 通用寄存器：8×16 bit；
- 标志寄存器：NF(Negative Flag)，ZF(Zero Flag)，CF(Carry Flag)；
- 控制信号：Clock，Reset，Enable，Start。

CPU 的顶层视图应该如图 8-47 所示，其中 Select_y、Y 信号是与 CPU 板级测试有关的。

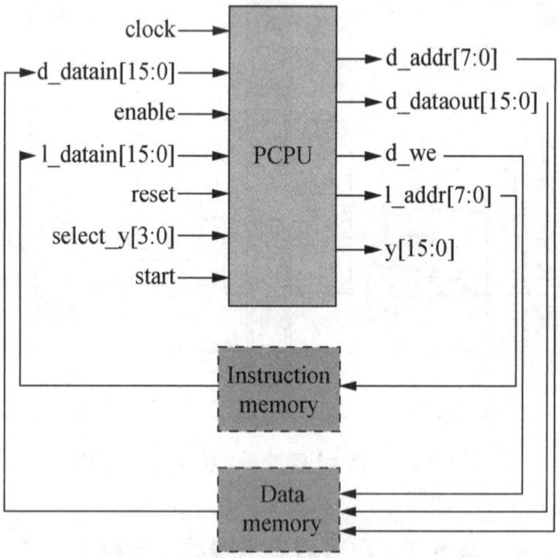

图 8-47　CPU 顶层视图

1. 指令集

指令为三地址格式，操作码长度 5bit，根据操作数的不同可以把指令分为三种类型，即寄存器类型(R type)、立即数类型(I type)、混合类型(RI type)。在代码编写的时候，为了方便，会依据其他标准进行划分。指令格式如图 8-48 所示。

规范表示方式：R_1 或者 gr[R_1]表示访问寄存器 R_1；m[R_2＋Val_3]表示访问 R_2＋Val_3 地址；{Val_2，Val_3}表示立即数访问，Val_2 为 MSB，Val_3 为 LSB。指令格式如图 8-49所示。

为了方便实现，表 8-6 所示列出了 28 条机器指令，剩下未用的 4 个操作码(10100，10101，10110，10111)可自行补充为其他操作，比如自增 INC、自减 DEC。以下是指令集的具体格式与操作。

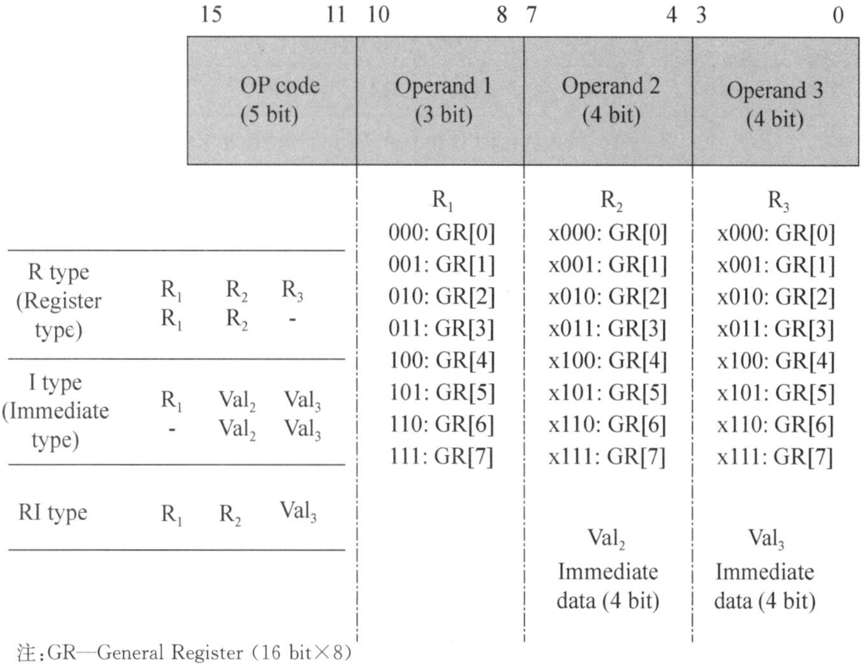

注：GR—General Register（16 bit×8）

图 8-48　指令格式

```
• LOAD GR1, GR0, 0
• LOAD GR2, GR0, 1
• NOP
• NOP
• NOP
• ADD GR3, GR1, GR2
• NOP
• NOP
• NOP
• STORE GR3, GR0, 2
• HALT

In C Code:
Y = A + B
M[GR0+2]=M[GR0+1]+M[GR0+0]
```

图 8-49　机器代码示例

表 8-6 指令操作码

Mnemonic	$Operand_1$	$Operand_2$	$Operand_3$	OP Code	Operation
NOP				#00000	No Operation
HALT				#00001	HALT
LOAD	R_1	R_2	Val_3	#00010	$gr[R_1]<-m[R_2+Val_3]$
STORE	R_1	R_2	Val_3	#00011	$m[R_2+Val_3]<-R_1$
LDIH	R_1	Val_2	Val_3	#10000	$R_1<-R_1+\{Val_2, Val_3, 0000\_0000\}$
ADD	R_1	R_2	R_3	#01000	$R_1<-R_2+R_3$
ADDI	R_1	Val_2	Val_3	#01001	$R_1<-R_1+\{Val_2, Val_3\}$
ADDC	R_1	R_2	R_3	#10001	$R_1<-R_2+R_3+CF$
SUIH	R_1	Val_2	Val_3	#10011	$R_1<-R_1-[Val_2, Val_3, 0000\_0000]$
SUB	R_1	R_2	R_3	#01010	$R_1<-R_2-R_3$
SUBI	R_1	Val_2	Val_3	#01011	$R_1<-R_1-\{Val_2, Val_3\}$
SUBC	R_1	R_2	R_3	#10010	$R_1<-R_2-R_3-CF$
CMP		R_2	R_3	#01100	R_2-R_3, set CF, ZF, NF
AND	R_1	R_2	R_3	#01101	$R_1<-R_2$ AND R_3
OR	R_1	R_2	R_3	#01110	$R_1<-R_2$ OR R_3
XOR	R_1	R_2	R_3	#01111	$R_1<-R_2$ XOR R_3
SLL	R_1	R_2	Val_3	#00100	$R_1<-R_2$ Shift Left Logical (Val_3 bit Shift)
SRL	R_1	R_2	Val_3	#00110	$R_1<-R_2$ Shift Right Logical (Val_3 bit Shift)
SLA	R_1	R_2	Val_3	#00101	$R_1<-R_2$ Shift Left Arithmetical (Val_3 bit Shift)
SRA	R_1	R_2	Val_3	#00111	$R_1<-R_2$ Shift Right Arithmetical (Val_3 bit Shift)
JUMP		Val_2	Val_3	#11000	JUMP to $\{Val_2, Val_3\}$
JMPR	R_1	Val_2	Val_3	#11001	JUMP to $R_1+\{Val_2, Val_3\}$
BZ	R_1	Val_2	Val_3	#11010	if ZF=1 Branch to $R_1+\{Val_2, Val_3\}$
BNZ	R_1	Val_2	Val_3	#11011	if ZF=0 Branch to $R_1+\{Val_2, Val_3\}$
BN	R_1	Val_2	Val_3	#11100	if NF=1 Branch to $R_1+\{Val_2, Val_3\}$
BNN	R_1	Val_2	Val_3	#11101	if NF=0 Branch to $R_1+\{Val_2, Val_3\}$
BC	R_1	Val_2	Val_3	#11110	if CF=1 Branch to $R_1+\{Val_2, Val_3\}$
BNC	R_1	Val_2	Val_3	#11111	if CF=0 Branch to $R_1+\{Val_2, Val_3\}$

2. 五段流水线

除了指令集之外，设计 CPU 最重要的就是 CPU 块级电路图（图 8-50），五段流水线的代码实现都必须依赖于该图，因此，需要理解图中每一步的作用。

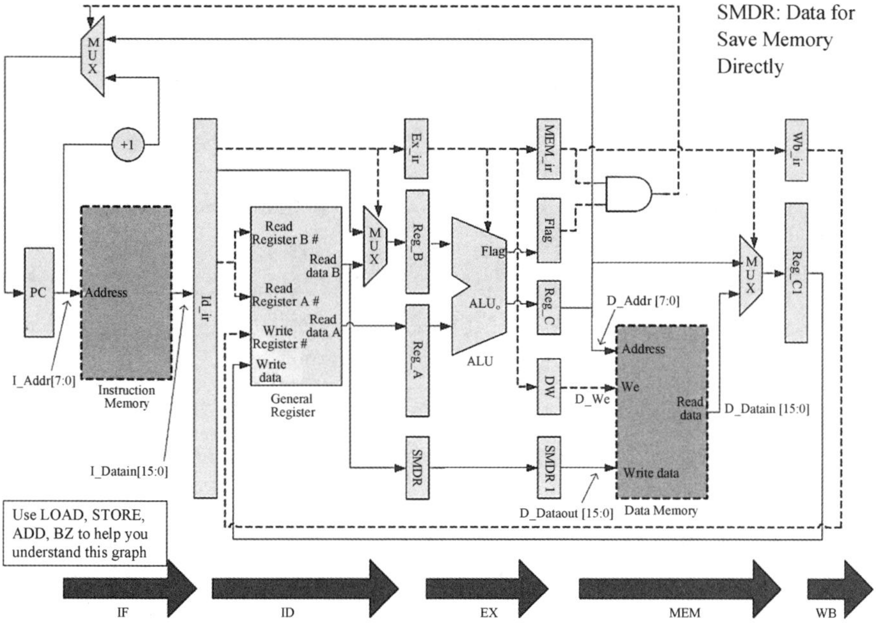

图 8-50　CPU 块级电路图

其实，CPU 块级电路图并不复杂，其构成是组合逻辑电路和时序电路的结合，而图中所有矩形框标出来的都是 CPU 内部的寄存器，整个电路图展示了 CPU 内部指令以及数据的流动方向。每到时钟上升沿，上一级流水线的寄存器的数据就会经过中间的组合逻辑电路流动到下一级流水线的寄存器，因此，5 个时钟周期之后的一条机器指令便执行完毕了。简单描述一条指令的执行过程就是，先根据 PC 的值到内存中取一条指令，解码指令提取两个操作数进行运算，再根据指令功能以及运算结果决定是否访问数据内存以及如何访问，最后，同样根据指令功能决定是否要进行回写操作，即修改寄存器的值。

下面将分别讲解 CPU 控制以及五段流水线每一段的行为，为了简单起见，这里仅考虑 NOP，HALT，LOAD，STORE，ADD，CMP，BZ，BN 8 条指令，明白了流水线的行为之后，再加上其他的指令，也是一样的道理。

3. CPU 控制

CPU 控制自然是基于状态机，只有两个状态 Idle 和 Exec，CPU 在 Idle 状态下只有 Enable、Start，同时使能才会进入 Exec 状态。CPU 控制如图 8-51 所示。

4. 取指令 IF 级的电路

IF 阶段的任务就是要根据 PC 的值从指令内存中读取一条指令，并且设置下一周期 PC 的值（指令可以顺序执行，也可以跳转到某个特定的地址）。因为，读取

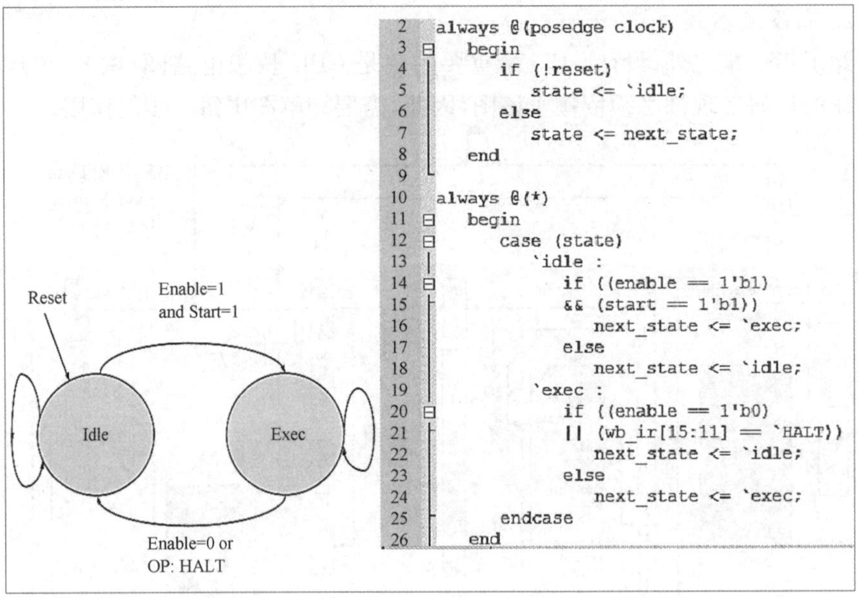

图 8-51 CPU 控制

内存是内存模块实现的功能，所以，CPU 只需要给出指令地址 I_Dddr，就能得到对应的指令 I_Datain。IF 阶段数据通路如图 8-52 所示。

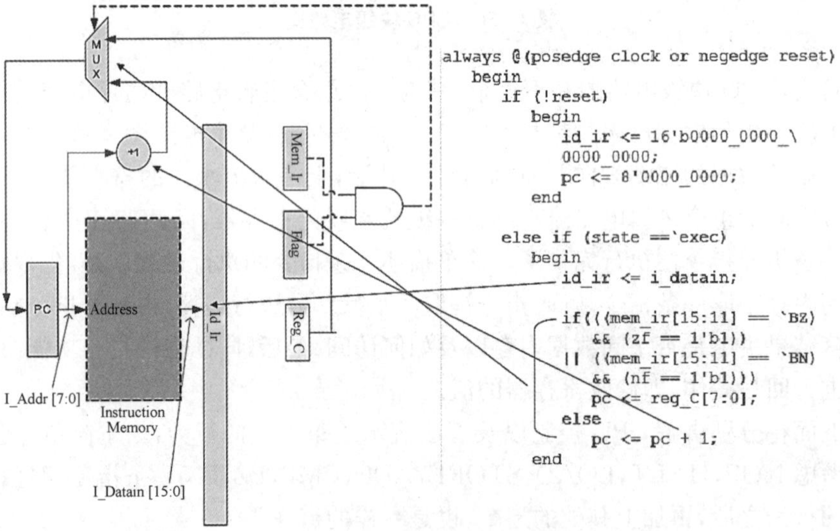

图 8-52 IF 阶段数据通路

5. 指令译码 ID 级的电路

ID 阶段要根据指令的功能（即操作码）从指令中提取对应的操作数，操作数可能来自通用寄存器 $R_0 \sim R_7$，也可能是立即数。另外，如果指令是 STORE 指令，也要准备好要存储到内存中的数据。ID 阶段数据通路如图 8-53 所示。

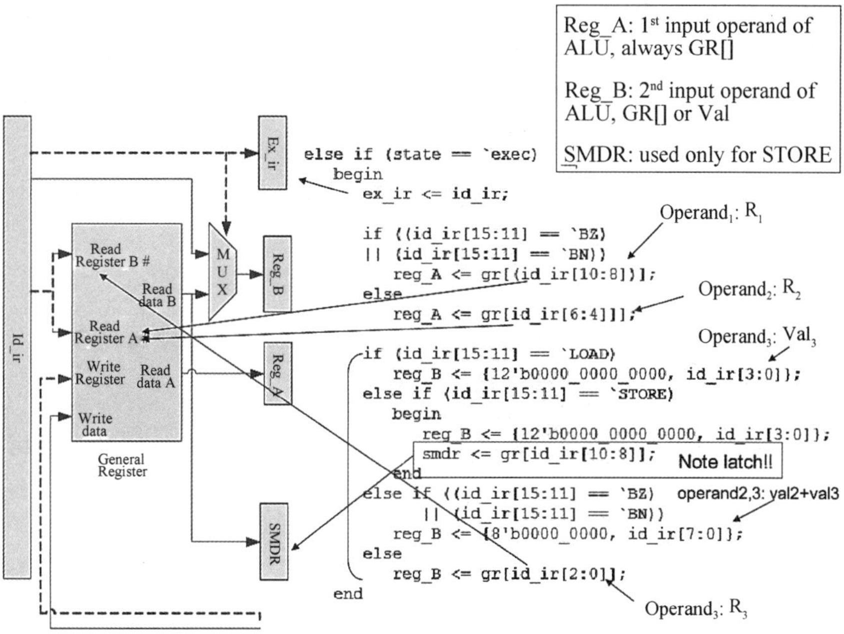

图 8-53　ID 阶段数据通路

6. 指令执行 EX 级的电路

EX 阶段执行的是 ALU 运算和标志寄存器设置，另外，如果是 STORE 指令，也要给出内存写的使能信号 DW，以及将要写到内存中的数据 $SMDR_1$。EX 阶段数据通路如图 8-54 所示。

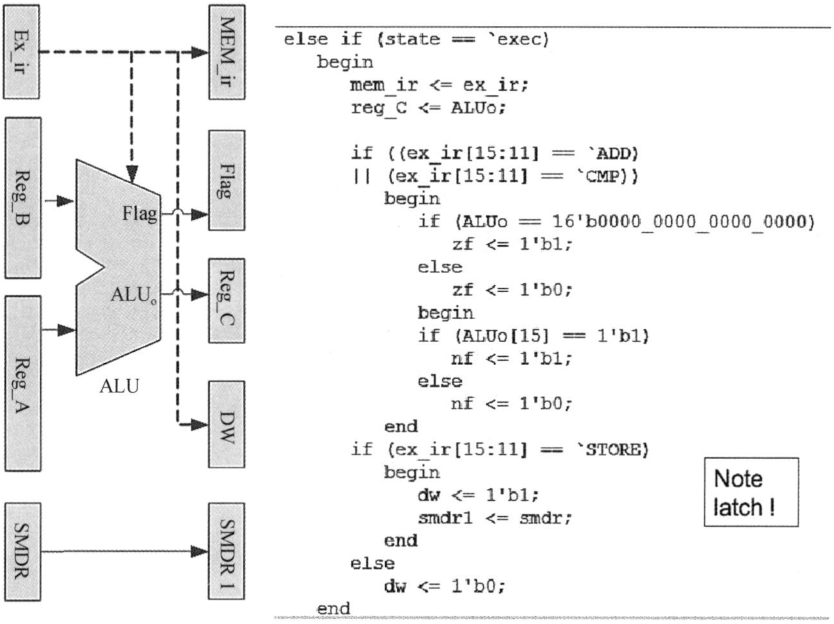

图 8-54　EX 阶段数据通路

7. 存储器访问 MEM 级的电路

MEM 阶段要根据指令功能和上一阶段的运算结果(内存操作的时候作为内存地址)决定是否要访问内存以及如何访问,只对需要内存操作的指令有效。MEM 阶段数据通路如图 8-55 所示。

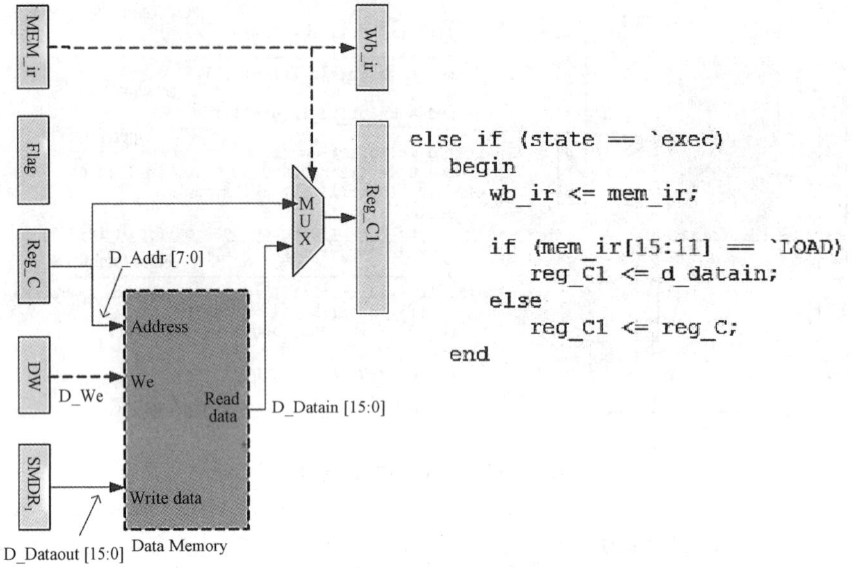

图 8-55 MEM 阶段数据通路

8. 写回指令 WB 级的电路

WB 阶段同样根据指令的功能以及上一阶段的结果决定是否要修改寄存器的值以及如何修改,只对需要修改寄存器值的指令有效。WB 阶段数据通路如图 8-56 所示。

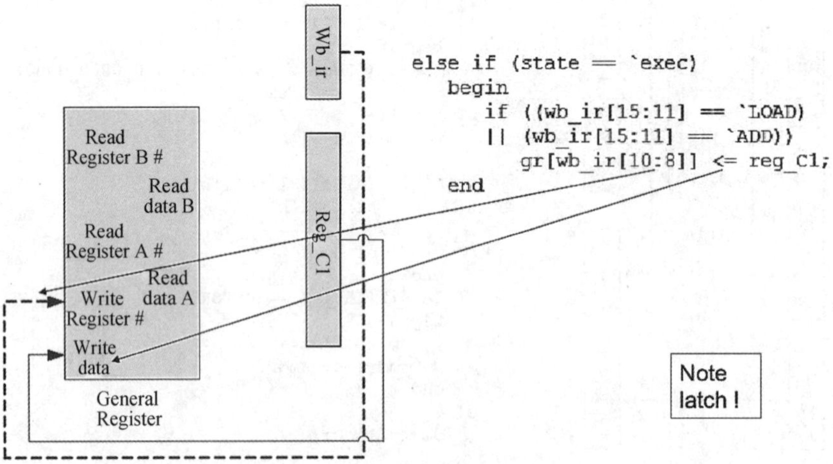

图 8-56 WB 阶段数据通路

8.5 多功能静态流水线与动态流水线 CPU 的设计实现

8.5.1 多功能静态流水线

静态流水线指在同一时间内，多功能流水线中的各段只能按同一种功能的连接方式工作的流水线。当流水线要切换到另一种功能时，必须等前面的任务都流出流水线之后，才能改变连接。设计多功能静态流水线采用的方法如下：

(1) 首先将流水线分为几段，考虑每一段的基本功能和部件，得到一个基本可以工作的流水线。则将每条指令分为五个阶段执行，分别为取指(IF)、译码(ID)、执行(EXE)、存储器访问(MEM)、寄存器写回(WB)。各指令将自己所需要用到的数据和控制信号通过流水线寄存器一级接着一级往下传，每个阶段执行相应的操作(若指令不需要执行当前阶段操作，则只需将数据和控制信号传给下一级即可)，以此来实现流水线方式执行。

(2) 考虑可能出现的相关和冲突，思考解决方法。设计静态流水线时，对于数据相关的冲突，采用一律暂停流水线的解决方法；对于控制相关的冲突，采用提前分支判断与延迟槽的解决方法。

指令集：ADD，ADDU，SUB，SUB，SUBU，AND，OR，XOR，NOR，SLT，SLTU，SLL，SRL，SRA，SLLV，SRLV，SRAV，JR，ADDI，ADDIU，ANDI，ORI，XORI，LW，SW，BEQ，BNE，SLTI，SLTIU，LUI，J，JAL，MULT，MFHi，MFLo。

按照数据通路连接方式将指令进行分类，如表 8-7 所示。

表 8-7　指令集和对应的类编号

指令集	类编号
ADD，ADDU，SUB，SUBU，AND，OR，XOR，NOR，SLT，SLTU，SLL，SRL，SRA，SLLV，SRLV，SRAV，ADDI，ADDIU，ANDI，ORI，XORI，SLTI，SLTIU	0000
JR	0001
LW	0010
SW	0011
BEQ，BNE	0100
LUI	0101
J	0110
JAL	0111
MULT	1000
MFHi	1001
MFLo	1010

8.5.2 静态流水线 CPU 的总体结构

多周期静态流水线的总体结构包括执行部件与段间的流水寄存器(或流水锁存器),由执行部件与段间的流水寄存器形成相应的数据通路。如图 8-57 所示。

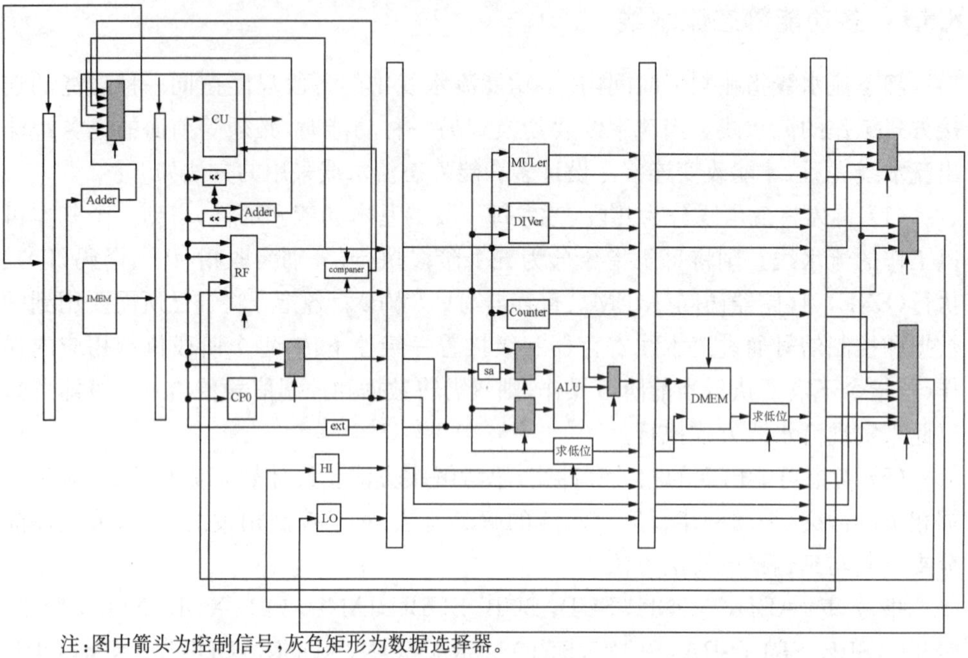

注:图中箭头为控制信号,灰色矩形为数据选择器。

图 8-57 静态流水线

8.5.3 多功能动态流水线

动态流水线指在同一时间内,多功能流水线中的各段可以按照不同的方式连接,同时执行多种功能的流水线。它允许在某些段正在实现某种运算时,另一些段同时实现另一种运算。动态流水线的设计方法如下:

(1) 将每条指令分为 5 个阶段执行,分别为取指(IF)、译码(ID)、执行(EXE)、存储器访问(MEM)、寄存器写回(WB)。各指令将自己所需要用到的数据和控制信号通过流水线寄存器一级接着一级往下传,每个阶段执行相应的操作(若指令不需要执行当前阶段操作,则只需将数据和控制信号传给下一级即可),以此来实现流水线方式执行。

(2) 设计动态流水线时,在静态流水线的基础上,考虑可能出现的相关和冲突,思考解决方案,以改进流水线机制和部件。设计过程中,对于数据相关的冲突,采用内部前推和必要时暂停的解决方法;对于控制相关的冲突,采用提前分支判断与延迟槽的解决方法。设计过程中可增加数据选择器和相关控制信号来实现。

指令集: ADD, ADDU, SUB, SUB, SUBU, AND, OR, XOR, NOR, SLT, SLTU, SLL, SRL, SRA, SLLV, SRLV, SRAV, JR, ADDI, ADDIU, ANDI, ORI,

XORI，LW，SW，BEQ，BNE，SLTI，SLTIU，LUI，J，JAL，MULT，MFHi，MFLo。

按照数据通路连接方式将指令进行分类，如表 8-8 所示。

表 8-8　指令集和类编号

指令集	类编号
ADD，ADDU，SUB，SUBU，AND，OR，XOR，NOR，SLT，SLTU，SLL，SRL，SRA，SLLV，SRLV，SRAV，ADDI，ADDIU，ANDI，ORI，XORI，SLTI，SLTIU	0000
JR	0001
LW	0010
SW	0011
BEQ，BNE	0100
LUI	0101
J	0110
JAL	0111
MULT	1000
MFHi	1001
MFLo	1010

8.5.4　动态流水线 CPU 的总体结构

多周期动态流水线的总体结构包括执行部件与段间的流水寄存器（或流水锁存器），由执行部件与段间的流水寄存器形成相应的数据通路。如图 8-58 所示。

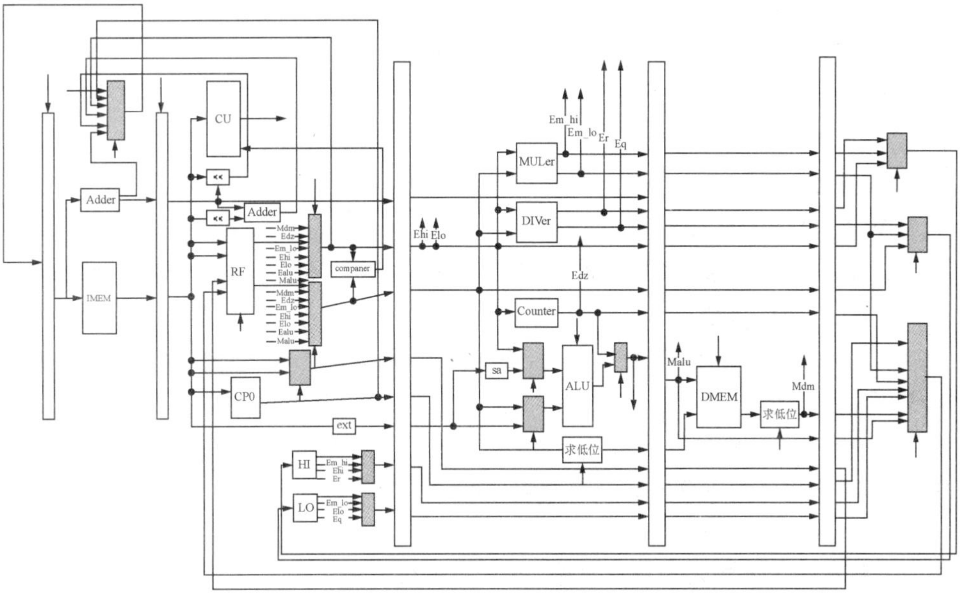

注：箭头为控制信号，灰色矩形为数据选择器。

图 8-58　动态流水线总体结构

本章小结

本章介绍了流水线 CPU 的基本理论和概念,重点讲述了流水线 CPU 性能参数的定量分析方法,并针对静态流水线 CPU 和动态流水线 CPU 的相关性和冲突问题,举例分析对应的解决策略与方法。以上述基本的理论方法为基础,举例设计简单的 8 条 MIPS 指令集 NOP,HALT,LOAD,STORE,ADD,CMP,BZ,BN 的五段流水线 CPU,并以此为基础扩展出 31 个指令集的静态流水线 CPU 和 31 个指令集的动态流水线 CPU。

练习

1. 比较分析指令的顺序执行、重叠执行与流水线执行的区别及各自的优缺点。

2. 主要有哪几种方法解决流水线的瓶颈问题?

3. 假设指令的执行分成取指令、分析、执行与写结果 4 个阶段,各段所需时间分别为 Δt、Δt、$2\Delta t$、Δt。根据下列条件,分析计算执行 m 条指令的总时间。

(1) 顺序执行;

(2) 取指令与写结果重叠,假设指令 Cache 和数据 Cache 分开;

(3) 取指令、分析、执行与写结果按 4 段流水线执行,分析采用不同方法消除瓶颈时,各自所需增加的硬件资源,画出时空图。

4. 分析下列程序指令的相关性和冲突问题,并画出时空图。

LW R_1,5(R_0)

DADDIU R_1,R_1,R_2

SW R_1,10(R_2)

DADDIU R_2,R_2,#16

DSUB R_1,R_3,R_2

SW R_1,15(R_0)

5. 有一个四段流水线指令系统,各段所需时间为 20 ns,20 ns,40 ns,80 ns,根据如下情况,分析计算:

(1) 开始连续运行 20 条指令时,在这段时间内该流水线的实际吞吐率、加速比、效率。

(2) 采用消除瓶颈的不同方法,画出对应方法的流水线时空图,并计算开始连续运行 20 条指令时各自的实际吞吐率、加速比、效率。

6. 简述定向技术的优点。

7. 延迟分支有哪几种调度策略,各自有哪些优缺点?

第 9 章　数据移动的多级存储体系

9.1 多级存储的层次结构

9.1.1 从单级存储器到多级存储器

从用户的角度来看，存储器有三个主要指标：容量、速度和价格（指每个存储位的价格）。从消费的角度出发，消费者希望存储器容量大、速度快、价格低，三个要求是矛盾的统一体，因为速度越快，每位价格就越高；容量越大，每位价格就越低；容量越大，速度越慢。为了解决这三个矛盾，并尽可能切合用户消费的性能与价格要求，提出多种存储器技术的解决办法，建立所谓的多级存储层次结构，如图 9-1 所示。

对于绝大多数程序而言，所访问的指令和数据在地址上不是均匀的，而是相对聚集的。因此，充分运用时间局部性和空间局部性两个基本原理，可使得 CPU 对存储器访问的命中概率尽可能高。时间局部性指程序将用到的信息很可能就是现在使用的信息。空间局部性指程序将用到的信息很可能与现在正在使用的信息在存储空间上是相邻的。多级存储器之间以块或页面传送数据，其目标是：以 CPU 为出发点来看，存储系统速度接近 M_1 的速度，而容量和位价格都接近 M_n 的容量和价格。

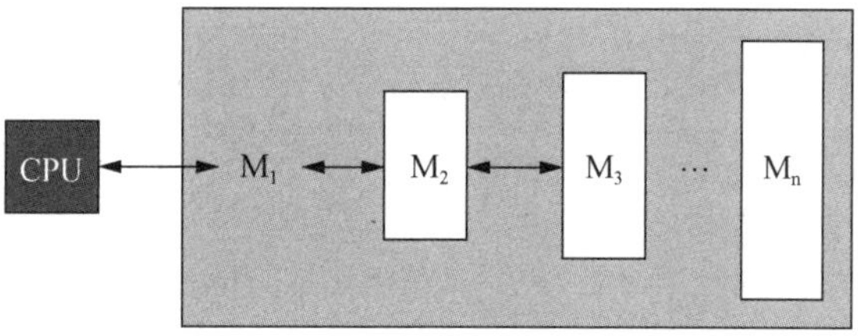

图 9-1　多级存储层次结构

9.1.2 存储体系的性能参数

每级存储器主要有 C，H 和 T_A 三个性能参数，S 表示存储器容量，T_A 表示存储器每次访问的时间，C 表示存储器每位价格。

这里考虑由M_1、M_2和M_3构成的三级存储结构，它们的性能参数如下：

M_1的参数：S_1，T_{A1}，C_1。

M_2的参数：S_2，T_{A2}，C_2。

M_3的参数：S_3，T_{A3}，C_3。

$S_1 < S_2 < S_3$。

$T_{A1} < T_{A2} < T_{A3}$。

$C_1 > C_2 > C_3$。

由三级存储器构成的整个存储体系的基本性能参数可进行如下运算。

1. 存储体系每位价格C

$$C = \frac{C_1S_1 + C_2S_2 + C_3S_3}{S_1 + S_2 + S_3}$$

2. 存储体系的命中率H和失效率F

命中率H：CPU访问存储系统时，在M_1中找到所需信息的概率。假设：N_1为访问M_1的次数，N_2为访问M_2的次数，N_3为访问M_3的次数。

$$H = \frac{N_1}{N_1 + N_2 + N_3}$$

则失效率为 $$F = 1 - H$$

3. 平均访问时间

$$\begin{aligned} T_A &= HT_{A1} + (1-H)(T_{A1} + T_M) \\ &= T_{A1} + (1-H)T_M \end{aligned}$$

或 $$T_A = T_{A1} + FT_M$$

CPU的一次访存过程存在两种可能情况：如果访问命中，则访问时间即为T_{A1}（命中时间）；如果访问不命中，这种情况较为复杂。

对第一级存储器访问不命中，则对第二级存储器访问，如果在第二级存储器命中，则访问时间为

$$T_{A2} + T_B + T_{A1} = T_{A1} + T_M$$

$$T_M = T_{A2} + T_B$$

式中，T_M为失效开销，即从向M_2发出访问请求到把整个数据块调入M_1中所需的时间；T_B为传送一个信息块所需的时间。

如果对第二级存储器不命中，则访问第三级存储器且命中，则访问时间为

$$T_{A3} + T_B + T_{A2} + T_B + T_{A1} = T_{A1} + T_M$$

$$T_M = T_{A3} + T_B + T_{A2} + T_B$$

式中，T_M为失效开销，是从向M_3发出访问请求到把整个数据块逐级调入M_1中所需的时间。

9.1.3 “Cache-主存”和“主存-辅存”结构

为解决访存速度和存储器容量的矛盾问题，构造了“Cache-主存”和“主存-辅存”结构。从主存的角度来看，“Cache-主存”结构用来弥补主存速度的不足，“主存-辅存”层次用来弥补主存容量的不足。

1. “Cache-主存”结构

由于对主存的访问速度与 CPU 的运算速度存在较大差距，二者之间引入一级高速存储器 Cache，形成“Cache-主存”结构。借助辅助硬件，Cache 与主存形成一个有机整体，弥补主存速度不足，如图 9-2(a)所示。该方法由硬件实现，对应用程序与系统程序员完全透明。

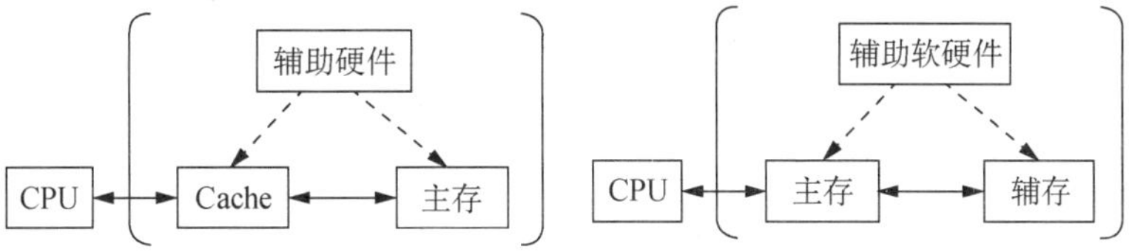

(a) “Cache-主存” 结构　　(b) “主存-辅存” 结构

图 9-2　“Cache-主存”和“主存-辅存”结构

2. “主存-辅存”结构

为弥补主存容量的不足，在主存储器后引入辅存，扩大存储容量，如图 9-2(b)所示。该方法依靠辅助软硬件，使主存与辅存形成一个有机整体，弥补主存容量不足，并实现虚拟存储器管理，以提供大容量的程序空间。

9.1.4 访存数据在多级存储体系中的问题

数据在不同级别的存储器被访存和移动时，需要解决如下四个方面的问题：

(1) 当把一个块调入高一层(靠近 CPU)存储器时，其可以放在哪些位置上？

需要确定相应的映像规则来存放。

(2) 当所要访问的块在高一层存储器中时，如何找到该块？

为更好地命中要访问的数据，需要采用查找算法。

(3) 当发生失效时，应替换哪一块？

用替换算法对存储器中已有的数据存储块进行替换，为当前的数据块腾出存储空间。

(4) 当进行写访问时，应进行哪些操作？

对高速存储器和主存储器进行数据写入，应执行写策略。

9.2 高速存储器 Cache

高速存储器 Cache 是设置在 CPU 和主存之间的一个高速、容量只有几十千字节到几兆字节的小容量缓冲存储器，用于平缓 CPU 速度与主存访存速度的差距，是现代计算机普遍使用的基本存储结构。

高速存储器 Cache 以存储块的方式进行管理，其和主存都被划分为大小相同的块。读取主存数据或写数据到主存时，数据以块为单位从 Cache 写入主存。因此访问主存的地址由两部分组成，即块地址和块内位移。块地址用于查找该块在 Cache 中的位置，块内位移指定要访问的数据在该块中的位置。主存和高速存储器 Cache 的存储块遵循相关的映像规则。

9.2.1 映像规则

当存储器需要把低一级存储器的一个块调入高一级（靠近 CPU）存储器时，这个块可以放在哪些位置上？采用如下三种映像规则。

1. 全相联映像

全相联映像是指主存中的任一存储块的数据可以被映射放置到 Cache 中的任意一个存储块，相当于阅览室任一位置都可以随便坐，如图 9-3 所示。其特点是空间利用率最高，冲突概率最低，实现最复杂。

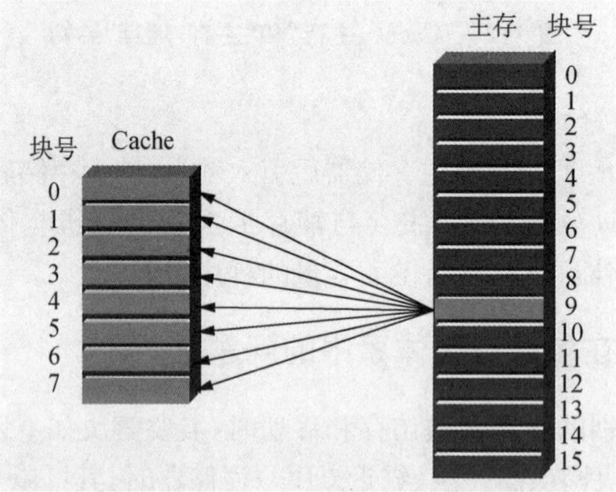

图 9-3 全相联映像

2. 直接映像

直接映像是指主存中的每一块只能被放置到 Cache 中唯一的一个位置，如同阅览室位置，只有一个位置可以坐，如图 9-4 所示。其特点是空间利用率最低，冲突概率最高，但实现最简单。对于主存的第 i 块，若它映像到 Cache 的第 j 块，则

$$j = i \bmod (M)$$

式中，M 为 Cache 的块数。设 $M=2^m$，则当其表示为二进制数时，j 实际上就是 i 的低 m 位。格式如图 9-5所示。

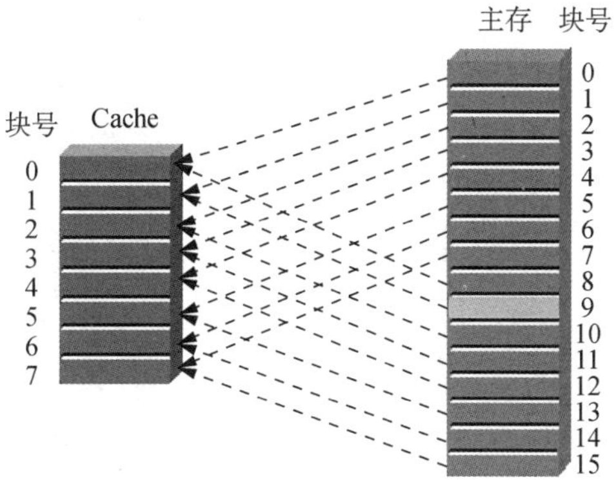

图 9-4　直接映像

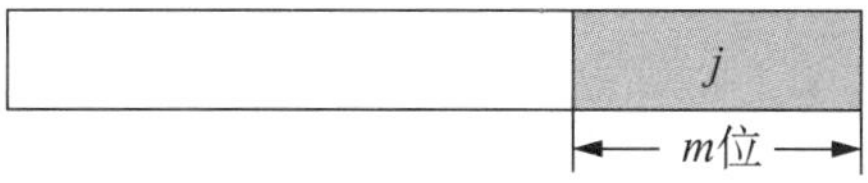

图 9-5　直接映像地址 i 格式

3. 组相联映像

组相联映像是指主存中的每一块可以被放置到 Cache 中唯一的一个组中的任何一个位置。这种规则是直接映像和全相联映像的一种折中方式。组的选择常采用位选择算法，若主存第 i 块映像放置到第 k 组，则

$$k = i \bmod (G)$$

式中，G 为 Cache 的组数。设 $G = 2g$，则当表示为二进制数时，k 实际上就是 i 的低 g 位。低 g 位以及直接映像中的低 m 位通常称为索引。格式如图 9-6 所示。

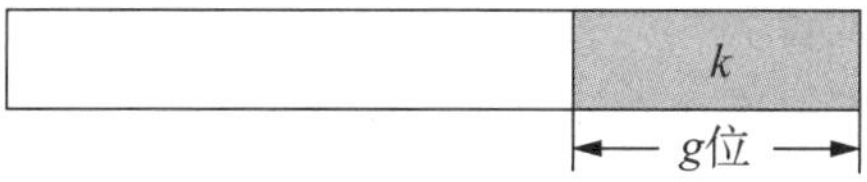

图 9-6　组相联映像地址 i 格式

如果每组中有 n 个块（$n = M/G$），则称其为 n 路组相联。n 称为相联度。相联度越高，Cache 空间的利用率就越高，块冲突概率就越低，失效率也就越低。2 路组相联如图 9-7 所示。

三种映像规则中，全相联映像的失效率最低，直接映像的失效率最高，组相联居中。但相联度 n 越大，会增加 Cache 的复杂性和成本，现代计算机常采用直接映像、2 路或 4 路组相联映像规则。

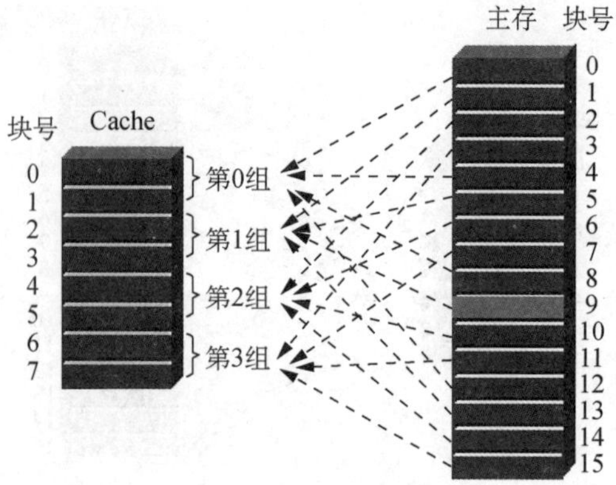

图 9-7 2 路组相联

9.2.2 查找算法

CPU 对 Cache 访问时，需要确定 Cache 中是否有所要访问的块，如果有，就要确定其存储的位置。计算机一般通过查找目录表来实现，该目录表设置在 Cache 中，表中的每一项对应 Cache 中的一个存储块，用来指示当前该块存放的数据对应主存中的哪一个存储块。目录表的结构如图 9-8 所示，包括记录主存块的块地址的高位部分（称为标识），每个主存块能唯一地由其标识来确定。

图 9-8 目录表结构

主存块被调入 Cache 中某一个块位置时，其标识被填入目录表与该 Cache 块相对应的项中，其有效位置为“1”。

依照三种映像规则，一个主存可能映像到 Cache 中一个或多个存储块位置，称其为候选位置，因此，CPU 访问该主存块时，只需先查找候选位置所对应的目录表项（标识）。可采用并行查找与顺序查找，提高性能的重要思想是确定主候选位置（MRU 块），根据映像规则不同，一个主存块可能映像多个 Cache 块（候选位置），访问主存时，查找候选位置目录表，有效位为“1”，则对应的 Cache 块是所找的块，各候选位置的标识可并行检查。

CPU 进行“主存→Cache”的地址变换，得到 Cache 地址后再去访问 Cache 存储体。为提高速度，地址变换和访问 Cache 存储体应同时进行。因此 CPU 把所有候选位置中的内容都读出，地址变换完成后，再选择有效位为“1”的送给 CPU。

并行查找的实现方法有两种：①用相联存储器来查找；②用单体多字存储器和比较器来查找。图 9-9 所示为 4 路组相联并行标识比较及查找过程。

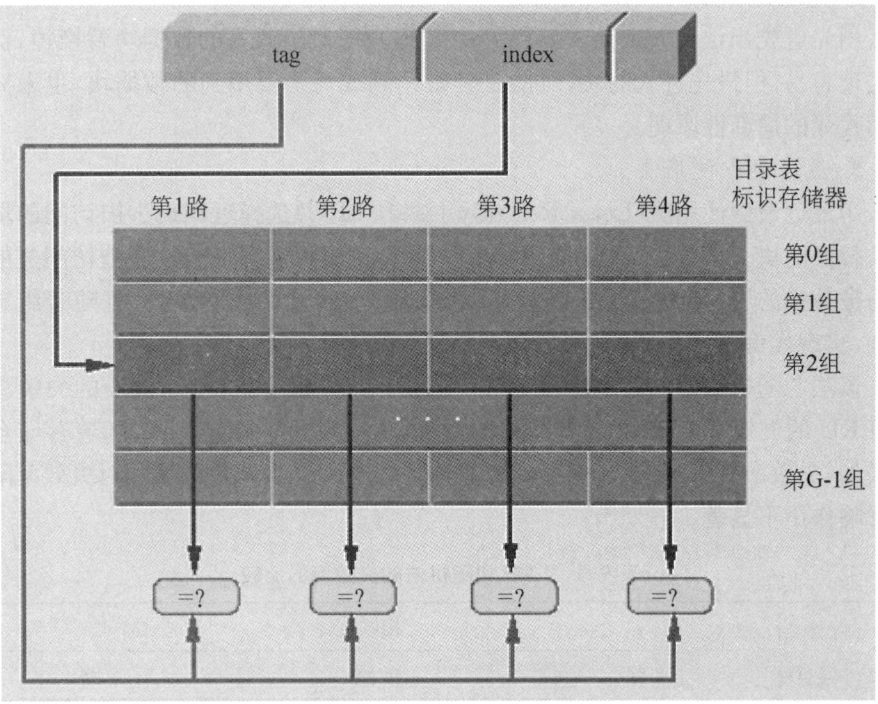

图 9-9　4 路组相联并行标识比较及查找过程

图 9-9 中使用 4 个比较器，CPU 访问主存时，用这次访存地址中的索引作为地址从标识存储器中选取一行(即一组)，从该行读出 4 个标识，再将它们与这次访存地址中的标识进行比较，相同的那一个块就是要访问的数据存储块，称为命中。如果路数 n 越多，需要的比较器越多，查找机制越复杂，成本就越高。直接映像 Cache 的查找过程最简单，只需要查找一个位置，查找得到，就命中；查找不到，说明位置不在 Cache 中。

9.2.3　替换算法

替换算法要解决的问题是，当新调入一块，而 Cache 又已被占满时，需替换哪一块？直接映像 Cache 中的替换很简单，由于主存的块只映像 Cache 中的一个块，别无选择。在组相联和全相联 Cache 中，则有多个块供选择。在替换时应尽可能避免马上要用到的数据被替换掉。主要的替换算法有三种。

1. 随机法

该方法随机选择被替换的块，每一个块被替换的概率均等。可以采用伪随机数法产生要替换的块号，该方法能重复再现。其优点是，实现简单，硬件容易实现，但没有考虑各存储块数据以前被使用的情况，未充分使用程序的局部性原理。

2. 先进先出法

用先进先出法(First In First Out, FIFO)把最早调入的数据块替换掉,优点是实现容易,但最先进入的块,可能是经常用到或马上要用到的数据块,也未充分使用程序的局部性原理。

3. 最近最少使用法

用最近最少使用法(Least Recently Used, LRU)选择近期最少被访问的块作为被替换的块。该方法实现比较困难。实际使用时可选择最久没有被访问过的块作为被替换的块。其优点是失效率低,但实现复杂,硬件成本较高,且随着组数的增加,实现代价越来越高。

该法与随机法的失效率比较如表 9-1 所示,分析得出:①随机法的失效率最高,LRU 的失效率最低;②随着路数的增加,失效率呈下降趋势;③随着存储容量的增加,失效率呈下降趋势,但存储容量达到 256 KB 时,路数的增加对失效率降低的影响作用不显著。

表 9-1 LRU 和随机法的失效率的比较

Cache 容量	相联度					
	2 路		4 路		8 路	
	LRU	随机法	LRU	随机法	LRU	随机法
16 KB	5.18%	5.69%	4.67%	5.29%	4.39%	4.96%
64 KB	1.88%	2.01%	1.54%	1.66%	1.39%	1.53%
256 KB	1.15%	1.17%	1.13%	1.13%	1.12%	1.12%

注:表中块大小为 16 B。

LRU 和随机法分别因其失效率低和实现简单而被广泛采用。对于容量大的 Cache,LRU 与随机法的命中率差别不大。

9.2.4 写策略

CPU 对 Cache 的访问包括“读”和“写”,“读”是获取源数据,“写”是把运算加工的结果写入 Cache。当然,绝大多数指令执行的是“读”操作,“写”操作比率较少,统计结果表明,对于一组给定的程序,LOAD 指令占 26%,STORE 指令占 9%,因此,“写”在所有访存操作中所占的比例为

$$9\%/(100\%+26\%+9\%)\approx 7\%$$

“写”在访问数据 Cache 操作中所占的比例为

$$9\%/(26\%+9\%)\approx 25\%$$

“读”是经常发生的事件,“读”的过程都需要等待是否命中,因此需要对“读”进行优化,以此来提高速度。访问 Cache 时,CPU 将标识进行比较,同时把相应的

Cache 存储块读出，如果命中，则把该块中的数据送到 CPU；如果不命中，则不予处置或丢弃。

“写”操作必须在读出标识比较、确认是命中后才可写入，因此“写”比“读”花费更长的时间。“写”操作对地址的转换更加烦琐。Cache 内容是主存部分内容的一个副本，当 CP 执行“写”访问 Cache 时，向 Cache 中的某个存储块写入新的数据，就有可能导致 Cache 映像的存储块和主存存储块内容不一致。因此，为了保证二者一致，必须对主存对应存储块的内容更新。写策略是区分不同 Cache 设计方案的一个重要标志。这里常采用两种写策略。

1. 写直达法

写直达法也称存直达法，是指 CPU 执行“写”操作时，不仅写入 Cache，而且也写入下一级存储器。

2. 写回法

写回法也称拷回法，是指执行“写”操作时，只写入 Cache。仅当 Cache 中相应的块被替换时，才写回主存。通过对 Cache 块目录表中的每一个块设置一个“修改位”来标记其是否修改，数据块修改更新时，其修改位置“1”有效，同时该数据块写入下一级存储器。

上述两种写策略各有优势。写回法具有速度快、所使用的存储器带宽较低的优点。写直达法的优点是易于实现，一致性好。采用写直达法时，若在进行“写”操作的过程中 CPU 必须等待，直到“写”操作结束，则称 CPU 写停顿。为减少写停顿，常采用一种“写缓冲器”的优化技术，CPU 把数据写入缓冲器，马上继续执行后继指令，使下一级存储器的更新与 CPU 的执行实现时序上的重叠。

“写”操作不需要使用所访问存储块中的原有数据，当发生写不命中时，由下面两种方式来决定是否调入相应的块。

(1) 按写分配，也称为写时取，即写失效时，先把所写单元所在的块调入 Cache，再行写入。

(2) 不按写分配，也称为绕写法，即写失效时，直接写入下一级存储器而不调块。

写策略与调块可相互搭配使用。使用写回法，Cache 采用按写分配，保证后续对该存储块的“写”能被 Cache 命中；使用写直达法，常采用不按写分配，直接写入下一级存储器。

9.2.5　Cache 的结构

以 DEC 的 Alpha AXP21064 中的内部数据 Cache 为例，容量：8 KB；块大小：32 B；块数：256；采用不按写分配，映像方法是直接映像。“写”策略：写直达，写缓冲器大小：4 个块。Cache 结构如图 9-10 所示。

物理地址 34 位，分为块地址 29 位和块内位移 5 位。

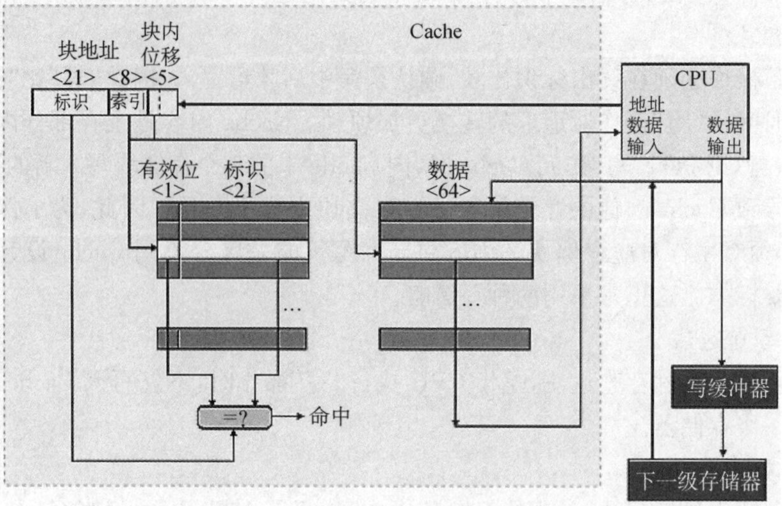

图 9-10 Cache 结构

$$\text{Cache 容量} = 2^{\text{index}} \times \text{相联度} \times \text{块大小}$$

$$2^{\text{index}} = \text{Cache 容量}/(\text{相联} \times \text{块大小} = 8192/32 = 2^8$$

故，index=8。

标识为 21 位(29－8)。

对 Cache 的访问步骤如下：

(1) 处理器送给 Cache 的物理地址 34 位，块地址 29 位与块内位移 5 位，容量$=2^{\text{index}}\times$相联度×块大小。

(2) 用索引作地址，从 256 个目录项中选择一项，读出相应标识和有效位。

(3) 把上一步读出的标识与 CPU 送来的物理地址中的标识作比较，“1”为有效。若采用写直达法，还应将数据写入写缓冲器。

(4) 比较结果匹配，标识位“1”有效，本次 Cache 访问命中，通知 CPU 取走数据。

(5) 失效：一是读不命中，Cache 向 CPU 发出一个暂停信号，通知等待，从下一级存储器读入 32 B 数据，数据总线 16 B，需要读取 2 次。Cache 与主存采用直接映像，只替换一个块，更新该块的数据及块目录表的标识、有效位。二是写不命中，采用不按写分配规则。CPU 使数据“绕过”Cache，直接写入主存。

CPU 工作需要取指令和取数据。使用单一的指令数据混合 Cache，也称统一或混合 Cache，同时提供数据和指令，但就可能存在同一时刻指令和数据对 Cache 的访问，从而引发端口资源不足的结构冲突问题，如 LOAD 和 STORE 指令，只有通过停顿，使 CPU 等待，消除这种冲突后，才能继续执行。使用分离的 Cache，一个存放指令，一个存放数据，就消除了同时访问的结构冲突问题，现代计算机处理器广泛使用分离的 Cache 结构。表 9-2 所示为不同容量的分离的指令 Cache、数据 Cache 与混合 Cache 在同等条件下的失效率。

无论统一和分离的 Cache 结构，都可以从不同容量大小、块大小和相联度几个方面进行优化比较，选择较优的布置方案。

表 9-2　分离 Cache 和混合 Cache 失效率(不命中率)对比

容量	指令 Cache	数据 Cache	混合 Cache
1 KB	3.06%	24.61%	13.34%
2 KB	2.26%	20.57%	9.78%
4 KB	1.78%	15.94%	7.24%
8 KB	1.10%	10.19%	4.57%
16 KB	0.64%	6.47%	2.87%
32 KB	0.39%	4.82%	1.99%
64 KB	0.15%	3.77%	1.36%
128 KB	0.02%	2.88%	0.95%

注：表中数据块为 32 B，采用直接映像，利用 SPEC92 基准测试程序，在 DEC 5000 上测试取得平均值。

从表 9-2 分析得出：①相同容量的 Cache，分离的指令 Cache 失效率最低，分离数据 Cache 失效率最高，混合 Cache 失效率居中；②随着容量的增加，三种 Cache 的失效率都降低；③根据统计数据，对指令 Cache 的访问占全部访问的 100%/(100%＋26%＋9%)≈75%，对数据 Cache 的访问占全部访问的(26%＋9%)/(100%＋26%＋9%)≈25%。因此 1 倍容量的分离指令 Cache 的失效率为 a，1 倍容量的分离数据 Cache 的失效率为 b，则 2 倍容量的混合 Cache 的失效率近似为 $(3a+b)/4$。原因是对失效率的影响有多方面的因素。

9.2.6　Cache 的性能分析

Cache 的失效率与其硬件电路的速度无关，是用来评价存储系统性能的一个重要指标。但它容易产生一些误导，因而引入另一个存储系统的评测指标，即，平均访存时间，其公式为

$$\text{平均访存时间} = \text{命中时间} + \text{失效率} \times \text{失效开销} \tag{9-1}$$

命中时间和失效开销既可以是绝对时间(如 ns)，也可以是相对的时钟周期数。利用二者的绝对时间，计算得出的平均访存时间就是绝对时间，否则就是时钟周期数。

【例 9-1】　假设 Cache 的命中时间为 1 个时钟周期，失效开销为 50 个时钟周期，在混合 Cache 中一次 LOAD 或 STORE 操作访问 Cache 的命中时间都要增加 1 个时钟周期(因为混合 Cache 只有一个端口，无法同时满足两个请求，会导致结

构冲突)，根据表 9-2 所列的失效率，试问指令 Cache 和数据 Cache 容量均为 8 KB 的分离 Cache 和容量为 16 KB 的混合 Cache 相比，哪种的失效率更低？又假设采用写直达策略，且有一个写缓冲器，并且忽略写缓冲器引起的等待。请问上述两种情况下平均访存时间各是多少？

条件：根据统计得出，指令 Cache 的访问占全部访问的 100%/(100%+26%+9%)=75%，对数据 Cache 的访问占全部访问的(26%+9%)/(100%+26%+9%)=25%。

解：如前所述，约 75%的访存为取指令。故

$$\text{分离 Cache 的总体失效率} = (75\% \times 1.1\%) + (25\% \times 10.19\%) = 3.37\%$$

根据表 9-2，容量为 16 KB 的混合 Cache 的失效率略低一些，只有 2.87%。

平均访存时间公式可以分为指令访问和数据访问两部分。

$$\begin{aligned}\text{平均访存时间} = & \text{指令所占的百分比} \times (\text{指令命中时间} + \text{指令失效率} \times \text{失效开销}) \\ & + \text{数据所占的百分比} \times (\text{数据命中时间} + \text{数据失效率} \times \text{失效开销})\end{aligned}$$

所以，两种结构的平均访存时间分别为

$$\begin{aligned}\text{平均访存时间}_{\text{分离}} &= 75\% \times (1 + 1.1\% \times 50) + 25\% \times (1 + 10.19\% \times 50) \\ &= (75\% \times 1.55) + (25\% \times 6.095) \\ &= 2.686\end{aligned}$$

$$\begin{aligned}\text{平均访存时间}_{\text{混合}} &= 75\% \times (1 + 2.87\% \times 50) + 25\% \times (1 + 1 + 2.87\% \times 50) \\ &= (75\% \times 2.435) + (25\% \times 3.435) \\ &= 2.685\end{aligned}$$

因此，尽管分离 Cache 的实际失效率比混合 Cache 的高，但其平均访存时间比较接近，说明对较小容量的 Cache 效果不明显，但随着容量的增加，分离 Cache 的平均访存时间比混合 Cache 的平均访存时间低。其原因是分离 Cache 提供了两个端口，消除了结构冲突。

平均访存时间是评价 Cache 性能的一个间接指标，还需引入一个最直接的评价指标是程序执行时间。执行一个程序花费的 CPU 时间与 Cache 性能直接相关。CPU 的时间计算公式为

$$\text{CPU 时间} = (\text{CPU 执行周期数} + \text{存储器停顿周期数}) \times \text{时钟周期时间}$$

式中

$$\begin{aligned}\text{存储器停顿时钟周期数} = & \text{读的次数} \times \text{读失效率} \times \text{读失效开销} + \\ & \text{写的次数} \times \text{写失效率} \times \text{写失效开销}\end{aligned} \tag{9-2}$$

读和写的失效率和失效开销不相等，当统一将其折算为访存次数，取近似值

时，式(9-2)可表示为

$$\text{存储器停顿时钟周期数} = \text{访存次数} \times \text{失效率} \times \text{实效开销} \tag{9-3}$$

$$\text{CPU 时间} = \text{IC} \times \left(\text{CPI}_{\text{execution}} + \frac{\text{访存次数}}{\text{指令数}} \times \text{失效率} \times \text{失效开销}\right) \times \text{时钟周期时间} \tag{9-4}$$

式中，“访存次数/指令数”是每条指令需要访存的平均次数。有些情况下，适宜用每条指令的平均失效次数来衡量失效率，则采用如下算式。

$$\text{每次指令的平均失效次数} = \frac{\text{失效次数}}{\text{指令数}} = \frac{\text{访存次数} \times \text{失效率}}{\text{指令数}} \tag{9-5}$$

每条指令的平均失效次数在相同系统结构的系列计算机性能评价时，经常使用。但系统结构设计专家也常采用存储器停顿周期数来替换每条指令的平均失效周期数，那么 CPU 时间算式就变换为

$$\text{CPU 时间} = \text{IC} \times \left(\text{CPI}_{\text{execution}} + \frac{\text{存储器停顿周期数}}{\text{指令数}}\right) \times \text{时钟周期时间} \tag{9-6}$$

【例 9-2】 假设 Cache 失效开销为 50 个时钟周期，当不考虑存储器停顿时，所有指令的执行时间都是 2 个时钟周期，访问 Cache 失效率为 2%，平均每条指令访存 1.33 次。试分析 Cache 对性能的影响。

解：根据式(9-6)，考虑 Cache 的失效后，性能为

$$\begin{aligned}\text{CPU 时间}_{\text{有cache}} &= \text{IC} \times (2.0 + 1.33 \times 2\% \times 50) \times \text{时钟周期时间} \\ &= \text{IC} \times 3.33 \times \text{时钟周期时间}\end{aligned}$$

实际 CPI 为 3.33，有

$$3.33/2.0 = 1.67(\text{倍})$$

故，CPU 时间也增加为原来的 1.67 倍。

但若不采用 Cache，则

$$\text{CPI} = 2.0 + 50 \times 1.33 = 68.5$$

超过原来理想计算机(CPI＝2)的 30 倍，因此，Cache 失效对于一个 CPI 较小而时钟频率较高的 CPU 来说，产生的影响如下：

(1) $\text{CPI}_{\text{execution}}$越低，固定周期数的 Cache 失效开销的相对影响就越大。

(2) 在计算 CPI 时，失效开销的单位是时钟周期数。因此，即使两台计算机的存储层次完全相同，时钟频率较高的 CPU 的失效开销较大，其 CPI 中存储器停顿这部分也就较大。

因此，Cache 对于低 CPI、高时钟频率的 CPU 来说更加重要。根本目标是尽可

能减少 CPU 的执行时间，以此来提高处理机的效率和性能。

【例 9-3】 考虑两种不同组织结构的 Cache：直接映像 Cache 和 2 路组相联 Cache，试问它们对 CPU 的性能有何影响？先求平均访存时间，然后再计算 CPU 性能。分析时请用以下假设：

(1) 理想 Cache(命中率为 100%)情况下的 CPI 为 2.0，时钟周期为 2 ns，平均每条指令访存 1.3 次。

(2) 两种 Cache 容量均为 64 KB，块大小都是 32 字节。

(3) 如图 9-11 所示，在组相联 Cache 中，必须增加一个数据选择器，用于根据标识匹配结果从相应组的块中选择所需的数据。因为 CPU 的速度直接与 Cache 命中的速度紧密相关，所以对于组相联 Cache，由于数据选择器的存在而使 CPU 的时钟周期增加到原来的 1.10 倍。

(4) 这两种结构 Cache 的失效开销都是 70 ns(在实际应用中，应取整为整数个时钟周期)。

(5) 命中时间为 1 个时钟周期，64 KB 直接映像 Cache 的失效率为 1.4%，相同容量的 2 路组相联 Cache 的失效率为 1.0%。

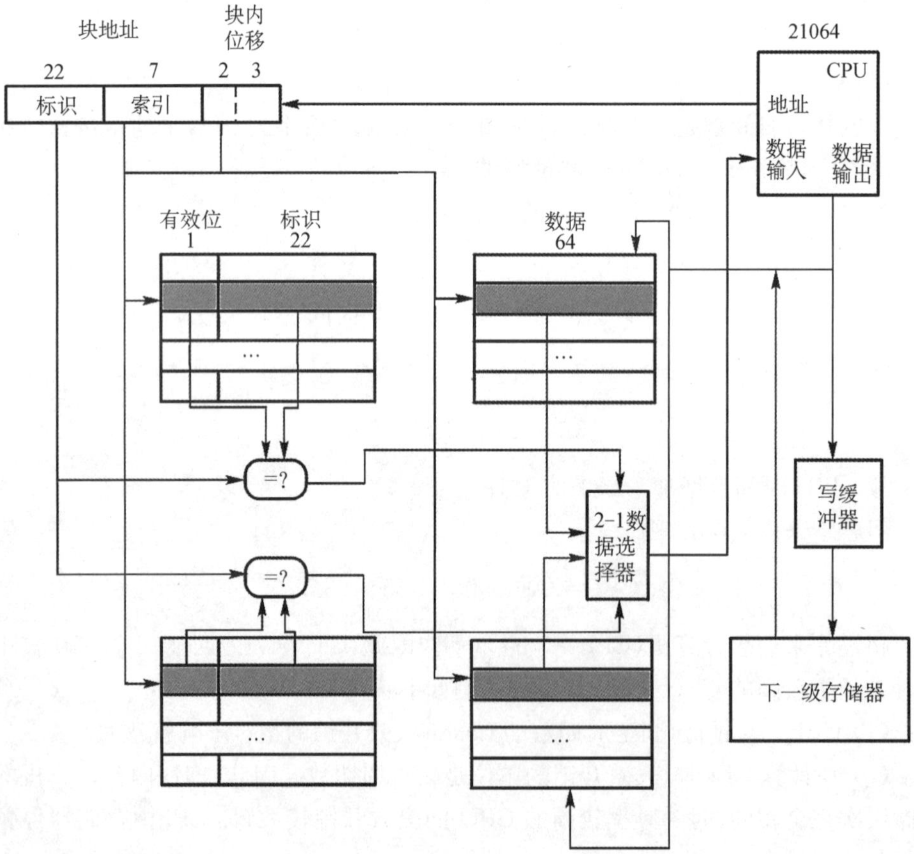

图 9-11　2 路组相联的 Cache 结构

解:由式(9-1)知,两种结构的平均访存时间分别是

$$\text{平均访存时间}_{1\text{路}} = 2.0 + (0.014 \times 70) = 2.98\ \text{ns}$$
$$\text{平均访存时间}_{2\text{路}} = 2.0 \times 1.10 + (0.010 \times 70) = 2.90\ \text{ns}$$

因此,2 路组相联 Cache 的平均访存时间比较低。

由式(9-6)得出

$$\text{CPU 时间} = \text{IC} \times (\text{CPI}_{\text{execution}} \times \text{时钟周期时间} + \text{每条指令的平均存储器停顿时间})$$

因此

$$\begin{aligned}\text{CPU 时间}_{1\text{路}} &= \text{IC} \times (2.0 \times 2 + (1.3 \times 0.014 \times 70)) \\ &= 5.27 \times \text{IC} \\ \text{CPU 时间}_{2\text{路}} &= \text{IC} \times (2.0 \times 2 \times 1.10 + (1.3 \times 0.010 \times 70)) \\ &= 5.31 \times \text{IC}\end{aligned}$$

$$\frac{\text{CPU 时间}_{2\text{路}}}{\text{CPU 时间}_{1\text{路}}} = \frac{5.31 \times \text{IC}}{5.27 \times \text{IC}} = 1.01$$

比较得出,直接映像 Cache 的平均性能好一些。其原因是采用 2 路组相联映像,尽管减少了失效次数,但所有指令的时钟周期时间都增加了 10%。

从式(9-1)可知,Cache 性能由命中时间、失效率、失效开销三部分组成,因此,可以从三个方面改进 Cache 的性能,即,降低失效率,减少失效开销和减少 Cache 命中时间。Cache 优化技术共有 17 种,其中 8 种用于降低失效率,5 种用于减少失效开销,4 种用于减少命中时间。

9.3 降低 Cache 失效率的方法

发生失效的原因各有不同,总体分为三种失效(三种失效首字母都为"C",简称 3C 失效)。

(1) 强制性失效(Compulsory miss)。当第一次访问一个块时,该块不在 Cache 中,需从下一级存储器中调入 Cache,这就是强制性失效,又称为冷启动失效,或首次访问失效。

(2) 容量失效(Capacity miss)。如果程序执行时所需的块不能全部调入 Cache 中,则当某些块被替换后,若又重新被访问,就会发生失效。这种失效称为容量失效。

(3) 冲突失效(Conflict miss)。在组相联或直接映像 Cache 中,若太多的块映像到同一组(块)中,则会出现该组中某个块被别的块替换(即使别的组或块有空闲位置),然后又被重新访问的情况,这就是发生了冲突失效,又称为碰撞失效,或干扰失效。

3C 失效中,只要采用全相联映像,就可克服冲突失效,但硬件成本昂贵。通过

增大 Cache 的容量，减少容量失效；增加块的大小，减少强制性失效。但降低失效率的方法一般又会增加命中时间或失效开销。各容量多组相联度时，Cache 的总失效率及 3C 失效占比如表 9-3 所示。

表 9-3　各种容量多组相联度时 Cache 的总失效率及 3C 失效占比

Cache 容量（KB）	相联度（路）	总失效率	强制失效及占比		容量失效及占比		冲突失效及占比	
1	1	0.133	0.002	1%	0.080	60%	0.052	39%
1	2	0.105	0.002	2%	0.080	76%	0.023	22%
1	4	0.095	0.002	2%	0.080	84%	0.013	14%
1	8	0.087	0.002	2%	0.080	92%	0.005	6%
2	1	0.098	0.002	2%	0.044	45%	0.052	53%
2	2	0.076	0.002	2%	0.044	58%	0.030	39%
2	4	0.064	0.002	3%	0.044	69%	0.018	28%
2	8	0.054	0.002	4%	0.044	82%	0.008	14%
4	1	0.072	0.002	3%	0.031	43%	0.039	54%
4	2	0.057	0.002	3%	0.031	55%	0.024	42%
4	4	0.049	0.002	4%	0.031	64%	0.016	32%
4	8	0.039	0.002	5%	0.031	80%	0.006	15%
8	1	0.046	0.002	4%	0.023	51%	0.021	45%
8	2	0.038	0.002	5%	0.023	61%	0.013	34%
8	4	0.035	0.002	5%	0.023	66%	0.010	28%
8	8	0.029	0.002	6%	0.023	79%	0.004	15%
16	1	0.029	0.002	7%	0.015	52%	0.012	42%
16	2	0.022	0.002	9%	0.015	68%	0.005	23%
16	4	0.020	0.002	10%	0.015	74%	0.003	17%
16	8	0.018	0.002	10%	0.015	80%	0.002	9%
32	1	0.020	0.002	10%	0.010	52%	0.008	38%
32	2	0.014	0.002	14%	0.010	74%	0.002	12%
32	4	0.013	0.002	15%	0.010	79%	0.001	6%
32	8	0.013	0.002	15%	0.010	81%	0.001	4%
64	1	0.014	0.002	14%	0.007	50%	0.005	36%
64	2	0.010	0.002	20%	0.007	70%	0.001	10%
64	4	0.009	0.002	21%	0.007	75%	0.000	3%

（续表）

Cache 容量（KB）	相联度（路）	总失效率	强制失效及占比		容量失效及占比		冲突失效及占比	
64	8	0.009	0.002	22%	0.007	78%	0.000	0%
128	1	0.010	0.002	20%	0.004	40%	0.004	40%
128	2	0.007	0.002	29%	0.004	58%	0.001	13%
128	4	0.006	0.002	31%	0.004	61%	0.001	8%
128	8	0.006	0.002	31%	0.004	62%	0.000	7%

注：数据源于在 DECstation 5000 上用 SPEC92 基准测试程序测试获得，Cache 块大小为 32 B，采用 LRU 替代算法。

分析表 9-3，可以得出如下结论：

（1）相联度越高，冲突失效就越少。

（2）强制性失效和容量失效不受相联度的影响。

（3）强制性失效不受 Cache 容量的影响，但容量失效却随着容量的增加而减少。

（4）符合 2∶1 的 Cache 经验规则，即大小为 N 的直接映像 Cache 的失效率约等于大小为 $N/2$ 的 2 路组相联 Cache 的失效率。

9.3.1　增加 Cache 块大小

失效率随块大小的增加，开始呈下降再上升趋势。对于给定的 Cache 容量，当块大小增加时，失效率开始是下降，后来反而上升了。根本原因：一方面它减少了强制性失效；另一方面，由于增加块大小会减少 Cache 中块的数目，所以有可能会增加冲突失效。

如图 9-12 所示，Cache 容量越大，使失效率达到最低的块大小就越大。

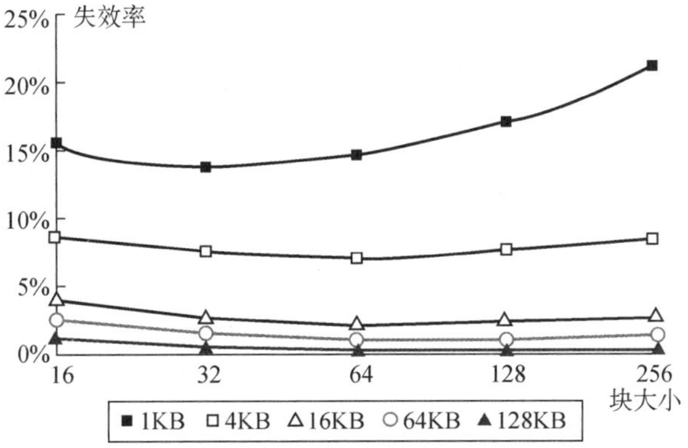

图 9-12　Cache 失效率与块大小关系

增加 Cache 块的大小产生双重作用。一方面，可减少强制失效，原因是增加块大小可利用空间局部性；另一方面，同时减少块的数目，增加了冲突失效的可能性，也增加了失效的开销。不同块大小的 Cache 失效率如表 9-4 所示。

表 9-4　各种块大小情况下 Cache 的失效率

块大小(B)	Cache 容量(KB)				
	1	4	16	64	256
16	15.05%	8.57%	3.94%	2.04%	1.09%
32	13.34%	7.24%	2.87%	1.35%	0.70%
64	13.76%	7.00%	2.64%	1.06%	0.51%
128	16.64%	7.78%	2.77%	1.02%	0.49%
256	22.01%	9.51%	3.29%	1.15%	0.49%

从表 9-4 中数据分析，可以得出几个结论：

(1) 同一 Cache 容量，随着块大小的增加，失效率开始降低，然后增加；

(2) 相同块大小，随着 Cache 容量的增大，失效率降低；

(3) 256 K 容量的 Cache，块大小为 128 B 或 256 B 时失效率最低。

以下面例题分析增加块大小，是否会增加失效开销？

【例 9-4】 假定存储系统在延迟 40 个时钟周期后，每 2 个时钟周期能送出 16 B。即，经过 42 个时钟周期，它可提供 16 B；经过 44 个时钟周期，可提供 32 B；依此类推。请问对于表 9-5 中列出的各种容量的 Cache，在块大小分别为多少时，平均访存时间最小？

解：

1 KB、4 KB、16 KB Cache：块大小＝32 B

64 KB、256 KB Cache：块大小＝64 B

块 16 B，容量 1 KB 平均访存时间＝1＋(15.05%×42)＝7.321 周期。

块 256 B，容量 256 KB 平均访存时间＝1＋(0.49%×72)＝1.353 周期。

依照这种方法，得出表 9-5 中各种块大小情况下 Cache 的平均访存时间。

表 9-5　各种块大小情况下 Cache 的平均访存时间

块大小(B)	失效开销(时钟周期)	Cache 容量(KB)				
		1	4	16	64	256
16	42	7.321	4.599	2.655	1.857	1.458
32	44	6.870	4.186	2.263	1.594	1.308
64	48	7.605	4.360	2.267	1.509	1.245
128	56	10.318	5.357	2.551	1.571	1.274
256	72	16.847	7.847	3.369	1.828	1.353

分析表 9-5 中的数据，可以得出如下结论：

(1) 同一 Cache 容量，随着块大小增加，平均访存时间先缩短，然后再增长。

(2) 块大小相同，随着 Cache 容量的增加，平均访存时间减短。

(3) 对于 256 KB 的 Cache 容量，块大小选择 64 B 或 128 B 比较适合。

(4) 综合考虑失效率和平均访存时间，对于 256 K 的 Cache 容量，块大小选择 128 B 比较适宜。

对于失效开销，块大小取决于下一级存储器的延迟和带宽，大延迟和高带宽应选择大的 Cache 块。失效时，增加一点开销，可以获得较多数据。

9.3.2 提高相联度

本章提到采用相联度超过 8 的方案的实际意义不大，其原因是：①采用组相联时总遵守 2∶1 Cache 经验规则，即容量为 N 的直接映像 Cache 的失效率和容量为 N/2 的 2 路组相联 Cache 的失效率差不多相同；②提高相联度是以增加命中时间为代价的。

当然，还与 Cache 采用的生产工艺有关，如 TTL 或 ECL 板级 Cache，采用 2 路组相联时，命中时间增加 10%，而采用定制的 CMOS Cache，采用 2 路组相联时，命中时间仅增加 2%。另外，为实现高的处理器时钟频率，需要设计简单的 Cache，但频率高，失效开销所需时钟周期数又会增多，要合理平衡这两个问题。以下面例题定量分析采用不同路数组相联时的平均访存时间。

【例 9-5】 假定提高相联度会按下列比例增大处理器时钟周期：

$$\text{时钟周期}_{2\text{路}} = 1.10 \times \text{时钟周期}_{1\text{路}}$$
$$\text{时钟周期}_{4\text{路}} = 1.12 \times \text{时钟周期}_{1\text{路}}$$
$$\text{时钟周期}_{8\text{路}} = 1.14 \times \text{时钟周期}_{1\text{路}}$$

假定命中时间为一个时钟周期，直接映像情况下失效开销为 50 个时钟周期，而且假设不必将失效开销取整。试问使用表 9-4 中的失效率，当 Cache 为多大时，以下不等式成立？

$$\text{平均访存时间}_{8\text{路}} < \text{平均访存时间}_{4\text{路}}$$
$$\text{平均访存时间}_{4\text{路}} < \text{平均访存时间}_{2\text{路}}$$
$$\text{平均访存时间}_{2\text{路}} < \text{平均访存时间}_{1\text{路}}$$

解：在各种相联度的情况下，平均访存时间分别为

$$\begin{aligned}\text{平均访存时间}_{8\text{路}} &= \text{命中时间}_{8\text{路}} + \text{失效率}_{8\text{路}} \times \text{失效开销}_{8\text{路}} \\ &= 1.14 + \text{失效率}_{8\text{路}} \times 50\end{aligned}$$
$$\text{平均访存时间}_{4\text{路}} = 1.12 + \text{失效率}_{4\text{路}} \times 50$$
$$\text{平均访存时间}_{2\text{路}} = 1.10 + \text{失效率}_{2\text{路}} \times 50$$
$$\text{平均访存时间}_{1\text{路}} = 1.00 + \text{失效率}_{1\text{路}} \times 50$$

把相应的失效率代入上式,即可得平均访存时间。

例如,1 KB 的直接映像 Cache 的平均访存时间为

$$平均访存时间_{1路} = 1.00 + 0.133 \times 50 = 7.65$$

128 KB 的 8 路组相联 Cache 的平均访存时间为

$$平均访存时间_{8路} = 1.14 + 0.006 \times 50 = 1.44$$

以此类推,可以计算得出如表 9-6 所示的不同容量和相联度配对时 Cache 的平均访存时间。

表 9-6 在各种容量和相联度情况下 Cache 的平均访存时间

Cache 容量(KB)	相联度(路)			
	1	2	4	8
1	7.65	6.60	6.22	5.44
2	5.90	4.90	4.62	4.09
4	4.60	3.95	3.57	3.19
8	3.30	3.00	2.87	2.59
16	2.45	2.20	2.12	2.04
32	2.00	1.80	1.77	1.79
64	1.70	1.60	1.57	1.59
128	1.50	1.45	1.42	1.44

分析表 9-6 中的数据,可以得出结论:

(1) 同样的 Cache 容量,随着路数的增加平均访存时间下降。

(2) 相同的相联度,随着 Cache 容量的增加平均访存时间下降。

(3) Cache 容量超过 32 K 时,采用相联度 4 或 8 的,平均访存时间差异不大。

对于本题来说,当 Cache 容量不超过 16 KB 时,上述三个不等式成立。从 32 KB 开始,对于平均访存时间有:

(1) 4 路组相联的平均访存时间小于 2 路组相联的平均访存时间。

(2) 2 路组相联的平均访存时间小于直接映像的平均访存时间。

(3) 但 8 路组相联的平均访存时间却比 4 路组相联的平均访存时间大。

另外,为降低失效率,最直接的方法是增加 Cache 的容量,但这会增加成本以及可能影响命中时间增加。这种方法在 CPU 的片外 Cache 中用得比较多,也就是在 L2 级采用容量较大的 Cache。

9.4 减少 Cache 失效开销

9.4.1 使读失效优先于写

Cache 中的写过程比读过程要复杂，并需要单独的写缓冲器固件，其原因是：写缓冲器进行的写入操作是滞后进行的，所以该缓冲器也被称为后行写数缓冲器。以下面一个实例说明读写过程。

考虑以下指令序列：

SW　R_2，256(R_0)；//M[256]←R_2　(Cache 索引为 0)

LW　R_3，128(R_0)；//R_3←M[128]　(Cache 索引为 0)

LW　R_1，256(R_0)；//R_1←M[256]　(Cache 索引为 0)

上述三条指令都是寄存器 R_0 的值作为基地址，都以 Cache 的索引 0 开始，执行第一条 SW 指令，寄存器 R_2 的数据被送入写缓冲器，接着的两条 LW 指令，都使用相同的 Cache 索引，各自产生一次失效。如该时刻写缓冲器还没有把数据写入 256 存储单元中，则产生第二条 LW 指令读的数据是错误的，把伪旧数据读到 Cache 和寄存器 R_1 中，这个错误必须规避。因此，解决该问题的一种方法是，对写直达法推迟对读失效的处理，直至写缓冲器清空，实现读失效的处理。该方法存在读失效的开销增加的缺点，失效率可能达到 50%。另一种方法是，检查写缓冲器中的内容，如没有冲突且存储器可访问，就可继续处理失效。在写回法 Cache 中，也可采用写缓冲器。先把被替换的块复制到一个缓冲器中，然后读存储器，最后再写存储器。

9.4.2 降低失效率

1. 写缓冲合并

写缓冲合并可以提高写缓冲器的效率。如果写缓冲器中已经有了待写入的数据，就要把这次的写入地址与写缓冲器中已有的所有地址进行比较，看是否有匹配的项。如果有地址匹配而对应的位置又是空闲的，就把这次要写入的数据与该项合并，这就叫写缓冲合并。采用写直达 Cache 时，往往要依靠写缓冲来减少对下一级存储器写操作的时间。如果写缓冲器为空，就把数据和相应地址写入该缓冲器。如果写缓冲器满且没有能进行写合并的项，就必须等待。从 CPU 的角度来看，只要把数据交给写缓冲器，该写操作就算完成了。因此，提高了写缓冲器的空间利用率，而且还能减少因写缓冲器满而要进行的等待时间。图 9-13 所示为不采用和采用写合并方式，对存储器资源的使用情况。

2. 请求字处理技术

从下一级存储器调入 Cache 的块中，只有一个字是立即需要的。这个字称为请求字。访存时，应尽早把请求字发送给 CPU，采用请求字优先，也就是调块时，

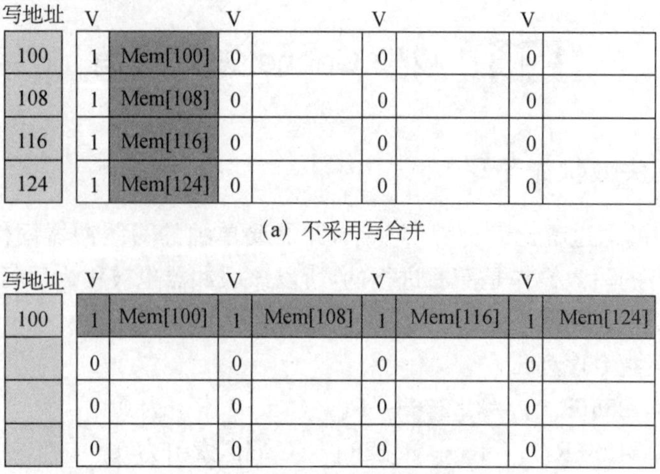

(a) 不采用写合并

(b) 采用了写合并

图 9-13　不采用和采用写合并对存储器资源的使用

从请求字所在的位置读起。这样，第一个读出的字便是请求字。将之立即发送给CPU，同时从存储器调入该块其余部分。另外，尽早重启动，就是调块时，从块的起始位置开始读起。一旦请求字到达，就立即发送给 CPU，让 CPU 继续执行。这种技术不适用 Cache 块较小，以及下一条指令正好访问同一 Cache 块的另一部分的情况，其作用效果不显著。

3. 非阻塞 Cache 技术

非阻塞 Cache，就是 Cache 失效时仍允许 CPU 进行其他的命中访问。即允许“失效下命中”。该方法进一步提高性能，减少失效的开销，能达到“多重失效下命中”和“失效下失效”的作用，但要求存储器必须能够处理多个失效。对于浮点程序，重叠失效个数越多，性能提高就越多；但对于整数程序，重叠次数对性能提高影响不大。“失效下命中”方法的潜在优点是不会影响命中时间，而组相联却会。

4. 采用两级 Cache

根据多级存储体系的性能要求，采用两级 Cache，即再增加一级 Cache，第一级 Cache(L1)小而快，第二级 Cache(L2)容量大。

两级 Cache 的性能分析

平均访存时间＝命中时间 L1＋失效率 L1×失效开销 L1

失效开销 L1＝命中时间 L2＋失效率 L2×失效开销 L2

平均访存时间＝命中时间 L1＋失效率 L1×(命中时间 L2＋失效率 L2×失效开销 L2)

局部失效率与全局失效率分析

局部失效率＝该级 Cache 的失效次数 / 到达该级 Cache 的访问次数

如，L1 失效，L2 的失效率为

全局失效率＝该级 Cache 的失效次数 /CPU 发出的访存的总次数

全局失效率 L2＝失效率 L1×失效率 L2

评价第二级 Cache 时，应使用全局失效率这个指标。它指出了在 CPU 发出的访存中，究竟有多大比例是穿过各级 Cache，最终到达存储器的。

对于第二级 Cache，可以得出以下结论：

(1) 在第二级 Cache 比第一级 Cache 大得多的情况下，两级 Cache 的全局失效率和容量与第二级 Cache 相同的单级 Cache 的失效率非常接近。

(2) 局部失效率不是衡量第二级 Cache 的一个好指标，因此，在评价第二级 Cache 时，应用全局失效率这个指标。

第二级 Cache 不会影响 CPU 的时钟频率，因此其设计有更大的考虑空间。但应考虑两个问题：它能否降低 CPI 中的平均访存时间部分？它的成本是多少？

第二级 Cache 的参数包括容量、相联度、块大小。第二级 Cache 的容量一般比第一级的大许多，以消除容量失效，但存在强制性失效和冲突失效。如：512 KB、1 024 KB 的容量。第二级 Cache 可采用较高的相联度或伪相联方法。第二级 Cache 可采用较大的块，如 64 B，128 B，256 B。为减少平均访存时间，可以让容量较小的第一级 Cache 采用较小的块，而让容量较大的第二级 Cache 采用较大的块，多级 Cache 结构存在多级包容性，需要考虑的一个问题是第一级 Cache 中的数据是否总是同时存在于第二级 Cache 中。

为减少平均访存时间，容量小的第一级 Cache 采用较小的块，容量大的第二级 Cache 采用较大的块，可以实现包容性，但处理第二级失效时，即替换第二级 Cache 的块时，必须作废第一级对应的块。

在计算机系统中，Cache 的访问时间往往限制了处理器的时钟频率。为了尽可能与处理器同步，常常采用容量小、结构简单的 Cache，其硬件越简单，速度就越快。对于片内 Cache，应使 Cache 足够小，以便可以与 CPU 一起放在同一块芯片上。还可采用一种折中方案，即，把 Cache 的标识放在片内，而把 Cache 的数据存储器放在片外。如直接映像 Cache 让标识检测和数据传送重叠执行，以达到减少命中时间的目的。

9.5 主存储器

计算机用户希望计算机能提供一个访问速度快、存储容量大的存储系统，在多级存储结构中常利用高速存储器 Cache 来提高访问速度，满足用户快的需求，但 Cache 是一种小容量、速度快的高速存储器，还不能满足大容量的要求，因而需要在主存储器的基础上再扩展虚拟存储器和辅助存储器，以克服 CPU 有限的可寻址主存空间的不足，并给用户提供一个大于主存储器空间的存储资源。

主存储器的访存存在单字宽和多字宽的方式，如图 9-14 所示，这就要求主存储器是单体存储器和多体存储器。

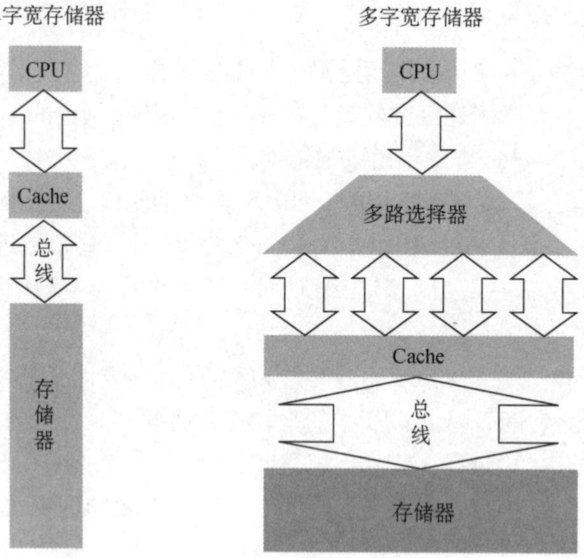

图 9-14　单字宽存储器和多字宽存储器

增加存储器的宽度能同时存储多个字，但存在几个缺点：增加 CPU 和存储器之间的连接通路的宽度；CPU 和 Cache 之间增加一个数据选择器；扩充主存的最小增量增加了相应的倍数；写入有可能变得复杂，成本增加。

多体存储器有两种典型的存储方式。

(1) 采用简单的多体交叉存储，采用多个 DRAM，并利用它们潜在的并行性。这种存储器的各个体一般是按字交叉的，每个存储体宽度一般一个字，该存储器的各个体是按字交叉的。字交叉存储器非常适合于处理 Cache 读失效，原因是所调的块中各个字是顺序读出的；写回法 Cache 中的写回，读和写都是顺序进行的。假设四个存储体的地址是在字一级交叉的，即存储体 0 中每个字的地址对 4 取模都是 0，体 1 中每个字的地址对 4 取模都是 1，依此类推。按字寻址，如按字节寻址，且每字为 4 B，则地址乘以 4，地址分配如图 9-15 所示。

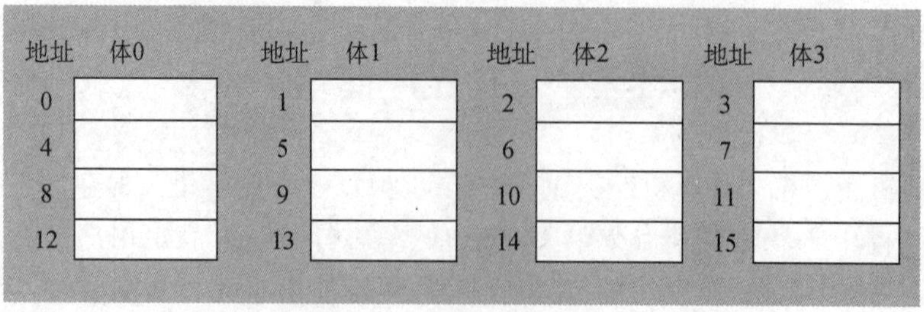

图 9-15　简单多体交叉存储器地址分配

(2) 存储体彼此独立访存。需要设置多个存储控制器,使多个体能独立操作,以便能同时进行多个独立的访存。这种方法可以灵活处理3种情况:一台输入设备可能会使用某个存储控制器,访问某个存储体;Cache读操作可能在使用另一个存控,访问另一个存储体;Cache写操作则可能在使用第三个存控,访问第三个存储体。为使每个存储体独立访存,都需要设立独立的地址线和独立的数据总线。

为提高存储体的访存性能,独立存储体和按字交叉的多体可以结合起来使用,就是把存储器分为若干个独立的存储体,且每个独立存储体内部又划分为若干个按字交叉方式工作的体。

为了避免两个请求要访问同一个体发生的体冲突,就采用许多体,以减少体冲突次数。当仍然存在字号成整数倍关系时,同一列中的所有元素都在同一个体内,无论CPU或存储系统多么高级,该程序都会在数据Cache失效时暂停。解决体冲突的方法有软件方式和硬件方式,软件方法利用编译器进行循环交换优化,避免同时刻对同一个体的访问,或者扩展数组的大小,使之不是2的幂;硬件方法使体数为素数,并按照体内地址数等于地址mod(存储体中的字数)进行交叉存储。30个字节存储在5个存储体,按照单元顺序交叉和取模交叉的地址映像如表9-7所示。

表9-7 单元顺序交叉和取模交叉的地址映像

体内地址	存储体									
	单元顺序交叉					取模交叉				
	0	1	2	3	4	0	1	2	3	4
0	0	1	2	3	4	0	6	12	18	24
1	5	6	7	8	9	25	1	7	13	19
2	10	11	12	13	14	20	26	2	8	14
3	15	16	17	18	19	15	21	27	3	9
4	20	21	22	23	24	10	16	22	28	4
5	25	26	27	28	29	5	11	17	23	29

表9-7中,单元顺序交叉一列中,各字节顺序按照存储体顺序依次存储;取模交叉一列中,

存储的体号=字节的地址编号 mod 体数

存储的体内地址=字节的地址编号 mod 体内地址数

如字节编号26的存储体号=26mod5=1,其存储的体内地址=26mod6=2,因此,采用取模交叉存储时,编号26的字节存储在存储体1的体内地址为2的存储单元中。

9.6 虚拟存储器与辅助存储器

在实际的计算机系统中,不仅有CPU和Cache的交互,还需要Cache、主存和

辅存组成的三级存储系统与CPU进行数据交互,以此达到计算机的高效运行。图9-16以Xilinx FPGA器件的开发板Nexys 4 DDR Artix-7为硬件平台,以SD卡作为虚拟存储器,实现了计算机的三级存储器系统。

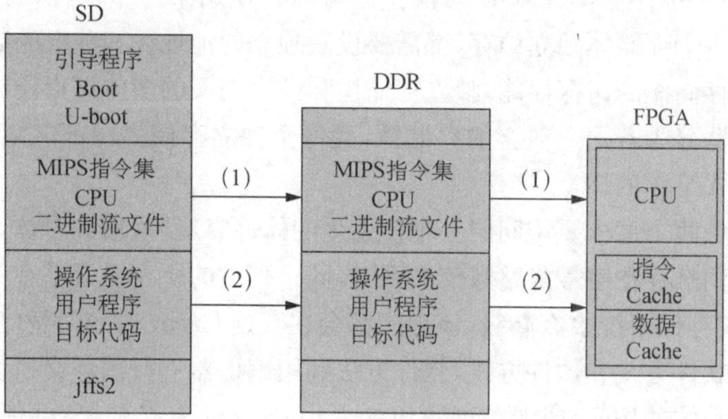

图9-16　基于Artix-7 FPGA硬件平台的计算机存储系统

虚拟存储器存储空间的管理方式有页式和段式两种。页式管理方式把空间划分成大小相同的块;段式管理方式把空间分成可变长度的块,或称为段。前者是机械划分存储空间,后者结合程序的逻辑语义进行划分。这两种方式对CPU的访存数据没有影响,不同之处在于寻址方式的差异,页式管理方式存储器的地址单一,地址字长度固定,由页号和业内位移组成;段式管理方式存储器的地址由两个字构成,一个是段号,一个是段内位移,原因是段的长度是变化的。

现代计算机系统充分吸收两种方式的优点,采用段页式管理方式来管理存储空间,把一个段分成若干个页面,使虚拟存储器既具备段的逻辑单位属性,又以页面为单位调入主存储器,简化了虚拟地址和物理地址的转换。

虚拟存储器中的数据访存同Cache、主存储器中的数据访存一样存在怎么映像、怎么查找、怎么替换、怎么写入四个问题。计算机进行虚拟存储的访问,主要考虑低失效率这个指标,原因是对虚拟存储器访问的失效,会引起多级的连锁反应,失效开销巨大,操作系统采用全相联映像规则,允许数据块存放在主存的任何位置。

页式管理和段式管理分别需要页表和段表的数据结构,以页号和段号作为索引,并包含待查找块的物理地址。将页内位移与对应的页面物理地址拼接就构成页的最终物理地址,形成页式管理的寻址方法;由段内位移加上段的物理地址就构成段的最终物理地址,形成段式管理的寻址方法。

页表的索引采用的是虚拟页号,因此要求其总项数与虚拟存储空间的总页数一致。如果虚拟页面数比物理页面数多,可采用散列变换,使页表的项数减少到和主存储器的物理页面数目相等。这种方法就是反向页表法。例如,虚拟存储器地址29位,页大小8 KB,每个页表项为8 B,页表的大小为:$2^{29}/2^{13}\times 2^{3}=2^{19}=$

512 KB,因此,一个容量为 128 MB 的主存储器需要大小为 128 KB 的反向页表来管理虚拟地址和物理地址的转换。为了减少转换时间,常采用地址转换高速缓存,或称翻译后援缓冲器(TLB, Translation Look-aside Buffer)也称为块表。TLB 用来存放最近经常使用的页表项,可看作是页表部分内容的一个副本。在进行虚拟存储器访问时,首先需查找 TLB 表,如果 TLB 表中不命中需访问的表项,再去访问内存中的页表。因此,TLB 表充分利用局部性原理,即,如果访问的存储器具有局部性,那么访问的存储器的地址变换同样具有局部性,也就是认为访问存储器所使用的页表项也是相对簇聚的。TLB 表中的项同 Cache 中的项相似,由标识和数据两部分组成,标识中存放的是虚拟地址的一部分,数据部分中存放物理页帧号、有效位、保护信息与其他辅助信息。在修改页表时,操作系统严格控制 TLB 表中没有该页表的表项副本,以保证 TLB 表和页表保持一致。Alpha AXP 21064 机器的 TLB 表地址转换如图 9-17 所示。

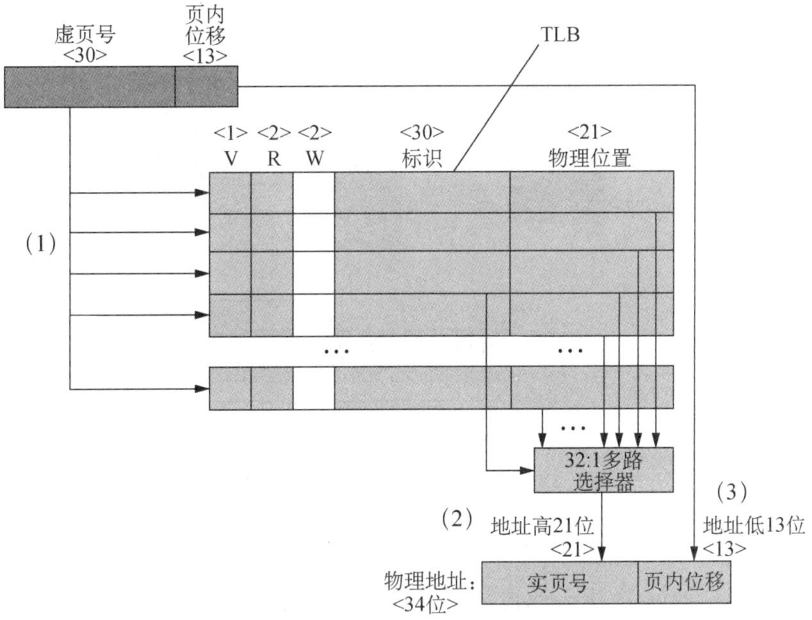

图 9-17　Alpha AXP 21064 机器的 TLB 表地址转换

在图 9-17 中,$V=1$,表示 TLB 有效位;$R=1$,表示对页面读允许;$W=1$,表示对页面写允许。图中的地址转换主要包括以下三个步骤:

(1) 把虚拟地址送往各标识,进行比较。

(2) 如存在匹配的标识,则数据选择器把相应的 TLB 项中的物理地址选出。

(3) 选出的物理地址与页内位移拼接成完整的 34 位物理地址。

采用小容量的 Cache,把访问 Cache 的索引限制在页内位移范围内;虚拟地址一到,立即索引 Cache。读 Cache 标识时,把虚页号送给 TLB 进行地址变换。把从 TLB 得到的物理地址与 Cache 标识比较。

虚拟存储器的替换策略也是采用最近最少使用(TRU)算法。为尽可能减少页故障,操作系统都严格保证替换的页是最近最少使用的页,其把主存中的每一个页面设置为一个“使用位”,也可称为“访问位”;当访问主存中某个页面时,该页面的使用位或访问位就置“1”,因此操作系统定期复位时,就能清晰地知晓哪些页面曾被访问,进行替换时,就优先选择一个最近最少使用的页被替换。

虚拟存储器的访问时间对比主存储器而言,需要花费更长的时钟周期,两者的速度相差巨大,因此,虚拟存储器采用写回策略,通过利用一个“修改位”来保证只被修改了的块才被写入虚拟存储器,从而减少对虚拟存储器的访问次数。Alpha机器页式虚拟地址的转换如图 9-18 所示。

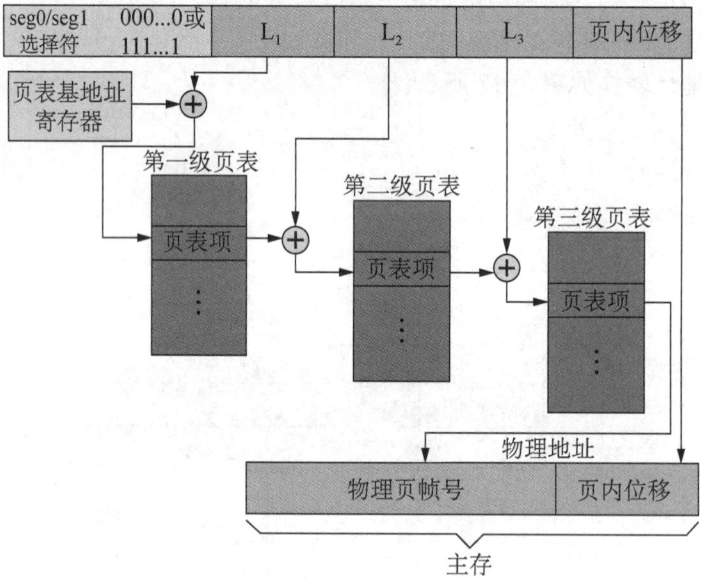

图 9-18 Alpha 机器页式虚拟地址的转换

Alpha 机器页式虚拟地址的转换主要由以下四个步骤完成:

(1) 将虚拟地址 I1 字段的值和页表基地址寄存器的值相加,再用结果作地址访问存储器,得到第二级页表的基地址。

(2) 将虚拟地址 I2 字段的值和第二级页表基地址相加,再用结果作地址访问存储器,得到第三级页表的基地址。

(3) 将虚拟地址 I3 字段的值和第三级页表基地址相加,再用结果作地址访问存储器,得到所访问页面的物理地址。

(4) 将所访问页面的物理地址和页内位移拼接,得到实际的物理地址。

64 位中后 32 位包含 5 个保护字段:有效字段、用户读许可字段、内核读许可字段、用户写许可字段、内核写许可字段。两个 TLB,一个指令访问 TLB,一个数据访问 TLB。

构建三级存储系统,在整个执行的过程中,代码段地址和存储器地址进行统一编址，所有的代码、数据和存储器都在逻辑地址空间中有一个 32 位的地址。三级存储系统的统一编址如图 9-19 所示。

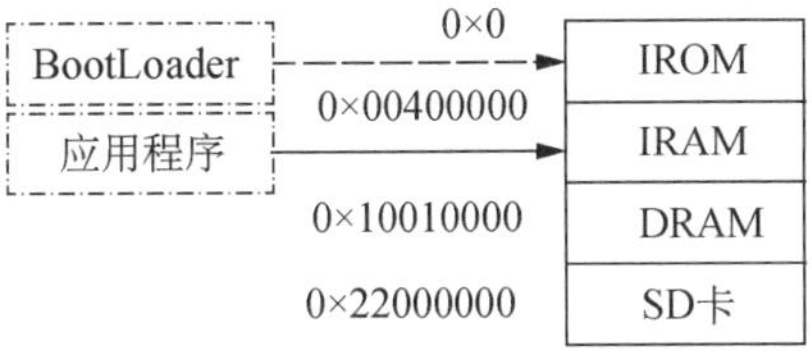

图 9-19　三级存储系统的统一编址

存储规模较大的存储系统常使用磁盘阵列扩展其辅助存储器。其根本方法是将多块独立的普通磁盘按照特定的组织方式进行存储数据的管理，从而实现更大容量、高速度与高容错的存储系统。这种存储系统具备的基本特点是：可将一组磁盘等同于一个独立的存储设备；数据存储分布在一组磁盘中；具备良好的容错能力，在操作系统的管理下，个别磁盘出现问题，系统仍能正常运行工作。根据存储数据的组织管理的要求，可采用 RAID0，RAID1，RAID2，RAID3，RAID4，RAID5，RAID6 七种不同的级别。

本章小结

本章主要讲解计算机系统多级存储体系的基本原理，重点阐述了直接影响平均访存时间的命中时间、失效率与失效开销三个关键要素的降低和减少的技术方法，同时以三级存储体系为例，讲述了主存、虚拟存储器的虚拟地址与物理地址的转换，使学生对计算机的存储系统的映像规则、查找策略、替换算法、写的策略有清晰的认识，并深入理解其构成。

练习

1. 假设某台计算机的特性及其 Cache 的性能为：

(1) 块大小为 1 个字；

(2) 存储器总线宽度为 1 个字；

(3) Cache 失效率为 3%；

(4) 平均每条指令访存 1.2 次；

(5) Cache 失效开销为 32 个时钟周期；

(6) 平均 CPI(忽略 Cache 失效)为 2。

试问多体交叉和增加存储器宽度对提高性能各有何作用？如果把 Cache 块大小变为 2 个字时，失效率降为 2%；块大小变为 4 个字时，失效率降为 1%。根据前面给出的访问时间，求在采用 2 路、4 路多体交叉存取以及将存储器和总线宽度增加 1 倍时，性能分别提高多少？

2. 假设 8 KB 数据 Cache 的平均失效率为：对于浮点程序，直接映像 Cache 为 11.4%，而 2 路组相联 Cache 为 10.7%；对于整数程序，直接映像 Cache 为 7.4%，2 路组相联 Cache 为 6.0%。并且假设平均存储器等待时间是失效率和失效开销的积，失效开销为 16 个时钟周期。比较在 2 路组相联和“一次失效下命中”这两种措施中，哪一种对浮点程序更重要？对整数程序的情况如何？

3. 假设在 1 000 次访存中，第一级 Cache 失效 40 次，第二级 Cache 失效 20 次。试问：(1)在这种情况下，该 Cache 系统的局部失效率和全局失效率各是多少？(2)假设 L2 的命中时间是 10 个时钟周期，L2 的不命中开销是 100 时钟周期，L1 的命中时间是 1 个时钟周期，平均每条指令访存 1.5 次，不考虑写操作的影响。问：平均访存时间是多少？每条指令的平均停顿时间是多少个时钟周期？

4. 第二级 Cache 的数据如下：

(1) 2 路组相联使命中时间增加 10%×CPU 时钟周期；

(2) 对于直接映像，命中时间$_{L2}$=10 个时钟周期；

(3) 对于直接映像，局部失效率$_{L2}$=25%；

(4) 对于 2 路组相联，局部失效率$_{L2}$=20%；

(5) 失效开销$_{L2}$=50 个时钟周期。

试问第二级 Cache 的相联度对失效开销的影响如何？

5. 计算机系统的 Cache 有 32 个块，采用 4 路组相联，主存储器有 2 048 个块，每个块大小为 128 个字，按字地址方式访问。求解：

(1) 主存储器地址和 Cache 地址的位数；

(2) 根据题目的映像规则，求出主存储器的地址划分情况。

6. 计算机存储系统有一个 TLB 缓冲器和 L1 级数据 Cache，存储系统按字节编址，虚拟存储器容量为 4 GB，主存储器容量为 8 MB，页大小为 256 KB，TLB 按照 4 路组相联映射，共有 32 个页表项，Cache 容量大小为 16 KB，块大小 8 个字，每个字 32 位，映像规则是 4 路组相联，根据虚拟存储器的虚拟地址与物理地址转换，分析下列问题：

(1) 虚拟地址的哪几位代表虚页号？哪几位代表页内位移？在虚页号中哪几位代表 TLB 标记？哪几位代表 TLB 索引？

(2) 物理地址中哪几位代表物理页号？哪几位是偏移地址？

(3) 在主存储器和 Cache 的组相联映射时，地址空间如何划分？

参 考 文 献

[1] John L. Hennessy, David A. Patterson. Computer architecture: a quantitative approach[M]. 5th Ed. California: Morgan Kaufmann, 2011.

[2] Qin Guofeng, Hu Yue, Huang Linyu, et al. Design and Performance Analysis on Static and Dynamic Pipelined CPU in Course Experiment of Computer Architecture, Proceeding of the 13th International Conference on Computer Science & Education (ICCSE 2018), Colombo, Sri Lanka, August 8-11, 2018[C]. Newyork: IEEE Computer Society's Conference Publishing Services, 2018.

[3] Wang Lisheng, Yu Zhiming, Zhang Dongdong, et al. Research on multi-cycle CPU design method of Computer Organization Principle Experiment, Proceeding of the 13th International Conference on Computer Science & Education (ICCSE 2018), Colombo, Sri Lanka, August 8-11, 2018[C]. Newyork: IEEE Computer Society's Conference Publishing Services, 2018.

[4] Wang Lisheng, Jiang Lingchao, Qin Guofeng. A Search of Verilog Code Plagiarism Detection Method, Proceeding of the 13th International Conference on Computer Science & Education (ICCSE 2018), Colombo, Sri Lanka, August 8-11, 2018[C]. Newyork: IEEE Computer Society's Conference Publishing Services, 2018.

[5] M. Morris Mano, Charles R. Kime. 逻辑与计算机设计基础[M]. 邝继顺, 译. 北京:机械工业出版社, 2012.

[6] 白中英,方维,张天乐,等.数字逻辑[M].5 版.北京:科学出版社,2011.

[7] 秦国锋,王力生,陆有军,等.计算机系统结构实验指导[M].北京:清华大学出版社,2019.

[8] 谭志虎,秦磊华,胡迪青.计算机组成原理实践教程——从逻辑门到 CPU[M].2 版.北京:清华大学出版社,2018.

[9] 高小鹏.计算机组成与实现[M].北京:高等教育出版社,2019.

[10] 秦磊华,吴非,莫正坤.计算机组成原理[M].北京:清华大学出版社,2011.

[11] 张冬冬,王力生,郭玉臣.数字逻辑与计算机组成原理实践教程 [M].北京:清华大学出版社,2018.

[12] 李亚民.计算机原理与设计——Verilog HDL 版[M].北京:清华大学出版

社,2011.

[13] 张晨曦,王志英,沈立,等.计算机系统结构[M].2 版.北京:高等教育出版社,2014.

[14] 李学干.计算机系统结构[M].5 版.西安:西安电子科技大学出版社,2016.

[15] 秦国锋,胡岳,黄林钰.计算机系统结构课程实验静态流水线 CPU 的设计、实现与性能分析[J].教育现代化,2018,5(20):183-187,195.

[16] 秦国锋,丁志军,王力生,等.立足能力建设,持续推进实验贯通[J].实验技术与管理,2020,37(05):142-145,162.